普通高等教育"十三五"系列教材

大 学 物 理

主　编　闵　琦
副主编　朱加培　王全彪　毕雄伟
参　编　蔡　群　王翠梅　田家金

U0361563

机 械 工 业 出 版 社

本书根据教育部高等学校物理学与天文学教学指导委员会于 2010 年颁布的《理工科类大学物理课程教学基本要求》编写而成，在吸收了国内外同类教材优点的基础上，融入了作者多年教学所积累的宝贵经验，不仅注重知识点的深化，而且注重知识面的扩展。

本书分 5 个部分，分别是力学、热学、电磁学、光学和天体物理与宇宙学简介，共 17 章。

本书适用于普通高等学校非物理学专业的学生，也可供普通高等学校教师和相关人员参考。

图书在版编目（CIP）数据

大学物理/闵琦主编. —北京：机械工业出版社，2020.2（2025.1 重印）
普通高等教育"十三五"系列教材
ISBN 978-7-111-64291-6

Ⅰ.①大… Ⅱ.①闵… Ⅲ.①物理学-高等学校-教材 Ⅳ.①O4

中国版本图书馆 CIP 数据核字（2019）第 284188 号

机械工业出版社（北京市百万庄大街 22 号 邮政编码 100037）
策划编辑：李永联 责任编辑：李永联 陈崇昱
责任校对：张 征 封面设计：马精明
责任印制：单爱军
北京虎彩文化传播有限公司印刷
2025 年 1 月第 1 版第 5 次印刷
184mm×260mm·18.75 印张·454 千字
标准书号：ISBN 978-7-111-64291-6
定价：47.50 元

电话服务 网络服务
客服电话：010-88361066 机 工 官 网：www.cmpbook.com
010-88379833 机 工 官 博：weibo.com/cmp1952
010-68326294 金 书 网：www.golden-book.com
封底无防伪标均为盗版 机工教育服务网：www.cmpedu.com

本书编委会

主 任 委 员　闵　琦

副主任委员　朱加培　王全彪　毕雄伟

编　　　委（排名不分先后）

　　　　　　　蔡　群　陈　艳　丁志美　葛树萍　和万全　蒙　清

　　　　　　　田家金　王　玻　王翠梅　王晟宇　王世恩　王小兵

　　　　　　　杨瑞东　翟凤瑞　张宏伟　张黎黎　张青友

前　言

　　红河学院物理系开设大学物理理论课和实验课已有 40 多年的历史，在这 40 余年的办学实践中，物理系前后选择了国内出版的多个版本的大学物理教材。近些年来，随着大学物理课程学时的大幅压缩，以及红河学院作为地方高校向应用型高校的转型发展，为了更好地完成大学物理的教学任务，物理系在参考兄弟院校所编写的优秀大学物理教材的基础上，根据自身的实际情况，编写了力学和电磁学部分的讲义，并进行了试用，收到了很好的效果。

　　为进一步适应新形势下所面临的教学需求，编写一本符合学校实际和自身教学特点的大学物理教材非常必要。为此，我们参照教育部高等学校物理学与天文学教学指导委员会于2010 年颁布的《理工科类大学物理课程教学基本要求》，本着非物理学专业本科生学习大学物理课程需要掌握的基本知识，不仅要有知识点的深化，同时也要有知识面的扩展的原则，组织承担大学物理教学的教师把已使用多年的力学和电磁学部分的讲义重新仔细修订，并在参考国内外同类优秀教材的基础上，补齐了大学物理必修的热学、光学以及天体物理与宇宙学简介部分。受课时所限，近代物理部分未编入其中。

　　闵琦教授任本书的主编，并负责全书的统稿和审定；朱加培博士、王全彪副教授和毕雄伟副教授任本书的副主编，并负责内容的选择。参与本书编写的有蔡群教授（力学部分）、王翠梅博士（热学部分）、王全彪副教授（电磁学部分）、田家金副教授（光学部分）和毕雄伟副教授（天体物理与宇宙学简介部分）。需要说明的是，退休老教师朱乔忠副教授提供了力学部分的初稿，年青教师陈艳仔细通读了光学部分的书稿，并提出了许多宝贵的修改意见，在此一并向朱乔忠老师和陈艳老师表示感谢。

　　本书是物理系全体教师的经验、智慧的结晶和劳动成果，是大家群策群力的结果。

　　此外，本书的出版得到了国家自然科学基金项目"变截面驻波管声学性质研究及其应用"（11364017）和"大振幅非线性纯净驻波场的获取及其声学特性的实验研究"（11864010）国家自然基金项目以及"电-声耦合效应对量子点体系中非经典态性质的影响"（11404103）的资助，同时还得到了"红河学院物理学校级建设学科"项目的资助。

　　限于编者水平，书中缺点和错误在所难免，恳请广大读者批评指正。

编　者

目 录

热 学

光　　学

天体物理与宇宙学简介

力　学

第1章 质点的运动

学习目标

➤ 理解质点、参考系的概念
➤ 掌握直角坐标系和自然坐标系
➤ 掌握位置矢量、位移、速度和加速度矢量，并能用于解决实际问题
➤ 掌握变加速直线运动、斜抛运动、圆周运动
➤ 理解质点运动学的两类基本问题

我们所处的世界是一个物质世界，自然界就是由各种各样运动着的物质组成的。日月星辰和地面上我们所感受到的客观实在都是物质，组成物体的分子、原子、电子以及电磁辐射等也是物质。研究表明，一切物质都在永恒不息地运动着，自然界的一切现象就是物质运动的表现。

物质存在的空间形式有实体性物质和能量性物质两类。实体性物质的存在形式主要有气态、液态和固态。在大学物理课程中主要涉及实体性物质，也涉及引力场、电场、磁场这些能量性物质。

物理学研究的是物质运动最基本、最普遍的形式，包括机械运动、分子热运动、原子和亚原子的运动等。在力学范围内，物理学将着重研究机械运动。

具有客观存在的有形体的物质称为物体。一个物体相对于另一个物体的位置改变，或物体内部的一部分相对于另一部分的位置改变，称为机械运动。机械运动是最基本、最简单的运动形式，机械运动与其他运动形式有着不可分割的联系。行星绕太阳的转动、宇宙飞船的航行、地球上大气和水的流动、各种机器设备的运转等都是机械运动，它们遵从一定的客观规律。

研究机械运动，必须对运动进行正确的描述，本章将对物体之间的相互作用、物体之间运动的变化规律、物体的运动与空间和时间的关联等进行简洁的分析。

1.1 质点 参考系 坐标系

1.1.1 质点

为了便于研究，物理学常常将所研究的对象加以简化，突出研究对象的主要特征，忽略次要因素，将其抽象为理想的模型。这类理想模型是物理学研究中理想化方法的重要内容。

在整个物理学理论研究中，理想模型很多。例如，质点、刚体、理想气体、点电荷、光线、原子模型等。

应该指出，理想模型毕竟不同于真实的研究对象，是为研究便利引入的。每个理想模型都有一定的适用条件，不能不加分析地到处搬用。

在经典力学中，首先碰到的理想物理模型是"质点"。

质点：忽略物体的形状、大小，将其视为一个具有质量的点，这就是质点。质点保留了物体的两个主要特征：质量和空间位置。通常在下列情形下，可以将运动物体当作质点进行研究。

第一种情形是物体的平动。当物体不形变，只做平动时，物体的各个点具有相同的运动状态，可以将它看成质点，进而研究它的运动规律。通常把物体的质心当作其质点位置，即认为物体的质量全部集中在质心处。另外需要说明的是，物体的运动如果不是平动，在特殊情形下也可将其看成质点。例如，研究一颗手榴弹投掷后的运动，手榴弹在飞行过程中同时伴随着转动，但是手榴弹质心的运动轨迹是有规律的。由于我们研究的是手榴弹的运动轨迹，所以可以忽略它的转动，将它作为质点考虑。

第二种情形是物体的尺度与之运动的空间相比甚小，可以将物体看成质点。例如，我们研究一架飞机在空中的飞行，飞机虽然是个庞然大物，但它在更为大的空间运动，我们就没有必要考虑它的大小和形状，只要突出它的主要特征就可以满足研究的需要了。也就是说，只要将飞机看成是一个具有质量的点就可以了。但是在另外的问题情景中，我们就不一定能将飞机视为质点了。

再举一个例子，地球既绕太阳公转又在自转，地球上各点相对于太阳的运动是各不相同的，但是，由于地球与太阳的距离约为地球直径的上万倍，所以在研究地球公转时可以不考虑地球的大小和形状对运动的影响，认为地球上各点的运动情形基本相同，可以把地球看成为一个质点。

在往后的学习中，我们还会看到，如果所研究的物体不能作为一个质点处理时，还可以把它看成若干质点的集合体，称为质点组。

1.1.2 参考系

考察一个物体的运动，我们容易发现，如果考察者所处的位置不同，得到物体是否运动、如何运动的结论很可能不一样。例如，位于铁路旁的一棵果树上落下一枚成熟的果子，地面的观察者看到果子在竖直方向做直线运动；而在匀速直线运行的列车上的观察者看来，果子却在做抛体运动。因此，研究物体的运动必须有作为参考的物体或物体组，这种供参考的物体或物体组称为**参考系**。与地球表面固连在一起的参考系称为**地面系**。

参考系原则上是可以任意选择的，但选取不同的参考系，对同一运动物体的描述是不同的。例如，当你在校园里散步时，如果以你的鼻子为参考系，你的耳朵是静止的；但以路旁的树木为参考系，你的耳朵是运动的。通过这一形象的例子可知，参考系的选择对运动的描述是相当重要的。事实上，人们通常在描述运动时，自觉或不自觉地将与地面牢固相连的建筑物、树木等作为参考系。

在研究物体运动时，究竟应该选择哪个物体或物体组作为参考系呢？这要根据问题的性质、计算和处理上的方便来决定。例如，在研究人造地球卫星的运动时，显然选择地球中心作为参考系比选择太阳作为参考系要方便得多，结论也要简洁得多。在题意和问题性质允许的情况下，可选择使问题的处理尽量简化的参考系。

为了描述一个物体的运动情形，必须选择另一个运动物体或几个相互间保持静止的物体组作为参考物。只有先确定了参考物，才能明确地表示被研究物体的运动情形。研究物体运动时被选作参考物的物体或物体组，称为参考系。例如，研究地球相对于太阳的运动，常选择太阳作为参考系；研究人造地球卫星的运动，常选择地球作为参考系；研究河水的流动，常选择地面作为参考系等。

此外，还需要对运动的绝对性和相对性建立基本的认识。

运动的绝对性：宇宙中的一切物体都处于永恒的运动之中，绝对静止的物体是不存在的。通常我们认为的静止物体，事实上它们与地球一起都在绕太阳运转，而太阳系还参与银河系的运动，银河系与河外星系还有更为复杂的运动，从这个意义上说，运动是绝对的，这就是运动的绝对性。

运动的相对性：物体的运动与静止、运动的快慢等状态是相对于其他物体而言的，否则就没有意义。从这个意义上说，运动又是相对的，是相对于参考系而言的，这称为运动的相对性。

1.1.3 坐标系

描述质点的运动必须选择参考系。但是在对质点运动进行定量研究时，不可能将所选择的参考系实物一一画出。事实上，我们通常是在参考系上选择一个适当的点，以这个点作为坐标原点建立坐标系，这样一来，质点的运动就是相对于坐标原点的运动，也就是相对参考系的运动。因此建立坐标系后，就可以方便地对质点运动进行描述了。

为了定量描述物体的位置与运动情况，在给定的参考系上建立带有标尺的数学坐标，称为坐标系。一般情况下，我们建立的坐标系的原点 O 都选在地面的固定点上，在这样的坐标系中，质点的运动就是相对地面系的运动。但同时需要注意的是，有时为了研究方便，坐标系的原点也可以选在运动的系统上。

描述质点运动的坐标系一般有直角坐标系、平面极坐标系、自然坐标系、球面坐标系、柱面坐标系等。以下简介前三种常用的坐标系。这些坐标系的应用详见相关内容。

1. 直角坐标系

在大多数情形下，力学中选择的坐标系通常是直角坐标系。

如图 1.1.1a 所示，在参考系上选取一固定点作为坐标系原点 O，过 O 点画三条互相垂直的带有刻度的坐标轴，就构成了直角坐标系 $Oxyz$。为描述方便，在三个坐标轴上分别取单位矢量 i、j、k 用于表示方向。

2. 平面极坐标系

在处理诸如圆周运动一类的平面运动时，运动质点沿圆周有规律的运动，采用平面极坐标系将更为简便。如图 1.1.1b 所示，在参考系上选取一固定点作为坐标系原点 O，称为极点；过极点 O 作一条固定射线 OA，称为极轴；质点位于 P 点，OP 称为极径，用 ρ 表示；极轴 OA 与极径的夹角称为极角，用 θ 表示。P 的坐标表示为 $P(\rho, \theta)$。

3. 自然坐标系

沿质点的运动轨道建立的坐标系称为自然坐标系。如图 1.1.1c 所示，取轨道上一个固定点为坐标原点，同时规定两个随质点位置的变化而改变方向的单位矢量，一个指向质点运动方向，称为切向单位矢量，用 e_t 表示。一个垂直于切向方向并指向轨道凹侧，称为法向单位矢量，用 e_n 表示。这里说的是用于描述曲线运动时的自然坐标系。如果用自然坐标系描述直线运动，将更为简单，以后在适当的地方会加以介绍。

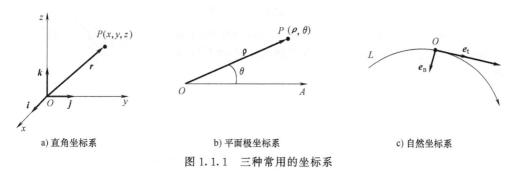

　　a) 直角坐标系　　　　　　　　　b) 平面极坐标系　　　　　　　　c) 自然坐标系

图 1.1.1　三种常用的坐标系

1.2　描述质点运动的物理量

1.2.1　时间与时刻

　　在物理学中，国际单位制（SI）规定了七个基本物理量，时间（t）是其中之一，这表明在物理学中，时间是很基本的量之一。

　　在日常生活中，"时间"一词被广泛使用。虽然日常生活中的时间与时刻这两个概念通常是混在一起的，但一般不会引起误解。而在物理学中，就必须理解时间与时刻的确切含义，避免产生混乱。

　　时刻是时间轴上的某个点，也可以理解为某确定时间段中的一个"瞬时"，时刻只有先后没有长短。而时间则是两个时刻间的间隔。时间具有**连续性**和**单向性**。

　　例如，日常生活中常说"上午 8：00 上课"，"每一节课的时间是 45 分钟"。在这里，8：00 实际指的是上午第一节课开始时时钟的读数，也就是时刻。而 45 分钟指的才是完成一节课所需要的时间间隔，也就是时间。

　　时间是标量，在国际单位制中，时间的单位是秒（s）。常用的时间辅助单位有小时（h）、分（min），有时还会用到日（d）、毫秒（ms）、微秒（μs）等。利用坐标系考察质点运动时，质点的位置是与时刻相对应的，而质点运动所经过的路程则是与时间相对应的。在物理学研究中，计时起点不一定是物体开始运动的时刻，可以视方便而定。

1.2.2　位置矢量

　　如图 1.2.1 所示，质点位于点 P，点 O 为参考系上的固定点，建立直角坐标系，原点就选择在 O 点上。点 P 在任意时刻的位置，可以用位置矢量（简称位矢）表示。从坐标原点 O 向点 P 作有向线段 $r=\overrightarrow{OP}$。r 与点 P 的位置坐标 $r(x，y，z)$ 对应，所以可用矢量 r 来表示点 P 的位置，这就是称 r 为位矢的原因。位矢作为一个矢量，包含了两层含义：质点 P 的位置和相对 O 点的方位。

运动质点的位置随时间在不断变化，它的位矢也随时间而变。说明位矢是时间的函数。表示为

$$r = r(t) \qquad (1.2.1)$$

上式不仅描述质点在任意时刻所处的位置，还给出了质点运动随时间的变化关系，因而也称为**运动方程**。知道了运动方程，就能确定任一时刻质点的位置，从而确定质点的运动。在力学中，根据问题的具体条件求解质点的运动方程是主要任务之一。

在直角坐标系中，位矢表示为

$$r = x\boldsymbol{i} + y\boldsymbol{j} + z\boldsymbol{k} \qquad (1.2.2)$$

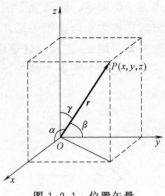

图 1.2.1　位置矢量

上式表明，质点的位矢在 x、y、z 三个坐标轴上的投影（也称分量）分别为 x、y、z。据此可得出质点**轨道参数方程**的分量式为

$$\begin{cases} x = x(t) \\ y = y(t) \\ z = z(t) \end{cases} \qquad (1.2.3)$$

运动质点在空间描绘出的曲线称为轨道，从式（1.2.3）中消去 t 后，即可确定运动质点的轨道，这就是式（1.2.3）称为轨道参数方程的原因。

r 的大小用它的模表示

$$r = |r| = \sqrt{x^2 + y^2 + z^2} \qquad (1.2.4)$$

r 的方向用方向余弦表示

$$\cos\alpha = \frac{x}{r}, \quad \cos\beta = \frac{y}{r}, \quad \cos\gamma = \frac{z}{r}$$

方向余弦的关系为 $\qquad \cos^2\alpha + \cos^2\beta + \cos^2\gamma = 1$

以上考虑的是三维空间的问题，在实际问题中碰到的大多是平面问题，讨论和运算将更为简便。

1.2.3　位移和路程

为描述运动质点空间位置的变化，需要引入另一个物理概念"位移"。

如图 1.2.2 所示，设质点在 t_1 时刻位于 P 点，t_2 时刻位于 Q 点，画出 P、Q 的位矢 r_1、r_2。在 $\Delta t = t_2 - t_1$ 这段时间内，质点位置的变化可用矢量表示为

$$\boxed{\Delta r = r_2 - r_1} \qquad (1.2.5)$$

Δr 同时表示了质点空间位置变化的大小和方向，称为**位移**。由图 1.2.2 可知，**位移是位矢的增量**。

这里一定要注意位矢与位移的区别，位矢表示某时刻质点的位置，是一个描述状态的量，属于"状态量"。而位移则表示某段时间内质点位置的变化，与运动过程相联系，属于

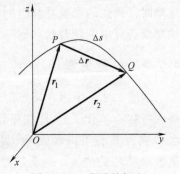

图 1.2.2　位移的概念

"过程量"。

位移反映了运动质点位置和方向的变化，所以位移与质点所经历的路程是不一样的。路程是质点所经过的实际距离，路程是标量，位移是矢量，位移的大小与路程也不一定相同。

在图1.2.2中，在 $\Delta t = t_2 - t_1$ 这段时间内，质点位移的大小 $\Delta r = |\Delta r| = \overline{PQ}$。而在相同的过程中，路程则是 $\Delta s = \overset{\frown}{PQ}$。显然，只有在极限，即 $\lim\limits_{\Delta t \to 0} |\Delta r| = \lim\limits_{\Delta t \to 0} \Delta s$ 情况下，才有位移的大小与路程相等。

位移和路程的单位相同，在国际单位制（SI）中，它们的单位为米（m）。

1.2.4 速度和速率

为描述物体运动的快慢程度引入了速度这个物理量，它是描述运动质点的位置和方向变化程度的物理量。速度具有瞬时性、方向性和相对性。

1. 平均速度和平均速率

如图1.2.3所示，质点在 $t \sim t + \Delta t$ 这段时间内从点 P 运动到点 Q，位移为 Δr，则可以用 Δr 和 Δt 的比值来反映在这段时间内质点位置和方向变化的平均快慢程度。我们把 Δr 和 Δt 的比值定义为质点在 Δt 这段时间内的**平均速度**，记为

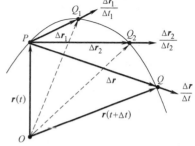

图1.2.3 平均速度和瞬时速度

$$\overline{v} = \frac{\Delta r}{\Delta t} \qquad (1.2.6)$$

平均速度是矢量，其大小为 $v = |\overline{v}| = \dfrac{|\Delta r|}{\Delta t}$，方向与位移矢量 Δr 一致。

有时候，也用**平均速率**来描述质点运动的快慢程度。平均速率定义为在 $t \sim t + \Delta t$ 这段时间内的路程 Δs 和时间 Δt 的比值。它是一个标量，表示为

$$\overline{v} = \frac{\Delta s}{\Delta t} \qquad (1.2.7)$$

平均速率与平均速度的大小不一定相等，只有在极限，即 $\Delta t \to 0$ 情况下，或者质点做单方向的直线运动时，它们才相等。

2. 瞬时速度和瞬时速率

由于质点在运动过程中不同时刻的运动快慢和方向一般不同，所以平均速度只能粗略地描述质点的运动。为了能真实地反映质点在任意时刻的运动方向和快慢程度，需要引入瞬时速度的概念。

如图1.2.3所示，当 $\Delta t \to 0$ 时，比值 $\dfrac{|\Delta r|}{\Delta t}$ 将无限接近于一确定的极限值，这一极限值就是质点在 t 时刻运动快慢的确切描述，同时，这一极限值是矢量，其方向无限靠近 t 时刻质点所在位置处轨道的切线，而这一切线方向就是 $\Delta t \to 0$ 时，比值 $\dfrac{|\Delta r|}{\Delta t}$ 的极限方向，它表示质点在 t 时刻的运动方向。据此，我们将 $\Delta t \to 0$ 时，质点平均速度 $\dfrac{|\Delta r|}{\Delta t}$ 的极限定义为质点在 t 时刻的瞬时速度，简称**速度**，用 v 表示，即

$$v = \lim_{\Delta t \to 0} \frac{\Delta r}{\Delta t} = \frac{dr}{dt} \qquad (1.2.8)$$

显然，速度 v 等于位矢 r 对时间的一阶导数。

还可以定义质点所经历的路程对时间的导数为质点的瞬时速率，简称**速率**，即

$$v = \lim_{\Delta t \to 0} \frac{\Delta s}{\Delta t} = \frac{ds}{dt} \qquad (1.2.9)$$

由于 $ds = |dr|$，所以质点瞬时速度的大小等于瞬时速率。今后我们在表述时，对瞬时速率和瞬时速度大小（即速率和速度大小）这两个概念不必区别。

在三维直角坐标系中，有

$$\boxed{v = \frac{dr}{dt} = \frac{dx}{dt}i + \frac{dy}{dt}j + \frac{dz}{dt}k = v_x i + v_y j + v_z k} \qquad (1.2.10)$$

速度的大小和方向由下式确定

$$\begin{cases} |v| = \sqrt{v_x^2 + v_y^2 + v_z^2} \\ \cos\alpha = \dfrac{v_x}{v}, \quad \cos\beta = \dfrac{v_y}{v}, \quad \cos\gamma = \dfrac{v_z}{v} \end{cases} \qquad (1.2.11)$$

式中，α、β、γ 分别为速度 v 与 x、y、z 轴的夹角。

对于平面运动，速度的大小和方向分别为

$$|v| = \sqrt{v_x^2 + v_y^2}, \quad \tan\theta = \frac{v_y}{v_x}$$

其中，θ 为速度 v 与 x 轴的夹角。

速度和速率的单位相同，在国际单位制中，它们的单位为米每秒（m/s）。

1.2.5 加速度

为描述质点速度变化的快慢程度，引入加速度的概念。

如图 1.2.4 所示，质点在 $t \sim t + \Delta t$ 时间内由 P 运动至 Q，速度的增量为 Δv，定义 $\dfrac{\Delta v}{\Delta t}$

为质点在这段时间内的**平均加速度**，可表示为 $\bar{a} = \dfrac{\Delta v}{\Delta t}$。

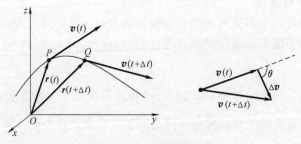

图 1.2.4 加速度的概念

平均加速度反映了在 Δt 时间内质点速度变化的平均快慢，它的方向沿速度增量 Δv 的方向。

平均加速度只能粗略地描述速度的变化。要精确地描述 t 时刻的速度变化，需要将时间

间隔 Δt 取得足够小。在 $t \sim t + \Delta t$ 时间间隔内，当 $\Delta t \to 0$ 时，平均加速度的极限值定义为质点在 t 时刻的瞬时加速度，简称加速度，用 $\boldsymbol{a}$ 表示，即

$$\boldsymbol{a} = \lim_{\Delta t \to 0} \frac{\Delta \boldsymbol{v}}{\Delta t} = \frac{d\boldsymbol{v}}{dt} = \frac{d^2 \boldsymbol{r}}{dt^2} \tag{1.2.12}$$

由上式知，**加速度等于速度对时间的一阶导数，或等于位矢对时间的二阶导数。**

加速度是矢量，它的大小描述了质点在 t 时刻速度变化的快慢；它的方向是 $\Delta t \to 0$ 时速度增量 $\Delta \boldsymbol{v}$ 的极限方向。

在直角坐标系中，加速度表示为

$$\begin{aligned}
\boldsymbol{a} &= \frac{dv_x}{dt}\boldsymbol{i} + \frac{dv_y}{dt}\boldsymbol{j} + \frac{dv_z}{dt}\boldsymbol{k} \\
&= \frac{d^2 x}{dt^2}\boldsymbol{i} + \frac{d^2 y}{dt^2}\boldsymbol{j} + \frac{d^2 z}{dt^2}\boldsymbol{k} \\
&= a_x\boldsymbol{i} + a_y\boldsymbol{j} + a_z\boldsymbol{k}
\end{aligned} \tag{1.2.13}$$

加速度的大小和方向由下式确定

$$\begin{cases}
a = |\boldsymbol{a}| = \sqrt{a_x^2 + a_y^2 + a_z^2} \\
\cos\alpha = \dfrac{a_x}{a}, \quad \cos\beta = \dfrac{a_y}{a}, \quad \cos\gamma = \dfrac{a_z}{a}
\end{cases}$$

其中，α、β、γ 分别为加速度 $\boldsymbol{a}$ 与 x、y、z 轴的夹角。

在国际单位制中，加速度的单位为米每二次方秒（m/s^2）。

由以上的讨论知，只要知道质点运动方程，也就是知道质点位矢随时间的变化关系，通过求导数的方法就可以方便地确定质点的速度和加速度。

速度和加速度都是矢量，在对这两个概念的理解上，不仅要注意方向，还需要注意它们的瞬时性和相对性。所谓瞬时性，是指它们反映的是质点在某一瞬间运动的快慢和方向（速度）及运动快慢改变的程度（加速度）。所谓相对性是指它们的大小和方向与所选择的参考系有关。参考系不同，其数值和方向的表示也随之不同。

用位移、速度和加速度作为描述质点运动的基本物理量，可以使物理概念和规律具有更为简洁明了的形式，也可以简化表述和运算。

例 1-1 某质点沿 x 轴方向运动，位置与时间的关系为 $x = 5 + 6t - 3t^2$。试求：（1）第 1s 内和第 3s 内的平均速度；（2）质点在第 1s 末和第 3s 末的速度。

解 （1）先求第 1s 内的位移，由已知条件知：

$t_1 = 0\text{s}$ 时，$x_1 = 5\text{m}$；$t_2 = 1\text{s}$ 时，$x_2 = 8\text{m}$；$\Delta x = x_2 - x_1 = 8 - 5\text{m} = 3\text{m}$

第 1s 内的平均速度的大小为 $\bar{v}_1 = \dfrac{\Delta x}{\Delta t} = \dfrac{x_2 - x_1}{t_2 - t_1} = \dfrac{3\text{m}}{1\text{s}} = 3\text{m/s}$，方向沿 x 轴正向。

再求第 3s 内的位移，又由已知条件知：

$t_2 = 2\text{s}$ 时，$x_2 = 5\text{m}$；$t_3 = 3\text{s}$ 时，$x_3 = -4\text{m}$；$\Delta x = x_3 - x_2 = -4 - 5\text{m} = -9\text{m}$

第 3s 内的平均速度的大小为 $\bar{v}_3 = \dfrac{\Delta x}{\Delta t} = \dfrac{x_3 - x_2}{t_3 - t_2} = \dfrac{-9\text{m}}{1\text{s}} = -9\text{m/s}$，方向沿 x 轴负向。

（2）因为 $v_x = \dfrac{dx}{dt} = 6 - 6t$，所以第 1s 末的速度大小为 $v_{x1} = 6 - 6 \times 1 = 0$，说明质点在

第 1s 末准备要反方向运动了。

第 3s 末的速度大小为 $v_{x3}=(6-6\times3)\text{m/s}=-12\text{m/s}$，方向沿 x 轴负向。

例 1-2 设质点的运动方程为 $\boldsymbol{r}(t)=(t+2)\boldsymbol{i}+\left(\dfrac{1}{4}t^2+2\right)\boldsymbol{j}$。求：(1)$t=3\text{s}$ 时的速度；(2) 质点的运动轨道方程。

解 (1) 由题意可得速度分量分别为

$$v_x=\frac{\mathrm{d}x}{\mathrm{d}t}=1\text{m/s}, \quad v_y=\frac{1}{2}t \quad (\text{m/s})$$

故 $t=3\text{s}$ 时的速度大小分别为 $v_x=1\text{m/s}$ 和 $v_y=1.5\text{m/s}$。于是 $t=3\text{s}$ 时，质点的速度为

$$\boldsymbol{v}=(\boldsymbol{i}+1.5\boldsymbol{j}) \quad \text{m/s}$$

速度的大小为 $v=\sqrt{1^2+1.5^2}\text{m/s}=1.8\text{m/s}$，速度 v 与 x 轴的夹角为 $\theta=\arctan\dfrac{1.5}{1}=56.3°$。

(2) 由运动方程，消去 t 可得轨道方程 $y=\dfrac{1}{4}x^2-x+3$。

例 1-3 质点运动轨道的参量方程为 $\begin{cases}x=4+3t-2t^2 \\ y=5+2t+t^2 \\ z=t^3\end{cases}$，求质点在第 3 秒时的速度。

解 $\begin{cases}v_x=3-4t \\ v_y=2+2t \\ v_z=3t^2\end{cases} \xrightarrow{t=3\text{s}} \begin{cases}v_x=-9\text{m/s} \\ v_y=8\text{m/s} \\ v_z=27\text{m/s}\end{cases}$

所以 速度的大小为 $v=|\boldsymbol{v}|=\sqrt{v_x^2+v_y^2+v_z^2}=\sqrt{(-9)^2+8^2+27^2}\text{m/s}=30\text{m/s}$。

矢量表达式可写为 $\boldsymbol{v}=(3-4t)\boldsymbol{i}+(2+2t)\boldsymbol{j}+3t^2\boldsymbol{k}=(-9\boldsymbol{i}+8\boldsymbol{j}+27\boldsymbol{k})\text{m/s}$。

例 1-4 若质点的运动方程为 $x=3\cos\dfrac{\pi t}{6}$，$y=3\sin\dfrac{\pi t}{6}$，其中 t 以秒计，x、y 以米计。求质点的轨道方程、任意时刻的位矢、速度和加速度。

解 将两个运动方程分别平方后相加得质点的轨道方程：$x^2+y^2=3^2$，此式是圆的方程，圆心在坐标原点，半径为 3m。即质点在 xOy 平面内沿圆周运动。

任意时刻的位矢为 $\quad \boldsymbol{r}=x\boldsymbol{i}+y\boldsymbol{j}=3\cos\dfrac{\pi}{6}t\boldsymbol{i}+3\sin\dfrac{\pi}{6}t\boldsymbol{j}$

速度为 $\quad \boldsymbol{v}=\dfrac{\mathrm{d}\boldsymbol{r}}{\mathrm{d}t}=\dfrac{\pi}{6}\left(-3\sin\dfrac{\pi}{6}t\boldsymbol{i}+3\cos\dfrac{\pi}{6}t\boldsymbol{j}\right)$

其大小是 $\quad v=\sqrt{v_x^2+v_y^2}=\dfrac{\pi}{2}\text{m/s}$

设速度与 x 轴的夹角为 α，则有 $\tan\alpha=\dfrac{v_y}{v_x}=-\cot\dfrac{\pi}{6}$，因而有 $\alpha=\dfrac{\pi}{2}+\dfrac{\pi}{6}=\dfrac{2}{3}\pi$。

这说明速度在任何时刻都与位矢垂直，即速度是在圆的切线方向。

任意时刻的加速度为 $\quad \boldsymbol{a}=\dfrac{\mathrm{d}\boldsymbol{v}}{\mathrm{d}t}=-3\left(\dfrac{\pi}{6}\right)^2\left(\cos\dfrac{\pi}{6}t\boldsymbol{i}+\sin\dfrac{\pi}{6}t\boldsymbol{j}\right)=-\left(\dfrac{\pi}{6}\right)^2\boldsymbol{r}$

式中负号表示在任意时刻质点的加速度方向总是与位矢的方向相反，即加速度的方向是永远

指向圆心的。

例 1-5　飞机着陆时为尽快停下来采用降落伞制动。刚着陆，即 $t=0$ 时速度大小为 v_0 且坐标为 $x=0$。假设其加速度大小为 $a_x=-bv_x^2$，$b=$ 常量，求此质点的运动学方程。

解　由 $\dfrac{\mathrm{d}v_x}{\mathrm{d}t}=-bv_x^2 \Rightarrow \dfrac{\mathrm{d}v_x}{v_x^2}=-b\,\mathrm{d}t \Rightarrow \displaystyle\int_{v_0}^{v_x}\dfrac{\mathrm{d}v_x}{v_x^2}=-b\int_0^t \mathrm{d}t$，得

$$v_x=\frac{v_0}{(bv_0t+1)}$$

再积分得

$$x=\int_0^t v_x\,\mathrm{d}t=\int_0^t \frac{v_0}{(bv_0t+1)}\mathrm{d}t=\frac{1}{b}\int_0^t \frac{\mathrm{d}(bv_0t+1)}{(bv_0t+1)}=\frac{1}{b}\ln(bv_0t+1)\Big|_0^t=\frac{1}{b}\ln(bv_0t+1)$$

1.3　直线运动

从这一节开始，我们将讨论几种常见的运动。首先，我们研究质点沿直线运动的情形。为了方便，我们可以取这条直线为 x 轴，于是除 x 轴方向外，其他方向的位移、速度、加速度均为零，即

$$\begin{cases}y=0\\z=0\end{cases},\quad \begin{cases}v_y=\dfrac{\mathrm{d}y}{\mathrm{d}t}=0\\v_z=\dfrac{\mathrm{d}z}{\mathrm{d}t}=0\end{cases},\quad \begin{cases}a_y=\dfrac{\mathrm{d}^2y}{\mathrm{d}t^2}=0\\a_z=\dfrac{\mathrm{d}^2z}{\mathrm{d}t^2}=0\end{cases}$$

沿 x 方向有：
$$v=v_x=\frac{\mathrm{d}x}{\mathrm{d}t},\quad a=a_x=\frac{\mathrm{d}^2x}{\mathrm{d}t^2}$$

这样，我们只需研究质点在 x 轴上的运动即可。下面我们讨论两种简单的直线运动。

1.3.1　匀速直线运动

如果质点在运动过程中，其速度的大小和方向一直保持不变，则质点的运动将保持在一条直线上。取这条直线为 x 轴，则质点的速度大小为

$$v=v_x=\frac{\mathrm{d}x}{\mathrm{d}t}=v_0 \tag{1.3.1}$$

式中，v_0 为常数。而质点的加速度大小为

$$a=a_x=\frac{\mathrm{d}v_x}{\mathrm{d}t}=0$$

若设 $t=0$ 时，质点的位置处于 $x=x_0$ 处，则对式（1.3.1）积分有

$$\int_{x_0}^x \mathrm{d}x=\int_0^t v_0\,\mathrm{d}t$$

这样，t 时刻质点的位置就为 $x-x_0=v_0t$。

1.3.2　匀变速直线运动

如果质点的运动保持在一条直线上，并且其加速度保持不变，这样的运动就是匀变速直

线运动。如取这直线为 x 轴，其加速度为常量，可表示为

$$a = a_x = \frac{\mathrm{d}v_x}{\mathrm{d}t} = \frac{\mathrm{d}v}{\mathrm{d}t} \tag{1.3.2}$$

若初始时刻 $t=0$ 时，$\begin{cases} x = x_0 \\ v = v_0 \end{cases}$ 则对式（1.3.2）积分

$$\int_{v_0}^{v} \mathrm{d}v = \int_{0}^{t} a \, \mathrm{d}t$$

即可得到 t 时刻质点运动的速度大小为

$$v = v_0 + at \tag{1.3.3}$$

注意到 $v = v_x = \dfrac{\mathrm{d}x}{\mathrm{d}t}$，即 $\qquad\qquad \dfrac{\mathrm{d}x}{\mathrm{d}t} = v_0 + at$

则再积分，得 $\qquad\qquad \int_{x_0}^{x} \mathrm{d}x = \int_{0}^{t} (v_0 + at) \mathrm{d}t$

就可得到 t 时刻质点的位置

$$x = x_0 + v_0 t + \frac{1}{2} at^2 \tag{1.3.4}$$

同样，我们对做匀变速直线运动的质点其 t 时刻的位置、速度和加速度均做了描述。不过将式（1.3.3）、式（1.3.4）两式联立消去 t 后，我们可得到质点的位置、速度和加速度的一个关系

$$v^2 - v_0^2 = 2a(x - x_0) \tag{1.3.5}$$

以上所得的式（1.3.3）～式（1.3.5），就是匀变速直线运动的三个基本公式。

1.4 斜抛运动

1.4.1 运动的叠加性

在定量描述质点的运动时，常常会遇到运动的叠加问题。以下做一个简介。

在实际问题中，一个物体的运动并非单一的一种形式，它可能参与了几个"分运动"。

实例 1：如图 1.4.1a 所示，从水平飞行的飞机上投掷的炸弹，由于重力作用而自由下落，又由于炸弹离开飞机后有一个速度，因惯性做水平方向的直线运动，因此炸弹的运动是由自由落体运动和水平方向的直线运动叠加而成的。叠加的结果是，炸弹实际上做平抛运动。当然，这里忽略了空气的阻力。

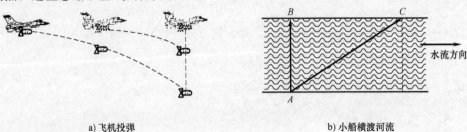

a) 飞机投弹　　　　　　　　　　　　　　　b) 小船横渡河流

图 1.4.1　运动的叠加性

实例2：如图 1.4.1b 所示，一条小船横渡流速均匀的河流时，小船参与了两种运动，自身的横渡运动 $A \to B$ 和它随流水的漂浮运动 $B \to C$，这两种运动的叠加结果，使小船由 $A \to C$。

如果一个物体同时参与几个运动，那么，其中任一个分运动都不会影响到其他的分运动。换言之，一个运动可以看成是由几个独立进行的运动叠加而成的。这个结论称为**运动的叠加性**。

根据运动的叠加性，几个分运动可以叠加成一个合运动，一个运动也可以分解为若干个分运动。运动的叠加性提示的这一"法则"，对实际运算提供了益处。

另外，每个分运动的位移、速度和加速度这些量的叠加，都满足矢量的平行四边形法则。

1.4.2 斜抛运动的定义

抛体运动是竖直平面内的运动，其特点是质点所受重力加速度的大小 g 恒定，方向竖直向下。

取直角坐标系如图 1.4.2 所示，则以初速 $\boldsymbol{v}_0$、抛射角 θ 抛出的物体，在其初始时刻 $t = 0$ 时，

初始位置 $\qquad \begin{cases} x = 0 \\ y = 0 \end{cases}$

初始速度 $\qquad \begin{cases} v_{x_0} = v_0 \cos\theta \\ v_{y_0} = v_0 \sin\theta \end{cases}$

加速度 $\qquad \begin{cases} a_x = \dfrac{\mathrm{d}v_x}{\mathrm{d}t} = 0 \\ a_y = \dfrac{\mathrm{d}v_y}{\mathrm{d}t} = -g \end{cases}$ $\qquad$ (1.4.1)

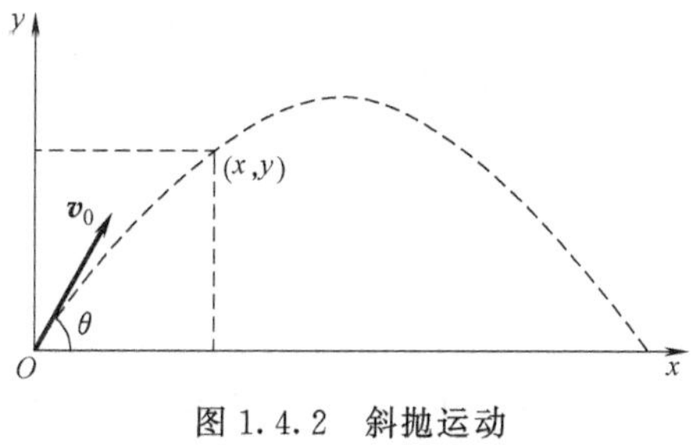

图 1.4.2 斜抛运动

对式（1.4.1）的第一项积分 $\displaystyle\int_{v_0\cos\theta}^{v_x} \mathrm{d}v_x = 0$，得 $v_x = v_0 \cos\theta$，这说明物体在水平方向（x 方向）保持匀速运动。

对 $v_x = \dfrac{\mathrm{d}x}{\mathrm{d}t} = v_0 \cos\theta$ 再积分 $\displaystyle\int_0^x \mathrm{d}x = \int_0^t v_0 \cos\theta \mathrm{d}t$ ，得

$$x = v_0 t \cos\theta \qquad (1.4.2)$$

对式（1.4.1）第二项积分 $\displaystyle\int_{v_0\sin\theta}^{v_y} \mathrm{d}v_y = -\int_0^t g \mathrm{d}t$ ，得

$$v_y = v_0 \sin\theta - gt \qquad (1.4.3)$$

对 $v_y = \dfrac{\mathrm{d}y}{\mathrm{d}t} = v_0 \sin\theta - gt$ 再积分 $\displaystyle\int_0^y \mathrm{d}y = \int_0^t (v_0 \sin\theta - gt)\mathrm{d}t$ ，得

$$y = v_0 t \sin\theta - \frac{1}{2}gt^2 \qquad (1.4.4)$$

这说明物体在竖直方向（y 方向）做匀变速直线运动。综上所述，物体只在竖直的 xOy 平面上运动，t 时刻的位置和速度分别为

$$\begin{cases} x = v_0 t \cos\theta \\ y = v_0 t \sin\theta - \dfrac{1}{2} g t^2 \end{cases} \qquad (1.4.5)$$

$$\begin{cases} v_x = v_0 \cos\theta \\ v_y = v_0 \sin\theta - g t \end{cases} \qquad (1.4.6)$$

另在方程组 (1.4.5) 中各式联立后消去时间 t，就得到物体运动的轨道方程：

$$y = x \tan\theta - \frac{g}{2 v_0^2 \cos^2\theta} x^2 \qquad (1.4.7)$$

即物体的运动轨道为抛物线，而斜抛运动即由抛物线而得名。

作为讨论，考虑物体从地面上抛射（$x_0 = 0$，$y_0 = 0$）到物体落地时（$y = 0$）的运动，由式 (1.4.7) 可得到抛物运动的射程

$$x = \frac{v_0^2}{g} \sin 2\theta \qquad (1.4.8)$$

显然，抛射角 $\theta = \dfrac{\pi}{4}$ 时，射程最大。

另外，当物体达到最高点时，上升速度刚好为零，即此时的 $v_y = 0$。由式 (1.4.6) 可得到物体达到最高点所用的时间为

$$t = \frac{v_0}{g} \sin\theta \qquad (1.4.9)$$

将式 (1.4.9) 代入到式 (1.4.5) 就可得到物体的抛射高度为

$$h = \frac{v_0^2 \sin^2\theta}{2g} \qquad (1.4.10)$$

以上讨论并未考虑空气阻力，实际上由于空气的影响，抛体的运动轨道并非标准的抛物线，而是所谓的"弹道曲线"。

例 1-6 一个人扔石头的最大出手速率 $v = 25\text{m/s}$，他能击中一个与他的手水平距离 $L = 50\text{m}$、高 $h = 13\text{m}$ 处的目标吗？在这个距离内他能击中的目标的最高高度是多少？

解 设出手速度与水平方向的夹角为 α，则有

$$L = v\cos\alpha \cdot t, \quad h = v\sin\alpha \cdot t - \frac{1}{2} g t^2$$

消去 t 可得轨道方程为 $\quad \dfrac{gL^2}{2v^2}\tan^2\alpha - L\tan\alpha + \dfrac{gL^2}{2v^2} + h = 0$

解得 $\quad \tan\alpha = \dfrac{v^2}{gL}\left[1 \pm \sqrt{1 - \dfrac{2g}{v^2}\left(h + \dfrac{gL^2}{2v^2}\right)}\right]$

将 $L = 50\text{m}$，$h = 13\text{m}$ 代入上式根号，有

$$1 - \frac{2g}{v^2}\left(h + \frac{gL^2}{2v^2}\right) = 1 - \frac{2 \times 9.8}{25^2}\left(13 + \frac{9.8 \times 50^2}{2 \times 25^2}\right) = 1 - 1.02 = -0.02 < 0$$

故方程无解，即不能击中目标。

由 $1 - \dfrac{2g}{v^2}\left(h + \dfrac{gL^2}{2v^2}\right) \geqslant 0$，可得

$$h \leqslant \frac{v^2}{2g} - \frac{gL^2}{2v^2} = \left(\frac{25^2}{2 \times 9.8} - \frac{9.8 \times 50^2}{2 \times 25^2} \right) \text{m} = 12.3 \text{m}$$

所以能击中的目标的最大高度是 12.3m。

1.5　圆周运动

如果质点的运动被限制在一圆周上，则这样的运动就称为圆周运动。做圆周运动的质点有一个显著的特点，即质点的速度方向总是沿该点处圆周的切线方向。下面我们就对圆周运动进行讨论。

1.5.1　圆周运动的角速度和角加速度

如图 1.5.1 所示，质点在半径为 R 的圆周上运动，设 t 时刻处于 A 点，在之后的 Δt 时间内，质点运动到 B 点，与此同时，矢径划过一角度 $\Delta \theta$，则可定义 t 时刻质点运动的角速度和角加速度为

$$\left\{ \begin{array}{l} \omega = \lim\limits_{\Delta t \to 0} \dfrac{\Delta \theta}{\Delta t} = \dfrac{\text{d}\theta}{\text{d}t} \\[4mm] \beta = \lim\limits_{\Delta t \to 0} \dfrac{\Delta \omega}{\Delta t} = \dfrac{\text{d}\omega}{\text{d}t} = \dfrac{\text{d}^2 \theta}{\text{d}t^2} \end{array} \right. \tag{1.5.1}$$

1.5.2　圆周运动的速度

显然，做圆周运动的质点，其速度的大小为

$$v = \frac{\text{d}s}{\text{d}t} = \lim_{\Delta t \to 0} \frac{\Delta s}{\Delta t} = \lim_{\Delta t \to 0} \frac{R \cdot \Delta \theta}{\Delta t} = R \lim_{\Delta t \to 0} \frac{\Delta \theta}{\Delta t} = R \frac{\text{d}\theta}{\text{d}t} = \omega R \tag{1.5.2}$$

当然，质点做圆周运动的加速度的计算要复杂一点。下面就针对两种情形进行讨论。

1.5.3　匀速圆周运动

做匀速圆周运动的质点其速率保持为常数，即 $v = \dfrac{\text{d}s}{\text{d}t}$ 为常量。如图 1.5.1 所示，设 t 时刻质点在 A 点处的速度为 $\boldsymbol{v}_A$，经 Δt 时间后运动到 B 点，速度为 $\boldsymbol{v}_B$，可有

$$|\boldsymbol{v}_A| = |\boldsymbol{v}_B| = v = \omega R \tag{1.5.3}$$

即速度的大小不变。但由于其方向的改变，所以速度矢量有一变化量 $\Delta \boldsymbol{v}$（见图 1.5.2），故质点在 t 时刻的加速度定义为

$$\boldsymbol{a} = \lim_{\Delta t \to 0} \frac{\Delta \boldsymbol{v}}{\Delta t}$$

在 $\Delta t \to 0$ 时，B 点趋近于 A 点，而 $\Delta \boldsymbol{v}$ 的方向接近于 $\boldsymbol{v}_A$ 的垂直方向，最终指向圆心。这时的加速度称为向心加速度或法向加速度。

注意到 $\Delta t \to 0$ 时，$|\Delta \boldsymbol{v}| \to v \cdot \Delta \theta$，从而加速度的大小为

$$a = \lim_{\Delta t \to 0} \left| \frac{\Delta \boldsymbol{v}}{\Delta t} \right| = \lim_{\Delta t \to 0} \frac{v \cdot \Delta \theta}{\Delta t} = \omega v \tag{1.5.4}$$

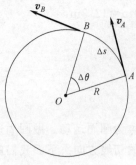

图 1.5.1　圆周运动

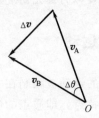

图 1.5.2　匀速圆周运动的速度增量

而由式（1.5.3），有

$$a = \frac{v^2}{R} \tag{1.5.5}$$

1.5.4　变速圆周运动

对于变速圆周运动，$v_A \neq v_B$。质点的运动同样如图 1.5.3 所示，现将 $\boldsymbol{v}_B$ 分成两段，即 $\boldsymbol{v}_B = \boldsymbol{v}'_A + \Delta\boldsymbol{v}_2$，而 $|\boldsymbol{v}'_A| = |\boldsymbol{v}_A|$，这样 $\Delta\boldsymbol{v} = \Delta\boldsymbol{v}_1 + \Delta\boldsymbol{v}_2$，在 $\Delta t \to 0$ 时，$|\Delta\boldsymbol{v}_1| \to v \cdot \Delta\theta$，而 $\Delta\boldsymbol{v}_1$ 的方向接近于 $\boldsymbol{v}_A$ 的垂直方向（即指向圆心的方向）。与此同时，$\Delta\boldsymbol{v}_2$ 的方向趋近于 $\boldsymbol{v}_A$ 的方向，即 A 点处圆周的切线方向。于是，有

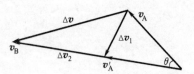

图 1.5.3　变速圆周运动的速度增量

$$\boldsymbol{a} = \lim_{\Delta t \to 0} \frac{\Delta\boldsymbol{v}}{\Delta t} = \lim_{\Delta t \to 0} \frac{\Delta\boldsymbol{v}_1}{\Delta t} + \lim_{\Delta t \to 0} \frac{\Delta\boldsymbol{v}_2}{\Delta t} = \boldsymbol{a}_n + \boldsymbol{a}_t \tag{1.5.6}$$

式中，$\boldsymbol{a}_n = \lim\limits_{\Delta t \to 0} \dfrac{\Delta\boldsymbol{v}_1}{\Delta t}$，其方向总是指向圆心，因而称为向心加速度或法向加速度，它是由速度方向变化引起的，其大小为

$$a_n = \lim_{\Delta t \to 0} \left| \frac{\Delta\boldsymbol{v}_1}{\Delta t} \right| = \lim_{\Delta t \to 0} \frac{v \cdot \Delta\theta}{\Delta t} = \omega v = \frac{v^2}{R} \tag{1.5.7}$$

而 $\boldsymbol{a}_t = \lim\limits_{\Delta t \to 0} \dfrac{\Delta\boldsymbol{v}_2}{\Delta t}$，其方向总是沿质点运动的切线方向，因而称为切向加速度，它是由速度大小变化引起的，其大小为

$$a_t = \lim_{\Delta t \to 0} \left| \frac{\Delta\boldsymbol{v}_2}{\Delta t} \right| = \lim_{\Delta t \to 0} \frac{\Delta v}{\Delta t} = \frac{dv}{dt} = \frac{d^2 s}{dt^2} \tag{1.5.8}$$

注意到 $ds = R\,d\theta$，则

$$a_t = \frac{dv}{dt} = \frac{d^2 s}{dt^2} = \frac{d}{dt}\left(\frac{ds}{dt}\right) = \frac{d}{dt}\left(\frac{R\,d\theta}{dt}\right) = R\frac{d^2\theta}{dt^2} = \beta R \tag{1.5.9}$$

相应地，变速圆周运动的加速度大小和方向为

$$\begin{cases} a = \sqrt{a_n^2 + a_t^2} \\[2mm] \tan\alpha = \dfrac{a_n}{a_t} \end{cases} \tag{1.5.10}$$

例 1-7 一飞轮边缘上一点 P 所经过的路程与时间的关系为 $s = v_0 t - \dfrac{1}{2} b t^2$，其中 v_0 和 b 都是正的常量。（1）求该点在时刻 t 的加速度；（2）t 为何值时，该点的切向加速度与法向加速度的大小相等？已知飞轮的半径为 R。

解 由题意，可得该点的速率为

$$v = \frac{\mathrm{d}s}{\mathrm{d}t} = \frac{\mathrm{d}}{\mathrm{d}t}\left(v_0 t - \frac{1}{2} b t^2\right) = v_0 - bt$$

上式表明，速率随时间 t 而变化，该点做变速圆周运动。

（1）t 时刻切向加速度、法向加速度及加速度的大小分别为

$$a_t = \frac{\mathrm{d}v}{\mathrm{d}t} = \frac{\mathrm{d}^2 s}{\mathrm{d}t^2} = -b, \quad a_n = \frac{v^2}{R} = \frac{(v_0 - bt)^2}{R},$$

$$a = \sqrt{a_t^2 + a_n^2} = \frac{\sqrt{(v_0 - bt)^4 + (bR)^2}}{R}$$

可见，P 点做的是匀减速圆周运动。加速度方向与速度方向的夹角为 $\alpha = \arctan\left[\dfrac{(v_0 - bt)^2}{-Rb}\right]$。

（2）当 $a_t = a_n$ 时，即 $\dfrac{(v_0 - bt)^2}{R} = b$，所以 $t = \dfrac{v_0 - \sqrt{bR}}{b}$。

本 章 小 结

1-1 力学的研究对象：机械运动。

1-2 质点：忽略物体的形状、大小，将其视为一个具有质量的点，是理想的物理模型。

1-3 参考系：研究物体的运动时，作为参考的物体或物体组。

1-4 运动的绝对性和相对性：运动是绝对的，静止是相对的。

1-5 坐标系：为了定量描述物体的位置与运动情况，在给定的参考系上建立的带有标尺的数学坐标，称为坐标系。

1-6 描述质点运动的基本物理量。

位移：$\Delta \boldsymbol{r} = \boldsymbol{r}_2 - \boldsymbol{r}_1$　　　　（其中位置矢量 $\boldsymbol{r} = x\boldsymbol{i} + y\boldsymbol{j} + z\boldsymbol{k}$）

速度：$\boldsymbol{v} = \lim\limits_{\Delta t \to 0} \dfrac{\Delta \boldsymbol{r}}{\Delta t} = \dfrac{\mathrm{d}\boldsymbol{r}}{\mathrm{d}t}$，加速度：$\boldsymbol{a} = \lim\limits_{\Delta t \to 0} \dfrac{\Delta \boldsymbol{v}}{\Delta t} = \dfrac{\mathrm{d}\boldsymbol{v}}{\mathrm{d}t} = \dfrac{\mathrm{d}^2 \boldsymbol{r}}{\mathrm{d}t^2}$

1-7 几种典型的运动。

（1）匀变速直线运动的 3 个基本运动方程

$$v = v_0 + at, \ x = x_0 + v_0 t + \frac{1}{2} a t^2, \ v^2 - v_0^2 = 2a(x - x_0)$$

（2）斜抛运动：在水平方向（x 方向）保持匀速直线运动，在竖直方向（y 方向）做匀变速直线运动

$$\begin{cases} x = v_0 t \cos\theta \\ y = v_0 t \sin\theta - \dfrac{1}{2}gt^2 \end{cases}, \quad \begin{cases} v_x = v_0 \cos\theta \\ v_y = v_0 \sin\theta - gt \end{cases}, \quad \begin{cases} a_x = \dfrac{\mathrm{d}v_x}{\mathrm{d}t} = 0 \\ a_y = \dfrac{\mathrm{d}v_y}{\mathrm{d}t} = -g \end{cases}$$

轨道方程：
$$y = x\tan\theta - \frac{g}{2v_0^2 \cos^2\theta}x^2$$

（3）圆周运动

匀速圆周运动：只有向心（法向）加速度 $a = \dfrac{v^2}{R}$；

变速圆周运动：法向加速度 $a_n = \dfrac{v^2}{R}$，切向加速度 $a_t = \dfrac{\mathrm{d}v}{\mathrm{d}t}$；

总加速度：$\begin{cases} a = \sqrt{a_n^2 + a_t^2} \\ \tan\alpha = \dfrac{a_n}{a_t} \end{cases}$

1-8 质点运动学的两类基本问题。

（1）已知运动方程求速度和加速度：求导；

（2）已知加速度（或速度）及初始条件求运动方程：积分。

习 题

一、填空题

1-1 一质点在 xOy 平面上运动，其运动方程为 $r = R\cos\omega t i + R\sin\omega t j$（$R$、$\omega$ 均为正常数），从 $t_1 = \dfrac{\pi}{\omega}$ 到 $t_2 = \dfrac{2\pi}{\omega}$ 时间内，质点的位移为_____，经过的路程为_____。

1-2 一质点沿直线运动，其运动方程为 $x = 2t^3 - 8t + 10$（x 和 t 的单位分别为 m 和 s），第 2s 末质点的速度大小为_____。

1-3 一质点沿直线运动，其运动方程为 $x = 10 - 20t^2 + 30t^3$（x 和 t 的单位分别为 m 和 s），初始时刻质点的加速度为_____。

1-4 气球以 5m/s 的速度匀速上升，离地面高 20m 时，从气球上自行脱落一重物，重物落到地面所需的时间为_____，落地时速度的大小为_____。

1-5 一汽车从 A 地出发，向北行驶 30km 到达 B 地，然后向东行驶 30km 到达 C 地，最后向东北行驶 20km 到达 D 地，则在此过程中汽车行驶的总路程为_____，总位移为_____。

1-6 一质点的运动方程为 $r = 4\cos2t i + 3\sin2t j$，该质点的轨迹方程为_____。

1-7 以初速 v_0 将一小球斜向上抛，抛射角为 θ，忽略空气阻力，小球运动到最高点时，法向加速度为_____，切向加速度为_____。

1-8 一质点沿半径为 3m 的圆周运动，其切向加速度的大小为 3m/s^2，当总加速度与半径的夹角成45°时，总加速度的大小为_____。

1-9 一质点从静止出发沿半径为4m的圆形轨道运动，其运动规律为$s=2t^2$（s的单位为m，t的单位为s），经过_____时间后切向加速度恰好与法向加速度相等。

1-10 质点沿x轴做直线运动，其加速度$a=4t$（m/s^2），在$t=0$时刻，$v_0=0$，$x_0=10$m，则该质点的运动方程为_____。

二、选择题

1-1 一质点按规律$x=t^2-4t+5$沿x轴运动（x和t的单位分别为m和s），前3s内质点的位移和路程分别为（　　）。

A. 3m，3m   B. −3m，−3m

C. −3m，3m   D. −3m，5m

1-2 一质点在xOy平面上运动，其运动方程为$x=3t+5$，$y=t^2+t-7$，该质点的运动轨迹是（　　）。

A. 直线   B. 双曲线

C. 抛物线   D. 三次曲线

1-3 做直线运动质点的运动方程为$x=t^3-40t$，从t_1到t_2时间间隔内，质点的平均速度为（　　）。

A. $(t_2^2+t_1t_2+t_1^2)-40$ B. $3t_1^2-40$

C. $3(t_2-t_1)^2-40$ D. $(t_2-t_1)^2-40$

1-4 一球从5m高处自由下落至水平桌面上，然后反弹至3.2m高处，所经历的总时间为1.90s，则该球与桌面碰撞期间的平均加速度为（　　）。

A. 大小为180m/s^2，方向竖直向上   B. 大小为180m/s^2，方向竖直向下

C. 大小为20m/s^2，方向竖直向上   D. 零

1-5 一质点沿直线运动，其速度与时间成反比，则其加速度（　　）。

A. 与速度成正比   B. 与速度成反比

C. 与速度的平方成正比   D. 与速度的平方成反比

1-6 一质点沿直线运动，每秒钟内通过的路程都是1m，则该质点（　　）。

A. 做匀速直线运动   B. 平均速率为1m/s

C. 任一时刻的加速度都等于零   D. 任何时间间隔内，位移大小都等于路程

1-7 质点做任意曲线运动时一定会改变的物理量是（　　）。

A. 速度v B. 速率v

C. 加速度a D. 法向加速度的大小a_n

1-8 以下四种运动中，加速度保持不变的运动是（　　）。

A. 单摆的运动   B. 圆周运动

C. 抛体运动   D. 匀速率曲线运动

1-9 一个质点在做圆周运动时，则有（　　）。

A. 切向加速度一定改变，法向加速度也改变

B. 切向加速度可能不改变，法向加速度一定改变

C. 切向加速度可能不变，法向加速度不变

D. 切线加速度一定改变，法向加速度不变

1-10 下面四种说法中，正确的是（　　　）。

A. 物体的加速度越大，速度就越大

B. 做直线运动的物体，加速度越来越小，速度也越来越小

C. 切向加速度为正时，质点运动加快

D. 法向加速度越大，质点运动的法向速度变化越快

1-11 飞机在空中沿水平方向匀速飞行，从飞机上投下一枚炸弹，不计空气阻力，则飞行员观察到炸弹在落地前做（　　　）。

A. 匀速直线运动　　　　　　　　　　B. 自由落体运动

C. 平抛运动　　　　　　　　　　　　D. 斜抛运动

三、计算题

1-1 一质点沿直线运动，运动方程为 $x=6t^2-2t^3$。试求：

(1) 第 2s 内的位移和平均速率；

(2) 第 1s 末及第 2s 末的瞬时速率，第 2s 内的路程；

(3) 第 1s 末的瞬时加速度和第 2s 内的平均加速度。

1-2 一质点按规律 $x=3t+2t^2$ 沿直线运动，其中 x 和 t 的单位分别为 m 和 s。求第 2 秒内质点的平均速度和平均加速度。

1-3 一质点沿直线运动，其运动方程为 $x=x_0+\dfrac{v_0}{k}(1-e^{-kt})$，其中 k 为常数。试求质点的速度和加速度。

1-4 一质点在 xOy 平面上运动，其运动方程为 $\boldsymbol{r}=4t^2\boldsymbol{i}+(2t+3)\boldsymbol{j}$（$x$ 和 t 的单位分别为 m 和 s），试求：

(1) 质点的轨迹；

(2) 最初两秒内的位移、平均速度、平均加速度；

(3) 第 1 秒末的速度、加速度、切向加速度、法向加速度。

1-5 一质点做直线运动，其瞬时加速度的变化规律为 $a_x=-A\omega^2\cos\omega t$，在 $t=0$ 时，$v_x=0$，$x=A$，其中 A、ω 均为正的常数，求此质点的运动学方程。

1-6 跳水运动员自 10m 高的跳台自由下落。入水后因受阻而减速。自水面向下取坐标轴 Oy，其加速度为 $a=-kv_y^2$，常数 $k=0.4\text{m}^{-1}$。当运动员速度为入水速度的 1/10 时，求运动员的入水深度。

1-7 湖中有一小船，岸边有人用绳子跨过一定滑轮拉船靠岸，如计算题 1-7 图所示。设绳子原长为 l_0，人以匀速 u 拉动绳子，试求小船向岸边移动的速度和加速度。

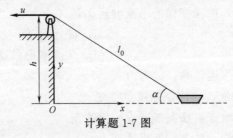

计算题 1-7 图

1-8 一质点沿半径为 0.10m 的圆周运动，其角位置（以弧度表示）可用公式表示为

$\theta = 2 + 4t^3$。求：

(1) $t = 2$s 时，它的法向加速度和切向加速度；

(2) 当切向加速度恰为总加速度大小的一半时，θ 为何值？

(3) 在哪一时刻，切向加速度和法向加速度恰有相等的值？

1-9　假设物体以初速 v_0 沿与水平方向成角 θ 的方向被抛出，求物体运动的轨道方程、射程、飞行时间和物体所能到达的最大高度。

习题参考答案

一、填空题

1-1　$2Ri$，πR

1-2　16m/s

1-3　-40m/s^2

1-4　2.6s，20.5m/s

1-5　80km，62.42km

1-6　$\dfrac{x^2}{16} + \dfrac{y^2}{9} = 1$

1-7　g，0

1-8　$3\sqrt{2}\,\text{m/s}^2$

1-9　1s

1-10　$x = 10 + \dfrac{2}{3}t^3$

二、选择题

题号	1-1	1-2	1-3	1-4	1-5	1-6	1-7	1-8	1-9	1-10	1-11
答案	D	C	A	A	C	B	A	C	B	C	B

三、计算题

1-1　(1) 4m，4m/s　　(2) 0m/s，4m　　　(3) 0，-6m/s^2

1-2　9m/s，4m/s^2

1-3　$v_0 e^{-kt}$，$-kv_0 e^{-kt}$

1-4　(1) $x = \dfrac{1}{2}(y-3)^2$　　(2) $\Delta \boldsymbol{r} = (16\boldsymbol{i} + 4\boldsymbol{j})\text{m}$，$\boldsymbol{v} = (8\boldsymbol{i} + 2\boldsymbol{j})\text{m/s}$，$\boldsymbol{a} = 8\boldsymbol{i}\,\text{m/s}^2$

(3) $\boldsymbol{v} = (8\boldsymbol{i} + 2\boldsymbol{j})\text{m/s}$，$\boldsymbol{a} = 8\boldsymbol{i}\,\text{m/s}^2$，$a_\text{t} = \dfrac{8}{\sqrt{5}}\text{m/s}^2$，$a_\text{n} = \dfrac{4}{\sqrt{5}}\text{m/s}^2$

1-5　$x = A\cos\omega t$

1-6　$y = 5.76$m

1-7　$\begin{cases} v = \dfrac{\mathrm{d}x}{\mathrm{d}t} = \dfrac{(l_0 - ut)u}{\sqrt{(l_0 - ut)^2 - h^2}} = -\dfrac{u}{\cos\alpha} = -\sqrt{1 + \dfrac{h^2}{x^2}}\,u \\[4mm] a = \dfrac{\mathrm{d}v}{\mathrm{d}t} = \dfrac{\mathrm{d}^2 x}{\mathrm{d}t^2} = -\dfrac{h^2 u^2}{[(l_0 - ut)^2 - h^2]^{3/2}} = -\dfrac{h^2 u^2}{x^3} \end{cases}$

1-8　(1) 230.4m/s², 4.8m/s²　　(2) 3.154rad　　(3) 0.55s

1-9　$y = (\tan\theta_0)x - \dfrac{g}{2(v_0\cos\theta_0)^2}x^2$, $x_2 = \dfrac{v_0^2}{g}\sin2\theta_0$,

　　　$t = \dfrac{x_2}{v_0\cos\theta_0} = \dfrac{2v_0}{g}\sin\theta_0$, $h = \dfrac{v_0^2}{2g}\sin^2\theta_0$

第2章　牛顿运动定律

> **学习目标**
>
> ➢ 掌握牛顿三大运动定律
> ➢ 理解力学中常见的三种力
> ➢ 掌握用牛顿运动定律求解质点动力学问题的方法
> ➢ 知道牛顿运动定律的局限性

通过第1章的学习，我们对描述质点运动的相关概念有了较为详尽的了解，知道可以用位矢 r 来描述质点的位置，用位矢的时间变化率即速度 $v = \dfrac{\mathrm{d}r}{\mathrm{d}t}$ 来描述质点运动得快慢，用速度的时间变化率即加速度 $a = \dfrac{\mathrm{d}v}{\mathrm{d}t}$ 来描述质点运动状态改变的程度。接下来的问题是：物体为什么会运动？物体运动的原因是什么？物体运动有什么规律？如何描述？

人们很早就试图说明物体受力与运动的关系，古希腊哲学家亚里士多德曾认为，物体之所以运动，是受到了力的作用，所以"力是维持物体运动的原因"。他的这一错误观点与人们通常的直观感受很是"合拍"，因而在此后的两千多年间都被视为"经典"。

在欧洲文艺复兴时期，涌现出很多对世界文明进程产生过重大影响的科学家。其中被誉为"近代科学之父"的伽利略将物理实验与数学方法相结合，使物理学研究走上了以实验为基础的科学道路。伽利略对运动和力的关系进行了有效的研究，得到一个重要的结论：物体在不受外力的作用时，将保持原来的运动速度；力是物体运动状态改变的原因。

与伽利略同时代的其他物理学家们对力学现象也进行了多方面的研究，得到很多重要结论，为牛顿完成经典力学的大综合提供了基本的条件。牛顿在开普勒、伽利略等人的基础上经过分析概括，再根据自己的研究成果，将质点运动规律总结成三条定律，即牛顿三大运动定律。

牛顿运动定律是在广泛的实践基础上建立起来的，在此基础上，人们后来又建立起关于固体和液体的运动规律。所以在经典力学范围内，牛顿运动定律不仅是关于质点运动的定律，也是研究一般物体运动的基础。

概括地说，本章研究的是质点运动变化的原因。

2.1 牛顿三大运动定律

2.1.1 牛顿第一定律（惯性定律）

伽利略对物体的运动做了很多观察实验，其中最为人所熟知的是小车的斜面下滑实验，甚至今天的初中学生也都学习过。实际上，当年伽利略做的是小球沿斜面滚下的实验。通过小球沿斜面滚下实验，伽利略指出，小球从斜面上滚下后，之所以在平面的滚动会最后停下来，是因为受到摩擦阻力的

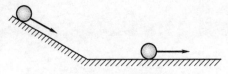

图 2.1.1　如果没有摩擦阻力，小球将一直匀速地滚动下去

作用。如果能把摩擦阻力减小到零，那么小球将一直匀速地运动下去（见图 2.1.1）。后来笛卡儿进一步指出，小球不但运动速度大小不变，其运动方向也将不变，即小球将保持匀速直线运动状态。

伽利略为了说明小球如果不受摩擦阻力的作用将一直滚动下去的情况，还做了另外一个实验。他安置两个相同的斜面，让小球从一个斜面的顶端滚下，再滚上另一个斜面。伽利略指出，如果没有摩擦的作用，小球将严格地滚到相同的高度。而如果降低斜面的斜率，由于小球要滚到相同的高度，就会滚得远一些。如果把斜面降至水平，小球将一直滚下去（见图 2.1.2）。

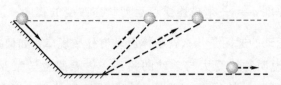

图 2.1.2　如果把斜面降至水平，小球将一直滚下去

后来，牛顿把伽利略的工作纳入到他的力学理论体系，称之为第一运动定律。当然，在表述上也要严谨得多，也更具有普遍性。他的表述是：**任何物体都保持静止或匀速直线运动状态，除非作用在它上面的外力迫使其改变这种状态为止。**这就是牛顿第一定律。其中任何物体都要保持静止或匀速直线运动状态，即任何物体都要保持原来的运动状态这一性质，被称为**惯性**。因而牛顿第一定律也被称为惯性定律。

牛顿第一定律的数学表述为

$$\boxed{若 \sum F = 0, 则\ a = 0, v = 恒矢量}$$ (2.1.1)

从牛顿第一定律可以得到一个重要推论：**"力的作用是物体获得加速度的原因。"**

在理解时应当注意，牛顿第一定律中的外力指的是作用于物体的所有力的矢量和。当物体所受外力的矢量和 $\sum F = 0$ 时，物体的加速度 $a = 0$，意味着物体的速度不随时间变化，即 $v =$ 恒矢量。说明原来处于静止状态的物体仍静止，运动的物体仍运动，总之是保持原来的运动状态不变。

惯性是一切物体的固有属性，无论是固体、液体或气体，无论物体是运动还是静止，都具有惯性。惯性的大小反映了物体运动状态改变的难易程度。惯性的大小只与物体的质量有

关。质量大的物体运动状态相对难以改变，也就是惯性大；质量小的物体运动状态相对容易改变，也就是惯性小。

牛顿第一定律给出了关于力的科学含义，认为物体所受的力是外界对它的作用，作用的效果是使该物体改变运动状态，产生加速度。

2.1.2　牛顿第二定律

不受外力作用的物体将保持原来的运动状态，那么当外力作用在物体上时，物体又是如何改变其运动状态的呢？所加的外力与运动状态的改变有什么关系呢？

在中学阶段，我们对运动状态及其改变有了较多的认识，知道了只要物体速度的大小和方向发生改变，物体的运动状态就会改变。可见物体的运动状态是否改变取决于它的速度是否改变，研究物体的运动，首先必须考虑物体的速度。同样地，要定义一个关于"运动的量"，也必须考虑物体的速度。

在牛顿所处的时代，人们对"运动的量"这一概念如何定义争议很大，后来倾向于用 mv 来表示，现在我们知道 mv 就是动量。

伽利略和牛顿都曾先后研究过运动物体"运动量的改变量"与所受外力的关系。牛顿发现，在物体上所施的外力 F 将使物体"运动的量"发生改变，进一步的精确实验表明，外力 F 与"运动的量"有确定的数量关系。据此总结出牛顿第二定律："物体动量随时间的变化率与作用在物体上的外力成正比。"

牛顿第二定律的数学表述为

$$F = \frac{\mathrm{d}(m\boldsymbol{v})}{\mathrm{d}t} \tag{2.1.2}$$

在宏观、低速的情况下，物体的质量是恒定的，因此有

$$F = \frac{\mathrm{d}(m\boldsymbol{v})}{\mathrm{d}t} = m\frac{\mathrm{d}\boldsymbol{v}}{\mathrm{d}t} = m\boldsymbol{a}$$

牛顿第二运动定律通常表述为：**在外力作用下，物体获得的加速度 a 的大小与所受合外力 F 成正比，与物体的质量 m 成反比，a 的方向与 F 的方向相同**，即

$$\boxed{F = m\boldsymbol{a}} \tag{2.1.3}$$

式（2.1.2）与式（2.1.3）的两种数学表述是等价的。

对牛顿第二定律的理解需要注意以下几点：

1）牛顿第二定律阐明了在力的作用下物体运动状态变化的规律，a 与 F 是瞬时关系；

2）此定律只适用于质点的运动；

3）F 是合外力，它概括了力的独立性原理和力的叠加原理，在解题时通常用其分量式。在直角坐标系中，$F = ma_x\boldsymbol{i} + ma_y\boldsymbol{j} + ma_z\boldsymbol{k}$，分量式为

$$\begin{cases} \sum F_x = ma_x = m\dfrac{\mathrm{d}v_x}{\mathrm{d}t} \\[2mm] \sum F_y = ma_y = m\dfrac{\mathrm{d}v_y}{\mathrm{d}t} \\[2mm] \sum F_z = ma_z = m\dfrac{\mathrm{d}v_z}{\mathrm{d}t} \end{cases} \tag{2.1.4}$$

在自然坐标系中，$F = ma_t e_t + ma_n e_n$，分量式为

$$\begin{cases} \sum F_t = ma_t = m\dfrac{dv}{dt} \\ \sum F_n = ma_n = m\dfrac{v^2}{R} \end{cases}$$

以下结合牛顿第二定律对"质量"的概念做些分析。

所有物体都有惯性，不同的物体惯性大小不一样。研究表明，一个物体在不同的外力 F_1，F_2，…，F_n 作用下获得的加速度度分别为 a_1，a_2，…，a_n，而外力与加速度满足关系式：

$$\frac{F_1}{a_1} = \frac{F_2}{a_2} = \cdots = \frac{F_n}{a_n}$$

显然，比值 $\dfrac{F_n}{a_n}$ 反映了物体的某种属性，人们将这一比值定义为惯性质量 m，用来量度惯性的大小。

事实上，这里介绍惯性质量涉及的关系式，就是牛顿第二定律的公式。

本章将在介绍万有引力时引入"引力质量"的概念，用以表征物体之间引力作用的强度。这两个质量虽然分别代表物体的两种不同属性，但是理论研究和精确的实验研究表明，对于同一物体来说，惯性质量和引力质量是相等的。我们可以不加区别，直接称为质量。

质量是标量，在国际单位制中，质量是七个基本物理量之一，它的单位为千克（kg）。

力是矢量，在国际单位制中，它的单位为牛顿（N）。

需要说明的是，经典物理学认为物体的质量是恒定的。而近代物理学研究则表明，物体的质量随其运动速度而改变。爱因斯坦狭义相对论中有一个著名的质速关系式：

$$m = \frac{m_0}{\sqrt{1 - (v/c)^2}} \tag{2.1.5}$$

式中，m_0 为物体静止时的质量，一般称为静质量。由式（2.1.5）知，当物体的运动速率 v 可与光速 c 相比拟时，物体的质量明显地大于其静止质量，这时必须考虑相对论效应。不过，我们现在学习的是经典物理学，研究的是宏观、低速的物理现象，在我们碰到的问题中，物体的运动速度 $v \ll c$，因此，完全可以认为 $m = m_0$，即认为物体的质量恒定。

2.1.3 牛顿第三定律

牛顿第三定律表述为：**作用力和反作用力大小相等、方向相反，沿同一直线分别作用在两个物体上。**

当物体 A 以力 F 作用于物体 B 时，物体 B 也必定同时以力 F' 作用于物体 A，F 与 F' 等大、反向，并处于同一直线上，即

$$F = -F' \tag{2.1.6}$$

牛顿第三定律告诉我们，物体之间的作用总是相互的，我们常把其中的一个力称为作用力，而把另一个力称为反作用力。作用力、反作用力和平衡力的比较见表 2.1-1。

对牛顿第三定律的理解，需要注意以下几点：

1) 作用力和反作用力总是成对出现的，并且同时产生，同时消失。它们中的任何一个

都不可能独立存在。

2）作用力和反作用力的大小相等、方向相反，且沿同一条直线。

3）作用力和反作用力分别作用在两个物体上，不会抵消。

4）作用力和反作用力通常都是性质相同的力。

表 2.1.1　作用力、反作用力和平衡力的比较

共同点		作用力和反作用力	一对平衡力
共同点		等大、反向、共线	
不同点	作用点	分别作用在不同物体上	作用在同一物体上
不同点	性质	相同	不一定相同
不同点	同时性	同时产生、同时变化、同时消失	两个力不互相影响
不同点	作用效果	不能抵消	相互抵消

牛顿的三大运动定律在经典力学体系中占有重要的地位。第一定律定性说明了物体运动状态的变化与所受外力之间的关系；第二定律定量说明了物体运动状态的变化与所受外力之间的关系；第三定律说明物体之间相互联系和相互制约的关系。

2.2　力学中常见的几种力

在经典力学的理论体系中，物体的运动与力的作用是直接相关的。只要知道作用在物体上的力的具体形式，就可以根据运动定律确定物体的运动状态。在这里介绍几种经典力学中常见的力。

2.2.1　万有引力

无论是宇宙中的星系之间，还是地球上的物体之间，都存在着相互吸引的力。我们通常说宇宙是和谐的，那么，这种和谐就是由物体之间相互吸引的力造成的。

物体之间存在相互吸引的力称为万有引力。研究表明，在空间内存在一种特殊的物质，物理学家将其称为引力场，认为引力作用就是通过引力场传递的。

牛顿最伟大的贡献之一，是发现所有物体之间存在着的引力都满足平方反比定律。

万有引力定律：任何两个质点之间都存在着相互作用的引力，引力的方向沿两质点的连线，力的大小与两质点质量的乘积成正比，与两质点间距离的二次方成反比，即

$$F_{12} = -G \frac{m_1 m_2}{r_{12}^2} \hat{r}_{12}$$

(2.2.1)

式中，G 称为引力常量，$G = 6.67 \times 10^{-11} \, \text{N} \cdot \text{m}^2/\text{kg}^2$

必须注意，引力 F_{12} 是 m_1 对 m_2 的引力，式中的 "$-$" 号表示 F_{12} 的方向与单位矢量 $\hat{r}_{12}$ 相反（见图 2.2.1）。

万有引力的大小与两质点的距离的二次方成反比，这种关系称为**平方反比定律**。今后我们还碰到类似的满足平方反比定律的情况，例如电磁学中的库仑定律等。

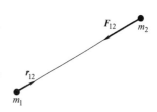

图 2.2.1　万有引力图示

万有引力之所以称为"万有",是因为它广泛存在于世间万物之间。但由于引力常量很小,两质点的质量一般不是很大,所以两个质点的距离稍大一点,相互的引力就很小。因此,在分析一般的力学问题时,可以不考虑引力作用。

在万有引力定律中,引入的质量称为**引力质量**,它也是物体自身属性的量度,用以表征物体之间引力的强度。精确度很高的实验表明,引力质量与惯性质量相等。因此在通常情况下,我们可以不加区分。

重力:地球表面的物体由于地球的吸引而受到的竖直向下的力。它属于万有引力的范畴,其大小为 mg,其中 m 为物体的质量,g 为重力加速度。

若把地球(质量为 $m_{\oplus}$,半径为 R)近似看作质量均匀分布的球体,则地面上一质量为 m 的物体与地球间的引力大小近似,与重力相等,即

$$F = G\frac{m_{\oplus}m}{R^2} = mg \qquad (2.2.2)$$

因而,重力加速度为

$$g = \frac{Gm_{\oplus}}{R^2} \qquad (2.2.3)$$

由式(2.2.3)可见,物体的重力加速度 g 与所考察的物体质量无关。

在实际应用中,通常取 $g=9.8\mathrm{m/s}^2$,粗略计算时可取 $g=10\mathrm{m/s}^2$。

2.2.2 弹力

当两个物体直接接触时,如果物体发生形变,物体之间就产生一种相互作用力,并且在一定限度内,形变越大,力也越大,形变消失,力也随之消失。这种与物体形变大小有关的力,称为**弹力**。弹力的方向垂直于过两物体接触点的切面。

物体受力的作用,必定要发生弹性形变。当把力撤掉后,若物体能完全恢复到原来的形状,则这样的形变称为**弹性形变**。如果作用在物体上的力超过一定限度,物体就不能完全恢复到原来的形状,则这个限度称为**弹性限度**。

在弹性形变问题中,最典型的是弹簧的弹性形变。有一个重要的定律描述弹簧的弹性形变,这一定律是与牛顿同时代的物理学家胡克发现的,称为胡克定律。

胡克定律:在弹性限度内,弹簧产生的弹力与弹簧的形变量成正比,即

$$\boxed{F = -kx} \qquad (2.2.4)$$

式中,k 为弹簧的劲度系数;x 为弹簧的形变量;负号表明弹力的方向与形变的方向相反。

常见的弹力还有支持力、张力等。例如,将一物体置于水平桌面,物体将使桌面产生我们察觉不到的形变,桌面因此产生一个向上的支持物体的弹力,我们称之为支持力。又如,绳子受到拉力作用时必然会产生形变,而绳子有恢复原状的趋势,从而产生一个与所受拉力方向相反的力,这就是张力。图2.2.2就是几种常见的弹力。

2.2.3 摩擦力

当一个物体在另一个物体表面滑动或有滑动趋势时,在接触面上产生的阻碍相对滑动的

a) 自行车座　　　　b) 撑杆跳　　　　c) 射箭　　　　d) 蹦极　　　　e) 跳板跳水

图 2.2.2　常见的弹力示意图

力，称为摩擦力。摩擦力产生的原因非常复杂，除了接触面凹凸不平而互相嵌合外，还与分子之间的引力作用和静电作用有关。摩擦力有以下几种类型。

1. 静摩擦力

当物体有滑动趋势但尚未滑动时，产生的摩擦力叫静摩擦力。静摩擦力与所施加的外力大小相等、方向相反。如果增大外力，静摩擦力 F_f 也随之增大。当静摩擦力增大到一定数值时，若再增大拉力，物体将发生相对滑动，此时的静摩擦力为最大，称为最大静摩擦。

实验表明，最大静摩擦力的大小与正压力成正比，即

$$F_{fmax} = \mu_0 F_N \qquad (2.2.5)$$

式中，μ_0 称为静摩擦系数，由物体的材料和表面粗糙程度决定，通常由实验测定。而静摩擦力的大小在 0 到 F_{fmax} 之间。

2. 滑动摩擦力

当相互接触的两物体有相对滑动时，物体接触面间的摩擦力就称为滑动摩擦力。

实验表明：滑动摩擦力 F_f 的大小与物体间的相互压力 F_N 的大小成正比，即

$$F_f = \mu F_N \qquad (2.2.6)$$

式中，μ 称为动摩擦系数，由物体的材料和表面粗糙程度决定。一般地，对于给定的两个物体，动摩擦系数 μ 比静摩擦系数 μ_0 略小。

3. 滚动摩擦力

当圆形的物体在一物体表面滚动时，在接触处产生的阻碍物体滚动的力称为滚动摩擦力。

实验表明，当相对滑动速率不太大时，滚动摩擦力小于滑动摩擦力。这也正是在很多场合，为减小摩擦，往往用滚动取代滑动的原因。

在技术上，为减小摩擦，通常在发生相对滑动的固体表面涂上润滑剂，将接触面隔开，从而减小摩擦力。

图 2.2.3 所示是我们相当熟悉的自行车，请读者分析一下，自行车是如何利用摩擦实现"自行"的？它又是如何减小有害摩擦的。通过这个例子，可以帮助我们更好地理解摩擦，同时认识人们面对摩擦，是如何"趋利避害"的。

物理学研究告诉我们，自然界中力的形式尽管多种多样，但是根据力的属性可以归纳为四种类型，通常称为四种基本相互作用。一是万有引力，二是电磁相互作用，三是强相互作

用，四是弱相互作用。引力相互作用和电磁相互作用在宏观上能表现出来，因为它们是长程力。而强相互作用和弱相互作用只在微观上表现，所以我们日常是感受不到的。

图 2.2.3　自行车：增大有益摩擦和减小有害摩擦

2.3　牛顿定律的应用

牛顿定律有着重要的应用，在力学中，它较多地用于求解两类问题：已知力求运动（已知受力情况，分析运动状态）和已知运动求力（已知运动状态，分析受力情况）。但是无论是哪一类问题，求解过程中的关键是加速度。

有人总结了应用牛顿定律的十六字诀，可以帮助我们尽快掌握基本的解题技巧：

隔离物体，具体分析，建立坐标，写出方程。

"隔离物体"是指在明确研究对象的情况下，将相连接的物体"隔离"开来，以避免分析过程中的失误。"具体分析"是指判断研究对象的运动情况，并用速度、加速度等符号标明，或者对物体进行受力分析，画出受力图并注意力的三要素在图中的体现，并标明相关的符号。"建立坐标"是指在参考系上选定合适的参考点为原点，建立坐标系以便用定量表示。"写出方程"指的是在分析的基础上写出相应的分量式。可以认为，以上这些环节是很重要的，这些工作完成了，接下来的联立求解就水到渠成了。

例2-1　质量为 m 的汽车，行驶到一座半径为 R 的圆弧形拱桥顶端时，汽车速率为 v，求汽车对桥面的压力。

解　依题意作受力分析如图2.3.1所示，汽车在竖直方向上受两个力作用，取向下为正，根据牛顿第二定律在竖直方向上建立方程：

$$mg - F_N = ma = m\frac{v^2}{R}$$

解之，得

$$F_N = m\left(g - \frac{v^2}{R}\right)$$

以上所求得的 F_N 是桥面对汽车的支持力，根据牛顿第三定律知，汽车对桥面的压力大小为

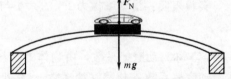

图 2.3.1　例 2-1 图

$$F_{N'} = |-F_N| = m\left(g - \frac{v^2}{R}\right)$$

讨论：（1）对于一般的圆弧形拱桥面来说，汽车通过时车速会影响到对桥面的压力大小吗？

（2）如果桥面是平面或凹面，汽车对桥面的压力又是多大？

例2-2　如图2.3.2所示，物体 A 和 B 的质量分别为 m_A 和 m_B，它们之间用轻绳连接，放在倾角为 α 的斜面上，物体 A 和 B 与斜面间的滑动摩擦系数分别为 μ_A 和 μ_B，且 $\mu_A < \mu_B$。试求两物体运动的加速度和绳中的张力。

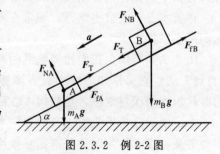

图 2.3.2　例 2-2 图

解　依题意作受力分析如图 2.3.2 所示，对于物体 A，在沿斜面和垂直于斜面的方向上，由牛顿第二定律，应分别有

$$m_A a_A = m_A g \sin\alpha - F_T - \mu_A F_{NA}$$
$$F_{NA} - m_A g \cos\alpha = 0$$

同样对于物体 m_B，在沿斜面和垂直于斜面的方向上，应分别有

$$m_B a_B = m_B g \sin\alpha + F_T - \mu_B F_{NB}$$
$$F_{NB} - m_B g \cos\alpha = 0$$

解上面方程组有　$a_A = g \sin\alpha - \dfrac{F_T}{m_A} - \mu_A g \cos\alpha$，$a_B = g \sin\alpha + \dfrac{F_T}{m_B} - \mu_B g \cos\alpha$。

由上两式知，a_A 不可能大过 a_B，显然只有 $a_A \leqslant a_B$。

而当 $a_A < a_B$ 时，应有 $F_T = 0$。此时

$$a_A = g \sin\alpha - \mu_A g \cos\alpha,\quad a_B = g \sin\alpha - \mu_B g \cos\alpha$$

即　　　　　　　　　　$g \sin\alpha - \mu_A g \cos\alpha < g \sin\alpha - \mu_B g \cos\alpha$

于是 $\mu_B < \mu_A$，而这与题设 $\mu_A < \mu_B$ 矛盾。故只能是 $a_A = a_B$。这样，联立上述方程就可解得

$$a = g \sin\alpha - \frac{\mu_A m_A + \mu_B m_B}{m_A + m_B} g \cos\alpha,\quad F_T = \frac{(\mu_B - \mu_A) m_A m_B}{m_A + m_B} g \cos\alpha$$

通过以上例题的分析，可以总结出求解动力学问题的一般方法与步骤：

(1) 根据题意选定研究对象，并适当划分隔离体；

(2) 分析物体受力情况，并画出受力分析图；

(3) 选定坐标系，列出牛顿方程的分量式；

(4) 求解，并分析讨论各物理量之间的关系。

牛顿第二定律表明，只要给定物体运动的初始状态，根据牛顿第二定律，物体以后的运动就是可以确定的。下面我们给出两个例子来加以说明。

例 2-3　如果质量为 m 的物体受到形如 $F = F_0 \cos\omega t$ 的简谐力作用并沿直线运动。开始时，物体处于静止状态。问之后的 t 时刻物体的运动速度如何？位置又如何？

解　取力的作用直线为 x 轴，并取物体开始运动时位于坐标原点，故由牛顿第二定律，有 $m \dfrac{\mathrm{d}v}{\mathrm{d}t} = F_0 \cos\omega t$

对上式积分　　　　　　　　$\displaystyle\int_0^v \mathrm{d}v = \int_0^t \frac{F_0}{m} \cos\omega t\, \mathrm{d}t$

从而得到 t 时刻物体的运动速度为　　$v = \dfrac{\mathrm{d}x}{\mathrm{d}t} = \dfrac{F_0}{m\omega} \sin\omega t$

再积分，有　　　　　　　　$\displaystyle\int_0^x \mathrm{d}x = \int_0^t \frac{F_0}{m\omega} \sin\omega t\, \mathrm{d}t$

又可以得到 t 时刻物体的位置是　　$x = \dfrac{F_0}{m\omega^2}(1 - \cos\omega t)$

例 2-4　一质量为 $10\mathrm{kg}$ 的质点在力 $\boldsymbol{F} = (120t + 40)\boldsymbol{i}$ 作用下沿 x 轴运动，在 $t = 0$ 时，质点处于 $x_0 = 5\mathrm{m}$ 处，其速度大小为 $v_0 = 6\mathrm{m/s}$。求质点在任意 t 时刻的速度大小和位置。

解　根据牛顿第二定律 $\boldsymbol{F} = m\boldsymbol{a} = m \dfrac{\mathrm{d}\boldsymbol{v}}{\mathrm{d}t}$，有

$$120t + 40 = 10\frac{\mathrm{d}v}{\mathrm{d}t} \Rightarrow \mathrm{d}v = (12t+4)\mathrm{d}t \Rightarrow \int_{v_0}^{v} \mathrm{d}v = \int_{t_0}^{t} (12t+4)\mathrm{d}t$$

$$\Rightarrow \int_{6}^{v} \mathrm{d}v = \int_{0}^{t} (12t+4)\mathrm{d}t \Rightarrow v-6 = 6t^2 + 4t$$

进而可求得
$$v = 6t^2 + 4t + 6$$

又由于
$$v = \frac{\mathrm{d}x}{\mathrm{d}t} \Rightarrow \mathrm{d}x = v\mathrm{d}t \Rightarrow \int_{x0}^{x} \mathrm{d}x = \int_{t_0}^{t} v\mathrm{d}t$$

$$\Rightarrow \int_{5}^{x} \mathrm{d}x = \int_{0}^{t} (6t^2 + 4t + 6)\mathrm{d}t \Rightarrow x - 5 = 2t^3 + 2t^2 + 6t$$

进而可求得
$$x = 2t^3 + 2t^2 + 6t + 5$$

2.4 *力学相对性原理 非惯性系和惯性力

2.4.1 惯性参考系

在地面系中，牛顿运动定律成立。在相对地面系做匀速直线运动的参考系中，牛顿运动定律也成立。而在相对地面系做加速运动的参考系中，牛顿运动定律就不成立了。因此，牛顿运动定律并非适用于一切参考系。

我们把牛顿运动定律成立的参考系称为**惯性参考系**，简称**惯性系**，不能成立的参考系称为**非惯性系**。这样一来，牛顿运动定律就是判断一个参考系是惯性系还是非惯性系的理论依据。

需要说明的是，以宇宙中所有恒星的平均静止位形为基础建立的坐标系才是严格的惯性系。以太阳中心为坐标原点建立的坐标系是比较精确的惯性系。以地球上固定点为坐标原点建立的地面系并非严格的惯性系。但是，在我们处理较短时间内发生的宏观力学问题时，可以近似地把地面系当作惯性系，直接运用牛顿运动定律解决问题。因此，一般情况下，我们说的惯性系都是指地面系。

2.4.2 力学相对性原理

1）在相对于惯性系做匀速直线运动的参考系中，力学规律相同。

2）相对于惯性系做匀速直线运动的一切参考系都是惯性系。

推论：对于描述力学规律而言，所有惯性系是等价的。

"力学规律在所有惯性系中是等价的"，是指由牛顿定律及由其导出的其他规律具有相同的形式。而不是指在不同惯性系中观察到的物理现象都相同。

2.4.3 伽利略变换

现在我们知道在惯性系中牛顿运动定律适用，那么在另一个相对惯性系运动的参考系中，牛顿定律是否也适用呢？

我们着重讨论"另一个相对惯性系做匀速直线运动的参考系"。由伽利略相对性原理知，这个参考系也必然是惯性系。

如图 2.4.1 所示，设两个惯性系 S（$Oxyz$）和 S$'$（$O'x'y'z'$），其中 x 和 x' 重合，S$'$ 相

对于 S 以速度 u 沿 x 轴做匀速直线运动。

对于点 P，在两个惯性系中的位矢不相同，时空坐标也不相同。

S 系和 S′系的时间和空间是相互独立的，并与物体是否运动无关，S 系和 S′系之间的时间和空间坐标的关系称为**伽利略变换**。表示为

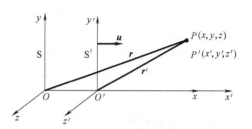

图 2.4.1　伽利略变换图示

$$\begin{cases} x'=x-ut \\ y'=y \\ z'=z \\ t'=t \end{cases} \quad \text{或者} \quad \begin{cases} x=x'+ut \\ y=y' \\ z=z' \\ t=t' \end{cases}$$

$$(2.4.1)$$

以上讨论是在长度测量和同时性测量的绝对性的假定下进行的。这两种绝对性只有在两个惯性系的相对速度满足 $u \ll c$ 时才成立。

以下分析牛顿第二定律经伽利略变换的情形。

设一质点的速度满足 $u \ll c$，在 S 系和 S′系中对此质点及其受力情况进行观察，因其质量与运动状态无关，故有 $m=m'$；对同一个力观察有 $\boldsymbol{F}=\boldsymbol{F}'$。

在 S 系中，质点的速度 $\boldsymbol{v}$ 的分量式为

$$v_x=\frac{\mathrm{d}x}{\mathrm{d}t}, \quad v_y=\frac{\mathrm{d}y}{\mathrm{d}t}, \quad v_z=\frac{\mathrm{d}z}{\mathrm{d}t}$$

在 S′系中，质点的速度 $\boldsymbol{v}'$ 的分量式为

$$v'_x=\frac{\mathrm{d}x'}{\mathrm{d}t}, \quad v'_y=\frac{\mathrm{d}y'}{\mathrm{d}t}, \quad v'_z=\frac{\mathrm{d}z'}{\mathrm{d}t}$$

将利略变换式（2.4.1）的前三式对时间求导并考虑到第四式，则有

$$\begin{cases} v'_x=v_x-u \\ v'_y=v_y \\ v'_z=v_z \end{cases}$$

写成矢量式为
$$\boldsymbol{v}'=\boldsymbol{v}-\boldsymbol{u}$$

上式中 $\boldsymbol{u}$ 为恒矢量。上式对时间求微商得 $\boldsymbol{a}=\boldsymbol{a}'$。

由此可知，牛顿第二定律在 S 系和 S′系中的表达形式 $\boldsymbol{F}=m\boldsymbol{a}$ 和 $\boldsymbol{F}'=m\boldsymbol{a}'$ 是相同的。

可以证明，力学中其他基本规律经伽利略变换后其形式也不变。

事实上，我们现在所学习的经典力学正是满足伽利略变换的理论体系。根据伽利略变换，可以得到经典的时空观。

2.4.4　非惯性系和惯性力

相对于惯性系 S 做变速运动的参考系称为非惯性系。

在实际问题中，我们常常需要观察和研究非惯性系中所发生的力学现象，但是，在非惯性系中牛顿定律不成立。而我们习惯于用牛顿定律去解释或解决相关的力学问题，现在面对非惯性系的问题，牛顿定律不再适用了。研究表明，如果在非惯性系中引入一种特殊的"惯性力"，则仍可用牛顿定律解决问题。

需要强调的是，惯性力不同于通常的力，它既无施力物体也不存在反作用力，它与"力是物体间的相互作用"的定义是冲突的。因此，惯性力是一种"虚拟力"。

1. 做匀加速直线运动的非惯性系

如图 2.4.2 所示，固定在车厢内的光滑桌面上放有一个质量为 m 的滑块，车厢以加速度 a 由静止开始向右做直线运动。

地面观察者观察结果：滑块在水平方向不受力，处于静止状态。滑块的运动符合牛顿运动定律。

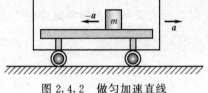

图 2.4.2 做匀加速直线
运动的非惯性系

在车厢内的观察者观察结果：滑块在水平方向不受力，但以 $-a$ 在桌面上运动。这显然违背了牛顿运动定律。

结论：在加速运动的参考系（非惯性系）中，牛顿运动定律不成立。

有意思的是，位于车厢内的观察者试图让牛顿运动定律仍然能够解释滑块的运动，进而能够解决加速运动在非惯性系中的运动问题，他认为如果滑块在与车厢加速运动相反的方向上受到一个力的作用，那么问题就可以解决。

于是，在做匀加速直线运动的非惯性系中引入惯性力

$$\boldsymbol{F}^* = -m\boldsymbol{a} \tag{2.4.2}$$

式中，"$-$"表示惯性力的方向与非惯性系相对于惯性系的加速度方向相反。

在图 2.4.2 中，滑块受到的惯性力为 $\boldsymbol{F}^* = -m\boldsymbol{a}$。当车厢以加速度 a 向右运动时，滑块受到向左的惯性力而以加速度 $-a$ 向左运动。可见，引入惯性力后就可以解释清楚了。

2. 匀速转动参考系中的惯性力

如图 2.4.3 所示，长为 R 的细绳一端固定于圆盘中心，另一端系一质量为 m 的小球。小球随圆盘一起转动。

以地面为参考系，细绳的张力作为小球做圆周运动的向心力，小球的运动符合牛顿定律，且有

$$|\boldsymbol{F}_T| = ma_n = m\frac{v^2}{R} = m\omega^2 R$$

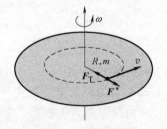

若以圆盘这个非惯性系为参考系，小球受到细绳的拉力却静止，这不符合牛顿定律。

于是，在匀速转动的非惯性系中引入惯性力

$$F^* = m\omega^2 r \tag{2.4.3}$$

图 2.4.3 做匀速转
动的非惯性系

式中，F^* 也称惯性离心力；r 为转轴到质点的有向线段，与转轴垂直。

小球受力关系为 $\boldsymbol{F}_T + \boldsymbol{F}^* = \boldsymbol{0}$，小球虽然静止，但牛顿定律仍成立。

3. "失重"和"超重"

如图 2.4.4 所示，在封闭的电梯地板上放置一个磅秤，重量为 mg 的人站立在磅秤上。显然，如果电梯静止，磅秤的示数就是人正常的重量。如果电梯以加速度 a 向上或向下做加速运动，那么电梯这一系统就是一个非惯性系，人必然会受到一个与 a 反向的惯性力 $\boldsymbol{F}^* = m\boldsymbol{a}$ 的作用。详见图 2.4.4 中的受力分析。

当电梯向下加速运动时，有 $mg-ma-F_N=0$，得 $F_N=mg-ma$，这就是"失重"。

当电梯向上加速运动时，有 $F_N-mg-ma=0$，得 $F_N=mg+ma$，这就是"超重"。

由以上的分析，我们可以对"失重"和"超重"现象概括如下：

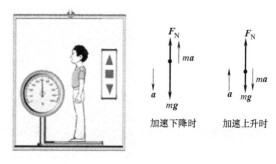

图 2.4.4 "失重"和"超重"示意图

失重：物体对支持物的压力小于物体所受重力的现象，也就是物体的"视重"小于"实重"。当物体做自由落体运动时，物体处于**完全失重状态**。

超重：物体对支持物的压力大于物体所受重力的现象，也就是物体的"视重"大于"实重"。

例如，我们乘坐电梯时就能感受到"超重"与"失重"，以上对电梯的定量分析与我们的真实感知是一致的。当电梯加速上升时，由于我们和电梯一起有一个向上的加速度，所以此时我们"超重"了。相反，当电梯加速下降时，由于我们和电梯一起有一个向下的加速度，所以此时我们"失重"了。假如不幸电梯坏了，我们就和电梯一起做自由落体运动了（如果忽略相关的摩擦的话），此时我们必定完全失重。不过，像这样以生命为代价的体验我们当然不要。

需要强调，无论是"失重"还是"超重"，都是物体的"视重"发生了变化，而物体的真实重量是不会改变的。

例 2-5 一质量为 60kg 的人，站在电梯中的磅秤上，当电梯以 0.5m/s^2 的加速度匀加速上升时，磅秤上指示的读数是多少？试用惯性力的方法求解。

解 从电梯这个非惯性系来看，人除了受到向下的重力和磅秤对它的向上的支持力之外，还要另加一个惯性力 $F^*=ma$。此人相对于电梯是静止的，则以上三个力必须恰好平衡，即 $F_N-W-F^*=0$。

于是，有 $F_N=W+F^*=m(g+a)=618\text{N}$

由此可见，磅秤上的读数（根据牛顿第三定律，它读的是人对秤的正压力，而正压力和 F_N 是一对大小相等的相互作用力）不等于物体所受的重力 W。当加速上升时，$F_N>W$，人处于"超重"状态；加速下降时，$F_N<W$，人处于"失重"状态。如果电梯以重力加速度下降，人则处于"完全失重状态"，此时磅秤上的读数将为 0。

本 章 小 结

2-1 牛顿第一定律（惯性定律）：任何物体都保持静止或匀速直线运动状态，除非作用在它上面的外力迫使其改变这种状态为止。

2-2 牛顿第二定律：在外力作用下，物体获得的加速度 a 的大小与所受合外力 F 成正比，与物体的质量 m 成反比，a 的方向与 F 的方向相同。

在直角坐标系中，$F=ma_x\boldsymbol{i}+ma_y\boldsymbol{j}+ma_z\boldsymbol{k}$，分量式为

$$\begin{cases} \sum F_x = ma_x = m\dfrac{dv_x}{dt} \\[2mm] \sum F_y = ma_y = m\dfrac{dv_y}{dt} \\[2mm] \sum F_z = ma_z = m\dfrac{dv_z}{dt} \end{cases}$$

在自然坐标系中，$\boldsymbol{F} = ma_t\boldsymbol{e}_t + ma_n\boldsymbol{e}_n$，分量式为

$$\begin{cases} \sum F_t = ma_t = m\dfrac{dv}{dt} \\[2mm] \sum F_n = ma_n = m\dfrac{v^2}{R} \end{cases}$$

2-3　牛顿第三定律：作用力和反作用力大小相等、方向相反，分别作用在两个物体上。

2-4　力学中常见的几种力：重力、弹力、摩擦力。

2-5　牛顿定律的应用：隔离物体，具体分析，建立坐标，写出方程。

* 2-6　力学相对性原理。

习　题

一、填空题

2-1　质量为 40kg 的箱子放在货车底板上，箱子与底板间的静摩擦系数为 0.40，动摩擦系数为 0.25。（1）当货车以 $2m/s^2$ 的加速度加速行驶时，作用在箱子上摩擦力的大小为 ＿＿＿＿＿＿；（2）当货车以 $4.5m/s^2$ 的加速度行驶时，作用在箱子上的摩擦力大小为 ＿＿＿＿＿＿。

2-2　倾角为 30° 的斜面体放置在水平桌面上，一质量为 2kg 的物体沿斜面以 $3m/s^2$ 的加速度下滑，斜面体与桌面间的静摩擦力为 ＿＿＿＿＿＿。

2-3　两根质量忽略不计的弹簧，原长都是 0.1m，第一根弹簧挂质量为 m 的物体后，长度为 0.11m，第二根弹簧挂质量为 m 的同一物体后，长度为 0.13m，现将两弹簧并联，下面挂质量为 m 的物体，并联弹簧的长度为 ＿＿＿＿＿＿。

2-4　沿长度为 3m 的斜坡将质量为 100kg 的物体拉上高 1m 的汽车车厢底板，物体与斜面间的摩擦系数为 0.20，所需的拉力大小至少为 ＿＿＿＿＿＿。

2-5　用长度为 1.4m 的细绳系住盛有水的小桶，杂技演员令其在竖直面内做圆周运动，为使桶内的水不致泼出，小桶在最高点的速度大小至少应等于 ＿＿＿＿＿＿。

2-6　质量为 0.25kg 的物体以 $9.2m/s^2$ 的加速度下降，物体所受空气的阻力为 ＿＿＿＿＿＿。

2-7　电梯起动或制动过程可近似视为匀变速运动，电梯底板上放有质量为 100kg 的物体，当电梯被制动，并以 $2.25m/s^2$ 的加速度上升时，物体对电梯底板的压力为 ＿＿＿＿＿＿。

2-8　如果你在赤道上用弹簧秤测量自己的体重，假设地球自转变慢，则测得的体重将 ＿＿＿＿。（填"变大"或"变小"）

2-9　在光滑的水平桌面上并排放置两个物体 A 和 B，且它们互相接触，质量分别为 $m_A=3kg$，$m_B=2kg$，今用 $F=10N$ 的水平力作用于物体 A，并通过物体 A 作用于物体 B，则两物体的加速度 $a=$____，A 对 B 的作用力 $F_{AB}=$_____，B 对 A 的作用力 $F_{BA}=$_____。

二、选择题

2-1　下面的说法正确的是（　　　）。

A. 合力一定大于分力　　　　　　　　B. 物体速率不变，则物体所受合力为零

C. 速度很大的物体，运动状态不易改变　D. 物体质量越大，运动状态越不易改变

2-2　用细绳系一小球，使之在竖直平面内做圆周运动，当小球运动到最高点时（　　　）。

A. 小球受到重力、绳子拉力和向心力的作用

B. 小球受到重力、绳子拉力和离心力的作用

C. 绳子的拉力可能为零

D. 小球可能处于受力平衡状态

2-3　将质量分别为 m_1 和 m_2 的两个滑块 A 和 B 置于斜面上，A 和 B 与斜面间的摩擦系数分别是 μ_1 和 μ_2，今将 A 和 B 粘合在一起构成一个大滑块，并使它们的底面共面地置于该斜面上，则该大滑块与斜面间的摩擦系数为（　　　）。

A. $\dfrac{\mu_1+\mu_2}{2}$

B. $\dfrac{\mu_1\mu_2}{(\mu_1+\mu_2)}$

C. $\sqrt{\mu_1\mu_2}$

D. $\dfrac{(\mu_1 m_1+\mu_2 m_2)}{(m_1+m_2)}$

2-4　将质量为 m_1 和 m_2 的两个滑块 P 和 Q 分别连接于一根水平轻弹簧的两端后，置于水平桌面上，桌面与滑块间的摩擦系数均为 μ。今在滑块 P 上作用一个水平拉力，使系统做匀速运动。如果突然撤去拉力，则在拉力撤销的瞬时，滑块 P、Q 的加速度分别为（　　　）。

A. $a_P=0$，$a_Q=0$

B. $a_P=-\dfrac{m_2}{m_1}\mu g$，$a_Q=\mu g$

C. $a_P=a_Q=\mu g$

D. $a_P=-\left(1+\dfrac{m_2}{m_1}\right)\mu g$，$a_Q=0$

2-5　质量相同的物体 A 和 B 分别连接在一根轻弹簧两端，在物体 A 上系一细绳将整个系统悬挂起来。当系统平衡后，突然剪断细绳，剪断细绳瞬时，物体 A 和 B 的加速度分别为（　　　）。

A. $a_A=a_B=g$

B. $a_A=a_B=0$

C. $a_A=2g$，$a_B=0$

D. $a_A=g$，$a_B=0$

2-6　长为 l、质量为 m 的一根柔软细绳挂在固定的水平钉子上，不计摩擦，当绳长一边为 b、另一边为 c 时，钉子所受的压力是（　　　）。

A. mg

B. $\dfrac{4mgbc}{l^2}$

C. $mg\,|b-c|\,l$

D. $\dfrac{mg(l-b)b}{l}$

2-7 升降机底板上放着一个盛有水的杯子，一木块浮在杯内水中，此时水面恰与杯口齐平。当升降机由静止开始加速上升时，杯内的水（   ）。

A. 仍保持水面与杯口齐平   B. 将溢出

C. 水面下降   D. 溢出还是下降要视加速度大小而定

2-8 半径为 R 的圆弧形状公路，外侧高出内侧的倾角为 α，要使汽车通过该段路面时不引起侧向摩擦力，汽车行驶速率应为（   ）。

A. $\sqrt{Rg}$ B. $\sqrt{\dfrac{Rg\cos\alpha}{\sin^2\alpha}}$

C. $\sqrt{Rg\tan\alpha}$ D. $Rg\tan\alpha$

2-9 在电梯中用弹簧秤测物体重力。电梯静止时，弹簧秤指示数为 500N，当电梯做匀变速运动时，弹簧秤指示数为 400N，若取 $g=10\text{m/s}^2$，该电梯加速度的大小和方向分别为（   ）。

A. 2m/s^2，向上   B. 2m/s^2，向下

C. 8m/s^2，向上   D. 8m/s^2，向下

2-10 当两质点之间的距离为 r 时，两质点之间的相互吸引力为 F，若将它们之间的距离拉开到 $2r$，该两质点间的相互吸引力为（   ）。

A. $F/4$ B. $F/2$

C. $2F$ D. $4F$

2-11 若将地球视为半径为 R 的均匀球体，地球表面重力加速度为 g_0，距地面高度为 h 处的重力加速度为 $g_0/2$，则 h 等于（   ）。

A. $R/2$ B. R

C. $\sqrt{2}R$ D. $(\sqrt{2}-1)R$

2-12 下面说法正确的是（   ）。

A. 静止或做匀速直线运动的物体一定不受外力的作用

B. 物体的速度为零时一定处于平衡状态

C. 物体的运动状态发生变化时，一定受到外力的作用

D. 物体的位移方向一定与所受合力方向一致

2-13 一个物体只受一个恒力作用，则此物体一定在做（   ）。

A. 匀加速直线运动   B. 匀速圆周运动

C. 平抛运动   D. 匀变速运动

三、计算题

2-1 质量为 10kg 的物体放置在水平面上，今以 20N 的力推物体，已知推力的方向与铅垂线成 $60°$ 夹角，物体与水平面间的摩擦系数为 0.10，求物体的加速度。

2-2 总质量为 m 的探空气球以加速度 a 竖直下落，问必须从气球吊篮中扔掉多少沙袋才能使气球以加速度 a 竖直上升？

2-3 一木块能在与水平面成 α 角的斜面上匀速下滑，若令该木块以初速 v_0 沿此斜面向上滑动，试求木块能沿此斜面向上滑动的最大距离。

2-4 桌面上放着质量为 1kg 的木板，木板上放着质量为 2kg 的物体，物体与木板之间

及木板与桌面之间的静摩擦系数均为 0.30，动摩擦系数均为 0.25。求：

（1）今以水平力 F 拉板，使两者一起以 $a=1\text{m/s}^2$ 的加速度运动，试计算物体与板的相互作用力以及板与桌面间的相互作用力；

（2）要将板从物体下面抽出，至少需要多大的力？

2-5　用轻细绳将质量分别为 10kg、20kg 和 30kg 的物体 A、B 和 C 依次连成一串，置于光滑水平桌面上。今在物体 C 上作用一大小等于 60N 的水平拉力，拉力的方向与连接物体的细绳在同一条直线上。试求绳中的张力。

2-6　质量为 20kg 的小车可以在水平面上无摩擦地运动，小车上面放着质量为 2kg 的木块，木块与小车间的动摩擦系数为 0.25，静摩擦系数为 0.30。

（1）若在木块上作用 20N 的水平拉力时，木块与小车间的摩擦力为多少？木块和小车各以多大的加速度运动？

（2）当作用在木块上的水平拉力为 2N 时，木块与小车间的摩擦力为多少？木块与小车的加速度如何？

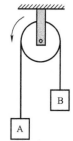

2-7　如计算题 2-7 图所示，一根不可伸长的轻细绳跨过定滑轮后，两端分别悬挂质量为 3kg 和 1kg 的物体 A 和 B。先用手托住物体 A，使 A 和 B 都静止，然后释放，求物体 A 的加速度和运动方程（滑轮质量不计）。

计算题 2-7 图

2-8　质量为 20kg 的物体放在倾角为 30° 的斜面上，物体与斜面间的摩擦系数为 0.25。今以水平力 F 推物体。

（1）F 为多大时物体可沿斜面向上匀速滑动？

（2）F 为多大时物体可沿斜面向下匀速滑动？

2-9　原长 l_0、劲度系数为 k 的轻弹簧一端固定，另一端系质量 m 的小球，小球和弹簧以恒定角速度 ω 在水平面内做圆周运动。求小球做圆周运动的半径及小球所受弹性力的大小。

2-10　在光滑的水平桌面上放着两个用细绳连接的木块 A 和 B，它们的质量分别是 $m_A=3\text{kg}$ 和 $m_B=5\text{kg}$，今以水平恒力 $F=16\text{N}$ 作用于木块 B 上，并使它们一起向右运动，如计算题 2-10 图所示。求连接体的加速度和绳子的张力。

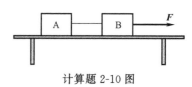

计算题 2-10 图

习题参考答案

一、填空题

2-1　80N；98N

2-2　5.2N

2-3　0.1075m

2-4　511.5N

2-5　3.7m/s

2-6　0.15N

2-7　755N

2-8 变大

2-9 $a=2\text{m/s}^2$，4N，4N

二、选择题

题号	2-1	2-2	2-3	2-4	2-5	2-6	2-7	2-8	2-9	2-10	2-11	2-12	2-13
答案	D	C	D	D	C	B	A	C	B	A	D	C	D

三、计算题

2-1 0.65m/s^2

2-2 $\dfrac{2ma}{g+a}$

2-3 $\dfrac{v_0^2}{4g\sin\alpha}$

2-4 （1）物体与板的相互压力为 19.6N，物体和板间的相互摩擦力为 2N，板和桌面的相互压力为 29.4N，板和桌面间的相互摩擦力为 7.35N；（2）$F\geqslant 16.17\text{N}$

2-5 10N，30N

2-6 （1）4.9N，木块 $a_1=7.55\text{m/s}^2$，小车 $a_2=0.245\text{m/s}^2$；

（2）1.8N，$a=9.1\times10^{-2}\text{m/s}^2$

2-7 $a=4.9\text{m/s}^2$，$x=2.45t^2$

2-8 （1）189.5N；（2）56N

2-9 $R=\dfrac{kl_0}{k-m\omega^2}$，$F=\dfrac{kml_0\omega^2}{k-m\omega^2}$

2-10 $a=2\text{m/s}^2$，$F_T=6\text{N}$

第3章 功 和 能

学习目标

➤ 掌握功、功率、动能和势能（包括重力势能和弹力势能）的概念及计算方法

➤ 理解保守力和非保守力的概念

➤ 掌握用动能定理、功能原理、机械能守恒定律求解有关力学问题的方法

➤ 了解能量守恒定律

在经典力学中，牛顿运动定律是描述质点运动的基本规律，力学体系中的其他规律都是牛顿运动定律的必然结果。此外，在经典力学中还有三个具有重要应用价值的守恒定律：能量守恒定律；动量守恒定律和角动量守恒定律。这三个守恒定律具有更为深刻的物理意义，它们不仅适用于经典力学，也适用于近代物理学，包括相对论力学和量子力学，在其他学科中也有重要的应用。

在这一章里，我们首先阐明功、动能和势能的概念，进而讨论反映功和能之间关系的动能定理和功能原理，最后讨论机械能守恒定律。本章讨论的问题是力对物体作用的空间累积效应。

3.1 功和功率

3.1.1 功

在中学阶段，我们对功和能就有了基本的认识，知道功是作用于物体上的力与物体沿力的方向所发生的位移的乘积。不过那是特指力与物体移动的方向一致的情形。为了考察做功的普遍情形，这里作做一步的讨论。

在做功问题中，最简单的是恒力做功。

如图 3.1.1a 所示，如果物体在恒力 F 的作用下，沿力的作用方向移动了 s 的距离，则我们可以用 $A=Fs$ 来衡量力 F 对物体移动了 s 的作用效果，并称 A 为力 F 对物体作用了 s 的距离所做的功。

如图 3.1.1b 所示，如果恒力 F 与物体移动的方向不一致，而是有一个夹角 α，那力 F 对物体的作用使其沿运动方向移动了 s 距离后所做的功为

$$A=Fs\cos\alpha=\boldsymbol{F}\cdot\boldsymbol{S} \tag{3.1.1}$$

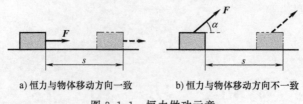

a) 恒力与物体移动方向一致   b) 恒力与物体移动方向不一致

图 3.1.1 恒力做功示意

以上讨论的是恒力做功使物体沿直线运动，但在实际问题中，更多的是变力做功问题，质点也不一定沿直线运动。

现在考虑做功的一般情形。如图 3.1.2 所示，一质点在变力 $\boldsymbol{F}$ 作用下沿曲线 L 运动，力 $\boldsymbol{F}$ 的大小和方向都在随时间变化，物体在 $\boldsymbol{F}$ 作用下沿任意曲线从 P 点运动到 Q 点。我们将总位移分为若干位移元 $d\boldsymbol{r}$，则在每个位移元内，可以认为 $\boldsymbol{F}$ 是恒定的，故有

$$dA = \boldsymbol{F} \cdot d\boldsymbol{r}$$

(3.1.2)

式中，dA 称为 dt 时间内力 $\boldsymbol{F}$ 对质点所做的元功；$d\boldsymbol{r}$ 称为元位移。

物体从 P 点到 Q 点，变力 $\boldsymbol{F}$ 对物体做的总功为

$$A = \int_{r_P}^{r_Q} \boldsymbol{F} \cdot d\boldsymbol{r} = \int_{r_P}^{r_Q} F dr \cos\varphi$$

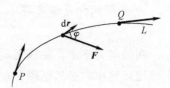

图 3.1.2 变力做功

由上式知，

$$\begin{cases} \varphi < \pi/2 \text{ 时}, A > 0, \text{表示力对物体做正功}, \\ \varphi > \pi/2 \text{ 时}, A < 0, \text{表示力对物体做负功}, \\ \varphi = \pi/2 \text{ 时}, A = 0, \text{表示力对物体不做功}. \end{cases}$$

在讨论功时，一定要指明是什么力对物体做功，或者物体反抗什么力做功。

在国际单位制中，功的单位是焦耳（J）1J=1N·m。

在实际问题中，还会出现多个力对同一物体做功的情形。设物体同时受 $\boldsymbol{F}_1, \boldsymbol{F}_2, \cdots, \boldsymbol{F}_i$ 作用，当物体由 P 点到 Q 点时，合力做功为

$$A = \int_P^Q \boldsymbol{F} \cdot d\boldsymbol{r} = \int_P^Q \sum_i \boldsymbol{F}_i \cdot d\boldsymbol{r} = \sum_i \int_P^Q \boldsymbol{F}_i \cdot d\boldsymbol{r} = \sum_i A_i$$

(3.1.3)

结论：**合力对物体所做的功等于各分力所做功的代数和。**

在直角坐标系中，作用于物体的合力和位移可表示为

$$\begin{cases} \boldsymbol{F} = F_x \boldsymbol{i} + F_y \boldsymbol{j} + F_z \boldsymbol{k} \\ d\boldsymbol{r} = dx \boldsymbol{i} + dy \boldsymbol{j} + dz \boldsymbol{k} \end{cases}$$

则合力做功为

$$A = \int_P^Q \boldsymbol{F} d\boldsymbol{r} = \int_P^Q F_x dx + \int_P^Q F_y dy + \int_P^Q F_z dz = A_x + A_y + A_z$$

(3.1.4)

结论：**在直角坐标系中，合力所做的功等于其直角分量做功的代数和。**

最后强调一点，功是与过程相关的量，这类量可以称为"过程量"，顾名思义，过程量既然与过程有关，那么功必然与物体所经历的路径有关。

3.1.2 功率

功率是描述做功快慢程度的物理量。把同样的物体提高 h 的距离，力大时就提高得快，

力小时就提高得慢。甚至同样的力，由于使用了不同的机械装置，物体提高的快慢程度也会不一样。如使用定滑轮和使用动滑轮的情况就不一样。但对于将同样的物体提高至同样高度的情况来说，对物体所做的功却都是一样的。如果在 t 时间内，力 $\boldsymbol{F}$ 对物体所做的功为 A，为了衡量该力对物体做功的快慢程度，就以单位时间内对物体所做的功来进行比较，即单位时间内完成的功称为功率，用符号 P 表示

$$P = \frac{A}{t} \tag{3.1.5}$$

在 Δt 时间内，机械做功 ΔA，则在这段时间内，机械做功的平均功率为

$$\overline{P} = \frac{\Delta A}{\Delta t} \tag{3.1.6}$$

平均功率只能粗略地描述机械做功的快慢程度。当 $\Delta t \rightarrow 0$ 时，比值 $\dfrac{\Delta A}{\Delta t}$ 的极限值就能反映在一个瞬时（即极短过程）机械做功的快慢程度，所以瞬时功率（简称功率）可以表示为

$$P = \lim_{\Delta t \rightarrow 0} \frac{\Delta A}{\Delta t} = \frac{\mathrm{d}A}{\mathrm{d}t} \tag{3.1.7}$$

由 $\mathrm{d}A = \boldsymbol{F} \cdot \mathrm{d}\boldsymbol{r}$，可以得到

$$P = \frac{\boldsymbol{F} \cdot \mathrm{d}\boldsymbol{r}}{\mathrm{d}t} = \boldsymbol{F} \cdot \boldsymbol{v} \tag{3.1.8}$$

式（3.1.8）表示功率在数值上等于力在运动方向上的分量与速率的乘积。对于一定功率的机械，当速率小时，力就大；当速率大时，力必定小。例如，当汽车以最大功率行驶时，在平坦的路上所需要的牵引力较小，可高速行驶；在上坡时所需要的牵引力较大，必须放慢速度。

在国际单位制中，功率的单位是瓦特（W），$1\mathrm{W} = 1\mathrm{J/s}$。功率的辅助单位还有千瓦（kW）、马力等。其中，$1\mathrm{kW} = 1000\mathrm{W}$。

马力是在工程技术中常用的功率单位，规定在 1s 内将 75kg 重物举高 1m 的功率为 1 马力。1 马力 $= 735\mathrm{W}$。

由式（3.1.7）知，功可以表示为 $A = \int P \mathrm{d}t$，所以功还有一个常用单位：千瓦·时（kW·h），即度，它表示以 1kW 的恒定功率做功的机械，在 1h 内所做的功。$1\mathrm{kW} \cdot \mathrm{h}$（度）$= 3.6 \times 10^{6}\mathrm{J}$。

例 3-1 设作用在质量为 2kg 的物体上的力 $F = 6t$（N），如果物体由静止出发沿直线运动，在前 2s 的时间内，这个力做了多少功？

解 由题意知，力与时间的函数关系为 $F = 6t$，而不知力与坐标的函数关系 $F(x)$，所以要先找到 $x(t)$ 的函数关系式。

因为 $a = \dfrac{F}{m} = 3t$，故由 $a = \dfrac{\mathrm{d}v}{\mathrm{d}t}$，有

$$v = \int a \, \mathrm{d}t = \int 3t \, \mathrm{d}t = 1.5t^2 + C_1$$

因为 $t = 0$ 时，$v_0 = 0$，故 $C_1 = 0$，于是有 $v = 1.5t^2$，又按照速度定义：$v = \dfrac{\mathrm{d}x}{\mathrm{d}t}$，有

$$x = \int v \, dt = \int 1.5t^2 \, dt = 0.5t^3 + C_2$$

因为 $t = 0$ 时，$x_0 = 0$，故 $C_2 = 0$，于是有 $x = 0.5t^3$，故 $dx = 1.5t^2 \, dt$，力所做的功为

$$A = \int_0^x F \, dx = \int_0^t 6t \cdot 1.5t^2 \, dt = \int_0^t 9t^3 \, dt = 36.0 \, \text{J}$$

3.2 动能和动能定理

3.2.1 动能

考察一质量为 m、速度大小为 v 的物体，它受到一个与其运动方向相反且恒定不变的阻力 $F_阻$ 的作用，物体将克服阻力做匀减速直线运动，其加速度为 $a = -F_阻/m$，物体从以速率运动 v 到停下来，质点克服阻力所运动的路程为

$$s = vt + \frac{1}{2}at^2 = vt - \frac{1}{2}\frac{F_阻}{m}t^2$$

而末速度为零，有

$$0 = v + at = v - \frac{F_阻}{m}t$$

所以，用的时间就为

$$t = \frac{mv}{F_阻}$$

这样，质点克服阻力所做的功就为

$$W = F_阻 s = F_阻 \left(v\frac{mv}{F_阻} - \frac{1}{2}\frac{F_阻}{m}\frac{m^2v^2}{F_阻^2} \right) = \frac{1}{2}mv^2$$

这说明，质量为 m、速度大小为 v 的质点具有做功 $\frac{1}{2}mv^2$ 的能力，也就是说具有 $\frac{1}{2}mv^2$ 的能量，这样的能量就称为一个重要的物理量"动能"，并记为

$$\boxed{E_k = \frac{1}{2}mv^2} \tag{3.2.1}$$

显然，动能是由物体自身的质量和速率所决定的做功能力。顾名思义，动能是物体由于运动而具有的能量。由动能的表述知，动能可以属某个物体所有，也可以属某个系统所有。

3.2.2 动能定理

当物体在外力作用下发生位置改变时，外力对物体做了功。外力对物体做功的多少与物体运动状态的改变程度必然存在量的关系。

如图 3.2.1 所示，一质量为 m 的质点在变力 $\boldsymbol{F}$ 作用下沿任意曲线 L 运动，由点 P 至点 Q。在 P、Q 两点处的速度分别为 $\boldsymbol{v}_P$ 和 $\boldsymbol{v}_Q$。取曲线中任意点 C，质点在 C 点处受力 $\boldsymbol{F}$ 作用，在时间 dt 内发生位移 $d\boldsymbol{r}$。变力 $\boldsymbol{F}$ 所做元功为

$$dA = \boldsymbol{F} \cdot d\boldsymbol{r}$$

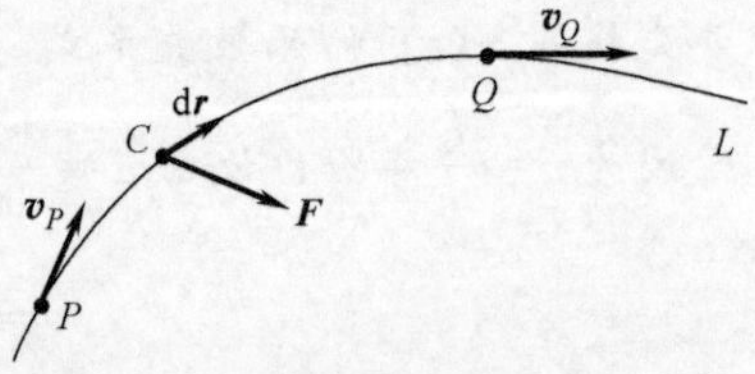

图 3.2.1 推导动能定理示意图

在质点由点 P 至点 Q 的过程中，变力 $\boldsymbol{F}$ 做功为

$$A = \int_P^Q \boldsymbol{F} \cdot \mathrm{d}\boldsymbol{r} = \int_P^Q m\boldsymbol{a} \cdot \mathrm{d}\boldsymbol{r} = \int_P^Q m\frac{\mathrm{d}\boldsymbol{v}}{\mathrm{d}t} \cdot \boldsymbol{v}\,\mathrm{d}t = \int_P^Q m\boldsymbol{v} \cdot \mathrm{d}\boldsymbol{v}$$

由于

$$\mathrm{d}(\boldsymbol{v} \cdot \boldsymbol{v}) = \mathrm{d}\boldsymbol{v} \cdot \boldsymbol{v} + \boldsymbol{v} \cdot \mathrm{d}\boldsymbol{v} = 2\boldsymbol{v} \cdot \mathrm{d}\boldsymbol{v}$$

所以

$$\boldsymbol{v} \cdot \mathrm{d}\boldsymbol{v} = \frac{1}{2}\mathrm{d}(\boldsymbol{v} \cdot \boldsymbol{v}) = \frac{1}{2}\mathrm{d}(v^2)$$

因此，有

$$A = \int_P^Q m\boldsymbol{v} \cdot \mathrm{d}\boldsymbol{v} = \int_P^Q \frac{1}{2}m\,\mathrm{d}(v^2) = \int_P^Q \mathrm{d}\left(\frac{1}{2}mv^2\right) = \frac{1}{2}mv_Q^2 - \frac{1}{2}mv_P^2$$

根据动能的定义，有

$$\boxed{A = E_{kQ} - E_{kP}} \tag{3.2.2}$$

这就是**动能定理**，表述为：**作用于质点的合外力所做的功，等于质点动能的增量。**

动能定理是在一般情形下得到的，所以是一个普遍结论，它的适用范围很广。

动能定理有助增强对正功和负功的理解。

$A > 0$，表示合外力对质点做正功，质点动能增加；

$A < 0$，表示合外力对质点做负功，质点动能减少；也可理解为质点减少自身动能，以反抗合外力对外做功。

由以上分析知：**功是质点能量改变的量度。**

例 3-2　质量为 m 的小球以初速 v_A 从 A 点沿光滑曲面滚下，如图 3.2.2 所示。当小球滚到最低点 B 时，速率为多大？

解　建立平面直角坐标系 Oxy 如图所示。

小球在向下滚下的过程中，受到两个力的作用：重力 $m\boldsymbol{g}$ 和支持力 $\boldsymbol{F}_N$。这两个力的合力为 $\boldsymbol{F} = m\boldsymbol{g} + \boldsymbol{F}_N$。

设小球的末速为 v_B，则根据动能定理有

$$\int_A^B m\boldsymbol{g} \cdot \mathrm{d}\boldsymbol{r} + \int_A^B \boldsymbol{F}_N \cdot \mathrm{d}\boldsymbol{r} = \frac{1}{2}mv_B^2 - \frac{1}{2}mv_A^2$$

由于 $m\boldsymbol{g}$ 始终沿 y 轴负向，$\boldsymbol{F}_N$ 始终垂直于 $\mathrm{d}\boldsymbol{r}$，上式中左边第二项为 0，于是有

$$\int_A^B m\boldsymbol{g} \cdot \mathrm{d}\boldsymbol{r} = \int_h^0 -mg\,\mathrm{d}y = mgh$$

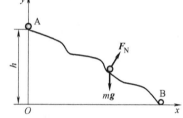

图 3.2.2　例 3-2 图

进而可得待求的末速为 $v_B = \sqrt{v_A^2 + 2gh}$

计算结果表明，小球的末速与小球的质量无关，也与曲面形状无关，其末速与竖直下落的情形相同。事实上，求解这类问题时，运用动能定理更为便捷。

例 3-3　质量为 m 的滑块在半径为 R 的水平圆环内侧滑动，如图 3.2.3 所示。假设摩擦系数为 μ，求滑块的速度大小和它所能运动的路程。

解　在图中标明相关的量，取滑块运动的任意点 C 进行分析，在 C 点的法向和切向两个方向进行力的分解，则有以下关系成立：

$$\begin{cases} F_N = m\dfrac{v^2}{R} \\[2mm] -\mu F_N = m\dfrac{\mathrm{d}v}{\mathrm{d}t} \end{cases}$$

联立求解，可求得速度大小为

$$\int_{v_0}^{v} \frac{\mathrm{d}v}{v^2} = \int_0^t -\frac{\mu}{R}\mathrm{d}t \rightarrow v = \frac{v_0 R}{R + \mu v_0 t}$$

路程为

$$s = \int_0^t v\mathrm{d}t = \frac{R}{\mu}\ln\left(1 + \frac{\mu v_0 t}{R}\right)$$

由所得结果知，滑块的速度大小随 t 的增加而逐渐减小，而
路程则随 t 的增加而增大。

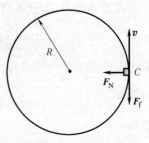

图 3.2.3　例 3-3 图

3.3　势能

在力学中，动能和势能统称为机械能。现在我们知道，动能是由运动物体自身的质量和
速率决定的能量。而势能则不同，势能是由物体之间的相互作用和相对位置决定的能量。

力学中常见的势能有引力势能、重力势能和弹性势能三种，我们将在讨论万有引力、重
力和弹力做功的基础之上分别介绍它们。

3.3.1　引力势能

牛顿的万有引力定律告诉我们，一切物体之间都存在着引力相互作用。因此一切物体都
存在与这种相互作用相对应的引力势能。

设地球是质量为 $m_\oplus$、半径为 R 的均匀球体，一
质量为 m 的物体在地球引力作用下沿任意曲线 L 从 P
点运动至 Q 点。取地心为原点建立直角坐标系 Oxy，
如图 3.3.1 所示，P、Q 两点的位矢分别为 r_P 和 r_Q。
考察任意曲线 L 上的任意一点 C，其位矢为 r。当物
体位于任意点 C 时，所受地球引力为

$$\boldsymbol{F} = -G\frac{mm_\oplus}{r^2}\hat{\boldsymbol{r}}$$

其中，$\hat{\boldsymbol{r}}$ 表示沿 $\boldsymbol{r}$ 方向的单位矢量。

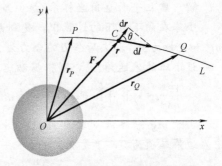

图 3.3.1　推导引力势能示意图

在 C 点附近，设位移元 $\mathrm{d}\boldsymbol{l}$ 与位矢 $\boldsymbol{r}$ 的夹角为 θ，则有 $\mathrm{d}r = \mathrm{d}l\cos\theta$。

物体移过位移元 $\mathrm{d}\boldsymbol{l}$，$\boldsymbol{F}$ 所做的元功为

$$\mathrm{d}A = \boldsymbol{F}\cdot\mathrm{d}\boldsymbol{l} = -G\frac{mm_\oplus}{r^2}(\hat{\boldsymbol{r}}\cdot\mathrm{d}\boldsymbol{l}) = -G\frac{mm_\oplus}{r^2}\mathrm{d}l\cos\theta = -G\frac{mm_\oplus}{r^2}\mathrm{d}r$$

物体由 P 点运动至 Q 点，F 所做的总功为

$$A = \int_P^Q \mathrm{d}A = \int_P^Q -G\frac{mm_\oplus}{r^2}\mathrm{d}r = G\frac{mm_\oplus}{r_Q} - G\frac{mm_\oplus}{r_P}$$

定义质量为 m、与地心相距 r 处的质点与地球组成的系统的引力势能为

$$\boxed{E_\mathrm{P} = -G\frac{mm_\oplus}{r}} \tag{3.3.1}$$

进而可得

$$A = -(E_{p_Q} - E_{p_P}) \qquad (3.3.2)$$

上式表示，**万有引力所做的功等于系统引力势能增量的负值。**

以上讨论还告诉我们，**万有引力做功与路径无关。**

3.3.2 重力势能

重力势能是处于地球附近的物体与地球之间万有引力作用的结果，是引力势能的一种简单而重要的特例。

设地球为球状，其半径为 R，有一质量为 m 的质点处于地表附近，考察质点由点 P 运动至 Q 的过程中重力所做的功。在通常情况下，处于地表附近的 P、Q 两点距地面不远，$r_P = R + h_P$，$r_Q = R + h_Q$，可近似认为 $r_P r_Q = R^2$，故有

$$A_p = G\frac{mm_\oplus}{r_Q} - G\frac{mm_\oplus}{r_P} = Gmm_\oplus\left(\frac{1}{r_Q} - \frac{1}{r_P}\right) = Gmm_\oplus\frac{r_P - r_Q}{r_Q r_P}$$

$$= -mg(r_Q - r_P) = -mg(h_Q - h_P)$$

定义质量为 m、距地面高度为 h 的物体与地球组成的系统所具有的重力势能为

$$E_p = mgh \qquad (3.3.3)$$

进而可得

$$A_p = -(E_{p_Q} - E_{p_P}) \qquad (3.3.4)$$

上式表示，**重力所做的功等于系统重力势能增量的负值。**

式（3.3.4）表示，重力所做的功等于系统重力势能增量的负值，即重力势能的降低。

由式（3.3.4）可以得出如下结论：如果重力做正功（$A_p > 0$），即系统以重力对外界做功，系统的重力势能将降低；如果重力做负功（$A_p < 0$），即外界反抗重力而对系统做功，系统的重力势能将增加。

由以上的讨论知道：万有引力和重力所做的功，取决于质点的始末位置，与质点运动的路径无关。

3.3.3 弹性势能

顾名思义，弹性势能必然与弹力相关，所以要了解弹性势能，必须分析弹力和弹力做的功。我们以大家熟悉的弹簧为例加以说明。

考虑如图 3.3.2 所示的弹簧系统，质量为 m 的小球与劲度系数为 k 的轻弹簧相连，弹簧另一端固定。弹簧无形变时小球的位置称为**平衡位置**。取平衡位置为坐标原点建立坐标系。

先考虑弹簧拉伸的情形。在弹簧伸长量由 x_A 变为 x_B 期间，取其中任一点考察，在产生元位移 $\mathrm{d}x$ 时，弹力做的元功为

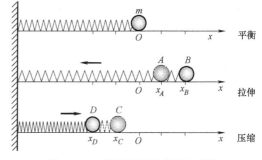

图 3.3.2 推导弹性势能的示意图

$$\mathrm{d}A = \boldsymbol{F} \cdot \mathrm{d}x\boldsymbol{i} = -kx\,\mathrm{d}x$$

从 A 到 B，弹力做的总功为

$$A = \int_A^B \mathrm{d}A = \int_{x_A}^{x_B} (-kx)\,\mathrm{d}x = \frac{1}{2}kx_A^2 - \frac{1}{2}kx_B^2$$

定义弹性势能 E_p 为

$$\boxed{E_p = \frac{1}{2}kx^2} \tag{3.3.5}$$

进而可得

$$\boxed{A = -(E_{p_B} - E_{p_A})} \tag{3.3.6}$$

上式表示，**弹力所做的功等于弹性势能增量的负值**。以上讨论表明，**弹力做功与路径无关**。

用同样的方法处理压缩的情形也可以得到相同的结论。

3.3.4 保守力

以上讨论的三种势能分别与万有引力、重力和弹力相对应，这只是力学范围内的情形。事实上，物体之间的相互作用还有很多，例如，相互接触的物体之间存在摩擦力，带电体之间存在静电力等。但是，并非存在相互作用的物体之间就一定有与之对应的势能。那么，什么力才存在与之对应的势能呢？

研究表明，只有保守力才存在与之对应的势能。

保守力：物体在力 $\boldsymbol{F}$ 作用下沿任意闭合路径绕行一周所做的功恒为零，即

$$\boxed{\oint \boldsymbol{F} \cdot \mathrm{d}\boldsymbol{l} \equiv 0} \tag{3.3.7}$$

具有这种性质的力称为保守力，不具有这种性质的力称为非保守力。

与保守力相关的位置函数（或称态函数）即物体的势能。

万有引力、重力和弹力都是保守力。正因为如此，我们在力学范围内讨论的势能才只存在以上三种。

定义了保守力后，可得到一个结论：**保守力做的功等于势能的减少。**

需要说明的是，保守力的作用是相互的，势能只属于相互作用保守力的物体所组成的系统。例如，重力势能是属于质量为 m 的物体和地球所组成的系统。通常说的物体的势能，只是简称而已。

势能的值是相对的，与零势能点的选取有关。而零势能点的选取可视方便而定（见表3.3.1）。

表 3.3.1 三种势能的零势能点的一般取法

种类	势能表达式	零势能点的一般取法
引力势能	$E_p = -G\dfrac{m_\oplus m}{r}$	无穷远处（$r \to \infty, E_p = 0$，恒负）
重力势能	$E_p = mgh$	地面（$h = 0, E_p = 0$，可正可负）
弹性势能	$E_p = \dfrac{1}{2}kx^2$	弹簧无形变时的末端（$x = 0, E_p = 0$，恒正）

摩擦力、空气阻力、黏滞力、爆破力等都是非保守力，也称为耗散力。对于与非保守力对应的非保守力场，不能引入势能概念。这是因为非保守力做功不仅与物体的始末位置有关，**还与物体的运行路径有关。**

图 3.3.3 非保守力做功
与路径有关

我们以摩擦力做功为例加以说明，如图 3.3.3 所示，物体由 P 点至 Q 点的运动过程中，需要克服摩擦力做功而损耗部分能量，在 P 点、Q 点之间可以有无限多条路径，物体经历的路径不同，损耗的能量也不相等。这就是说摩擦力做功的特点决定了 P 点、Q 点之间的"势能"不具有唯一性，定义"势能"没有意义。

3.4 机械能守恒定律 能量守恒定律

任何一个物体，都处于与其他物体相互作用和相互制约之中，本节我们将讨论在由多个质点组成的系统（称为质点系）中，功与能之间的关系。

3.4.1 质点系的功能原理

设一系统是由 n 个相互作用的质点所组成的质点系，如图 3.4.1 所示（为便于观察，图中只画出 4 个质点）。一般地，系统中每一质点既受外力作用，也受系统内其他质点的内力作用。在这些力的作用下，系统从初状态 P 变到末状态 Q。

作用于第一个质点的外力为 $\boldsymbol{F}_1$，内力分别为 $\boldsymbol{f}_{21}$，$\boldsymbol{f}_{31}, \cdots, \boldsymbol{f}_{n1}$。据动能定理，对第 1，2，$\cdots$，$n$ 个质点分别有

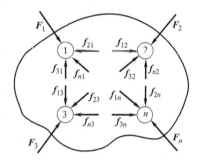

图 3.4.1 质点系内各质点受力图示

$$\int_P^Q \boldsymbol{F}_1 \cdot \mathrm{d}\boldsymbol{r} + \int_P^Q \left(\sum_{i \neq 1}^n \boldsymbol{f}_{i1}\right) \cdot \mathrm{d}\boldsymbol{r} = E_{kQ_1} - E_{kP_1}$$

$$\int_P^Q \boldsymbol{F}_2 \cdot \mathrm{d}\boldsymbol{r} + \int_P^Q \left(\sum_{i \neq 2}^n \boldsymbol{f}_{i2}\right) \cdot \mathrm{d}\boldsymbol{r} = E_{kQ_2} - E_{kP_2}$$

$$\vdots$$

$$\int_P^Q \boldsymbol{F}_n \cdot \mathrm{d}\boldsymbol{r} + \int_P^Q \left(\sum_{i \neq n}^n \boldsymbol{f}_{in}\right) \cdot \mathrm{d}\boldsymbol{r} = E_{kQ_n} - E_{kP_n}$$

可以得到 n 个相似的方程。将这 n 个方程相加，就得到整个系统的功和能的关系式：

$$\int_P^Q \sum_{i=1}^n \boldsymbol{F}_i \cdot \mathrm{d}\boldsymbol{r} + \int_P^Q \sum_{\substack{j=1 \\ j \neq 1}}^n \sum_{i=1}^n \boldsymbol{f}_{ij} \cdot \mathrm{d}\boldsymbol{r} = \sum_{i=1}^n (E_{kQi} - E_{kPi})$$

上式中，等号左边第一项是外力对系统中 n 个质点所做功的代数和，用 $A_外$ 表示；左边第二项是系统中各内力所做功的代数和，用 $A_内$ 表示。等号右边的两项分别是系统内 n 个质点在 Q、P 状态的总动能，则上式可简化为

$$A_外 + A_内 = E_{kQ} - E_{kP} \tag{3.4.1}$$

上式表示，外力和内力对系统所做的总功，等于系统内所有质点的总动能的增量，称为**质点系的动能定理**。

考虑到

$$A_内 = A_{保内} + A_{非保内} = -(E_{pQ} - E_{pP}) + A_{非保内}$$

经整理后即有

$$\boxed{A_外 + A_{非保内} = (E_{kQ} + E_{pQ}) - (E_{kP} + E_{pP}) = E_Q - E_P} \tag{3.4.2}$$

通常，我们把系统的动能与势能之和统称为**机械能**。

上式表明，在系统从一个状态变到另一个状态的过程中，其机械能的增量等于外力所做的功与系统的非保守内力所做功的代数和，这就是**功能原理**。

3.4.2 机械能守恒定律

以上的讨论中，我们得到：

$$A_外 + A_{非保内} = (E_{kQ} + E_{pQ}) - (E_{kP} + E_{pP}) = E_Q - E_P$$

如果 $A_外 + A_{非保内} = 0$，则有

$$\boxed{(E_{kQ} + E_{pQ}) = (E_{kP} + E_{pP})} \tag{3.4.3}$$

上式表明，**在外力和非保守内力都不做功或所做功的代数和为零时，系统内质点的动能和势能可以互相转化，但在转化过程中，系统的机械能总量保持不变。这一结论称为机械能守恒定律。**

严格地讲，机械能守恒定律的运用前提是"外力和非保守内力不存在或不做功"，或"两者所做的功为零"或"只有保守内力做功"。但是，在众多的实际问题中，这一前提条件并不能严格满足。因为在现实问题中，空气阻力和摩擦阻力是不可能全面忽略的，它们是非保守力，会对系统做功，从而导致系统的机械能改变。但是，只要系统的机械能改变量比系统的机械能小得多，那么这一改变量便可以忽略，意味着机械能守恒定律可以用。

如图 3.4.2 所示的过山车就是动能和势能在相互转化，一般在整个过程中都是忽略空气阻力的，认为机械能守恒。

图 3.4.2 过山车

例 3-4 质量为 m 的物体，无摩擦地沿着如图 3.4.3 所示的轨道滑动。欲使物体在轨道的全程内不出轨，问小车最少应从多高的地方滑下？

解 物体在最高点 B 点受到重力 mg 和轨道对它的压力 $\boldsymbol{F}_N$ 这两个力的作用，具有速率 v_B，有

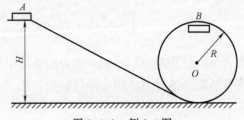

$$mg + \boldsymbol{F}_N = m\frac{v_B^2}{R}$$

图 3.4.3 例 3-4 图

此外，物体在最高点 B 处不脱离轨道的条件是

$F_N \geqslant 0$。根据题意，取 $F_N = 0$，上式写为

$$mg = m\frac{v_B^2}{R} \quad \Rightarrow \quad v_B = \sqrt{Rg}$$

根据机械能守恒定律，有 $mgH = mg \cdot 2R + \dfrac{1}{2}mv_B^2$，因而得到最小高度 $H = \dfrac{5}{2}R$。

讨论：当 $H = \dfrac{5}{2}R$ 时，物体在最高点 B 处只受重力作用；当 $H > \dfrac{5}{2}R$ 时，物体在最高点 B 处除受重力作用外，还受轨道对它的压力 F_N 的作用。

3.4.3　能量守恒定律

以上所述只涉及机械能。但是在我们面对的物质世界中运动形态多种多样，例如，热运动、空气运动、潮汐运动、电磁运动、原子和亚原子粒子运动，以及化学运动、生命运动等。而与这些运动形态相对应的能量就有热能、风能、潮汐能、电磁能、核能、化学能、生物能等。可见能量的类别有很多。

我们把与外界没有任何联系的系统称为**孤立系统**（或封闭系统）。对于孤立系统来说，系统内各种形式的能量是可以相互转换的。例如，系统内的摩擦力（非保守力）做功可以使系统的机械能减少，爆炸冲力（非保守力）做功可以使系统的机械能增加，系统的机械能虽然改变了，但是系统内必然有等值的其他形式的能量增加或减少，系统内各种形式的能的总量仍然恒定。也就是说系统的能量在转换过程中，其总和保持不变。这就是能量转换和守恒定律，简称**能量守恒定律**。一般表述为

"能量不会自行产生或消失，不同形态的能量之间可以相互转换，但系统能量保持恒定。"

能量守恒定律是自然科学中最重要、最基本的普遍规律之一，它不仅在宏观、低速领域适用，在微观、高速领域仍然成立。大量的理论和实验都表明，自然界一切已经实现的过程都遵守能量守恒定律。恩格斯曾把它与生物进化论、细胞的发现誉为 19 世纪三个最伟大的科学发现。

能量守恒定律的确立可以使我们更为深刻地认识功的意义。功总是和能量的转换过程相联系的，一个系统的能量发生变化时，必定会使另一系统的能量发生变化，而这种能量的传递通常是通过做功来实现的。也就是说，一个系统对另一个系统做功，引起这一系统的能量变化，而能量的变化量必定与所做的功的大小相当。从这个意义上说，**功是能量传递的量度**。

如果对另一系统做正功使该系统能量增加，则此功是以原系统的能量减小为代价的，反之亦然。

凡是违反能量守恒定律的过程都是不可能实现的。历史上曾有不少人试图发明各种各样的永动机，最终都以失败而告终，这是因为永动机的所谓原理违背能量守恒定律。

能量守恒定律适用范围广，宏观、微观、高速、低速均适用。

例 3-5　讨论三个宇宙速度。

解　（1）第一宇宙速度：由地面发射的卫星能绕地球做圆周运动的最小速度，称为第一宇宙速度。

显然，这个最小速度就是在等于地球半径的圆形轨道上运行的卫星所需要的速度。视地球是半径为 R 的均匀球体，质量为 m 的卫星距地面高度为 h，不考虑其他天体对卫星的作用，那么卫星所受地球对它的引力即为它做圆周运动的向心力，即

$$G \frac{m_\oplus m}{(R+h)^2} = \frac{mv^2}{(R+h)} \rightarrow v = \sqrt{G \frac{m_\oplus}{(R+h)}}$$

令 $h=0$，即可求得第一宇宙速度为

$$v_1 = \sqrt{gR} = 7.9 \text{km/s}$$

（2）第二宇宙速度：由地面发射的卫星能脱离地球引力所需的最小速度，称为第二宇宙速度，也称逃逸速度。

质量为 m 的卫星欲摆脱地球引力的束缚，至少需要与引力势能等大的动能 $\frac{1}{2}mv_2^2$。当卫星刚好能够脱离地球引力时，地球的引力势能为 0，此时卫星的动能也为 0（全部用于克服地球引力做功）。视卫星与地球为一系统，则系统的机械能总量为 0。根据机械能守恒定律，有

$$\frac{1}{2}mv_2^2 - G\frac{mm_\oplus}{R} = 0$$

解之，即得第二宇宙速度为

$$v_2 = \sqrt{2gR} = 11.2 \text{km/s}$$

（3）第三宇宙速度*：由地面发射的卫星不仅能脱离地球引力，还能脱离太阳引力所需的最小速度，称为第三宇宙速度。在一般情况下，计算第三宇宙速度是相当复杂的，这是因为卫星在运动中，不仅受到太阳和地球的引力作用，还受到其他天体的引力作用。不过，我们可以做一些近似处理以求得近似结果。

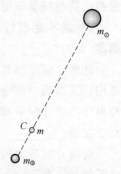

图3.4.4　例3-5图

① 从地面发射的卫星在到达地球引力范围之外的某点 C（见图3.4.4）的运动过程中，认为它仍处于地球绕太阳公转的轨道上。并且只考虑地球的引力作用，忽略太阳和其他天体的引力作用。

② 卫星从脱离地球引力进入太阳引力范围，直至脱离太阳引力作用范围的运动过程中，只考虑太阳的引力作用，忽略地球和其他天体的引力作用。

经过以上近似处理后，我们就可以认为卫星在点 C 处时，至少应当具有与太阳引力势能相当的动能，才能脱离太阳的引力场而逃逸。设卫星在点 C 相对于太阳的速度大小为 u_2，则必定存在

$$\frac{1}{2}mu_2^2 \geqslant G\frac{mm_\oplus}{r} \Rightarrow u_2 \geqslant \sqrt{\frac{2Gm_\oplus}{r}}$$

太阳的质量和日地平均距离分别为

$$m_\oplus = 1.99 \times 10^{30} \text{kg}, \quad r = 1.50 \times 10^{11} \text{m}$$

所以，在点 C 处卫星相对太阳的速度大小应为

$$\frac{1}{2}mu_2^2 \geqslant G\frac{mm_\oplus}{r} \Rightarrow u_2 \geqslant \sqrt{\frac{2Gm_\oplus}{r}} = 42.1\text{km/s}$$

需要注意的是，要使从地球表面发射的卫星到达点 C 时的速度大小 $u_2 \geqslant 42.1\text{km/s}$，是件非常困难的事。一般地，可以利用地球公转的特点，使卫星沿公转方向发射。

地球的公转速度为

$$u_1 \geqslant \sqrt{\frac{Gm_\oplus}{r}} = 29.7\text{km/s}$$

所以卫星到达点 C 时，相对地球的速度大小为

$$v = u_2 - u_1 = (42.1 - 29.7)\text{km/s} = 12.4\text{km/s}$$

显然，卫星在地面上发射时的动能必须足够大，卫星的动能在克服地球引力做功后，到达点 C 时的相对地球的动能还必须为 $\frac{1}{2}mv^2$。

我们在前面已经讨论过，卫星到达点 C 的速度至少应为第二宇宙速度，相应的动能为 $\frac{1}{2}mv_2^2$。所以，欲使从地球表面发射的卫星不仅能脱离地球引力，还能脱离太阳引力，发射时的动能必须为

$$E_{k3} = \frac{1}{2}mv_3^2 = \frac{1}{2}mv^2 + \frac{1}{2}mv_2^2$$

进而可得出第三宇宙速度为

$$v_3 = \sqrt{v^2 + v_2^2} = \sqrt{12.4^2 + 11.2^2}\,\text{km/s} = 16.7\text{km/s}$$

本 章 小 结

3-1　功：作用于物体上的力与物体沿力的方向所发生的位移的乘积。

恒力做功：$A = F\cos\alpha \cdot s = \boldsymbol{F} \cdot \boldsymbol{S}$；

变力做功：$A = \int_{r_P}^{r_Q} \boldsymbol{F} \cdot \mathrm{d}\boldsymbol{r} = \int_{r_P}^{r_Q} F\,\mathrm{d}r\cos\varphi$；

合力做功：$A = \int_P^Q \boldsymbol{F} \cdot \mathrm{d}\boldsymbol{r} = \int_P^Q \sum_i \boldsymbol{F}_i \cdot \mathrm{d}\boldsymbol{r} = \sum_i \int_P^Q \boldsymbol{F}_i \cdot \mathrm{d}\boldsymbol{r} = \sum_i A_i$。

3-2　功率：单位时间内完成的功　$P = \dfrac{A}{t}$；

　　　　瞬时功率（简称功率）：$P = \dfrac{\mathrm{d}A}{\mathrm{d}t}$ 或 $P = \boldsymbol{F} \cdot \boldsymbol{v}$。

3-3　动能：物体由于运动而具有的能量，由物体自身的质量和速率所决定，即

$$E_k = \frac{1}{2}mv^2$$

3-4　动能定理：作用于质点的合外力所做的功，等于质点动能的增量，即

$$A = \frac{1}{2}mv_Q^2 - \frac{1}{2}mv_P^2$$

3-5　重力势能：$E_p = mgh$，弹性势能：$E_p = \dfrac{1}{2}kx^2$。

3-6 保守力：物体在保守力 F 作用下沿任意闭合路径绕行一周所做的功恒为零，即

$$\oint F \cdot dl \equiv 0$$

3-7 功能原理：系统从一个状态变到另一个状态的过程中，其机械能的增量等于外力所做的功和系统的非保守内力所做功的代数和，即

$$A_{外} + A_{非保内} = (E_{kQ} + E_{pQ}) - (E_{kP} + E_{pP}) = E_Q - E_P$$

3-8 机械能守恒定律：在外力和非保守内力都不做功或所做功的代数和为零（即只有保守内力做功）时，系统内质点的动能和势能可以互相转化，但在转化过程中，系统的机械能总量保持不变。

习　题

一、填空题

3-1 跨过定滑轮的细绳下端系有质量为 m 的物体，在物体以 $g/4$ 的恒定加速度下落一段距离 h 的过程中，绳的拉力对物体做的功为_____。

3-2 高 100m 的瀑布每秒钟下落 $1200m^3$ 的水，假设水下落过程中动能的 75% 由水力发电机转换成电能，则此发电机的输出功率为_____。

3-3 质量为 1000kg 的汽车以 36km/h 的速率匀速行驶，汽车与路面的摩擦系数为 0.10。在水平路面上行驶发动机的功率为_____。

3-4 以恒定速率拉一小船所需的力与速率成正比，使该小船速率达到 1.2m/s 所需的功率为 P_1，使小船速率达到 3.6m/s 所需的功率为 P_2，则 P_2 是 P_1 的_____倍。

3-5 速度大小为 v_0 的子弹射穿木板后，速度恰好变为零。设木板对子弹的阻力恒定不变，那么，当子弹射入木板的深度等于木板厚度的一半时，子弹速度的大小为_____。

3-6 质量为 100kg 的货物平放在卡车车厢底板上，卡车以 $4m/s^2$ 的加速度起动，4s 内摩擦力对该货物所做的功为_____。

3-7 以 200N 的水平推力推一个原来静止的小车，使它沿水平路面行驶 5.0m。若小车的质量为 100kg，小车运动时的摩擦系数为 0.10，则小车的末速为_____。

3-8 从轻弹簧原长开始，第一次拉伸 l，在此基础上，第二次再拉伸 l，继而，第三次又拉伸 l，则第三次拉伸弹簧与第二次拉伸弹簧弹力所做功之比为_____。

3-9 功的大小不仅与物体的始末位置有关，而且还与物体的运动路径有关，这样的力称_____。

3-10 有一劲度系数为 k 的轻弹簧，竖直放置，下端悬挂一质量为 m 的小球，先使弹簧为原长，而小球恰好与地接触，再将弹簧上端缓慢地提起，直到小球刚能脱离地面为止。在此过程中外力所做的功为_____。

3-11 以初速率 v_0 将质量为 9kg 的物体竖直向上发射出去，物体运动过程中受空气阻力而损耗的能量为 680J。如果不计空气阻力，则物体上升的高度将比有空气阻力时增加_____。

3-12 质量为 m 的质点沿竖直平面内半径为 R 的光滑圆形轨道内侧运动，质点在最低点时的速率为 v_0，要使质点能沿此圆形轨道运动而不脱离轨道，v_0 的值至少应为_____。

3-13 一皮球从 2.5m 高处自由落下，与地面碰撞后，竖直上跳，起跳速率为落地速率的 3/5，不计空气阻力，皮球跳起时所能达到的最大高度为_____。

二、选择题

3-1 一个质点在几个力同时作用下的位移为 $\Delta r = (6i - 5j + 4k)$m，其中一个力 $F = (9i - 5j - 3k)$N，则这个力在该位移过程中所做的功为（ ）。

A. 91J B. 67J C. 17J D. -67J

3-2 质量为 m 的物体置于电梯底板上，电梯以 $g/2$ 的加速度匀加速下降距离 h，在此过程中，电梯作用于物体的力对物体所做的功为（ ）。

A. mgh B. $-mgh$ C. $\frac{1}{2}mgh$ D. $-\frac{1}{2}mgh$

3-3 一单摆摆动的最大角度为 θ_0，当此单摆由 θ_0 向平衡位置（$\theta = 0$）摆动的过程中，重力做功功率最大的位置 θ 为（ ）。

A. $\theta = 0$ B. $\theta = \theta_0$

C. $0 < \theta < \theta_0$ D. 由于机械能守恒，所以功率不变

3-4 质量完全相等的三个滑块 M、N 和 P，以相同的初速度分别沿摩擦系数不同的三个平面滑出，到自然停止时，M 滑过的距离为 l，N 滑过的距离为 $2l$，P 滑过的距离是 $3l$，则摩擦力对滑块做功最多的是（ ）。

A. M B. N C. P D. 三个摩擦力的功相同

3-5 一个质点在两个恒力 F_1 和 F_2 的作用下，在位移 $(3i + 8j)$m 过程中，其动能由零变为 24J，已知 $F_1 = (12i - 83j)$N，则 F_1 和 F_2 的大小关系为（ ）。

A. $F_1 > F_2$ B. $F_1 = F_2$ C. $F_1 < F_2$ D. 条件不足无法判断

3-6 半径为 R 的圆盘以恒定角速度 ω 绕过中心且垂直于盘面的铅直轴转动，质量为 m 的人要从圆盘边缘走到圆盘中心处，圆盘对他所做的功为（ ）。

A. $mR\omega^2$ B. $-mR\omega^2$ C. $mR^2\omega^2/2$ D. $-mR^2\omega^2/2$

3-7 用以下列 4 种方式将质量为 m 的物体提高 10m，提升力做功最小的是（ ）。

A. 将物体由静止开始匀加速提升 10m，使速率达到 5m/s

B. 物体从初速度 10m/s 匀减速上升 10m，使速率达到 5m/s

C. 以 5m/s 的速率匀速提升

D. 以 10m/s 的速率匀速提升

3-8 下面关于保守力的说法，正确的是（ ）。

A. 只有保守力作用的系统，动能与势能之和保持不变

B. 保守力总是内力

C. 保守力做正功，系统势能一定增长

D. 质点沿任一闭合路径运动一周，作用于它的某种力所做的功为零，则称这种力为保守力

3-9 在同一高度以相同速率同时将质量相等的两个物体抛出，一个竖直上抛，一个平抛，不计空气阻力，由抛出到落地过程中，下列说法中正确的是（ ）。

A. 重力对两物体做功相等

B. 重力对两物体做功的平均功率相等

C. 两物体的动能增量不相等

D. 两物体落地时的机械能相等

3-10 跳伞运动员在刚跳离飞机，其降落伞尚未打开的一段时间内，下列说法中正确的是（　　）。

A. 空气阻力做正功　　　　　　　　B. 重力势能增加

C. 动能减小　　　　　　　　　　　D. 空气阻力做负功

3-11 当重力对物体做正功时，物体的（　　）。

A. 重力势能一定增加，动能一定减少

B. 重力势能一定减少，动能一定增加

C. 重力势能一定减少，动能不一定增加

D. 重力势能不一定减少，动能一定增加

3-12 以相同的初速度将质量相等的三个小球 P、Q、N 斜上抛，P、Q、N 的初速度方向与水平面之间的夹角依次是 45°、60°、90°。不计空气阻力，三个小球到达同一高度时，速度最大的是（　　）。

A. P 球　　　　　B. Q 球　　　　　C. N 球　　　　　D. 三个球速率相等

3-13 将一小球系于竖直悬挂的轻弹簧下端，平衡时弹簧伸长量为 d，现用手托住小球，使弹簧不伸长，然后释放任其自己下落，忽略一切阻力，则弹簧的最大伸长量为（　　）。

A. $d/2$　　　　　B. d　　　　　C. $\sqrt{2}d$　　　　　D. $2d$

3-14 如果一个系统在一个过程中只有保守力做功，那么该过程中（　　）。

A. 动能守恒　　　　　　　　　　　B. 机械能守恒

C. 动量守恒　　　　　　　　　　　D. 角动量守恒

3-15 水平抛出一物体，物体落地时速度的方向与水平方向的夹角为 θ，取地面为零势能面，则物体刚被抛出时，其重力势能和动能之比为（　　）。

A. $\tan\theta$　　　　　B. $\cot\theta$　　　　　C. $\cot^2\theta$　　　　　D. $\tan^2\theta$

3-16 关于机械能是否守恒，下列叙述中正确的是（　　）。

A. 做匀速直线运动的物体的机械能一定守恒

B. 做匀变速运动的物体机械能不可能守恒

C. 外力对物体做功为零时，机械能一定守恒

D. 只有重力对物体做功时，物体机械能一定守恒

3-17 一物体静止在升降机的地板上，在升降机加速上升的过程中，地板对物体的支持力所做的功等于（　　）。

A. 物体势能的增加量

B. 物体动能的增加量

C. 物体动能的增加量减去物体势能的增加量

D. 物体动能的增加量加上克服重力所做的功

3-18 如选择题 3-18 图所示，通过定滑轮悬挂两个质量分别为 m_1、m_2 的物体（$m_1 > m_2$），不计绳子质量及绳子与滑轮间的摩擦。在 m_1 向下运动一段距离的过程中，下列说法中正确的是（　　）。

A. m_1 势能的减少量等于 m_2 动能的增加量

B. m_1 势能的减少量等于 m_2 势能的增加量

C. m_1 机械能的减少量等于 m_2 机械能的增加量

D. m_1 机械能的减少量大于 m_2 机械能的增加量

3-19 自由落下的小球从接触竖直放在地面的弹簧开始，到弹簧被压缩到 最短的过程中：（　　）

A. 小球的动能先减小后增大

B. 小球的机械能守恒

C. 小球的重力势能减小，动能增加

D. 小球的机械能减小，小球与弹簧的总机械能守恒

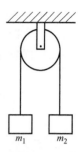

选择题 3-18 图

三、计算题

3-1 沿倾角为 30° 的斜面拉一质量为 200kg 的小车匀速上坡，拉力的方向与斜面成 30° 角，小车与斜面间的摩擦系数为 0.20，使小车前进 100m 拉力所做的功为多少？

3-2 一地下蓄水池深 3m，面积为 100m²，池中水面低于地面 2m。

(1) 要用一台抽水机将池中的水全部吸到地面，至少应做多少功？

(2) 若抽水机所消耗的电功率为 625W，效率为 80%，抽完这池水所需的时间为多少？（取 $g = 10\text{m/s}^2$）

3-3 用铁锤将一根铁钉击入木板，设木板对铁钉的阻力与铁钉进入木板的深度成正比，第一次击钉时，铁钉被击入木板 1cm，设每次锤击时，铁钉获得的速度均相等，则第二次击钉，能将铁钉击入多深？

3-4 质量为 6×10^5 kg 的机车，由车站出发沿水平轨道行驶，经过 2.5×10^3 m 后速率增加为 16.7m/s，经历的时间为 300s，若机车所受摩擦阻力是车重的 0.5%，求机车的平均功率。

3-5 质量为 m 的物体，从高度为 4m、长为 13.6m 的斜面顶端由静止开始向下滑动，物体到达斜面下端后，沿表面性质相同的水平面继续向前滑行。已知摩擦系数为 0.16，试求：

(1) 物体滑到斜面下端时的速率；

(2) 物体在水平面上所能滑行的最大距离。

3-6 质量为 10kg 的炮弹，以 500m/s 的初速射出。

(1) 如果炮弹是竖直向上发射的，那么炮弹到达最高点的势能是多少？

(2) 如果炮弹以 45° 仰角发射，炮弹到达最高点时的势能是多少？

3-7 在半径为 R 的固定球面顶点处，一物体由静止开始下滑。

(1) 如果为光滑球面，求物体离开球面处距离球面顶点的高度 h；

(2) 如果物体与球面之间存在摩擦，物体离开球面处距球面顶点的高度 H 是大于 h 还是小于 h？

3-8 质量为 0.1kg 的小球悬挂在劲度系数为 1N/m、原长为 0.8m 的轻弹簧一端，弹簧另一端固定。开始时，弹簧水平放置且为原长，然后将小球静止释放任其下落，当弹簧通过铅垂位置时其长度为 1m，求此时小球的速度大小。

3-9 将质量为 m 的小球系于长度为 l 的细线下端构成单摆。开始时，单摆悬线与竖直

向下方向成 θ_0 角（$0 < \theta_0 < \pi/2$），摆球的初速率为 v_0，试求：

（1）取摆球最低位置为重力势能零点，系统的总机械能是多少？

（2）摆球在最低位置的速率是多少？

（3）为了使此单摆的悬线能够达到水平位置，初始时刻摆球应具有的最小速率是多少？

（4）使单摆不摆动，而不断地沿竖直圆周运动，初始时刻摆球应具有的最小速率是多少？

3-10 劲度系数为 40N/m 的弹簧竖直放置，把一枚质量为 2×10^{-3} kg 的硬币放在此弹簧上端，然后向下压硬币，使弹簧再被压缩 0.01m，试求释放后，硬币被弹簧弹到最高处距离原来硬币在弹簧上最低位置的高度。

3-11 一辆重量为 1.96×10^4 N 的汽车，由静止开始向山上行驶，山的坡度为 0.20（即每 100m 升高 20m），汽车开出 100m 后速率达到 36km/h，假设摩擦系数为 0.10。求汽车牵引力所做的功。

3-12 马拉着质量为 100kg 的雪橇以 2.0m/s 的匀速率上山，山的坡度为 0.05（即每 100m 升高 5m），雪橇与雪地之间的摩擦系数为 0.10。求马拉雪橇的功率。

3-13 质量 $m = 100$g 的小球被系在长度 $l = 50$cm 绳子的一端，绳子的另一端固定在点 O，如计算题 3-13 图所示。若将小球拉到 P 处，绳子正好呈水平状态，然后将小球释放。则小球从 P 运动到绳子与水平方向成 $\theta = 60°$ 的点 Q 的过程中，重力所做的功为多少。

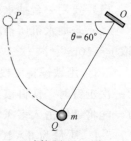

计算题 3-13 图

3-14 物体在一机械手的推动下沿水平地面做匀加速运动，加速度的大小为 0.49m/s² 。假设动力机械的功率有 50% 用于克服摩擦力，有 50% 用于增加速度，求物体与地面的摩擦系数。

习题参考答案

一、填空题

3-1 $-\dfrac{3}{4}mgh$

3-2 8.82×10^8 W

3-3   9.8kW

3-4   9

3-5 $\dfrac{v_0}{\sqrt{2}}$

3-6 1.28×10^4 J

3-7 $v = \sqrt{10}$ m/s

3-8   5 : 3

3-9   非保守力

3-10 $\dfrac{m^2 g^2}{2k}$

3-11　7.7m

3-12　$\sqrt{5gR}$

3-13　0.9m

二、选择题

题号	3-1	3-2	3-3	3-4	3-5	3-6	3-7	3-8	3-9	3-10
答案	B	D	C	D	D	D	B	D	AD	D

题号	3-11	3-12	3-13	3-14	3-15	3-16	3-17	3-18	3-19
答案	C	D	D	B	D	D	D	C	D

三、计算题

3-1　1.18×10^5 J

3-2　(1) 2.5×10^6 J；　(2) 5×10^3 s

3-3　0.41cm

3-4　5.24×10^5 W

3-5　(1) 6.1m/s；　(2) 12m

3-6　(1) 1.25×10^6 J；　(2) 6.25×10^5 J（提示：选取地面为重力势能零点）

3-7　(1) $h = R/3$；　(2) $H > h$

3-8　4.4m/s

3-9　(1) $mgl(1-\cos\theta_0) + \dfrac{1}{2}mv_0^2$；　(2) $\sqrt{2gl(1-\cos\theta_0) + v_0^2}$；

(3) $\sqrt{2gl\cos\theta_0}$；　　(4) $\sqrt{gl\,(3+2\cos\theta_0)}$

3-10　0.112m

3-11　$A = 6.8 \times 10^5$ J

3-12　2.9×10^2 W

3-13　$A = mgl\sin\theta = 0.42$ J

3-14　0.05

第4章 动量 动量定理

学习目标

➤理解冲量、动量等基本概念

➤掌握动量定理并能用于解决实际问题

➤掌握用动量守恒定律解决典型碰撞问题的方法

本章讨论的主要内容是质点的动量和动量定理,在此基础之上进一步讨论质点系的动量和动量定理,然后得出物理学中具有普遍意义的动量守恒定律。最后,作为动量守恒定律的应用,将讨论碰撞问题,并简要介绍了运载火箭的基本原理。

4.1 冲量 动量和动量定理

4.1.1 冲量

为了衡量力 F 在 dt 时间内对物体的作用效果,可以用上一章所讲的功 $dA = F \cdot dr$。但在撞击过程中,撞击力 F 在短促撞击时间 dt 内对被撞击物的作用效果,用功来衡量就意义不大了。为此,可考虑如下简单的物理量

$$dI = F dt \tag{4.1.1}$$

它体现了撞击力 F 在 dt 时间内对物体的冲撞作用,我们称之为**冲量**。冲量是矢量,它的方向与力 F 的方向一致。在国际单位制中,冲量的单位为牛秒(N・s)或千克米每秒(kg・m/s)。

4.1.2 动量和动量定理

在物理学发展史上,关于如何定义"运动的量"这一问题,曾经有过长达半个世纪的争论,最后倾向于用 mv 来描述,牛顿将其命名为动量。动量表示为

$$\boxed{p = mv} \tag{4.1.2}$$

动量是矢量,动量的方向与质点速度的方向一致。在国际单位制中,动量的单位为千克米每秒(kg・m/s)。

在经典力学中,质量是恒定的,因此牛顿第二定律可以写成另一表达式

$$F = ma = m\frac{dv}{dt} = \frac{dp}{dt} \tag{4.1.3}$$

上式表示，在任一瞬间，质点动量的时间变化率等于同一瞬间作用于质点的合力，其方向与合力的方向一致。

由于动量是描述物体运动的基本物理量，所以可视 $F=\dfrac{\mathrm{d}\boldsymbol{p}}{\mathrm{d}t}$ 为力的定义式。它表明：力是使物体的动量改变的原因。或者说，引起物体动量改变的就是力。物体的动量改变了，就是其运动状态发生了变化。

在经典力学中，$F=ma$ 与 $F=\dfrac{\mathrm{d}\boldsymbol{p}}{\mathrm{d}t}$ 是一致的。但当物体的运动速率增大到可与光速相比拟时，根据相对论原理，其质量会显著增大，$F=ma$ 不再正确，但 $F=\dfrac{\mathrm{d}\boldsymbol{p}}{\mathrm{d}t}$ 仍成立。

设在时间间隔（$t_1 \rightarrow t_2$）内，质点的动量由 $\boldsymbol{p}_1$ 增大到 $\boldsymbol{p}_2$，由式（4.1.3），有

$$\int_{t_1}^{t_2} \boldsymbol{F}\mathrm{d}t = \int_{\boldsymbol{p}_1}^{\boldsymbol{p}_2} \mathrm{d}\boldsymbol{p} = \boldsymbol{p}_2 - \boldsymbol{p}_1 \tag{4.1.4}$$

式（4.1.4）左边就是时间间隔（$t_1 \rightarrow t_2$）内合外力 F 的冲量，即

$$\boxed{I = \int_{t_1}^{t_2} \boldsymbol{F}\mathrm{d}t} \tag{4.1.5}$$

式（4.1.5）表明，冲量 I 是力对时间的累积效应。

于是，可以得到

$$\boxed{\boldsymbol{I} = \boldsymbol{p}_2 - \boldsymbol{p}_1} \tag{4.1.6}$$

式（4.1.6）表明：**物体在运动过程中所受合外力的冲量，等于该物体动量的增量，称为动量定理。**

冲量是矢量，冲量的方向必须根据质点动量增量的方向确定。

在动量定理中，冲量是过程量，而动量是状态量。

动量定理与牛顿第二定律都反映了质点运动状态的改变与力的关系，但牛顿第二定律 $F=\dfrac{\mathrm{d}\boldsymbol{p}}{\mathrm{d}t}$ 表示的是在力的作用下，质点动量随时间变化的瞬时关系。而动量定理 $\int_{t_1}^{t_2}\boldsymbol{F}\mathrm{d}t = \boldsymbol{p}_2 - \boldsymbol{p}_1$ 表示的则是在力的作用下，质点动量的持续变化关系，是在一段时间内力对质点作用的累积效应。这就是动量定理与牛顿第二定律的区别。

动量定理主要用来处理碰撞或冲击这一类问题。在这类问题中，冲力的作用时间极短，冲力是变力，如图 4.1.1 所示。要确定冲力随时间变化的细节是困难的，因此很难应用牛顿第二定律来处理这类问题。但是，只要知道物体在碰撞或冲击前后的动量及其变化量，就可以应用动量定理来确定物体所受的冲量，还可以根据冲力作用于物体的时间求得冲力的平均值。尽管这个平均值不是对冲力的确切描述，但它足以说明问题。因此，在求解碰撞或冲击这类问题时，要求的通常是平均冲力

一般将平均冲力定义为

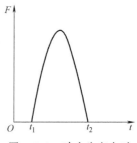

图 4.1.1 冲力为变力时

$$\boxed{\overline{F} = \dfrac{\displaystyle\int_{t_1}^{t_2} \overline{F}\mathrm{d}t}{t_2 - t_1}} \tag{4.1.7}$$

在实际应用时一般用其分量式。在直角坐标系中的分量式为

$$\begin{cases} I_x = \int_{t_1}^{t_2} F_x \, dt = mv_{2x} - mv_{1x} \\ I_y = \int_{t_1}^{t_2} F_y \, dt = mv_{2y} - mv_{1y} \\ I_z = \int_{t_1}^{t_2} F_z \, dt = mv_{2z} - mv_{1z} \end{cases} \quad (4.1.8)$$

式（4.1.8）表明：**冲量在某个方向上的分量等于在该方向上质点动量分量的增量。**冲量在任一方向的分量只能改变这一方向的动量分量，而不能改变与它垂直的其他方向的动量分量。由此我们可以得到，如果作用于质点的冲量在某个方向上的分量等于零，尽管质点的总动量在改变，但在这个方向的动量分量却保持不变。

如有 n 个力同时作用在质点上，则：

$$\boldsymbol{I} = \int_{t_1}^{t_2} \boldsymbol{F} \, dt = \int_{t_1}^{t_2} \boldsymbol{F}_1 \, dt + \int_{t_1}^{t_2} \boldsymbol{F}_2 \, dt + \cdots + \int_{t_1}^{t_2} \boldsymbol{F}_n \, dt = \boldsymbol{I}_1 + \boldsymbol{I}_2 + \cdots + \boldsymbol{I}_n \quad (4.1.9)$$

式（4.1.9）表明：**合力在一段时间内的冲量等于各分力在同一段时间内冲量的矢量和。**

为加强对动量定理的理解，读者可以思考以下两个实例。

1）在运送贵重或易碎物品时，为什么要用海绵、绒布等垫衬包裹？

2）在体育课跳高项目中，海绵垫是如何起到保护作用的？

例 4-1 如图 4.1.2 所示，一质量为 0.50kg、速率为 30m/s 的钢球，它以与钢板法线成 45°角撞击在钢板上，并以相同的速率和角度弹回来。设球与钢板的碰撞时间为 0.05s。求在此碰撞时间内钢板所受到的平均冲力。

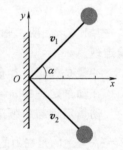

图 4.1.2 例 4-1 图

解 欲求得钢球对钢板的平均冲力，必须知道钢球撞击钢板导致钢板发生的动量改变量，但是钢板发生的动量改变量是无法求得的。所以，我们可以先求得撞击过程中钢球受到的平均冲力，然后根据牛顿第三定律确定钢球对钢板的平均冲力。

根据题意建立坐标系如图 4.1.2 所示，设钢球受到的平均冲力在 x、y 方向的分量分别为 F_x、F_y，由动量定理的分量式，得

$$\overline{F}_x \Delta t = mv_{2x} - mv_{1x} = mv\cos\alpha - (-mv\cos\alpha) = 2mv\cos\alpha$$

$$\overline{F}_y \Delta t = mv_{2y} - mv_{1y} = mx\sin\alpha - mv\sin\alpha = 0$$

因此，钢球所受的平均冲力为 $\overline{F} = \overline{F}_x = \dfrac{2mv\cos\alpha}{\Delta t}$

钢球对钢板的平均作用力为

$$\overline{F}' = -\overline{F}_x = -\frac{2 \times 0.50 \times 30 \times \cos45°}{0.05} \text{N} = 424.3\text{N}$$

$\overline{F}'$ 的方向与 x 轴的正向相反。

通过此题的解析应注意到，由于动量是矢量，解题时特别要注意动量的方向性。

例 4-2 如图 4.1.3 所示，质量为 $m = 3\text{t}$ 的重锤，从高度 $h = 1.5\text{m}$ 处自由落到受锻压的工件上，工件发生形变。如果作用的时间 $t = 0.01\text{s}$，试求重锤对工件的平均冲力。

解 重锤对工件的冲力变化范围很大，通常计算平均冲力。而要求得平均冲力，必须求

得这一平均冲力所导致的物体动量的改变量。在此题中，我们可以先求得重锤的动量改变量，进而求得工件对重锤的平均冲力，然后根据牛顿第三定律确定重锤对工件的平均冲力。

以重锤为研究对象作受力图。设工件对重锤的作用力为 $\boldsymbol{F}_N$，由于 $\boldsymbol{F}_N \gg m\boldsymbol{g}$，所以通常忽略 $m\boldsymbol{g}$。在竖直方向利用动量定理，取竖直向上为正，则有

$$F_N \Delta t = mv - mv_0 = 0 - (-m\sqrt{2gh})$$

可解得

$$F_N = \frac{m\sqrt{2gh}}{\Delta t} = \frac{3000 \times \sqrt{2 \times 9.8 \times 1.5}}{0.01}\,\text{N} = 1.63 \times 10^6\,\text{N}$$

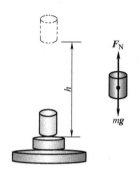

$\boldsymbol{F}_N$ 的方向竖直向上。

根据牛顿第三定律，重锤对工件的平均冲力的大小为

$$F_N' = |-F_N| = 1.63 \times 10^6\,\text{N}$$

$\boldsymbol{F}_N'$ 的方向竖直向下。

说明：在解题过程中，"重锤对工件"和"工件对重锤"这些陈述似乎很拗口，但必须明确，只有这样，才能说明它们之间的作用关系。

图 4.1.3　例 4-2 图

4.2　质点系的动量定理和动量守恒定律

4.2.1　质点系的动量定理

由 n 个质点组成的质点系，一般情形下，每个质点既受外力作用也受内力作用。

设第 $\begin{cases}1\\2\\\vdots\\n\end{cases}$ 个质点在初始时刻 t_0 的动量为 $\begin{cases}m_1\boldsymbol{v}_{10}\\m_2\boldsymbol{v}_{20}\\\vdots\\m_n\boldsymbol{v}_{n0}\end{cases}$，所受来自系统外的合外力为 $\begin{cases}\boldsymbol{F}_1\\\boldsymbol{F}_2\\\vdots\\\boldsymbol{F}_n\end{cases}$，系统

内其他质点对它的作用力为 $\begin{cases}\boldsymbol{f}_{21},\ \boldsymbol{f}_{31},\ \cdots,\ \boldsymbol{f}_{n1}\\\boldsymbol{f}_{12},\ \boldsymbol{f}_{32},\ \cdots,\ \boldsymbol{f}_{n2}\\\vdots\\\boldsymbol{f}_{1n},\ \boldsymbol{f}_{2n},\ \cdots,\ \boldsymbol{f}_{(n-1)n}\end{cases}$；到时刻 t 动量变为 $\begin{cases}m_1\boldsymbol{v}_1\\m_2\boldsymbol{v}_2\\\vdots\\m_n\boldsymbol{v}_n\end{cases}$，其运动

方程为

$$\begin{cases}\boldsymbol{F}_1 + \sum\limits_{i \neq 1}^{n} \boldsymbol{f}_{i1} = \dfrac{\mathrm{d}}{\mathrm{d}t} m_1\boldsymbol{v}_1 \\[2mm] \boldsymbol{F}_2 + \sum\limits_{i \neq 2}^{n} \boldsymbol{f}_{i2} = \dfrac{\mathrm{d}}{\mathrm{d}t} m_2\boldsymbol{v}_2 \\[2mm] \vdots \\[2mm] \boldsymbol{F}_n + \sum\limits_{i = 1}^{n-1} \boldsymbol{f}_{in} = \dfrac{\mathrm{d}}{\mathrm{d}t} m_n\boldsymbol{v}_n\end{cases}$$

将以上 n 个方程相加，得到

$$\sum_{i=1}^{n} \boldsymbol{F}_i + \sum_{i=1}^{n}\sum_{\substack{j=1\\j\neq i}}^{n} \boldsymbol{f}_{ij} = \frac{\mathrm{d}}{\mathrm{d}t}(\sum_{i=1}^{n} m_i \boldsymbol{v}_i)$$

式中，求和号表示 i 和 j 都是从 1 到 n 变化所得的各项相加，但不包括 $i \neq j$ 的那些项，即除去 f_{11}，f_{22}，$\cdots$，f_{nn} 各项。

由于 $\sum_{i=1}^{n}\sum_{\substack{j=1\\j\neq i}}^{n} \boldsymbol{f}_{ij}$ 中的内力总是成对出现的，根据牛顿第三定律，有 $\boldsymbol{f}_{ij} = -\boldsymbol{f}_{ji}(i \neq j)$，

故 $\sum_{i=1}^{n}\sum_{\substack{j=1\\j\neq i}}^{n} \boldsymbol{f}_{ij} = \boldsymbol{0}$，进一步可得微分形式为

$$\boxed{\sum_{i=1}^{n} \boldsymbol{F}_i = \frac{\mathrm{d}}{\mathrm{d}t}(\sum_{i=1}^{n} m_i \boldsymbol{v}_i)} \tag{4.2.1}$$

设外力作用的时间间隔为 $(t_0 \to t_1)$，对上式两边积分，得积分形式为

$$\boxed{\int_{t_0}^{t} \sum_{i=1}^{n} \boldsymbol{F}_i \mathrm{d}t = \sum_{i=1}^{n} m_i \boldsymbol{v}_i - \sum_{i=1}^{n} m_i \boldsymbol{v}_{i0}} \tag{4.2.2}$$

式中，$\sum_{i=1}^{n} m_i \boldsymbol{v}_{i0}$ 和 $\sum_{i=1}^{n} m_i \boldsymbol{v}_i$ 分别表示质点系在初态和末态的总动量。式（4.2.1）和式（4.2.2）分别是质点系动量定理的微分形式和积分形式。

式（4.2.2）表明：**在一段时间内，作用于质点系的合外力的冲量等于质点系动量的增量，称为质点系动量定理。**

由此可知，质点系总动量的改变完全是外力作用的结果。

在处理具体问题时，通常应用其分量形式，直角坐标系中的分量式为

$$\begin{cases} \int_{t_0}^{t} \sum F_{ix} \mathrm{d}t = \sum m_i v_{ix} - \sum m_i v_{i0x} \\ \int_{t_0}^{t} \sum F_{iy} \mathrm{d}t = \sum m_i v_{iy} - \sum m_i v_{i0y} \\ \int_{t_0}^{t} \sum F_{iz} \mathrm{d}t = \sum m_i v_{iz} - \sum m_i v_{i0z} \end{cases} \tag{4.2.3}$$

式（4.2.3）表明：**外力矢量和在某一方向的冲量等于在该方向上质点系动量分量的增量。**

4.2.2 动量守恒定律

动量守恒定律是最基本的守恒定律之一，也是人们最早发现的一条守恒定律，它的发现源于 16～17 世纪人们对宇宙运动的哲学思考。

由质点系动量定理的微分形式（4.2.1），很容易就可以得到动量守恒定律的数学形式为

$$\boxed{如果 \sum_{i=1}^{n} \boldsymbol{F}_i = \boldsymbol{0}, \quad 则 \sum_{i=1}^{n} m_i \boldsymbol{v}_i = 恒矢量} \tag{4.2.4}$$

式（4.2.4）表明：**若质点系所受的外力的矢量和为零，则质点系的总动量保持不变，称为动量守恒定律。**

式（4.2.4）是矢量式，在实际应用时可用分量式。在直角坐标系中，动量守恒定律的分量式为

$$
\begin{cases}
\sum_{i=1}^{n} F_{ix} = 0 \text{ 时}, & \sum_{i=1}^{n} m_i v_{ix} = \text{恒量} \\
\sum_{i=1}^{n} F_{iy} = 0 \text{ 时}, & \sum_{i=1}^{n} m_i v_{iy} = \text{恒量} \\
\sum_{i=1}^{n} F_{iz} = 0 \text{ 时}, & \sum_{i=1}^{n} m_i v_{iz} = \text{恒量}
\end{cases}
\tag{4.2.5}
$$

根据分量式，我们知道：

"如果系统所受外力在某个方向上的分量的代数和为零，那么系统的总动量在该方向上的分量保持不变。"

动量守恒定律的适用条件：

1）系统不受外力或系统所受的外力的合力为零。

2）系统所受外力的合力虽不为零，但比系统内力小得多，可不考虑外力的影响。

3）系统所受外力的合力虽不为零，但在某个方向上的分量为零，则在该方向上系统的总动量保持不变 ——分动量守恒。

必须注意，动量守恒定律成立的条件是系统所受合外力为零，而不计其内部质点间相互作用的细节。这是由于内力总是成对出现并遵守牛顿第三定律，所以内力虽然可使相关质点的动量改变，但却不会改变整个系统的总动量。

动量守恒定律是自然界最重要、最普遍的守恒定律之一，它既适用于宏观物体，也适用于微观粒子；既适用于低速运动物体，也适用于高速运动物体，其适用范围已远远超出经典力学的界限，所以是一个具有普遍性的定律。

例 4-3 大炮在发射时，炮身会产生反冲现象。设炮身和炮弹的质量分别为 m' 和 m，炮弹射出时初速为 v，炮管的仰角为 θ，如图 4.2.1 所示。忽略炮身反冲时与地面的摩擦，求大炮的反冲速度。

图 4.2.1 例 4-3 图

解 反冲现象是动量守恒的典型例子。本题铅直方向动量不守恒，水平方向由于摩擦力相对于内力可忽略可以认为在水平方向上动量守恒，选择向右为正，有

$$mv\cos\theta + m'u = 0$$

解之，即得炮身的反冲速度为 $u = -\dfrac{mv}{m'}\cos\theta$。

例 4-4 一原先静止的装置炸裂为质量相等的三块，已知其中两块在水平面内各以 80m/s 和 60m/s 的速率沿互相垂直的两个方向飞开。求第三块的飞行速率。

解 设碎块的质量都为 m，速度大小分别为 v_1、v_2 和 v_3，根据题意，$v_1 \perp v_2$，并处于

水平面内，取水平面为 xOy 平面，并设 v_1、v_2 分别沿 x 轴负
方向和 y 轴负方向，如图 4.2.2 所示。

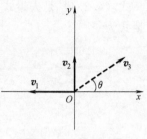

　　将整个装置视为一个系统，在炸裂过程中内力远大于外力，
可以用动量守恒定律来处理。故有

$$m_1\boldsymbol{v}_1 + m_2\boldsymbol{v}_2 + m_3\boldsymbol{v}_3 = \boldsymbol{0}$$

三碎块质量相等，所以 $\boldsymbol{v}_1 + \boldsymbol{v}_2 + \boldsymbol{v}_3 = \boldsymbol{0}$

写成两个分量式

$$-v_1 + v_3\cos\theta = 0, \quad -v_2 + v_3\sin\theta = 0$$

图 4.2.2　例 4-4 图

两式联立可解得 $\tan\theta = \dfrac{v_2}{v_1} = \dfrac{60}{80} = 0.75$，　所以 $\theta = 37°$，

$$v_3 = \frac{v_1}{\cos\theta} = \frac{80}{\cos 37°}\,\mathrm{m/s} = 1.0\times 10^2\,\mathrm{m/s}$$

4.3　碰撞

4.3.1　碰撞现象

　　碰撞是一种常见的物理现象，如打夯、锻压、击球等都是宏观的碰撞现象，原子和亚原
子粒子间的碰撞则属于微观领域的碰撞现象。因此，研究碰撞的规律对宏观领域和微观领域
都有着重要的意义。

　　物理学中的碰撞一般是指两个或两个以上物体在运动中相互靠近，或在接触时发生强烈
相互作用的过程。碰撞会使两个物体或其中的一个物体的运动状态发生明显的变化。

　　碰撞有两个显著特点，其一是作用时间极短，其二是碰撞的作用力远大于外力，故在研
究碰撞时，外力的作用成了次要因素，可忽略不计。

　　一般说来，碰撞过程都非常复杂，难以对过程进行仔细分析。但由于我们通常十分了解
物体在碰撞前后运动状态的变化，所以可利用动量及能量守恒定律进行分析。

　　将碰撞可大体分为正碰和斜碰两大类，如图 4.3.1 所示。

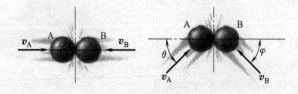

图 4.3.1　正碰和斜碰示意图

　　"正碰"也称为对心碰撞，是指碰撞前后两个物体的速度都沿着其质心连线的碰撞，也
称为一维碰撞。图 4.3.2 为两个小球对心碰撞的示意图，设两球的质量分别为 m_1、m_2，碰
撞前的速度分别为 $\boldsymbol{v}_1$、$\boldsymbol{v}_2$，碰撞后的速度分别为 $\boldsymbol{u}_1$、$\boldsymbol{u}_2$。

　　我们可以将小球的碰撞分为两个过程。开始碰撞时，两球相互挤压而发生形变，由形变
产生的弹性恢复力使两球的速度发生变化，直到两球的速度相等为止。这时形变最大，这是
碰撞的第一阶段，称为压缩阶段。此后，由于形变仍然存在，弹性恢复力继续作用，使两球

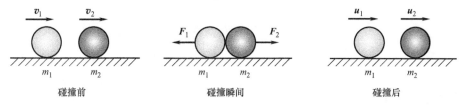

图 4.3.2　两小球的对心碰撞

速度改变而有相互脱离接触的趋势，两球压缩逐渐减小，直到两球脱离接触时为止。这是碰撞的第二阶段，称为恢复阶段。整个碰撞过程到此结束。

4.3.2　对心碰撞

为了便于对碰撞分类讨论，我们先引入恢复系数的概念。

恢复系数 e：碰撞后两球的分离速度（u_2-u_1）与碰撞前两球的接近速度（v_2-v_1）成正比，比值称为恢复系数 e。e 由两球的材料性质决定，并表示为

$$e=\frac{u_2-u_1}{v_1-v_2} \tag{4.3.1}$$

考虑到碰撞过程中动量守恒，我们将动量守恒关系与恢复系数关系联立，则可以得到两球碰撞后的速度与恢复系数的关系为

$$\begin{cases} u_1=\dfrac{(m_1-em_2)v_1+(1+e)m_2v_2}{m_1+m_2} \\ u_2=\dfrac{(m_2-em_1)v_2+(1+e)m_1v_1}{m_1+m_2} \end{cases} \tag{4.3.2}$$

根据恢复系数和碰撞过程中能量是否守恒，可以将对心碰撞分成如下三类。

（1）完全弹性碰撞（$e=1$）　分离速度与接近速度相等，碰撞前后系统动能守恒，碰撞后物体能完全恢复原状。

（2）完全非弹性碰撞（$e=0$）　碰撞后两球结合为一体并以同一速度运动，碰撞前后系统动能不守恒，能量损失较多，碰撞后物体不能恢复原状。

（3）非弹性碰撞（$0<e<1$）　碰撞前后系统动能不守恒，能量损失较少，碰撞后物体能部分恢复原状。

以上三类碰撞，完全弹性碰撞和完全非弹性碰撞是碰撞问题中的两种极端情形。

4.3.3　完全弹性碰撞

完全弹性碰撞是理想碰撞，在宏观的碰撞现象中几乎不存在。不过，我们将碰撞过程中能量耗散甚少的碰撞近似地视为完全弹性碰撞，所以研究这种碰撞还是有意义的。

对于完全弹性碰撞，恢复系数 $e=1$，代入式（4.3.2），即可得到碰撞后两球的速度大小为

$$\begin{cases} u_1=\dfrac{m_1v_1-m_2v_1+2m_2v_2}{m_1+m_2} \\ u_2=\dfrac{m_2v_2-m_1v_2+2m_1v_1}{m_1+m_2} \end{cases} \tag{4.3.3}$$

也可用下列方法：在完全弹性碰撞过程中，碰撞前后不仅动量守恒，而且动能也守恒，

列出方程：

$$\begin{cases} m_1v_1+m_2v_2=m_1u_1+m_2u_2 \\ \dfrac{1}{2}m_1v_1^2+\dfrac{1}{2}m_2v_2^2=\dfrac{1}{2}m_1u_1^2+\dfrac{1}{2}m_2u_2^2 \end{cases}$$

解以上方程组也可以得到式（4.3.3）。

讨论：

1）如果 $m_1=m_2$，根据式（4.3.3），则有 $u_1=v_2$ 和 $u_2=v_1$。表明质量相等的两物体发生完全弹性碰撞后交换了彼此的速度。

2）如果 $m_2\gg m_1$ 且 $v_2=0$，即小质量的物体与静止的大质量的物体发生完全弹性碰撞，则有 $u_1\approx-v_1$ 和 $u_2\approx0$。表明在碰撞后，质量极大的物体几乎仍然静止，而质量极小的物体的速度反向，大小几乎不变。

3）如果 $m_1\gg m_2$ 且 $v_2=0$，即大质量的物体与静止的小质量的物体发生完全弹性碰撞，则有 $u_1\approx v_1$ 和 $u_2\approx2v_1$。表明在碰撞后，质量极大的物体几乎保持原来的速度，而原来静止的、质量极小的物体则"获得"两倍于大质量物体的速度。

4.3.4 完全非弹性碰撞

完全非弹性碰撞是碰撞的一种极端情形，碰撞后两物体结合在一起以共同的速度运动。对于完全非弹性碰撞，恢复系数 $e=0$，代入式（4.3.2），即可得到碰撞后两球的共同速度大小为

$$u=\frac{m_1v_1+m_2v_2}{m_1+m_2} \tag{4.3.4}$$

对于完全非弹性碰撞也可考虑碰撞的动量守恒关系，有 $m_1v_1+m_2v_2=(m_1+m_2)u$，同样可得到式（4.3.4）。

在完全非弹性碰撞过程中物体要发生形变，致使物体各部分之间剧烈摩擦，从而使部分机械能转变为热能。损失的能量为碰撞前后系统的动能之差，即

$$\Delta E=\frac{1}{2}m_1v_1^2+\frac{1}{2}m_2v_2^2-\frac{1}{2}(m_1+m_2)u^2=\frac{m_1m_2}{2(m_1+m_2)}(v_1-v_1)^2 \tag{4.3.5}$$

4.3.5 非弹性碰撞

在碰撞问题中，更多的是非弹性碰撞。非弹性碰撞的恢复系数 $0<e<1$，也就是说，这类碰撞介于以上两种极端情形之间。

在非弹性碰撞中，动量守恒定律仍然成立，但机械能守恒定律就不成立了。这是因为在非弹性碰撞中，总要损失一部分动能。其结果即为式（4.3.2）。

例4-5 质量 $m=1$kg 的钢球与长为 $l=0.8$m 的细绳相连，细绳的另一端固定于点 O，如图 4.3.3 所示。将钢球移到水平位置 A 处自然释放，则钢球将在最低点与 $m'=5$kg 的钢块发生完全弹性碰撞。求碰撞后钢球升高的高度 h。

解 对于这一类问题，可以将碰撞分为以下三个过程分别讨论。

第一个过程：钢球下落到最低点。以钢球和地球为系统，机械能守恒。以钢球所在的最低点为重力势能零点，有

$$\frac{1}{2}mv_0^2 = mgl$$

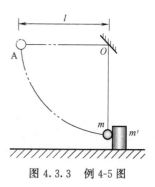

第二个过程：钢球与钢块发生完全弹性碰撞，设碰撞后，钢球以速率 v 反弹，钢块以速率 u 向右运动。以钢球和钢块为系统，动能和动量守恒，得

$$\begin{cases} \frac{1}{2}mv_0^2 = \frac{1}{2}mv^2 + \frac{1}{2}m'u^2 \\ mv_0 = -mv + m'u \end{cases}$$

图 4.3.3　例 4-5 图

第三个过程：钢球上升。以钢球和地球为系统，机械能守恒。以钢球所在的最低点为重力势能零点。则有

$$\frac{1}{2}mv^2 = mgh$$

以上方程联立，解得 $h = 0.35\mathrm{m}$。

例 4-6　为了测量子弹的速率，可将质量为 m 的子弹射入质量为 m' 的沙箱中，沙箱用长为 l 的细绳悬挂（见图 4.3.4）。如果测得沙箱升高了 h 的高度，那就可以测出子弹射入沙箱前的速率 v_0，试求之。

解　如果假设子弹射入沙箱后与之一起运动的速率为 v，则设入前后应有动量守恒

$$mv_0 = (m+m')v$$

而子弹与沙箱一起升高 h 的过程应满足机械能守恒定律，即有

$$\frac{1}{2}(m+m')v^2 = (m+m')gh$$

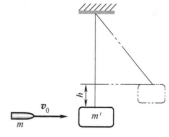

图 4.3.4　例 4-6 图

两式联立就可解得子弹射入沙箱前的速率为

$$v_0 = \frac{m+m'}{m}\sqrt{2gh}$$

例 4-7　如图 4.3.5 所示为碰撞实验的常用装置，可以验证动量守恒与机械能守恒定律。质量为 m 的小球从张角为 θ 的 A 处落下，然后与质量为 m' 的蹄状物 B 相碰，并嵌入其中一起运动，求两物到达最高处时的张角 φ。

解　（1）小球从 A 处开始下落 h 高度，而到达最低位置，这是小球与蹄状物 B 碰撞前的过程，此过程机械能守恒，有

$$\frac{1}{2}mv^2 = mgl(1-\cos\theta) \Rightarrow v = \sqrt{2gl(1-\cos\theta)}$$

（2）当小球与蹄状物碰撞时，两物体发生的是完全非弹性碰撞，动量守恒，有

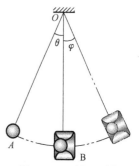

图 4.3.5　例 4-7 图

$$mv = (m+m')u$$

（3）小球与蹄状物开始一起运动后，在这个过程中机械能守恒，有

$$\frac{1}{2}(m+m')u^2 = (m+m')gl(1-\cos\varphi) \Rightarrow u = \sqrt{2gl(1-\cos\varphi)}$$

以上式子消去 v 和 u，得

$$\cos\varphi = 1 - \left(\frac{m}{m+m'}\right)^2 (1-\cos\theta)$$

本 章 小 结

4-1　冲量、动量、动量定理。

冲量：撞击力 $\boldsymbol{F}$ 与短促撞击时间 $\mathrm{d}t$ 的乘积，$\mathrm{d}\boldsymbol{I} = \boldsymbol{F}\mathrm{d}t$，$\boldsymbol{I} = \int_{t_1}^{t_2} \boldsymbol{F}\mathrm{d}t$；

动量：运动的量，物体的质量与运动速度的乘积 $\boldsymbol{p} = m\boldsymbol{v}$；

动量定理：物体在运动过程中所受合外力的冲量，等于该物体动量的增量 $\boldsymbol{I} = \boldsymbol{p}_2 - \boldsymbol{p}_1$；

在直角坐标系中的分量式为

$$\begin{cases} I_x = \int_{t_1}^{t_2} F_x \mathrm{d}t = mv_{2x} - mv_{1x} \\ I_y = \int_{t_1}^{t_2} F_y \mathrm{d}t = mv_{2y} - mv_{1y} \\ I_z = \int_{t_1}^{t_2} F_z \mathrm{d}t = mv_{2z} - mv_{1z} \end{cases}$$

4-2　质点系动量定理：在一段时间内，作用于质点系的合外力的冲量等于质点系动量的增量

$$\int_{t_0}^{t} \sum_{i=1}^{n} \boldsymbol{F}_i \mathrm{d}t = \sum_{i=1}^{n} m_i \boldsymbol{v}_i - \sum_{i=1}^{n} m_i \boldsymbol{v}_{i0}$$

直角坐标系中的分量式为

$$\begin{cases} \int_{t_0}^{t} \sum F_{ix} \mathrm{d}t = \sum m_i v_{ix} - \sum m_i v_{i0x} \\ \int_{t_0}^{t} \sum F_{iy} \mathrm{d}t = \sum m_i v_{iy} - \sum m_i v_{i0y} \\ \int_{t_0}^{t} \sum F_{iz} \mathrm{d}t = \sum m_i v_{iz} - \sum m_i v_{i0z} \end{cases}$$

外力矢量和在某一方向的冲量等于在该方向上质点系动量分量的增量。

4-3　动量守恒定律：若质点系所受的外力的矢量和为零，则质点系的总动量保持不变。

$$\text{如果} \sum_{i=1}^{n} \boldsymbol{F}_i = \boldsymbol{0}, \quad \text{则} \sum_{i=1}^{n} m_i \boldsymbol{v}_i = \text{恒矢量}$$

在直角坐标系中，动量守恒定律的分量式为

$$\begin{cases} \sum_{i=1}^{n} F_{ix} = 0 \text{ 时,} \quad \sum_{i=1}^{n} m_i v_{ix} = \text{恒量} \\[3mm] \sum_{i=1}^{n} F_{iy} = 0 \text{ 时,} \quad \sum_{i=1}^{n} m_i v_{iy} = \text{恒量} \\[3mm] \sum_{i=1}^{n} F_{iz} = 0 \text{ 时,} \quad \sum_{i=1}^{n} m_i v_{iz} = \text{恒量} \end{cases}$$

如果系统所受外力在某个方向上的分量的代数和为零,那么系统的总动量在该方向上的分量保持不变。

4-4 碰撞:完全弹性碰撞($e=1$)、非完全弹性碰撞($0<e<1$)和完全非弹性碰撞($e=0$)。

习 题

一、填空题

4-1 质量为 m 的小球,以水平速度 v 与固定的竖直墙壁发生完全弹性碰撞,取小球初速度 v 的方向为坐标轴正方向,则在此过程中,小球动量的增量为_____。

4-2 质量为 2×10^{-2} kg 的子弹以 500m/s 的速率击入一木块后,随木块一起以 50m/s 的速率前进。取子弹初速度的方向为坐标轴正方向,在此过程中,木块所受的冲量为____。

4-3 质量为 0.3kg 的棒球以 20m/s 的速率运动,被棒迎击一下后,以 30m/s 的速率向相反方向飞出,设球与棒接触的时间为 0.05s,则棒施于球的平均冲力为_____。

4-4 机枪每分钟可射出质量为 2×10^{-2} kg 的子弹 900 发,子弹射出时的速率约为 800m/s,射击时的平均反冲力为_____。

4-5 质量为 m 的 A 粒子的初速度为 $3\boldsymbol{i}+4\boldsymbol{j}$,质量为 $4m$ 的 B 粒子的初速度为 $2\boldsymbol{i}-7\boldsymbol{j}$,两粒子相互作用后,A 粒子的速度变为 $7\boldsymbol{i}-4\boldsymbol{j}$,B 粒子的速度变为_____。

4-6 长度为 l 的细绳一端系有质量为 m 的小球,另一端固定于水平桌面上,小球在此光滑水平桌面上以速率 v 做半径为 l 的匀速率圆周运动。当小球走 1/4 圆周时,小球所受绳子拉力的冲量大小为_____。

4-7 质量为 m' 的平板车,以初速 v 在光滑水平面上滑行,一质量为 m 的黏性物体从高度为 h 处自由下落到车内,两者合在一起后速度的大小为_____。

4-8 质量为 0.98kg 的小球由长度为 1m 的不可伸长的细绳悬挂构成一单摆,并处于平衡状态,质量为 2×10^{-2} kg 的子弹,以 400m/s 的速率斜向下射入摆球中,子弹速度方向与悬线间的夹角为 30°,子弹射入后摆球的速度大小为_____。

4-9 长为 L 的均质细杆,可绕过杆的一端 O 点的水平光滑固定轴转动,开始时细杆静止于竖直位置。紧邻 O 点悬一单摆,轻质摆线的长度也是 L,摆球质量为 m。若单摆从水平位置由静止开始自由摆下,且摆球与细杆发生完全弹性碰撞,碰撞后摆球正好静止。(1)细杆的质量为_____;(2)细杆摆起的最大角度为_____。

二、选择题

4-1 一颗子弹以水平速率 v_0 射入静止于光滑水平面上的木块后,随木块一起运动,对于这一过程的分析是( )。

A. 子弹和木块组成的系统机械能守恒

B. 子弹在水平方向动量守恒

C. 子弹所受冲量等于木块所受冲量

D. 子弹减少的动能等于木块增加的动能

4-2 物体的动量和动能的正确关系是（ ）。

A. 物体的动量不变，动能也不变

B. 物体的动能不变，动量也一定变化

C. 物体的动量变化，动能也不变

D. 物体的动能不变，动量却不一定变化

4-3 将一空盒放在电子秤上，并将电子秤读数调整为零。然后在距盒底高度为 1.8m 处令小石子自由下落，以 100 个/s 的速率注入盒中，每个小石子的质量均为 1×10^{-2}kg，落下的高度差均相同，且落入盒内后立即停止运动，若取 $g = 10$m/s^2，则开始注入 10s 时，秤的读数应为（ ）。

A. 9.4kg   B. 10kg   C. 10.6kg   D. 141kg

4-4 质量为 m 的物体受到一冲量作用后，其速度的大小 v 不变，而方向改变 θ（$0 < \theta < \pi$），则此物体所受冲量的大小为（ ）。

A. $mv\cos\theta$ B. $mv\sin\theta$ C. $2mv\cos\dfrac{\theta}{2}$ D. $2mv\sin\dfrac{\theta}{2}$

4-5 质量为 m 的质点以动能 E_k 沿直线向左运动，质量为 $4m$ 的质点以动能 $4E_k$ 沿同一直线向右运动，这两个质点总动量的大小为（ ）

A. $2\sqrt{2mE_k}$

C. $5\sqrt{2mE_k}$

B. $3\sqrt{2mE_k}$

D. $(2\sqrt{2}-1)\sqrt{2mE_k}$

4-6 将质量为 m 的木块 A 和质量为 $2m$ 的木块 B 分别连接于一水平轻弹簧两端后，置于光滑水平桌面上，现用力压紧弹簧，弹簧被压缩，然后由静止释放，弹簧伸长到原长时，木块 A 的动能为 E_k。弹簧原来处于被压紧状态时所具有的弹性势能为（ ）。

A. $\dfrac{3E_k}{2}$ B. $2E_k$ C. $3E_k$ D. $\dfrac{\sqrt{2}E_k}{2}$

4-7 在任何相等的时间内，物体动量的增量总是相等的运动一定是（ ）。

A. 匀速圆周运动   B. 匀加速圆周运动

C. 直线运动   D. 抛体运动

4-8 设地球的质量为 m，太阳的质量为 m_{sun}，地球中心到太阳中心的距离为 R，引力常量为 G，地球绕太阳做轨道运动的角动量为：（ ）

A. $m\sqrt{Gm_{sun}R}$

C. $\sqrt{Gm_{sun}m/R}$

B. $mm_{sun}\sqrt{G/R}$

D. $\sqrt{Gm_{sun}m/2R}$

4-9 光滑水平桌面的中心 O 点有一小孔，质量为 m 的小球系于柔软细绳一端，绳子另一端从小孔 O 向下穿出。今使小球在光滑桌面上绕 O 点做圆周运动，当半径 $r = r_0$ 时，小球速率为 v_0，在拉动绳子下端使小球做圆周运动的半径减小的过程中，小球始终保持不变的量是（ ）。

A. 动量 B. 动能

C. 对 O 点的角动量 D. 机械能

4-10 人造地球卫星绕地球做椭圆轨道运动过程中，守恒量是（　　）。

A. 动量和动能 B. 动量和机械能

C. 角动量和动能 D. 角动量和机械能

4-11 动能一定守恒的碰撞过程为（　　）。

A. 对心碰撞 B. 非对心碰撞

C. 完全弹性碰撞 D. 完全非弹性碰撞

三、计算题

4-1 力 $\boldsymbol{F}=(30+4t)\boldsymbol{i}$ 作用于质量为 10kg 的物体上，（F 的单位是 N，t 的单位为 s），试求：（1）从 $t=0$ 开始的 2s 内，此力的冲量；（2）要使冲量的大小等于 300N·s，此力从 $t=0$ 开始需要作用多长时间？

4-2 停泊在静水湖面上的两只小船之间用一根质量可以忽略不计的绳索连接。站在第一只船上的人用 50N 的力拉绳子，求拉力作用 5s 后，两只船相对于岸的速度大小各为多少？已知第一只船和人的总质量为 250kg，第二只船的质量为 500kg，水的阻力忽略不计。

4-3 质量为 200kg 的小车上有一只装着沙子的箱子，沙和箱的总质量为 100kg，小车以 1m/s 的速率在光滑水平轨道上滑行，质量为 50kg 的重物从高处自由落下，竖直落入沙箱中，（1）求重物落入后小车的速率；（2）重物落入沙箱后，若沙箱在小车上滑动，经过 0.2s 沙箱相对于车面静止，求车面与箱底间的平均摩擦力。

4-4 质量为 5×10^{-3}kg 的子弹沿水平方向射入一静止于水平面上的木块，已知木块质量为 3kg，木块与平面间的摩擦系数为 0.20，当子弹射入木块并嵌入其中后，木块沿水平面滑动 0.25m 后静止，求子弹的初速率。

4-5 质量为 2kg 的飞行物，在距地面高度为 19.6m 处以速率 $v_1=5$m/s 水平飞行，质量为 3×10^{-2}kg 的子弹以水平速率 $v_2=300$m/s 击中飞行物，v_1 与 v_2 沿同一直线，且击中后子弹没有穿出，不计空气阻力，试求下面两种情况下，飞行物落地点与被击中点之间的水平距离。（1）v_1 与 v_2 同方向；（2）v_1 与 v_2 反方向。

4-6 长度为 0.8m 的细轻绳一端固定，另一端悬挂质量为 1kg 的钢球。开始时，将绳拉至水平位置，然后释放小球使其自由摆下，球在最低点与一质量为 5kg 的钢块发生完全弹性碰撞，试求碰撞后钢球将升高的高度。

4-7 质量为 1×10^{-2}kg 的子弹，以 750m/s 的速度水平射入质量为 5kg 的冲击摆内，摆线长 1m。试求：（1）摆上升的最大高度；（2）子弹的初始动能；（3）子弹射入摆内瞬间系统的动能。

4-8 一质量为 m' 的球放在有孔水平桌面的小孔上。从小孔正下方射来一颗质量为 m 的子弹，子弹速度大小为 v_0，方向竖直向上。子弹穿透球后，球上升的高度为 h，试求子弹上升的高度。

4-9 距地面 16m 的立柱顶端放有一个质量为 m 的小球 A，小球 A 正上方 1m 处悬挂着摆长为 1m 的单摆，摆球质量也是 m。开始时，将摆线拉至水平位置，由静止释放，任其自己摆下与小球 A 发生完全弹性对心碰撞。试求碰撞后，小球 A 的落地点距两球相碰点之间的水平距离。

4-10 我国第一颗人造地球卫星绕地球沿椭圆轨道运动，地球中心为椭圆的一个焦点。已知地球平均半径为 6.378×10^6 m，卫星距地面最近距离为 4.39×10^5 m，最远距离为 2.384×10^6 m，若卫星在近地点的速度大小为 8.1×10^3 m/s，试求卫星在远地点的速度大小。

4-11 质量为 $m_1 = 0.79$ kg 和 $m_2 = 0.80$ kg 的物体与劲度系数为 10N/m 的轻弹簧相连，置于光滑水平桌面上。最初弹簧自由伸张。质量为 0.01kg 的子弹以速率 $v = 100$ m/s 沿水平方向射于 m_1 内，问弹簧最多压缩了多少？

习题参考答案

一、填空题

4-1 $-2mv$

4-2 9N·s

4-3 300N

4-4 240N

4-5 $\boldsymbol{i} - 5\boldsymbol{j}$

4-6 $\sqrt{2}mv$

4-7 $m'v/(m+m')$

4-8 4m/s

4-9 (1) 3m; (2) $\theta = \arccos\dfrac{1}{3}$

二、选择题

题号	4-1	4-2	4-3	4-4	4-5	4-6	4-7	4-8	4-9	4-10	4-11
答案	C	A	B	D	B	A	D	A	C	D	C

三、计算题

4-1 (1) $68\boldsymbol{i}$ N·s; (2) 6.86s

4-2 $v_1 = 1$m/s，$v_2 = 0.5$m/s

4-3 (1) 0.86m/s; (2) 145N

4-4 595m/s

4-5 (1) 18.7m; (2) 0.985m

4-6 0.36m

4-7 (1) 0.11m; (2) 2.8×10^3 J; (3) 5.6J

4-8 $\dfrac{(mv_0 - m'\sqrt{2gh})^2}{2m^2 g}$

4-9 8m

4-10 6.31×10^3 m/s

4-11 $\Delta l_{\max} = m_0 v_0 \sqrt{\dfrac{1}{k}\left(\dfrac{1}{m_1 + m_0} - \dfrac{1}{m_1 + m_2 + m_0}\right)} = 0.25$m

第5章　刚体的定轴转动

学习目标

➢ 理解角位移、角速度、角加速度的概念

➢ 理解匀变速转动公式以及角量与线量的关系

➢ 理解力矩、力矩的功、转动动能、转动惯量的概念

➢ 学会用积分的方法计算刚体的转动惯量

➢ 掌握刚体绕定轴的转动动能定理

➢ 掌握用转动定律解决刚体动力学问题的方法

➢ 理解角动量的概念，掌握角动量定理和角动量守恒定律，并能用于解释有关现象

物体运动的形式很多，一般有平动、转动、振动几大类。转动是一种基本的运动形式，在复杂的物理世界中，大至星系的运动，小至原子、电子等微粒，都在永不停息地转动着。在日常生活和生产活动中，更是经常会碰到转动的问题。

我们在研究物体的运动时，引入了理想模型——"质点"。但是，在更多的研究环境下，物体的形状和大小不再是次要因素了，也就是说我们不可能将物体视为质点。

要研究转动，我们还得建立另一个理想模型——"刚体"。物体可以由不同的材料构成，其形状、大小、质地等千差万别。一般而言，物体在转动过程中，形状会发生改变。这就会给研究带来很多困难。因此，我们为了突出问题的主要方面，也为了简化研究工作，引入"刚体"这一理想模型。

本章将在建立刚体模型后，对刚体转动的描述方法、与刚体转动相关的概念、转动的特征量、转动规律等逐一进行介绍。本章最后还要介绍角动量和角动量守恒定律，以便使读者对经典力学中的守恒律有一个全面的认识。

5.1　刚体运动的描述

在任何情况下，受力时均不改变形状和体积的物体，就视为**刚体**。在现实世界中，受力作用而不改变形状的物体几乎没有，所以"刚体"是一个理想模型。实际上，若物体自身的形状改变不影响运动过程，那么就可以将其视为刚体。例如，物理天平的横梁在力的作用下产生的形变很小，完全可以不加考虑，在研究天平平衡问题时，可以将横梁当作刚体。

在对刚体进行研究时，可以认为刚体是由若干个连续分布的质元组成的，刚体上任意两

个质元的间距保持不变。每个质元的质量为 dm。每个质元的运动都遵从质点力学的规律，而刚体的运动则是这些质元运动的总和。

5.1.1 刚体的平动

如图 5.1.1 所示，在刚体的运动过程中，如果刚体上的**任意一条直线始终保持平行**，这种运动称为平动。例如，电梯的运动，气缸中活塞的运动，车床上车刀的运动等，都是平动。

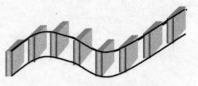

图 5.1.1 刚体平动示意图

在平动过程中，刚体上所有点的位置都发生了改变，但刚体的位形不变，刚体上各点的运动完全相同，具有相同的运动轨迹，也具有相同的位移、速度和加速度。因此，可用刚体上任一点的运动代表整个刚体的运动。在研究物体的平动时，可以不考虑物体的大小和形状，而把它作为质点来处理。

5.1.2 刚体的定轴转动及其特征量

刚体运动时，如果各质元都绕同一直线做圆周运动，则称这种运动为转动。刚体的转动有多种类型，例如，在某有限时段内，陀螺的转动属于定点转动，而门绕门轴的转动则属于定轴转动。

这里讨论的是刚体绕某固定轴的转动，这种转动称为**定轴转动**，固定轴称为**转轴**。

定轴转动有两个特点：

第一，刚体上各点都在垂直于固定轴的平面内（转动平面）做圆周运动，其圆心都在转轴上。

第二，刚体上各点到转轴的垂直线在相同的时间内所转过的角度都相同。因而用角量描述刚体的运动。

1. 转动平面

为便于研究，我们将过刚体上任意一点并垂直于转轴的平面称为转动平面。显而易见，刚体上可以构造出无限多个转动平面，它们是等价的。在研究刚体转动时，选择一个合适的转动平面进行分析就可以了。图 5.1.2 所示的 xOy 平面就是一个转动平面，固定转轴一般用 Oz 表示。

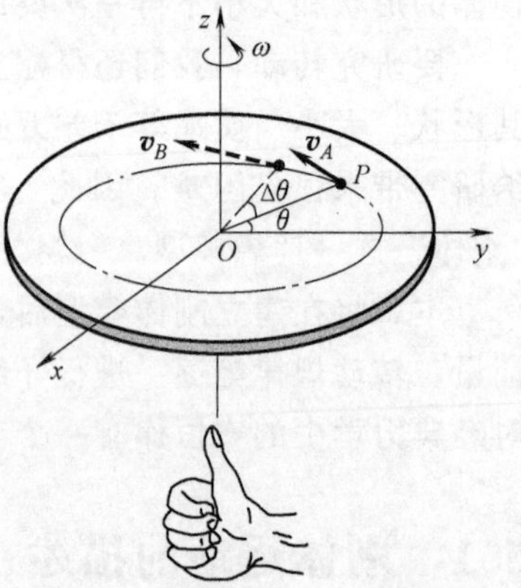

在刚体定轴转动过程中，刚体上的所有的点都绕转轴做半径不同的圆周运动，各点都具有相同的角位移、角速度和角加速度。在处理相关问题时，这些矢量可用带正负号的标量来表示。由于刚体上各点到转轴的距离不同，故有不同的位移、速度和加速度。

图 5.1.2 上方描述刚体定轴转动的角量，下方右手定则判断 ω 的方向

2. 角位置（或角坐标）θ

如图 5.1.2 所示，转动平面上任意点 P 的位置用 OP 与 Oy 轴（参考方向）的夹角表示，这个角度称为角位置或角坐标，用 θ 表示。角位置是矢量，其方向与刚体转动方向满足右手法则。因而规定**逆时针转向为正**，反之为负。单位为弧度（rad），$1\mathrm{rad} \approx 57.3°$。

3. 角位移 $\Delta\theta$

如图 5.1.2 所示，转动平面上任意点 P 在 Δt 时间内转过的角度称为角位移，用 $\Delta\theta$ 表示。角位移是角位置的增量，也是矢量。

4. 角速度 ω

刚体转动的快慢程度用角速度描述。分为平均角速度和瞬时角速度。刚体在 Δt 时间内角位置的增量 $\Delta\theta$ 与 Δt 之比定义为**平均角速度**，其 $\Delta t \rightarrow 0$ 时的极限就为**瞬时角速度**。

$$\omega = \lim_{\Delta t \to 0} \frac{\Delta\theta}{\Delta t} = \frac{d\theta}{dt} \tag{5.1.1}$$

角速度的单位为弧度/秒（rad/s）。角速度是矢量，其方向与角位移增量方向一致。

刚体绕定轴 Oz 转动时，角速度只有两个可能的取向，因此我们一般将它写为标量形式，用正负号表示其取向。同时规定：当 ω 指向 Oz 轴正方向时，$\omega > 0$；当 ω 指向 Oz 轴负方向时，$\omega < 0$。

描述匀速转动快慢的物理量还有转速 n。转速表示单位时间内转过的圈数，转速与角速度的关系为

$$\omega = 2\pi n \tag{5.1.2}$$

5. 角加速度 β

角加速度是描述转动刚体角速度改变快慢的量。角加速度也分为平均角加速度和瞬时角加速度。刚体在 Δt 时间内角速度的增量 $\Delta\omega$ 与 Δt 之比定义为**平均角加速度**，其 $\Delta t \rightarrow 0$ 时的极限就为**瞬时角加速度**。

$$\beta = \lim_{\Delta t \to 0} \frac{\Delta\omega}{\Delta t} = \frac{d\omega}{dt} = \frac{d^2\theta}{dt^2} \tag{5.1.3}$$

β 的单位为弧度每二次方秒（rad/s^2）。β 的方向由 ω 的符号和转动情形确定：刚体加速转动时，β 与 ω 符号相同；反之，β 与 ω 符号相反。

6. 刚体匀变速转动的运动方程

当刚体绕定轴转动时，如果在任意相等时间间隔 Δt 内，角速度的增量都相等，则称这种变速转动为**匀变速转动**。即角加速度为一恒量的转动。

由式（5.1.1），有

$$d\theta = \omega dt$$

假设在时间间隔（$0 \rightarrow t$）内，刚体的角位置由 θ_0 变化到 θ，上式积分，得

$$\theta = \theta_0 + \int_0^t \omega(t) dt \tag{5.1.4}$$

刚体匀速转动时，有

$$\theta = \theta_0 + \omega t$$

同理，由式（5.1.3），有

$$d\omega = \beta dt$$

假设在时间间隔（$0 \rightarrow t$）内，刚体的角速度由 ω_0 变化到 ω，上式积分，得

$$\int_{\omega_0}^{\omega} d\omega = \int_0^t \beta dt$$

刚体做匀变速转动时，有

$$\omega - \omega_0 = \beta t \tag{5.1.5}$$

将式（5.1.5）代入式（5.1.4）得

$$\theta - \theta_0 = \omega_0 t + \frac{1}{2}\beta t^2 \tag{5.1.6}$$

将式（5.1.5）和式（5.1.6）中的 t 消去，可得

$$\omega^2 - \omega_0^2 = 2\beta(\theta - \theta_0) \tag{5.1.7}$$

以上三个方程［式（5.1.5）～式（5.1.7）］与质点匀变速直线运动的三个基本公式相对应（见表 5.1.1）。

7. 角量与线量的关系

角量是描述刚体转动时与角度有关的量，角量包括：角位置 θ、角位移 $\Delta\theta$、角速度 ω、角加速度 β。

线量是描述刚体转动时，质元做圆周运动的相关量，线量包括：位移 r、速度 v、加速度 a。

角量与线量的关系曾在第 1 章中介绍圆周运动时讨论过，详见表 5.1.1。

表 5.1.1 平动和转动的物理量与运动学公式类比

平动（以一维运动为例）	定轴转动	
位置矢量：r	角位置：θ	线量与角量的关系： $s = r\theta$ $v = r\omega$ $a_t = r\beta$ $a_n = r\omega^2$
位移：Δr	角位移：$\Delta\theta$	
速度：$v = \lim\limits_{\Delta t \to 0}\dfrac{\Delta r}{\Delta t} = \dfrac{\mathrm{d}r}{\mathrm{d}t}$	角速度：$\omega = \lim\limits_{\Delta t \to 0}\dfrac{\Delta\theta}{\Delta t} = \dfrac{\mathrm{d}\theta}{\mathrm{d}t}$	
加速度： $a = \lim\limits_{\Delta t \to 0}\dfrac{\Delta v}{\Delta t} = \dfrac{\mathrm{d}v}{\mathrm{d}t} = \dfrac{\mathrm{d}^2 r}{\mathrm{d}t^2}$	角加速度： $\beta = \lim\limits_{\Delta t \to 0}\dfrac{\Delta\omega}{\Delta t} = \dfrac{\mathrm{d}\omega}{\mathrm{d}t} = \dfrac{\mathrm{d}^2\theta}{\mathrm{d}t^2}$	
匀速直线运动：$x - x_0 = v_0 t$	匀速圆周运动：$\theta - \theta_0 = \omega_0 t$	矢量关系： $v = \boldsymbol{\omega} \times \boldsymbol{r}$ $a_t = \boldsymbol{\beta} \times \boldsymbol{r}$ $a_n = \boldsymbol{\omega} \times \boldsymbol{v} = -\omega^2 \boldsymbol{r}$
匀变速直线运动： $\begin{cases} v - v_0 = at \\ x - x_0 = v_0 t + \dfrac{1}{2}at^2 \\ v^2 - v_0^2 = 2a(x - x_0) \end{cases}$	匀变速圆周运动： $\begin{cases} \omega - \omega_0 = \beta t \\ \theta - \theta_0 = \omega_0 t + \dfrac{1}{2}\beta t^2 \\ \omega^2 - \omega_0^2 = 2\beta(\theta - \theta_0) \end{cases}$	

8. 刚体的一般运动

在实际问题中，刚体的运动较为复杂，图 5.1.3 表示一个可视为刚体的轮子在水平地面上的滚动。对于这类问题，可以将刚体的运动看作其质心的平动与相对于过质心且垂直运动平面的轴的转动的叠加。所以，刚体最基本的运动形式是平动和转动。

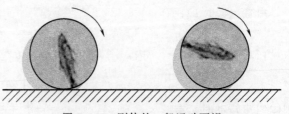

图 5.1.3 刚体的一般运动可视为平动与转动的叠加

例 5-1 一飞轮半径为 0.2m、每分钟转过 150 圈，因受制动而均匀减速，经 30s 停止转动。试求：

（1）角加速度和在此时间内飞轮所转的圈数；

（2）制动开始后 $t = 6s$ 时飞轮的角速度；

（3）$t=6$s 时飞轮边缘上一点的线速度、切向加速度和法向加速度。

解　（1）飞轮的初角速度为

$$\omega_0=2\pi n_0=2\pi \cdot 150/\text{min}=5\pi(\text{rad/s})$$

角加速度为

$$\beta=\frac{\omega-\omega_0}{t}=\frac{0-5\pi}{30}(\text{rad/s}^2)=-\frac{\pi}{6}(\text{rad/s}^2)$$

飞轮在 30s 内转过的角度为

$$\theta=\frac{\omega^2-\omega_0^2}{2\beta}=\frac{-(5\pi)^2}{2\times(-\pi/6)}(\text{rad})=75\pi(\text{rad})$$

飞轮在 30s 内转过的圈数为

$$N=\frac{\theta}{2\pi}=\frac{75\pi}{2\pi}=37.5(\text{圈})$$

（2）制动开始后 $t=6$s 时飞轮的角速度为

$$\omega=\omega_0+\beta t=\left(5\pi-\frac{\pi}{6}\times6\right)(\text{rad/s})=4\pi(\text{rad/s})$$

（3）$t=6$s 时，飞轮边缘上一点的线速度为

$$v=r\omega=0.2\times4\pi\,\text{m/s}=2.5\text{m/s}$$

切向加速度为

$$a_t=r\beta=0.2\times\left(-\frac{\pi}{6}\right)\text{m/s}^2=-0.105\text{m/s}^2$$

法向加速度为

$$a_n=r\omega^2=0.2\times(4\pi)^2\text{m/s}^2=31.6\text{m/s}^2$$

5.2　力矩

5.2.1　力矩的概念

在讨论杠杆原理的过程中，我们对力臂有了初步的认识。这里要讨论的力矩与力臂的概念是紧密联系的。力矩是对某一参考点而言的。力与力臂的乘积就是力对支点的力矩。

现在我们考虑力矩的一般意义，以求得到关于力矩的更为简洁也更为普遍适用的表示形式。

图 5.2.1 是力矩概念的图示，图 5.2.1a 较为直观，容易理解；图 5.2.1b 在坐标系中标示，便于定量分析；图 5.2.1c 是判断力矩方向的右手定则示意图。

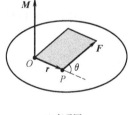 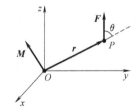 

a) 直观图　　　　　　　　b) 坐标图　　　　　　　　c) 右手定则

图 5.2.1　力矩概念的图示

点 P 受力 $\boldsymbol{F}$ 作用，质点的矢径为 $\boldsymbol{r}$，我们把作用于质点的力 $\boldsymbol{F}$ 相对于参考点 O 所产生的力矩定义为

$$\boxed{\boldsymbol{M} = \boldsymbol{r} \times \boldsymbol{F}}$$ 　　　　　　　(5.2.1)

$\boldsymbol{M}$ 的大小为 $M = rF\sin\theta$，$d = r\sin\theta$ 即为力臂。$\boldsymbol{M}$ 与由 $\boldsymbol{r} \times \boldsymbol{F}$ 所决定的平面垂直，其方向由右手定则确定。$\boldsymbol{M}$ 的单位为牛米（N·m）。

右手定则：自然弯曲的右手四指由 $\boldsymbol{r}$ 的方向经小于 π 的角度转向 $\boldsymbol{F}$ 的方向，伸直的拇指则指向 $\boldsymbol{M}$ 的方向。

若作用于质点的力 $\boldsymbol{F}$ 是多个力的合力，即 $\boldsymbol{F} = \boldsymbol{F}_1 + \boldsymbol{F}_2 + \cdots + \boldsymbol{F}_n$，则

$$\boldsymbol{M} = \boldsymbol{r} \times \boldsymbol{F} = \boldsymbol{r} \times \boldsymbol{F}_1 + \boldsymbol{r} \times \boldsymbol{F}_2 + \cdots + \boldsymbol{r} \times \boldsymbol{F}_n = \boldsymbol{M}_1 + \boldsymbol{M}_2 + \cdots + \boldsymbol{M}_n$$

上式表明：合力对某参考点 O 的力矩等于各分力对同一点力矩的矢量之和。

5.2.2 力矩做的功

质点在外力作用下发生位移，力就对质点做了功。那么在刚体转动过程中，力矩使刚体发生了角位移，力矩是否也做了功呢？

显然，分析力矩是否做功，做功与哪些因素有关，要比分析力对质点做功复杂得多。

图 5.2.2 表示一个绕定轴转动刚体的转动平面，在其转动平面内，外力 $\boldsymbol{F}_i$ 作用于任意点 C（约定：为便于讨论，所涉及的外力都认为是处于转动平面内的，因沿轴向的外力做功均为零）、刚体转过角位移 $d\theta$，设 C 点的位移 dr_i 与力 $\boldsymbol{F}_i$ 间的夹角为 φ_i，$\boldsymbol{F}_i$ 沿 dr_i 方向的分量为 $\boldsymbol{F}_t$，又因 dr_i 和弧长 dl_i 均为无穷小量，利用关系式

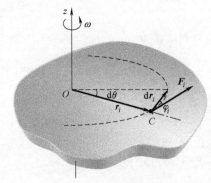

$$dr_i = dl_i = r_i d\theta$$

则外力 $\boldsymbol{F}_i$ 所做的元功为

$$dA_i = \boldsymbol{F}_i \cdot dr_i = F_i dr_i \cos\varphi_i = F_t r d\theta = M_{zi} d\theta$$

图 5.2.2　力矩做功图示

$dA_i = M_{zi} d\theta$ 是我们考察的任意力 $\boldsymbol{F}_i$ 对转轴 Oz 的力矩 M_{zi} 所做的功。如果我们将所有作用于刚体的力都加以考虑，那么所有力对转轴 Oz 的功都可用同样的方法求得，而这些功的代数和即是合力矩所做的功，即合力矩的总功为

$$dA = \sum_{i=1}^{n} dA_i = \left(\sum_{i=1}^{n} M_{zi} \right) d\theta = M_z d\theta \qquad (5.2.2)$$

式（5.2.2）表明：定轴转动的刚体在转过 $d\theta$ 角的过程中，外力矩所做的功等于外力对转轴 Oz 的合力矩 M_z 与转角 $d\theta$ 的乘积。

如果刚体在力矩 M_z 的持续作用下绕定轴从角位置 θ_1 转到角位置 θ_2，则力矩所做的功为

$$\boxed{A = \int_{\theta_1}^{\theta_2} M_z d\theta} \qquad (5.2.3)$$

力矩的瞬时功率可以表示为

$$P = \frac{dA}{dt} = M_z \frac{d\theta}{dt} = M_z \omega$$

5.3　刚体定轴转动的动能、转动惯量和动能定理

5.3.1　刚体的转动动能

如图 5.3.1 所示，设绕 Oz 轴以角速度 ω 转动的刚体由 n 个体元组成，那么整个刚体的转动动能应该等于这 n 个体元绕 Oz 轴做圆周运动动能的总和。

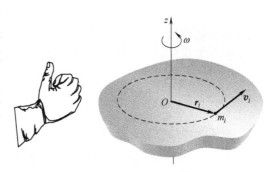

图 5.3.1　转动动能图示

设任一体元 i 的质量为 Δm_i，距转轴距离为 r_i，转动线速度的大小为 $\boldsymbol{v}_i$，则刚体的转动动能为

$$E_k = \sum_{i=1}^{n} \frac{1}{2} \Delta m_i v_i^2 = \frac{1}{2} \Big(\sum_{i=1}^{n} \Delta m_i r_i^2 \Big) \omega^2$$

定义刚体对转轴的转动惯量为

$$J = \sum_{i=1}^{n} \Delta m_i r_i^2 \tag{5.3.1}$$

则刚体的转动动能为

$$\boxed{E_k = \frac{1}{2} J \omega^2} \tag{5.3.2}$$

刚体的转动动能与质点的运动动能在表达形式上是相似的，这是因为刚体的转动动能实际上是组成这个刚体的所有质点做圆周运动的动能总和。下面我们会看到，这种表达形式上的相似性还表现在其他运动规律上。

5.3.2　刚体的转动惯量

在经典力学中，我们知道物体都有惯性，惯性的大小用其质量描述。质量越大，惯性也就越大，越不容易改变其运动状态。与此类似，在转动问题中，转动的刚体也有惯性，转动的惯性用转动惯性描述。同样的道理，转动惯量越大，越不容易改变其转动状态。因此，刚体的转动惯量是刚体转动惯性的量度。

刚体的转动惯量与刚体的形状、转轴的位置、质量的分布有关。对于质量分布离散的刚体来说，可利用定义式（5.3.1）求得转动惯量。但是，我们碰到的刚体，大多数是质量连续、均匀分布的，这类刚体的转动惯量可以用积分求得，即为

$$\boxed{J = \int r^2 \, \mathrm{d}m} \tag{5.3.3}$$

在国际单位制中，转动惯量的单位为千克二次方米（$kg \cdot m^2$）。

质量连续、均匀分布的刚体，其质量密度可分为线分布、面分布和体分布三种类型。

① 线分布：质量密度为 $\lambda = m/l$，所取线元 $\mathrm{d}l$ 的质元为 $\mathrm{d}m = \lambda \, \mathrm{d}l$；

② 面分布：质量密度为 $\sigma = m/s$，所取面元 $\mathrm{d}s$ 的质元为 $\mathrm{d}m = \sigma \mathrm{d}s$；

③ 体分布：质量密度为 $\rho = m/V$，所取体元 $\mathrm{d}V$ 的质元为 $\mathrm{d}m = \rho \mathrm{d}V$。

由式（5.3.3）知，决定刚体转动惯量的因素有两个：

① 刚体的质量及其质量的分布；

② 转轴的位置。

我们讨论的是质量连续、均匀分布且形状规则的刚体。对于质量不连续也不均匀分布的不规则刚体，可以用实验方法测定其转动惯量。以下介绍两个有助于计算刚体转动惯量的定理。

1. 平行轴定理

如果刚体对过质心的轴的转动惯量为 J_c，那么对与此轴平行的任意轴的转动惯量可表示为

$$J = J_c + md^2 \tag{5.3.4}$$

式中，m 是刚体的质量；d 为两平行轴之间的距离。由上式可知，在刚体对各平行轴的转动惯量中，以对过质心轴的转动惯量 J_c 最小。

2. 垂直轴定理

若 Oz 轴垂直于厚度无限小的刚体薄板板面，xOy 平面与板面重合，则此刚体薄板对三个坐标轴的转动惯量有如下关系：

$$J_z = J_x + J_y \tag{5.3.5}$$

这两个定理都经过了物理学的严格证明，对于形状规则的刚体，可以利用这两个定理很快求得转动惯量。几种常见形状、密度均匀的刚体对不同转轴的转动惯量，如表 5.3.1 所示。通过以下例子可以帮助我们理解这两个定理的应用方法。

表 5.3.1　几种常见形状刚体的转动惯量

		转轴通过质心 并与细棒垂直 $J_c = \dfrac{1}{12}ml^2$	转轴通过端点 并与细棒垂直 $J_d = \dfrac{1}{3}ml^2$
细棒（长为 l）	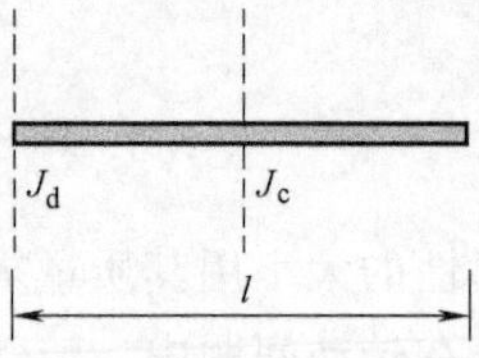	转轴通过质心 并与细棒垂直 $J_c = \dfrac{1}{12}ml^2$	转轴通过端点 并与细棒垂直 $J_d = \dfrac{1}{3}ml^2$
薄圆盘（半径为 r）	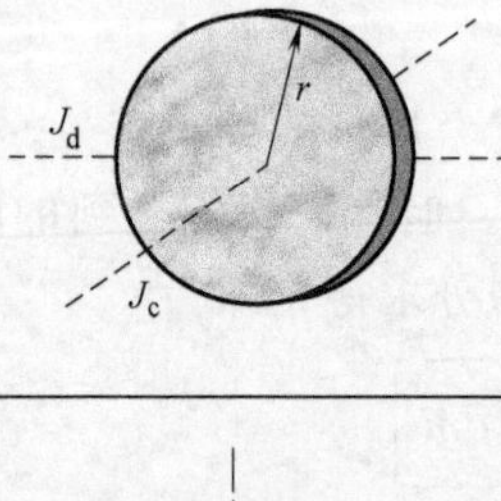	转轴通过中心 并与盘面垂直 $J_c = \dfrac{1}{2}mr^2$	转轴沿盘的直径 $J_d = \dfrac{1}{4}mr^2$
圆环（半径为 r）	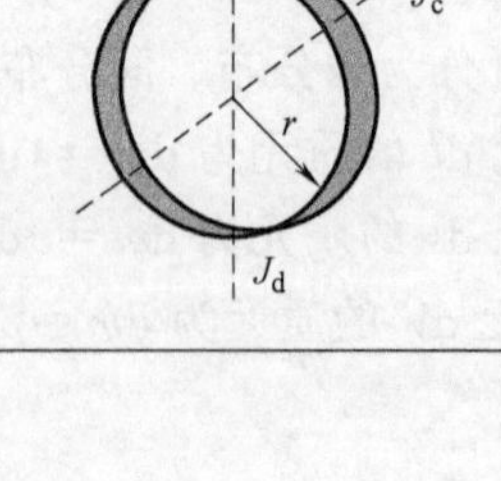	转轴通过中心 并与环面垂直 $J_c = mr^2$	转轴沿环的直径 $J_d = \dfrac{1}{2}mr^2$

（续）

		转轴通过质心 并沿几何轴 $J_c = \dfrac{1}{2}mr^2$	转轴通过质心 并与几何轴垂直 $J_d = \dfrac{1}{4}mr^2 + \dfrac{1}{12}ml^2$
圆柱体（长为 l）			
球体（半径为 r）		转轴通过球心 $J_c = \dfrac{2}{5}mr^2$	转轴沿着切线 $J_d = \dfrac{7}{5}mr^2$

例 5-2 如图 5.3.2 所示，求质量为 m、长为 l 的均质细杆绕通过棒的质心并与棒相垂直的转轴的转动惯量 J_c 和绕距杆的末端为 h 并与杆垂直的转轴的转动惯量 J_d。

解 （1）对于转轴通过质心并与杆垂直的情形，如图 5.3.2a 所示。选取细杆的质心为坐标原点建立坐标系 Ox。在距转轴为 x 处取线元 dx，其质量为 $dm = \lambda dx$（λ 为细杆的质量线密度），则细杆的转动惯量 J_c 为

$$J_c = \int x^2 dm = \int x^2 \lambda dx = \int_{-l/2}^{l/2} x^2 \lambda dx = \frac{1}{3}\lambda x^3 \Big|_{-l/2}^{l/2} = \frac{1}{12}\lambda l^3 = \frac{1}{12}ml^2$$

（2）对于转轴距末端 h 并与杆垂直的情形，如图 5.3.2b 所示，利用（1）问所得的结果，根据平行轴定理可以得到细杆的转动惯量 J_d 为

$$J_d = J_c + m\left(\frac{l}{2} - h\right)^2 = \frac{1}{12}ml^2 + m\left(\frac{l^2}{4} - hl + h^2\right) = \frac{1}{3}ml^2 - mh(l-h)$$

图 5.3.2 例 5-2 图

例 5-3 质量为 m、半径为 R 的均质薄圆盘，其转轴过圆心且与盘面垂直，求其转动惯量。

解 设薄圆盘的质量面密度为 σ。把均质薄圆盘看成由若干个小圆环组成，如图 5.3.3 所示。取任意一个半径为 r、宽为 dr 的小圆环，其质量为

$$dm = \sigma 2\pi r dr$$

则均质薄圆盘的转动惯量为

$$J = \int r^2 dm = \int r^2 \sigma 2\pi r dr = 2\pi\sigma \int_0^R r^3 dr$$

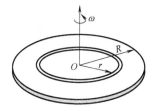

图 5.3.3 例 5-3 图

$$= \frac{1}{2}\pi\sigma R^4 = \frac{1}{2}\pi \frac{m}{\pi R^2} R^4 = \frac{1}{2}mR^2$$

5.3.3 刚体转动的动能定理

根据质点系功能原理，外力和非保守内力对系统所做的总功等于系统机械能的增量。这一原理也适用于刚体，但刚体内质点的间距保持不变，一切内力的功均为零。对于定轴转动的刚体而言，外力的功总表现为外力矩所做的功，系统的机械能则表现为刚体的转动动能，所以有

$$A = \Delta E_k = \frac{1}{2}J\omega_2^2 - \frac{1}{2}J\omega_1^2 \tag{5.3.6}$$

上式表明：对于定轴转动的刚体，外力矩所做的功等于刚体转动动能的增量，称为刚体定轴转动的动能定理。

例 5-4　如图 5.3.4 所示，质量为 m、长为 l 的均质细杆最初水平静止。设轴光滑，当细杆自然下摆至摆角为 θ 时，角速度为多大？

解　当细杆自然下摆至摆角为 θ 时，所受重力矩为 $mg\dfrac{l}{4}\cos\theta$，在细杆下摆的过程中，只有重力矩做功。根据刚体定轴转动的动能定理建立方程：

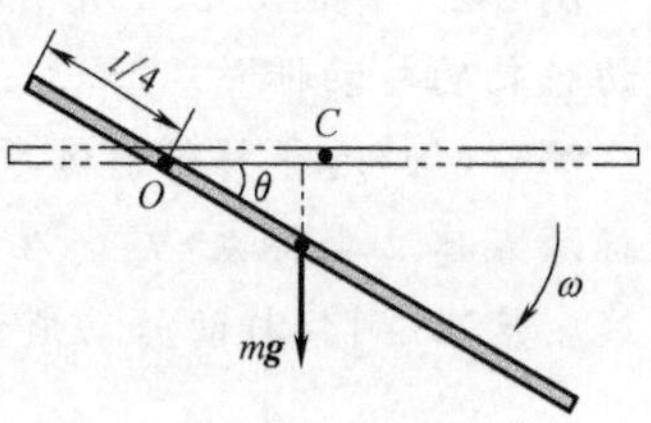

$$\int_0^\theta mg\frac{l}{4}\cos\theta\,\mathrm{d}\theta = \frac{1}{2}J\omega^2 - 0$$

细杆的转动惯量可由平行轴定理求得

$$J = J_c + md^2 = \frac{1}{12}ml^2 + m\left(\frac{l}{4}\right)^2 = \frac{7}{48}ml^2$$

以上两式联立，解得

$$\omega = 2\sqrt{\frac{6g\sin\theta}{7l}}$$

图 5.3.4　例 5-4 图

例 5-5　质量为 m'、半径为 R 的均质圆盘轮缘上绕有细绳，细绳过圆盘边缘与一质量为 m 的重锤相连，如图 5.3.5 所示。设从重锤静止开始下落并带动圆盘旋转，不计摩擦和绳子的质量并认为绳子不会伸长，求重锤下落 h 高度时的速率。

解　将圆盘和重锤视为一个系统（质点系），重锤在下落 h 高度的过程中，重力做功使得重锤的动能和圆盘的转动动能增加，由质点系动能定理，有

$$mgh = \frac{1}{2}mv^2 + \frac{1}{2}J\omega^2 = \frac{1}{2}mv^2 + \frac{1}{2}\left(\frac{1}{2}m'R^2\right)\omega^2$$

考虑到约束关系 $h = R\theta$ 和 $v = R\omega$，以上关系式联立求解，得

$$v = 2\sqrt{\frac{mgh}{m' + 2m}}$$

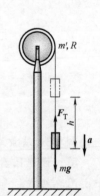

图 5.3.5　例 5-5 图

例 5-6　质量为 m、长为 l 的均质细杆，上端与光滑的支点相连接，下端自由。细杆最初处于水平位置，释放后自由向下摆动，如图 5.3.6 所示。求杆摆动至竖直位置时，下端点的线速度 v。

解　细杆摆至竖直位置时，细杆的质心 C 将位于 C' 处，质心下降高度为 $h_c = l/2$。取过此 C' 点的水平面为零势能面，由机械能守恒定律，有 $mgh_c = \dfrac{1}{2}J\omega^2$。

考虑到均质细杆的转动惯量 $J = \dfrac{1}{3}ml^2$ 和线速度 $v = \omega l$，即可求细杆下端点的线速度为 $v = \sqrt{3gl}$

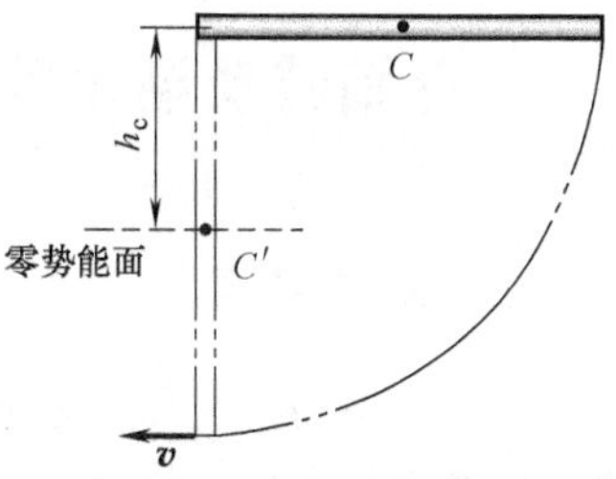

图 5.3.6　例 5-6 图

5.3.4　转动定律

刚体定轴转动的动能定理对于某一微小过程可表示为

$$dA = dE_k$$

将力矩做功和转动动能的公式代入上式，得

$$M_z\, d\theta = d\left(\frac{1}{2}J\omega^2\right) = J\omega\, d\omega$$

以 dt 除上式各项，得

$$M_z\frac{d\theta}{dt} = J\omega\frac{d\omega}{dt}$$

可写成

$$\boxed{M_z = J\beta} \tag{5.3.7}$$

这就是**转动定律**的数学表达式，它表明：**在定轴转动中，刚体相对于某特定转轴的转动惯量与角加速度的乘积，等于作用于刚体的外力相对于同一转轴的合力矩。**

转动定律与牛顿第二定律的形式相似，由此可进一步知道转动惯量 J 的物理意义。

例 5-7　如图 5.3.7a 所示，轻绳跨过一个半径为 r、质量为 m' 的圆盘状定滑轮，其一端悬挂一质量为 m 的物体，另一端施加一竖直向下的拉力 F，使定滑轮沿逆时针方向转动。求物体与滑轮之间的绳子张力 $\boldsymbol{F}_T$ 的大小以及物体上升的加速度 $\boldsymbol{a}$ 的大小。

解　依题意作受力分析如图 5.3.7b 所示，根据牛顿第二定律和转动定律列出方程即可求解。

对物体 m：$F_T - mg = ma$

对滑轮 m'：$Fr - F_T r = J\beta$

考虑到约束关系 $J = \dfrac{1}{2}m'r^2$ 和 $a = \beta r$，

联立两式，解得

$$F_T = \frac{m(m'g + 2F)}{m' + 2m}$$

$$a = \frac{2(F - mg)}{m' + 2m}$$

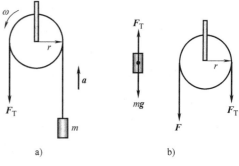

图 5.3.7　例 5-7 图

5.4 定轴转动刚体的角动量守恒定律

5.4.1 角动量 L

我们知道力是矢量，它相对于某参考点有力矩。类似地，我们也可以对其他有必要考虑的矢量确定矢量矩，这里介绍的"动量矩"就是其一。"动量矩"通常称为角动量。用符号 L 表示。角动量与力矩都是矢量，它们的"矩"都称为矢量矩。

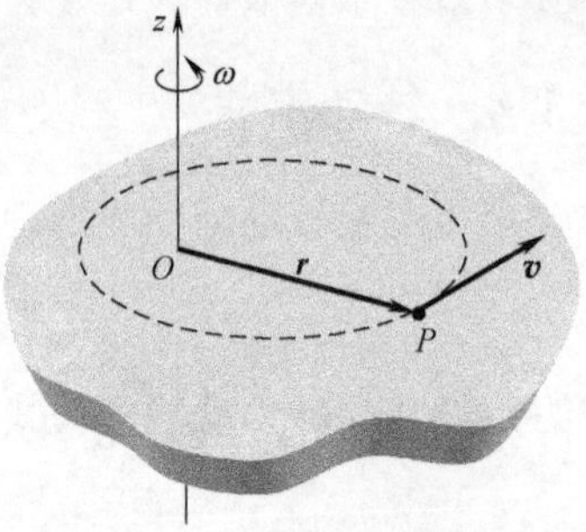

角动量是描述刚体转动特征的重要物理量。讨论角动量的思路与讨论力矩相似。如图 5.4.1 所示，质量为 m，速度为 v 的质点位于 P 点，相对于参考点 O 的矢径为 r，我们将质点相对于点 O 的角动量定义为

$$L = r \times mv \qquad (5.4.1)$$

图 5.4.1 刚体对转轴的角动量示意图

上式表示：**一个质点相对于参考点 O 的角动量等于质点的位矢与其动量的矢积。**

L 的大小：$L = rmv\sin\theta$。L 的方向由右手定则确定，如图 5.4.2 所示。

质点对通过 O 点的任意轴线 Oz 的角动量为 $l_z = l\cos\gamma$。

当 $\gamma \leqslant \dfrac{\pi}{2}$ 时，$l_z \geqslant 0$；当 $\gamma \geqslant \dfrac{\pi}{2}$ 时，$l_z \leqslant 0$。

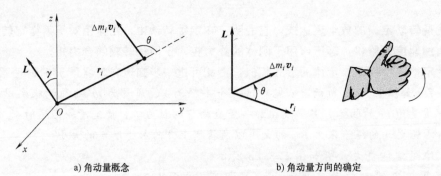

a) 角动量概念　　　　　　　　　　b) 角动量方向的确定

图 5.4.2 角动量的概念及方向的确定

5.4.2 刚体对转轴的角动量

以上讨论的是刚体绕某定点的角动量，现在我们研究刚体对转轴 Oz 的角动量。

如图 5.4.1 所示，设刚体绕定轴 Oz 转动，角速度为 ω。位于 P 点的质元 Δm_i 在转动平面上，即 Δm_i 在转动平面内绕 Oz 轴做圆周运动。因此，质元对 Oz 轴的角动量为

$$l_{zi} = r_i \Delta m_i v_i \sin\theta$$

由于 Δm_i 做圆周运动，$r_i \perp v_i$，$\theta = 90°$，再考虑到 $v_i = r_i\omega$，可得 Δm_i 对转轴的角动量为

$$l_{zi} = r_i \Delta m_i v_i = r_i^2 \Delta m_i \omega$$

由刚体绕 Oz 轴转动的特点知，转动平面上的所有质元都绕 Oz 轴做圆周运动，且圆心

都在轴上，所以整个刚体对 Oz 轴的角动量为 l_{zi} 的代数和，即

$$L_z = \sum l_{zi} = (\sum r_i^2 \Delta m_i)\omega = J\omega$$

结论：做定轴转动的刚体对转轴的角动量等于刚体对同一转轴的转动惯量与角速度的乘积，即

$$\boxed{L_z = J\omega} \tag{5.4.2}$$

5.4.3　刚体对转轴的角动量定理

由转动定理和刚体对转轴的角动量关系式，有

$$M_z = J\beta = J\frac{\mathrm{d}\omega}{\mathrm{d}t} = \frac{\mathrm{d}}{\mathrm{d}t}(J\omega) = \frac{\mathrm{d}L_z}{\mathrm{d}t}$$

结论：做定轴转动的刚体对转轴的角动量的时间变化率，等于刚体相对于同一转轴所受外力的合力矩。

这就是刚体对转轴的**角动量定理**的微分形式，表示为

$$M_z = \frac{\mathrm{d}L_z}{\mathrm{d}t} \tag{5.4.3}$$

由上式可得

$$M_z\,\mathrm{d}t = \mathrm{d}L_z$$

其中，$M_z\,\mathrm{d}t$ 称为**冲量矩**。

上式表示：**定轴转动刚体所受的冲量矩等于刚体对同一转轴的角动量的增量。**

如果刚体在力矩作用下，在时间间隔（$t_0 \rightarrow t$）内角速度从 ω_0 变为 ω，则有

$$\int_{t_0}^{t} M_z\,\mathrm{d}t = J\omega - J\omega_0 \tag{5.4.4}$$

这就是**刚体对转轴的角动量定理的积分形式。**

5.4.4　刚体对转轴的角动量守恒定律

角动量守恒定律：如果作用于刚体的合力对转轴的力矩始终为零，则刚体对同一转轴的角动量将保持不变，即

$$\boxed{\text{如果 } M_z = 0, \quad \text{则 } L_z = J\omega = \text{恒量}} \tag{5.4.5}$$

刚体组在绕同一转轴做定轴转动时，整个系统对转轴的角动量保持恒定，可能有两种情形：

1）系统的 J 和 ω 的大小均保持不变；

2）J 和 ω 均改变但两者的乘积保持不变。

需要注意的是，角动量守恒定律应用于实际问题时，角速度、角动量和转动惯量等物理量都是相对于同一个转轴而言的。应用于刚体组时，刚体组中各刚体间可以发生相对运动，但是它们必须是相对于同一转轴在转动，并且任意瞬间它们都具有相同的角速度。

为加深对角动量及其守恒定律的理解，我们分析以下几个实例。

实例 1：如图 5.4.3 所示，花样滑冰运动员开始绕自身轴张开手臂转动时的角速度为 ω_0，转动惯量为 J_0；如果她将手臂收回使自身的转动惯量由 J 减小为 $J_0/4$，那么根据角动

量守恒定律 $J\omega=J_0\omega_0$，可以得到 $\omega=\dfrac{J_0}{J}\omega_0=4\omega_0$。也就是说，芭蕾舞演员将手臂收回后，角速度增大了很多。同样的例子还有芭蕾舞演员的表演等。

实例 2：刚体对转轴的角动量守恒定律有着重要的应用，陀螺仪就是其一。陀螺仪也称回转仪，是一种惯性导航仪。如图 5.4.4 所示，陀螺仪具有轴对称性，它相对于对称轴 OO' 有较大的转动惯量并绕此轴高速旋转。而图中的 A 环、B 环和 C 环都各有其转轴，它们的转轴都过回转仪的重心。由于陀螺仪高速旋转时不受外力矩作用，所以它的转轴 OO' 在空间的取向将恒定，它可以与自动控制系统配合，安装在飞机或导弹上用于导航。

实例 3：如图 5.4.5 所示，小球 A、B 与连杆相连接，连杆通过套环 a、b 与转轴相连接，套环 b 可以在转轴上上下滑动。如果把这一装置与某转动设备同轴相接，那么随着转速加大，小球将逐渐远离转轴，从而使整个系统的转动惯量增大。根据角动量守恒定律，整个系统可以认为不受外力矩作用，角动量守恒，而系统转动惯量增大必然导致其转动的角速度减小。也就是说，在小球偏离转轴的过程中，角动量守恒对整个系统的转动角速度起到"抑制"作用。事实上，这就是一种利用机械方法控制转速的方法。

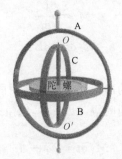

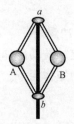

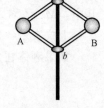

图 5.4.3　角动量守恒实例一：　　图 5.4.4　角动量守恒实例二：　　图 5.4.5　角动量守恒实例三
　　　　　花样滑冰运动员　　　　　　　　　陀螺仪

现在我们将平动与转动的动力学物理量与动力学方程列表做个比较（见表 5.4.1）。

表 5.4.1　平动与转动的动力学物理量与动力学方程对比

平动	定轴转动
力：$\boldsymbol{F}$	力矩：$\boldsymbol{M}$
质量：m	转动惯量：J
动量：$\boldsymbol{p}=m\boldsymbol{v}$	角动量：$\boldsymbol{L}=J\boldsymbol{\omega}$
动量定理：$\displaystyle\int_{t_0}^{t}\boldsymbol{F}\mathrm{d}t=m\boldsymbol{v}-m\boldsymbol{v}_0$	角动量定理：$\displaystyle\int_{t_0}^{t}\boldsymbol{M}\mathrm{d}t=J\boldsymbol{\omega}-J\boldsymbol{\omega}_0$
动量守恒定律：$\sum m_i\boldsymbol{v}_i=$ 恒矢量	角动量守恒定律：$\sum J_i\boldsymbol{\omega}_i=$ 恒矢量
牛顿第一定律：当 $\sum\boldsymbol{F}=0$ 时，$\boldsymbol{p}=$ 恒矢量，即 $\boldsymbol{v}=$ 恒矢量	角动量守恒定律： 当 $\sum\boldsymbol{M}=0$ 时，$\boldsymbol{L}=$ 恒矢量，即 $\boldsymbol{\omega}=$ 恒矢量
牛顿第二定律：$\sum\boldsymbol{F}=m\boldsymbol{a}$，或 $\sum\boldsymbol{F}=\dfrac{\mathrm{d}\boldsymbol{p}}{\mathrm{d}t}$	转动定律：$\sum\boldsymbol{M}=J\boldsymbol{\beta}$ 或 $\sum\boldsymbol{M}=\dfrac{\mathrm{d}\boldsymbol{L}}{\mathrm{d}t}$

（续）

平动	定轴转动
牛顿第三定律：$\boldsymbol{F}_{12}=-\boldsymbol{F}_{21}$	$\boldsymbol{M}_{12}=-\boldsymbol{M}_{21}$
功：$A=\int F\cdot\mathrm{d}r$	力矩的功：$A=\int M\mathrm{d}\theta$
功率：$P=\dfrac{A}{t}=Fv$	$P=\dfrac{A}{t}=M\omega$
动能：$E_{\mathrm{k}}=\dfrac{1}{2}mv^2$	转动动能：$E_{\mathrm{k}}=\dfrac{1}{2}J\omega^2$
动能定理：$A=\dfrac{1}{2}mv^2-\dfrac{1}{2}mv_0^2$	转动动能定理：$A=\dfrac{1}{2}J\omega^2-\dfrac{1}{2}J\omega_0^2$

例5-8 长为 l、质量为 m' 的均质杆可绕通过杆一端 O 的水平光滑固定轴转动，开始时杆竖直下垂，如图 5.4.6 所示。现有一质量为 m 的子弹以水平速度 $\boldsymbol{v}_0$ 射入杆上 A 点，并嵌在杆中。若 $OA=2l/3$，那么子弹射入后瞬间杆的角速度为多少？

解 把子弹和细杆看作一个系统，系统所受的合外力矩为零，系统角动量守恒，则根据角动量守恒，有

$$mv_0\ \frac{2}{3}l=\left[\frac{1}{3}m'l^2+m\left(\frac{2}{3}l\right)^2\right]\omega$$

则子弹射入后瞬间杆的角速度为

$$\omega=\frac{6v_0}{(4+3m'/m)l}$$

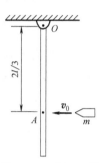

图 5.4.6 例 5-8 图

本 章 小 结

5-1 描述刚体转动的基本物理量。

角位移 $\Delta\theta$：角位置 θ 的增量；

角速度 ω：描述刚体转动程度的快慢 $\qquad \omega=\lim\limits_{\Delta t\to 0}\dfrac{\Delta\theta}{\Delta t}=\dfrac{\mathrm{d}\theta}{\mathrm{d}t}$；

角加速度 β：描述转动刚体角速度改变程度的快慢 $\qquad \beta=\lim\limits_{\Delta t\to 0}\dfrac{\Delta\omega}{\Delta t}=\dfrac{\mathrm{d}\omega}{\mathrm{d}t}=\dfrac{\mathrm{d}^2\theta}{\mathrm{d}t^2}$。

5-2 刚体匀变速转动的运动方程：

$$\omega-\omega_0=\beta t,\theta-\theta_0=\omega_0 t+\frac{1}{2}\beta t^2,\ \omega^2-\omega_0^2=2\beta(\theta-\theta_0)。$$

5-3 角量与线量的关系：

$$s=r\theta,\ v=r\omega,\ a_{\mathrm{t}}=r\beta,\ a_{\mathrm{n}}=r\omega^2。$$

5-4 力矩：$\boldsymbol{M}=\boldsymbol{r}\times\boldsymbol{F}$。

5-5 力矩做的功和功率：$A=\displaystyle\int_{\theta_1}^{\theta_2}M_z\mathrm{d}\theta$，$P=\dfrac{\mathrm{d}A}{\mathrm{d}t}=M_z\dfrac{\mathrm{d}\theta}{\mathrm{d}t}=M_z\omega$。

5-6 刚体的转动动能：$E_{\mathrm{k}}=\dfrac{1}{2}J\omega^2$。

5-7 刚体的转动惯量：$J=\displaystyle\int r^2\mathrm{d}m$。

5-8　刚体转动的动能定理：对于定轴转动的刚体，外力矩所做的功等于刚体转动动能的增量

$$A = \Delta E_k = \frac{1}{2}J\omega_2^2 - \frac{1}{2}J\omega_1^2$$

5-9　转动定律：在定轴转动中，刚体相对于某特定转轴的转动惯量与角加速度的乘积，等于作用于刚体的外力相对于同一转轴的合力矩，即 $M_z = J\beta$。

5-10　角动量：做定轴转动的刚体对转轴的角动量等于刚体对同一转轴的转动惯量与角速度的乘积，即 $L_z = J\omega$。

5-11　刚体对转轴的角动量定理：定轴转动刚体所受的冲量矩等于刚体对同一转轴的角动量的增量，$\int_{t_0}^{t} M_z \mathrm{d}t = J\omega - J\omega_0$。

5-12　刚体对转轴的角动量守恒定律：如果作用于刚体的合力对转轴的力矩始终为零，则刚体对同一转轴的角动量将保持不变，即

如果 $M_z = 0$，则 $L_z = J\omega =$ 恒量。

习　题

一、填空题

5-1　一半径为10cm的飞轮，原先转速为200rad/s，开始制动后做匀变速转动，经过50s停止，则飞轮的角加速度为＿＿＿＿＿＿，轮边缘的切向加速度为＿＿＿＿＿＿，开始制动后转过3750rad时的角速度为＿＿＿＿＿＿，线速度为＿＿＿＿＿＿。

5-2　某发动机飞轮在 t 时刻的角位移为 $\theta = at + bt^3 - ct^4$，则 t 时刻的角速度为＿＿＿＿＿＿＿＿＿＿＿，角加速度为＿＿＿＿＿＿＿＿＿＿＿。

5-3　质量为 m、长为 l 的均质细杆，其 B 端放在桌上，A 端用手支住，使之成水平，突然释放 A 端。此瞬时杆质心的加速度为＿＿＿＿＿＿，杆的角加速度为＿＿＿＿＿＿，B 端所受到的作用力为＿＿＿＿＿＿。

5-4　转动惯量为 $20\mathrm{kg \cdot m^2}$ 的飞轮在一阻力矩的作用下转速由 $600\mathrm{r/min}$ 降为 $300\mathrm{r/min}$，在这个过程中力矩所做的功为＿＿＿＿＿＿，力矩的冲量矩为＿＿＿＿＿＿。

5-5　芭蕾舞演员开始绕自身轴张开手臂转动时的角速度为 ω_0，转动惯量为 J_0，她将手臂收回使 J 减小为 $J_0/3$，则此时的角速度为＿＿＿＿＿＿（不计阻力）。

5-6　一水平转台绕竖直的固定轴转动，质量为 $60\mathrm{kg}$ 的人站在转台中心，每 $10\mathrm{s}$ 转一圈，转台对转轴的转动惯量为 $J = 1200\mathrm{kg \cdot m^2}$。人随后沿着半径向外走，当人距离转轴 $5\mathrm{m}$ 时，转台的角速度为＿＿＿＿＿＿＿＿＿＿＿。

二、选择题

5-1　均匀细棒 OA 可绕 O 端自由转动，现在让 OA 从水平位置由静止自由下落，那么下列说法正确的是（　　）。

A. 角速度从小到大，角加速度从小到大　　　B. 角速度从小到大，角加速度不变

C. 角速度从小到大，角加速度从大到小　　　D. 角速度不变，角加速度为零

5-2　质量为 m、半径为 r 的均质细圆环，去掉 $2/3$，剩余部分圆环对过其中点且与环

面垂直的轴的转动惯量为（　　　）。

  A. $mr^2/3$ B. $2mr^2/3$ C. mr^2 D. $4mR^2/3$

  5-3　水平光滑圆盘的中央有一小孔，柔软轻绳的 A 端系一小球置于盘面上，绳的 B 端穿过小孔，现使小球在盘面上以匀角速度绕小孔做圆周运动的同时，向下拉绳的 B 端，则（　　　）。

  A. 小球绕小孔运动的动能不变   B. 小球的动量不变

  C. 小球的总机械能不变   D. 小球对通过盘心与盘面垂直的轴的角动量不变

  5-4　均质细杆可绕过其一端且与杆垂直的水平光滑轴在竖直平面内转动。今使细杆静止在竖直位置，并给杆一个初速度，使杆在竖直面内绕轴向上转动，在这个过程中（　　　）。

  A. 杆的角速度减小，角加速度减小   B. 杆的角速度减小，角加速度增大

  C. 杆的角速度增大，角加速度增大   D. 杆的角速度增大，角加速度减小

  5-5　地球在太阳引力作用下沿椭圆轨道绕太阳运动，在运动的过程中（　　　）。

  A. 地球的动量和动能守恒   B. 机械能和地球相对于太阳的角动量守恒

  C. 地球的动能和机械能守恒   D. 地球的动量和相对于太阳的角动量守恒

  5-6　均质细圆环、均质圆盘、均质实心球、均质薄球壳四个刚体的半径相等，质量也相等，若以直径为轴，则转动惯量最大的是（　　　）。

  A. 圆环   B. 圆盘   C. 均质实心球   D. 薄球壳

三、计算题

  5-1　原来静止的电动机皮带轮（$r=5.0\text{cm}$）在接通电源后做匀变速转动，经过 30s 后转速达到 157rad/s。求：

  （1）在这 30s 内电动机皮带轮转过的转数；

  （2）接通电源后 20s 时皮带轮的角速度；

  （3）接通电源后 30s 时皮带轮边缘上一点的线速度、切向加速度和法向加速度。

  5-2　一质量为 m、半径为 R 的滑轮，用细绳绕在其边缘，绳的另一端系一个质量也为 m 的物体。设绳的长度不变，绳与滑轮间无相对滑动，且不计滑轮与轴间的摩擦力矩，则滑轮的角加速度为多少？若不系重物，改为用大小为 mg 的力拉绳的一端，则滑轮的角加速度又为多少？

  5-3　分别求出质量 $m=0.50\text{kg}$、半径 $R=10\text{cm}$ 的金属细圆环和薄圆盘相对于通过其中心且垂直于环面和盘面的轴的转动惯量；如果它们的转速都是 100rad/s，它们的转动动能各为多少？

  5-4　转动惯量为 $20\text{kg}\cdot\text{m}^2$、直径为 50cm 的飞轮以 100rad/s 的角速度旋转。现用闸瓦将其制动，闸瓦对飞轮的正压力为 400N，闸瓦与飞轮之间的摩擦系数为 0.50。求：

  （1）闸瓦作用于飞轮的摩擦力矩的大小；

  （2）从开始制动到停止，飞轮转过的转数和经历的时间；

  （3）从开始制动到停止，摩擦力矩所做的功。

  5-5　如计算题 5-5 图所示，已知用一轻绳相连的两物体的质量分别为 m_1 和 m_2，定滑轮的质量为 m、半径为 R。滑轮可视为质量均匀的圆盘，m_2 和桌面

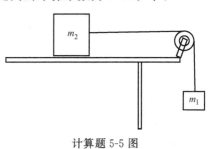

计算题 5-5 图

间无摩擦，绳子和滑轮间无相对滑动，滑轮轴所受摩擦力忽略不计。求：

(1) m_1 下落的加速度大小；

(2) 两段绳子中的张力大小。

5-6 一水平放置的圆盘绕竖直轴旋转，角速度为 ω_1，它相对于此轴的转动惯量为 J_1，现在它的正上方有一个以角速度为 ω_2 转动的圆盘，这个圆盘相对于其转轴的转动惯量为 J_2，两圆盘相平行，圆心在同一条竖直线上，上盘的底面有销钉，如果上盘落下，销钉将嵌入下盘，使两盘合成一体。

(1) 求两盘合成一体后的角速度；

(2) 求上盘落下后两盘总动能的改变量；

(3) 解释动能有可能改变的原因。

5-7 一均匀塑料棒静止于水平面内，质量为 $m_1 = 1.0\text{kg}$、长为 $l = 40\text{cm}$，该棒可绕通过其中心并与棒垂直的轴自由转动。现有一质量为 $m_2 = 10\text{g}$ 的子弹以 $v = 200\text{m/s}$ 的速率射向棒端并嵌入棒内，设子弹的运动方向与棒和转轴相垂直。求棒受子弹撞击后的角速度。

习题参考答案

一、填空题

5-1 -4rad/s^2，-0.4m/s^2，100rad/s，10m/s

5-2 $a + 3bt^2 - 4ct^3 (\text{rad/s})$，$6bt - 12ct^2 (\text{rad/s}^2)$

5-3 $3g/4$，$3g/(2l)$，$mg/4$

5-4 $-3000\pi^2 (\text{J})$，$-200\pi (\text{kg} \cdot \text{m}^2/\text{s})$

5-5 $3\omega_0$

5-6 $0.089\pi (\text{rad/s})$

二、选择题

题号	5-1	5-2	5-3	5-4	5-5	5-6
答案	C	A	D	B	B	D

三、计算题

5-1 (1) 375r；(2) 104.7rad/s；(3) 7.85m/s，0.26m/s^2，$1.23 \times 10^3\text{m/s}^2$

5-2 $2g/(3R)$，$2g/R$

5-3 圆环：转动惯量为 $5 \times 10^{-3}\text{kg} \cdot \text{m}^2$，转动动能为 25J；圆盘：转动惯量为 $2.5 \times 10^{-3}\text{kg} \cdot \text{m}^2$，转动动能为 12.5J

5-4 (1) $-50\text{N} \cdot \text{m}$；(2) 318r，40s；(3) $-1.0 \times 10^5\text{J}$

5-5 (1) $\dfrac{m_1 g}{m_1 + m_2 + m/2}$；(2) 水平段：$\dfrac{m_1 m_2 g}{m_1 + m_2 + m/2}$，竖直段：$\dfrac{m_1 (m_2 + m/2) g}{m_1 + m_2 + m/2}$

5-6 (1) $\dfrac{J_1 \omega_1 + J_2 \omega_2}{J_1 + J_2}$；(2) $\dfrac{-J_1 J_2 (\omega_1 - \omega_2)^2}{2(J_1 + J_2)}$；

(3) 当两圆盘的角速度不同时，因剧烈摩擦而使一部分动能转化为内能。

5-7 约 29.1rad/s

热　学

第6章 热学的几个基本概念

学习目标

➤ 理解宏观描述和微观描述的概念
➤ 掌握热物理学的研究对象
➤ 掌握热力学平衡态的条件
➤ 理解状态参数和物态方程的概念
➤ 掌握理想气体和范德瓦耳斯气体物态方程

我们所处的世界由大量微观粒子组成，微观粒子（例如分子、原子等）都处于永不停息的无规则热运动中，决定了宏观物质的热学性质。

热物理学研究具有宏观描述与微观描述两种方法。在利用热物理学对系统进行描述时引入状态参量和物态方程。

本章将对描述热学的两种方法（宏观描述与微观描述）、热力学系统平衡态、理想气体和范德瓦耳斯气体物态方程进行学习。

6.1 宏观描述方法与微观描述方法

6.1.1 热学的研究对象及其特点

1. 热学的研究对象

宏观物质由大量微观粒子组成，微观粒子（例如分子、原子等）都处于永不停息的无规则热运动中。大量微观粒子的无规则热运动，决定了宏观物质的热学性质。

热学是研究有关物质的热运动以及与热相联系的各种规律的科学。它与力学、电磁学及光学一起共同被称为经典物理四大柱石。

2. 热学研究对象的特征

热学研究的是由数量很大的微观粒子所组成的系统。热学研究对象的这一特点决定了它有宏观与微观两种不同的描述方法。

6.1.2 宏观描述方法与微观描述方法的概念

1. 宏观描述方法

热力学是热物理学的宏观描述方法，它从对热现象的大量直接观察和实验测量所总结出来的普适基本定律出发，应用数学方法，通过逻辑推理及演绎，得出有关物质各种宏观性质之间的关系、宏观物理过程进行的方向和限度等结论。热力学基本定律是自然界中的普适规律，只要在数学推理过程中不加上其他假设，这些结论也具有同样的可靠性与普遍性。爱因斯坦晚年时说过："一个理论，如果它的前提越简单，而且能说明各种类型的问题越多，适用的范围越广，那么它给人的印象就越深刻。因此，经典热力学给我留下了深刻的印象。经典热力学是具有普遍内容的唯一的物理理论，我深信，在其基本概念适用的范围内是绝对不会被推翻的。"

需要指出热力学具有以下局限性：

1）它只适用于粒子数很多的宏观系统；

2）它主要研究物质在平衡态下的性质，它不能解答系统如何从非平衡态进入平衡态的过程；

3）它把物质视为连续体，不考虑物质的微观结构；

4）它只能说明应该有怎样的关系，而不能解释为什么会有这种基本关系。要解释原因，必须从物质微观模型出发，利用分子动理论或统计物理方法予以解决。

2. 微观描述方法

统计物理学则是热物理学的微观描述方法，它从物质由大数分子、原子组成的前提出发，运用统计的方法，把宏观性质看作是由微观粒子热运动的统计平均值所决定的，由此找出微观量与宏观量之间的关系。

6.2　热力学系统的平衡态

6.2.1　热力学系统

1. 热力学系统的定义

热学所研究的对象称为热力学系统（简称系统），与系统存在密切联系（这种联系可理解为存在做功、热量传递和粒子数交换）的以外的部分称为外界或介质。

2. 热力学系统的三种类型

根据热力学体系与外界物质及能量的交换，可将热力学体系分为开系、闭系和孤立系。其中，**开系**指与环境之间既有物质交换，又有能量交换的热力学体系；**闭系**指与环境之间无物质交换，但有能量交换的热力学体系；**孤立系**指与环境之间既无物质交换，又无能量交换的热力学体系。

3. 热力学与力学的区别

我们把位置、时间、质量及这三者的组合（如速度、动量、角速度、角动量等）中的某几个独立参数称为物体的力学坐标。利用力学坐标可描述物体在任一时刻的整体的运动状态。经典力学的目的就在于找出与牛顿定律相一致的、存在于各力学坐标之间的一般关系。但是，热力学的注意力却指向系统内部，我们把与系统内部状态有关的宏观物理量（诸如压强、体积、温度等）称为热力学的参量，也称热力学坐标。热力学的目的就是要求出与热力学各个基本定律相一致的、存在于各热力学参量之间的一般关系。

6.2.2 热力学平衡

热学平衡指系统内部的温度处处相等。

力学平衡指系统内部各部分之间、系统与外界之间应达到力学平衡。在通常（例如，没有外场等）情况下，力学平衡反映为压强处处相等。

化学平衡条件指在无外场作用下系统各部分的化学组成也应是处处相同的。

只有在外界条件不变的情况下同时满足力学、热学、化学平衡条件的系统，才能处于平衡态，可以用不含时间的宏观坐标（即热力学参量）来描述它。

6.3 状态参量与物态方程

6.3.1 热力学系统状态参量

热力学系统状态参量是指定量描述热力学系统性质的宏观物理量，简称状态参量或态参量，在本节中，我们用到的热力学状态参量主要是温度（T）、压强（p）和体积（V）。

6.3.2 物态方程

对于给定的热力学平衡系统，处于平衡态的各热力学参量之间总存在确定的函数关系。我们把处于平衡态的某种物质的热力学参量（如压强、体积、温度）之间所满足的函数关系称为物质的物态方程或状态方程。例如，化学中纯的气体、液体、固体的温度 T_i 都可分别由各自的压强 p_i 及摩尔体积 $V_{i,m}$ 来表示，即

$$T_i = T_i(p_i, V_{i,m}) \tag{6.3.1}$$

式中，i 表示气、液、固。它们是分别描述气态、液态、固态的物态方程。需要指出物态方程中都显含温度 T。

1. 理想气体物态方程

理想气体是指压强趋于零的极限状态下的气体，其分子固有体积以及除碰撞外分子间相互作用力均可忽略。

理想气体物态方程为

$$pV = \nu RT \tag{6.3.2}$$

式中，$R = 8.31 J/(mol \cdot K)$，称为摩尔气体常数。

2. 范德瓦耳斯方程

1873 年，荷兰物理学家范德瓦耳斯对理想气体的两条基本假定（即忽略分子固有体积、忽略除碰撞外分子间相互作用力）做出修正，得出了能描述真实气体行为的范德瓦耳斯方程

$$\left(p + \frac{a}{V_m^2}\right)(V_m - b) = RT \tag{6.3.3}$$

式（6.3.3）表示 1mol 气体的范德瓦耳斯方程。常量 a 和 b 分别表示 1mol 范德瓦耳斯气体分子的吸引力改正量和斥力改正量，其数值随气体种类不同而异，通常由实验确定。若气体不是 1mol，且质量为 m，体积为 V，则式（6.3.3）可写为

$$\left[p + \left(\frac{m}{M_m}\right)^2 \frac{a}{V_m^2}\right] \cdot \left[V_m - \left(\frac{m}{M_m}\right)b\right] = \frac{m}{M_m}RT \qquad (6.3.4)$$

这里 M_m 为气体的摩尔质量。需要指出，对于范德瓦耳斯方程，当 $p \to \infty$ 时，$V_m \to b$，所有气体分子都被压缩到相互紧密"接触"而像固体一样，则 b 应等于分子的固有体积。但理论和实验指出，b 等于分子体积的四倍而不是一倍。这是因为范德瓦耳斯方程只能描述密度不是十分大、温度不是太低情况下的气体方程，它只考虑分子之间的两两相互碰撞，而不考虑三个以上分子同时碰撞在一起的情况。若气体像固体一样密堆积，则所有分子都挤压在一起，这与分子两两碰撞的情况相差太大了。

本 章 小 结

6-1　热学的研究对象：物质的热运动以及与热相联系的各种规律的科学。

6-2　宏观描述方法：从对热现象的大量直接观察和实验测量所总结出来的普适基本定律出发，应用数学方法，通过逻辑推理及演绎，得出有关物质各种宏观性质之间的关系、宏观物理过程进行的方向和限度等结论。

6-3　微观描述方法：从物质由大数分子、原子组成的前提出发，运用统计的方法，把宏观性质看作是由微观粒子热运动的统计平均值所决定的，由此找出微观量与宏观量之间的关系。

6-4　热力学系统：热学所研究的对象。

6-5　热力学平衡态：在外界条件不变的情况下同时满足力学、热学、化学平衡条件的状态。

6-6　热力学系统状态参量：定量描述热力学系统性质的宏观物理量。在本章中，我们用到的热力学状态参量主要是温度（T）、压强（p）和体积（V）。

6-7　物态方程：处于平衡态的某种物质的热力学参量（如压强、体积、温度）之间所满足的函数关系。

6-8　理想气体物态方程：$pV = \nu RT$。

6-9　范德瓦耳斯方程：$\left[p + \left(\frac{m}{M_m}\right)^2 \frac{a}{V_m^2}\right] \cdot \left[V_m - \left(\frac{m}{M_m}\right)b\right] = \frac{m}{M_m}RT$。

第7章 气体分子动理论

学习目标

➢ 理解概率、等概率性的概念

➢ 掌握概率事件的运算法则

➢ 掌握麦克斯韦速度和速率分布，并能用于求解最概然速率、平均速率和方均根速率

➢ 掌握能量均分定理

➢ 掌握非平衡态的三种输运现象，并能用于解决实际问题

由于分子与分子间、分子与器壁间的频繁碰撞，且分子间有相互作用力，需要利用力学定律和概率论来讨论分子运动碰撞的具体情况。因此，引入分子动理论，其包括分子动理论平衡态和非平衡态。

气体分子动理论平衡态的最终及最高目标是描述气体由非平衡态转入平衡态的过程。它从物质微观结构和相互作用的认识出发，采用概率统计的方法，从统计物理学的角度来说明或预言由大量粒子组成的宏观物体的物理性质。

然而，气体分子动理论平衡态仅是分子运动的一种特殊的理想状态。在日常生活中，常见的是气体分子动理论非平衡态，其典型例子是输运现象中的黏性、热传导与扩散现象。

本章将对与气体分子动理论相关的概率论基础概念、麦克斯韦速度和速率分布、气体分子的平均碰撞频率和平均自由程、能量均分定理以及气体分子的三种输运现象进行简单的分析。

7.1 概率论基础

气体分子碰壁数及气体压强公式是一个求平均速率的问题。关键是找到分子按速率的概率分布律。本节将介绍有关概率及概率分布函数的基本知识。

7.1.1 概率的表达式

在一定条件下，如果某一现象或某一事件可能发生也可能不发生，我们称这样的事件为随机事件。例如，掷骰子时哪一面朝上完全是随机的，会受到许多不能确定的偶然因素的影响。若在相同条件下重复进行同一个试验（如掷骰子），在总次数 N 足够多的情况下（$N \to \infty$），计算某一事件（如哪一面向上）所出现的次数 N_L，则该事件出现的概率可表示为

$$P_L = \lim_{N \to \infty} \frac{N_L}{N} \tag{7.1.1}$$

7.1.2　等概率性

在掷骰子时，一般认为出现每一面向上的概率是相等的。因为我们假定骰子是一个规则的立方体，它的几何中心与质量中心相重合。若在某一面上钻个小孔，在小孔中填充些铅，然后再封上，虽然骰子仍是一个规则的立方体，但可以肯定，填充铅这一面出现向上的概率最小，而与它相对的面出现的概率最大，因为我们已经有理由说明填充有铅的面向上的概率应小些。由此总结出**等概率性**是指在没有理由说明哪一事件出现概率更大（或更小）的情况下，每一事件出现的概率都应相等。

7.1.3　概率事件的运算法则

1）n 个互相排斥事件发生的总概率是每个事件发生概率之和，简称概率**相加法则**。

2）同时或依次发生的、互不相关（或相互统计独立）的事件发生的概率等于各个事件概率之乘积，简称概率**相乘法则**。

7.1.4　平均值及其运算法则

统计分布的最直接应用是求平均值。设 u_i 为随机变量，其中出现 u_1 的次数为 N_1，出现 u_2 的次数为 $N_2 \cdots \cdots$ 则该随机变量的平均值可表示为

$$\bar{u} = \frac{N_1 u_1 + N_2 u_2 + \cdots}{\sum_i N_i} = \frac{\sum_i N_i u_i}{N} \tag{7.1.2}$$

因为 $\dfrac{N_i}{N}$ 是出现 u_i 值的百分比，当 $N \to \infty$ 时，它就是出现 u_i 值的概率 P_i，故

$$\bar{u} = P_1 u_1 + P_2 u_3 + \cdots = \sum_i P_i u_i \tag{7.1.3}$$

式（7.1.2）是通过随机变量的和（即求和式）来求平均值的，而式（7.1.3）则是利用概率分布 P_i 来求平均值。利用式（7.1.3）可把求平均值的方法推广到较为复杂的情况，从而得到如下的平均值的运算法则：

1）设 $f(u)$ 是随机变量 u 的函数，则

$$\overline{f(u)} = \sum_{i=1}^{n} f(u_i) P_i \tag{7.1.4}$$

2）　　　　　　　　$$\overline{f(u) + g(u)} = \overline{f(u)} + \overline{g(u)} \tag{7.1.5}$$

3）若 C 为常数，则　　$$\overline{Cf(u)} = C\overline{f(u)} \tag{7.1.6}$$

4）若随机变量 u 和随机变量 v 是相互独立统计的，且 $f(u)$ 是 u 的某一函数，$g(v)$ 是 v 的另一函数，则

$$\overline{f(u) \cdot g(v)} = \overline{f(u)} \cdot \overline{g(v)} \tag{7.1.7}$$

需要说明，以上讨论的各种概率都是归一化的，即

$$\sum_{i=1}^{n} P_i = 1 \tag{7.1.8}$$

7.1.5　均方偏差

随机变量 u 会偏离平均值 $\bar{u}$，即 $\Delta u_i = u_i - \bar{u}$。一般其偏离值的平均值为零（即 $\overline{\Delta u} = 0$），但均方偏差不为零，均方偏差的表达式为

$$\overline{(\Delta u)^2} = \sum_{r=1}^{n} (u_r - \bar{u})^2 P_r = \overline{u^2 - 2u\bar{u} + (\bar{u})^2} = \overline{u^2} - (\bar{u})^2 \tag{7.1.9}$$

因为 $\overline{(\Delta u)^2} \geqslant 0$，所以

$$\overline{u^2} \geqslant (\bar{u})^2 \tag{7.1.10}$$

定义相对均方根偏差为

$$\overline{\left[\left(\frac{\Delta u}{\bar{u}}\right)^2\right]^{1/2}} = \frac{\left[\overline{(\Delta u)^2}\right]^{1/2}}{\bar{u}} \tag{7.1.11}$$

上式中相对均方根偏差表示了随机变量在平均值附近分散开的程度，也称为涨落、散度或散差。

7.2　速度空间和麦克斯韦速度分布

气体分子热运动的特点是大数分子无规则运动及它们之间频繁地相互碰撞，其速度一直在随机地变化着，本节我们将用麦克斯韦速度分布来描述这种变化关系。

7.2.1　速度空间

1. 速度矢量和速度空间中的代表点

要描述气体分子的速度大小和方向，需引入速度矢量这一概念。**速度矢量**是指方向和大小恰与该分子瞬时速度的大小、方向一致的矢量。需要注意，一个分子仅有一个速度矢量。

对分子的速度矢量沿 x、y、z 方向的投影 v_x、v_y、v_z 作直角坐标轴，并把所有分子速度矢量的起始点都平移到公共原点 O 上。在平移时，矢量的大小和方向都不变。平移后，仅以矢量的箭头端点上的点来表示这一矢量，而把矢量符号抹去。这些矢量箭头端点称为**速度空间中的代表点**，如图 7.2.1 中的 P 点所示。

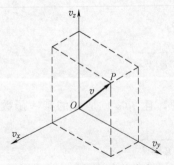

图 7.2.1　速度空间中的代表点

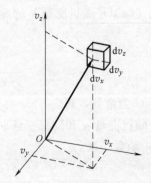

图 7.2.2　速度空间中的微元

2. 用直角坐标表示的速度空间

在三维速度空间中，在 $v_x \sim v_x + \mathrm{d}v_x$，$v_y \sim v_y + \mathrm{d}v_y$，$v_z \sim v_z + \mathrm{d}v_z$ 区间内划出一个体积为 $\mathrm{d}v_x \mathrm{d}v_y \mathrm{d}v_z$ 的微分元，如图 7.2.2 所示。假设微分元中代表点的数目为 $\mathrm{d}N(v_x, v_y, v_z)$，在坐标为 (v_x, v_y, v_z) 处的速度分布概率密度可表示为

$$f(v_x, v_y, v_z) = \frac{\mathrm{d}N(v_x, v_y, v_z)}{N \mathrm{d}v_x \mathrm{d}v_y \mathrm{d}v_z} \tag{7.2.1}$$

上式中 $f(v_x, v_y, v_z)$ 表示在坐标为 (v_x, v_y, v_z) 处的速度分布概率密度，且把 $Nf(v_x, v_y, x_z)$ 称为在坐标 (v_x, v_y, v_z) 处附近代表点的数密度（单位体积中的代表点数）。

7.2.2　麦克斯韦速度分布

麦克斯韦最早用概率统计的方法导出了理想气体分子的速度分布，这一分布可表示为

$$f(v_x, v_y, v_z)\mathrm{d}v_x \mathrm{d}v_y \mathrm{d}v_z = \left(\frac{m}{2\pi kT}\right)^{3/2} \cdot \exp\left[-\frac{m(v_x^2 + v_y^2 + v_z^2)}{2kT}\right] \cdot \mathrm{d}v_x \mathrm{d}v_y \mathrm{d}v_z \tag{7.2.2}$$

比较式（7.2.1）和式（7.2.2），有

$$\frac{\mathrm{d}N(v_x, v_y, v_z)}{N} = \left(\frac{m}{2\pi kT}\right)^{3/2} \cdot \exp\left[\frac{m(v_x^2 + v_y^2 + v_z^2)}{2kT}\right] \cdot \mathrm{d}v_x \mathrm{d}v_y \mathrm{d}v_z \tag{7.2.3}$$

7.3　麦克斯韦速率分布

在 7.2 节中，我们介绍了麦克斯韦在矢量空间中的速度分布。本章节中，将利用麦克斯韦速度分布推导出麦克斯韦速率分布。

7.3.1　从麦克斯韦速度分布导出速率分布

对于麦克斯韦速度分布，转换到速度空间中时，所有分子速率介于 $v \sim v + \mathrm{d}v$ 范围内的分子的代表点 O 都应该落在以原点为球心、v 为半径、厚度为 $\mathrm{d}v$ 的一薄层球壳中，如图 7.3.1 所示。

由于气体分子速度没有择优取向，在各个方向上是等概率的，则代表点的数密度 D 是球对称的，即 D 仅是离开原点的距离 v 的函数。设代表点的数密度为 $D(v)$。那么，球壳内的代表点数 $\mathrm{d}N_V$ 应是 $D(v)$ 与球壳体积 $4\pi v^2$ 的乘积，可写为

$$\mathrm{d}N_V = D(v) \cdot 4\pi v^2 \mathrm{d}v \tag{7.3.1}$$

麦克斯韦速度分布中已经指出，在速度空间中，在速度分量 v_x、v_y、v_z 附近的代表点数密度就是 $Nf(v_x, v_y, v_z)$，即这里的 $D(v)$，所以

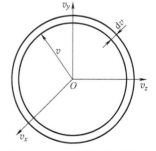

图 7.3.1　麦克斯韦速率分布

$$D(v) = \frac{\mathrm{d}N_V}{\mathrm{d}v_x \mathrm{d}v_y \mathrm{d}v_z} = N\left(\frac{m}{2\pi kT}\right)^{3/2} \cdot \exp\left[-\frac{mv^2}{2kT}\right] \tag{7.3.2}$$

将式（7.3.2）代入式（7.3.1），可得

$$\frac{\mathrm{d}N_V}{N} = f(v) \cdot \mathrm{d}v = 4\pi \left(\frac{m}{2\pi kT}\right)^{3/2} \cdot \exp\left(-\frac{mv^2}{2kT}\right) \cdot v^2 \mathrm{d}v \tag{7.3.3}$$

式（7.3.3）即为麦克斯韦速率分布。

对于麦克斯韦速率分布需说明以下几点：

1）麦克斯韦速率分布满足归一化条件：$\int_0^\infty f(v)\mathrm{d}v = 4\pi\left(\frac{m}{2\pi kT}\right)^{3/2} \cdot \frac{\sqrt{\pi}}{4}\left(\frac{2kT}{m}\right)^{3/2} = 1$（积分公式请参考照表7.3.1）；

2）麦克斯韦速率分布适用于平衡态的气体。在平衡状态下气体分子密度 n 及气体温度都有确定、均一的数值，故其速率分布也是确定的，它仅是分子质量及气体温度的函数。

3）因为 v^2 是增函数，$\exp\left(-\frac{mv^2}{2kT}\right)$ 是减函数，增函数与减函数相乘得到的函数将在某一值处取极值，我们称概率密度取极大值时的速率为最概然速率（也称最可几速率），以 v_p 表示。

4）麦克斯韦速率分布本身是统计平均的结果，它与其他的统计平均值一样，也会有涨落，但当粒子数为大数时，其相对均方根偏差是微不足道的。

表 7.3.1　关于 $I(n) = \int_0^\infty \exp(-\alpha x^2) \cdot x^n \mathrm{d}x$ 的几个定积分公式

n	$I(n)$
0	$\frac{1}{2}\sqrt{\pi}\alpha^{-1/2}$
1	$\frac{1}{2}\alpha^{-1}$
2	$\frac{1}{4}\sqrt{\pi}\alpha^{-3/2}$
3	$\frac{1}{2}\alpha^{-2}$
4	$\frac{3}{8}\sqrt{\pi}\alpha^{-5/2}$

7.3.2　理想气体分子的平均速率　方均根速率　最概然速率

1. 平均速率 $\overline{v}$

$$\overline{v} = \int_0^\infty v f(v)\mathrm{d}v = \int_0^\infty 4\pi\left(\frac{m}{2\pi kT}\right)^{3/2} \cdot \exp\left(-\frac{mv^2}{2kT}\right) \cdot v^3 \mathrm{d}v \tag{7.3.4}$$

利用表7.3.1中的积分公式，得

$$\overline{v} = \sqrt{\frac{8kT}{\pi m}} = \sqrt{\frac{8RT}{\pi M}} \tag{7.3.5}$$

2. 均方根速率 v_rms

因

$$\overline{v^2} = \int_0^\infty v^2 f(v)\mathrm{d}v = \int_0^\infty 4\pi\left(\frac{m}{2\pi kT}\right)^{3/2} \cdot \exp\left(-\frac{mv^2}{2kT}\right) \cdot v^4 \mathrm{d}v \tag{7.3.6}$$

所以

$$v_{rms} = \sqrt{\overline{v^2}} = \sqrt{\frac{3kT}{m}} = \sqrt{\frac{3RT}{M}} \qquad (7.3.7)$$

3. 最概然速率 v_p

因为速率分布函数是一连续函数,其极值条件为

$$\frac{df(v)}{dv} = 0 \qquad (7.3.8)$$

所以

$$v_p = \sqrt{\frac{2kT}{m}} = \sqrt{\frac{2RT}{M}} \qquad (7.3.9)$$

4. 三种速率之比

三种速率之比为

$$v_p : \overline{v} : v_{rms} = 1 : 1.128 : 1.224 \qquad (7.3.10)$$

例 7-1 试求氮气分子（N_2）及氢气分子（H_2）在标准状况下的平均速率。

解 （1）氮分子的平均速率为

$$\overline{v} = \sqrt{\frac{8RT}{\pi M}} = \sqrt{\frac{8 \times 8.31 \times 273}{3.14 \times 0.028}} \, m/s = 454 m/s$$

（2）同理可得氢分子的平均速率为

$$\overline{v} = \sqrt{\frac{8RT}{\pi M}} = \sqrt{\frac{8 \times 8.31 \times 273}{3.14 \times 0.002}} \, m/s = 1.7 \times 10^3 \, m/s$$

例 7-2 根据麦克斯韦速率分布,试求:速率倒数的平均值。

解 因为麦克斯韦速度分布为 $f(v) = 4\pi \left(\frac{m}{2\pi kT}\right)^{3/2} \cdot \exp\left(-\frac{mv^2}{2kT}\right) \cdot v^2$，所以

$$\overline{v} = \int_0^\infty v f(v) \cdot dv = \int_0^\infty 4\pi \left(\frac{m}{2\pi kT}\right)^{3/2} \cdot \exp\left(-\frac{mv^2}{2kT}\right) \cdot v^3 dv = \sqrt{\frac{8RT}{\pi M}}$$

$$\overline{\frac{1}{v}} = \frac{1}{v} \int_0^\infty 4\pi \left(\frac{m}{2\pi kT}\right)^{3/2} \cdot \exp\left(-\frac{mv^2}{2kT}\right) \cdot v^2 dv = \frac{4}{\pi \sqrt{\frac{8RT}{\pi M}}} = \frac{4}{\pi} \cdot \left(\frac{1}{\overline{v}}\right)$$

7.4 自由度 能量均分定理

本节将学习能量均分定理,并指出这一定理的局限性。

7.4.1 自由度与自由度数

双原子分子、多原子分子及单原子分子之间的差别在于它们的分子结构各不相同,描述它们的空间位置所须独立坐标数也就不同。若要解释单原子、双原子、多原子理想气体热容的差异,必须引用力学中自由度这一概念。

自由度是指描述一个物体在空间的位置所需的独立坐标。

自由度数是指决定一个物体在空间的位置所需的独立坐标数。

一个刚体定点转动的自由度数是 3；刚性双原子分子以及其他刚性线型分子的自由度数

是 5（包括三个平动、两个转动）；非刚性双原子分子的自由度数是 6（包括三个平动、两个转动和一个沿两质心连线的振动）；N 个原子组成的多原子分子，其自由度数最多为 $3N$ 个[一般来说，有三个（整体）平动、三个（整体）转动及 $3N-6$ 个振动]。

7.4.2 能量均分定理

能量均分定理是指处于温度为 T 的平衡态的气体中，分子热运动动能平均分配到每一个分子的每一个自由度上，每一个分子的每一个自由度的平均动能都是 $\dfrac{kT}{2}$。

能量均分定理仅限于均分平均动能。对于振动能量，除动能外，还存在由于原子间相对位置变化产生的势能。由于分子中的原子所进行的振动都是振幅非常小的微振动，可把它看作简谐振动。在一个周期内，简谐振动的平均动能与平均势能都相等，所以对于每一分子的每一振动自由度，其平均势能和平均动能均为 $\dfrac{kT}{2}$，故一个振动自由度均分 kT 的能量，而不是 $\dfrac{kT}{2}$。若某种分子有 t 个平动自由度、r 个转动自由度和 ν 个振动自由度，则每一分子的总平均能量为

$$\bar{\varepsilon}=(t+2r+\nu)\cdot\frac{kT}{2}=\frac{i}{2}kT \tag{7.4.1}$$

关于能量均分定理，需要说明：

1）式（7.4.1）中的各种振动自由度和转动自由度都应是确实对能量均分定理做全部贡献的自由度，因为自由度会发生"冻结"；

2）能量均分定理只适用于平衡态；

3）能量均分定理本质上是关于热运动的统计规律，是对大量统计平均所得结果；

4）能量均分定理不仅适用于理想气体，一般也可用于液体和固体。对于气体，能量按自由度均分是依靠分子间的大量无规则碰撞来实现的；对于液体和固体，能量均分则是通过分子间很强的相互作用来实现的。

7.5 气体分子的平均碰撞频率和平均自由程

气体的输运过程来自分子的热运动。气体分子在运动过程中经历十分频繁的碰撞。碰撞使分子不断改变运动方向与速率大小，使分子行进了十分曲折的路程；碰撞使分子间不断交换能量与动量。而系统的平衡也需要借助频繁的碰撞才能实现。本节将介绍一些描述气体分子间碰撞特征的物理量：碰撞截面、平均碰撞频率及平均自由程。

7.5.1 气体分子间的平均碰撞频率

1. 碰撞截面

如图 7.5.1 所示，B 分子在接近 A 分子时受到 A 的作用而使轨迹线发生偏折。若定义 B 分子射向 A 分子时的轨迹线与离开 A 分子时的轨迹线间的夹角为偏折角，则偏折角随 B 分子与 O 点间垂直距离 b 的增大而减小。令当 b 增大到使偏

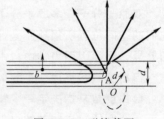

图 7.5.1 碰撞截面

折角开始变为零时的数值为d，d称为分子有效直径。由于平行射线束可分布在O点的四周，这样就以O点为圆心"截"出半径为d的垂直于平行射线束的圆。所有射向圆内区域的视作质点的B分子都会发生偏折，因而都会被A分子散射。所有射向圆外区域的B分子都不会发生偏折，因而都不会被散射。故该圆的面积$\sigma = \pi d^2$为分子散射截面，也称**分子碰撞截面**。

在碰撞截面中，最简单的情况是**刚球势**。这时，不管两个同种分子的相对速率有多大，分子有效直径总是等于刚球的直径。对于有效直径分别为d_1、d_2的两刚球分子间的碰撞，其碰撞截面为

$$\sigma = \frac{1}{4}\pi(d_1^2 + d_2^2) \tag{7.5.1}$$

2. 分子间的平均碰撞频率

分子间的平均碰撞频率是指单位时间内一个分子平均碰撞的次数。

在图7.5.2所示的"圆柱体"中，单位时间内A分子所扫出的"圆柱体"中的平均质点数，就是分子的平均碰撞频率，可写为

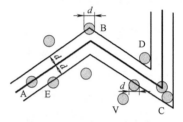

图7.5.2　分子碰撞频率

$$\overline{Z} = n \cdot \pi d^2 \cdot \overline{v}_{12} \tag{7.5.2}$$

式中，n是气体分子数密度，$\overline{v}_{12}$是A分子相对于其他分子运动的平均速率。对于同种气体，$\overline{v}_{12} = \sqrt{2}\,\overline{v}$（请读者自行证明）。因而，处于平衡态的化学纯理想气体中分子的平均碰撞频率为

$$\overline{Z} = \sqrt{2}\,\overline{v}n\sigma \tag{7.5.3}$$

式中，$\sigma = \pi d^2$，又因为$p = nkT$，$\overline{v} = \sqrt{\dfrac{8kT}{\pi m}}$，所以式（7.5.3）可以写为

$$\overline{Z} = \frac{4\sigma p}{\sqrt{\pi mkT}} \tag{7.5.4}$$

上式说明，在温度不变时，压强越大（或在压强不变时，温度越低）分子间碰撞越频繁。

7.5.2　气体分子的平均自由程

理想气体分子在两次碰撞之间可近似认为不受到分子作用，因而是自由的。分子两次碰撞之间所经过的路程称为**自由程**，用λ表示。任一分子的任一个自由程的长短都有偶然性，自由程的平均值$\overline{\lambda}$是由气体的状态唯一确定的。一个平均速率为$\overline{v}$的分子，它在t秒内平均经过的路程为$\overline{v}t$。它受到$\overline{Z}t$次碰撞，故平均两次碰撞之间所经过的距离即为平均自由程，即

$$\overline{\lambda} = \frac{\overline{v}t}{\overline{Z}t} = \frac{\overline{v}}{\overline{Z}} \tag{7.5.5}$$

将式（7.5.3）代入式（7.5.5）可得

$$\overline{\lambda} = \frac{1}{\sqrt{2}\,n\sigma} \tag{7.5.6}$$

$$\overline{\lambda} = \frac{kT}{\sqrt{2}\sigma P} \tag{7.5.7}$$

式（7.5.6）表示对于同种气体，$\overline{\lambda}$ 与 n 成反比，而与 $\overline{v}$ 无关。式（7.5.7）则表示同种气体在温度一定时，$\overline{\lambda}$ 仅与压强成反比。

7.6 气体的输运现象

气体的微观状态包括平衡态和非平衡态。对于非平衡态，其典型例子是气体的黏性、热传导与扩散现象，统称为输运现象。下面我们就对气体的输运现象进行介绍。

7.6.1 黏性现象的基本规律

1. 层流

流体在河道、沟槽及管道内的流动情况相当复杂，它不仅与流速有关，还与管道、沟槽的形状及表面情况有关，也与流体本身性质及它的温度、压强等因素有关。实验发现，流体在流速较小时将做分层平行流动，流体的质点轨迹是有规则的光滑曲线，不同质点轨迹线不相互混杂。这样的流体流动称为**层流**。

一般用雷诺数来判别流体能否处于层流状态。雷诺数 Re 是一种无量纲因子，它可表示为

$$Re = \frac{\rho v r}{\eta} \tag{7.6.1}$$

式中，ρ、v、r 分别为流体的密度、流速及管道半径；η 为流体的黏度。层流是发生在流速较小，更确切地说是发生在雷诺数较小时的流体流动，当雷诺数超过 2300 时的流体流动称为湍流。

2. 湍流与混沌

湍流是流体的不规则运动，是一种宏观的随机现象。湍流中流体的流速随时间和空间坐标做随机的紊乱变化。人们以前认为宏观规律是确定性的，不会像微观过程那样具有随机性，因而湍流是宏观随机性的一个特征。但是 20 世纪 70 年代，人们发现自然界中还普遍存在着一类在决定性的动力学系统中出现的貌似随机性的宏观现象，并将它称为混沌。湍流仅是混沌的一个典型实例。这说明宏观现象具有随机性是一种普遍规律。

3. 牛顿黏性定律

如图 7.6.1 所示，流体做层流时，通过任一平行于流速的截面两侧的相邻两层流体上作用有一对阻止它们相对"滑动"的切向作用力与反作用力。它使流动较快的一层流体减速，流动较慢的一层流体加速，我们称这种力为黏性力，也称为内摩擦力。达到稳定流动时，每层流体的合力为零，各层所受到的方向相反的黏性力均相等。实验又测出在这样的流体中的速度梯度 $\dfrac{\mathrm{d}u}{\mathrm{d}Z}$ 是处处相等的。而且在切向

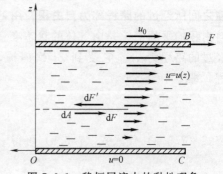

图 7.6.1　稳恒层流中的黏性现象

面积相等时流体层所受到的黏性力的大小与流体流动的速度梯度的大小成正比。这说明黏性力的大小 F 与 $\frac{du}{dz}$ 及切向面积 A 成正比，可写为

$$F = -\eta \cdot \frac{du}{dz} \cdot A \tag{7.6.2}$$

式中，η 称为流体的黏度（或黏性系数、黏滞系数），负号是考虑到在相邻两层流体中，相对速度较大的流体总是受到阻力，即速度较大一层流体受到的黏性力的方向总是与速度梯度方向相反而加上的。式（7.6.2）称为牛顿黏性定律，黏度 η 的单位为 $1N \cdot s/m^2 = 0.1 kg/(m \cdot s)$，称它为泊，以 P 表示。

由表 7.6.1 知：①易于流动的流体其黏度较小；②黏度与温度有关，液体的黏度随温度的升高而降低；③气体的黏度随温度升高而增加。这说明气体与液体产生黏性力的微观机理不同。

表 7.6.1　各种流体的黏度

流体	$t/℃$	$\eta/(mPa \cdot s)$	流体	$t/℃$	$\eta/(mPa \cdot s)$
水	0	1.7	空气	0	0.0171
	20	1.0		20	0.0182
	40	0.51		40	0.193
甘油	0	10000	蓖麻油	20	9860
	20	1410	水汽	0	0.0087
	60	81			

4. 非牛顿流体

人们日常接触的流体中还有一些不遵从牛顿黏性定律的流体，人们称其为非牛顿流体，如泥浆、橡胶、血液、油漆、沥青等。

5. 气体黏性微观机理

实验证实，常压下气体的黏性就是由流速不同的流体层之间的定向动量的迁移产生的。由于气体分子无规则的热运动，在相邻流体层间交换分子对的同时，交换相邻流体层的定向运动动量。结果使流动较快的一层流体失去了定向动量，流动较慢的一层流体获得到了定向动量，黏性力就是由此而产生的。

需要说明的是，以上讨论的仅是常压下的气体。对于压强非常低的气体以及所有的液体，其微观机理都不相同。

7.6.2 扩散现象的基本规律

1. 自扩散与互扩散

当物质中粒子数密度不均匀时，由于分子的热运动使粒子从数密度高的地方迁移到数密度低的地方的现象称为扩散。

互扩散是指发生在混合气体中，由于各成分的气体空间不均匀，各种成分的分子均要从高密度区向低密度区迁移的现象。

自扩散是指使发生互扩散的两种气体分子的差异尽量变小，使它们相互扩散的速率趋于

相等的互扩散过程。

2. 菲克定律

1855 年，法国生理学家菲克提出了描述扩散规律的基本公式——菲克定律。菲克定律认为在一维空间（如 z 方向）中，扩散粒子流 $\mathrm{d}f$ 与粒子数密度梯度 $\dfrac{\mathrm{d}n}{\mathrm{d}z}$ 及横截面面积 A 成正比，即

$$\frac{\mathrm{d}N}{\mathrm{d}t} = -D\frac{\mathrm{d}n}{\mathrm{d}z}A \tag{7.6.3}$$

式中，比例系数 D 称为扩散系数，单位为 $\mathrm{m^2 \cdot s^{-1}}$。式中负号表示粒子向粒子数密度减少的方向扩散。同样，单位时间内气体扩散的总质量 $\dfrac{\Delta M}{\Delta t}$ 与密度梯度 $\dfrac{\mathrm{d}\rho}{\mathrm{d}z}$ 之间的关系为

$$\frac{\Delta M}{\Delta t} = -D\frac{\mathrm{d}\rho}{\mathrm{d}z}A \tag{7.6.4}$$

需要说明，式（7.6.3）和式（7.6.4）适用于压强不是太低的气体，在压强很低时，气体的扩散与常压下气体的扩散完全不同。

3. 气体扩散的微观机理

扩散是指在存在同种粒子且粒子数密度空间不均匀的情况下，由于分子热运动所产生的宏观粒子迁移或质量迁移。应把扩散与流体由于空间压强不均匀所产生的流体流动区别开来。后者是由成团粒子整体定向运动所产生的。以上讨论的都是气体的扩散机理，至于液体与固体，由于微观结构不同，其扩散机理也各不相同。

7.6.3 热传导现象的基本规律

当系统与外界之间或系统内部各部分之间存在温度差时就有热量的传输，热传递有热传导、对流与辐射三种方式，本节将讨论热传导。

1. 傅里叶定律

1822 年，法国科学家傅里叶（Fourier）在热质说思想的指导下提出了傅里叶定律。该定律认为热流（单位时间内通过的热量）Q 与温度梯度 $\dfrac{\mathrm{d}T}{\mathrm{d}z}$ 及横截面面积 A 成正比，即

$$\frac{\mathrm{d}Q}{\mathrm{d}t} = -\kappa\frac{\mathrm{d}T}{\mathrm{d}z}A \tag{7.6.5}$$

式中，比例系数 κ 称为热导系数，其单位为 $\mathrm{W/(m \cdot K)}$，其中负号表示热流方向与温度梯度方向相反，即热量总是从温度较高处流向温度较低处。

若引入热流密度 J_T（单位时间内在单位截面面积上流过的热量），则

$$J_T = -\kappa\frac{\mathrm{d}T}{\mathrm{d}z} \tag{7.6.6}$$

若系统已达到稳态，即处处温度不随时间变化，则空间各处热流密度也不随时间变化。

2. 热传导的微观机理

热传导是由于分子热运动强弱程度（即温度）不同所产生的能量传递。对气体而言，当存在温度梯度时，做杂乱无章运动的气体分子，在空间交换分子对的同时交换了具有不同热运动平均能量的分子，因而发生能量的迁移。对固体和液体而言，其分子的热运动形式为振

动。温度高处分子热运动能量较大，因而振动的振幅大；温度低处分子的热运动能量较小，因而振动的振幅小。因为整个固体或液体都是由化学键把所有分子连接而成的连续介质，所以一个分子的振动将导致整个物体的振动，同样局部分子较大幅度的振动也将使其他分子的平均振幅增加。热运动能量就是这样借助于相互连接的分子的频繁振动逐层地传递出去的。一般液体和固体的热传导系数较低，但是金属例外，因为在金属或在熔化的金属中均存在自由电子气体，它们是参与热传导的主要角色，所以金属的高电导率是与高热导率相互关联的。

本 章 小 结

7-1 等概率性：在没有理由说明哪一事件出现概率更大（或更小）情况下，每一事件出现的概率都应相等。

7-2 麦克斯韦速度分布：$f(v_x, v_y, v_z) = \left(\dfrac{m}{2\pi kT}\right)^{3/2} \cdot \exp\left[-\dfrac{m(v_x^2 + v_y^2 + v_z^2)}{2kT}\right]$。

7-3 麦克斯韦速率分布：$f(v) = 4\pi \left(\dfrac{m}{2\pi kT}\right)^{3/2} \cdot \exp\left[-\dfrac{mv^2}{2kT}\right] \cdot v^2$。

7-4 麦克斯韦速率分布下的三种速率。

平均速率：$\bar{v} = \sqrt{\dfrac{8kT}{\pi m}} = \sqrt{\dfrac{8RT}{\pi M}}$；

最概然速率：$v_p = \sqrt{\dfrac{2kT}{m}} = \sqrt{\dfrac{2RT}{M}}$；

方均根速率：$v_{rms} = \sqrt{\overline{v^2}} = \sqrt{\dfrac{3kT}{m}} = \sqrt{\dfrac{3RT}{M}}$。

7-5 能量均分定理：处于温度为 T 的平衡态的气体中，分子热运动动能平均分配到每一个分子的每一个自由度上，每一个分子的每一个自由度的平均动能都是 $\dfrac{kT}{2}$。

7-6 气体的三种输运现象基本规律。

牛顿黏性定律：$F = -\eta \cdot \dfrac{du}{dz} \cdot A$；

菲克定律：$\dfrac{dN}{dt} = -D \dfrac{dn}{dz} A$；

傅里叶定律：$\dfrac{dQ}{dt} = -\kappa \dfrac{dT}{dz} A$。

习 题

一、填空题

7-1 若某种理想气体分子的方均根速率 $\sqrt{\overline{v^2}} = 450\,\text{m/s}$，气体压强为 $p = 7 \times 10^4\,\text{Pa}$，则该气体的密度为 $\rho = $ _____ 。

7-2 有一瓶质量为 M 的氢气（视作刚性双原子分子的理想气体），温度为 T，则氢气分子的平均平动动能为_____，氢气分子的平均动能为_____，该瓶氢气的内能为_____。

7-3 一定量 H_2（视为刚性分子的理想气体），若温度每升高 1K，其内能增加 41.6J，则该 H_2 气体的质量为_____。[摩尔气体常数 $R=8.31J/(mol \cdot K)$]

7-4 有两瓶气体，一瓶是氦气，另一瓶是氢气（均视为刚性分子理想气体），若它们的压强、体积、温度均相同，则氢气的内能是氦气的_____倍。

7-5 处于重力场中的某种气体，在高度 z 处单位体积内的分子数即分子数密度为 n。若 $f(v)$ 是分子的速率分布函数，则坐标介于 $x \sim x+dx$、$y \sim y+dy$、$z \sim z+dz$ 区间内，速率介于 $v \sim v+dv$ 区间内的分子数 $dN=$_____。

7-6 如填空题 7-6 图所示，现有两条气体分子速率分布曲线（1）和（2）。若两条曲线分别表示同一种气体处于不同温度下的速率分布，则曲线_____表示气体的温度较高。若两条曲线分别表示同一温度下氢气和氧气的速率分布，则曲线_____表示的是氧气的速率分布。

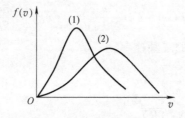

填空题 7-6 图

7-7 在容积为 10^{-2} m^3 的容器中，装有质量为 100g 的气体，若气体分子的方均根速率为 $200 m \cdot s^{-1}$，则气体的压强为_____。

二、选择题

7-1 一定量的理想气体贮于某一容器中，温度为 T，气体分子的质量为 m。根据理想气体的分子模型和统计假设，分子速度在 x 方向的分量平方的平均值为（　　）。

A. $\overline{v^2}=\sqrt{\dfrac{3kT}{m}}$ 　　　　　　　　　　B. $\overline{v^2}=\dfrac{1}{3}\sqrt{\dfrac{3kT}{m}}$

C. $\overline{v^2}=\dfrac{3kT}{m}$ 　　　　　　　　　　D. $\overline{v^2}=\dfrac{kT}{m}$

7-2 温度与压强都相同的氦气和氧气，它们分子的平均动能 $\overline{\varepsilon}$ 和平均平动动能 $\overline{w}$ 的关系正确的是（　　）。

A. $\overline{\varepsilon}$ 和 $\overline{w}$ 都相等　　　　　　　　　B. $\overline{\varepsilon}$ 相等，而 $\overline{w}$ 不相等

C. $\overline{\varepsilon}$ 不相等，而 $\overline{w}$ 相等　　　　　　　D. $\overline{\varepsilon}$ 和 $\overline{w}$ 都不相等

7-3 在标准状态下，若氧气（视为刚性双原子分子的理想气体）和氦气的体积比为 $V_1/V_2=1/2$，则其内能之比 E_1/E_2 为（　　）。

A. 3/10 　　　　　　B. 1/2 　　　　　　C. 5/6 　　　　　　D. 5/3

7-4 设声波通过理想气体的速率正比于气体分子的热运动平均速率，则声波通过具有

相同温度的氧气和氢气的速率之比 v_{O_2}/v_{H_2} 为（　　）。

A. 1　　　　　　　　B. 1/2　　　　　　　　C. 1/3　　　　　　　　D. 1/4

7-5　按"$pV^2 =$ 恒量"规律膨胀的理想气体，膨胀后的温度为（　　）。

A. 升高　　　　　　　B. 不变　　　　　　　　C. 降低　　　　　　　　D. 无法确定。

7-6　处于平衡状态的 A、B、C 三种理想气体，储存在一密闭的容器内，A 种气体的分子数密度为 n_1，其压力为 p_1，B 种气体的分子数密度为 $2n_1$，C 种气体的分子数密度为 $3n_1$，则混合气体的压强为（　　）。

A. $6p_1$　　　　　　　B. $5p_1$　　　　　　　C. $3p_1$　　　　　　　D. $2p_1$

7-7　气缸内盛有一定的理想气体，当温度不变、压强增大一倍时，该分子的平均碰撞频率和平均自由程的变化情况是（　　）。

A. $\overline{Z}$ 和 $\overline{\lambda}$ 都增大一倍　　　　　　　　B. $\overline{Z}$ 和 $\overline{\lambda}$ 都减为原来的一半

C. $\overline{Z}$ 增大一倍，$\overline{\lambda}$ 减为原来的一半　　　　　　D. $\overline{\lambda}$ 增大一倍，$\overline{Z}$ 减为原来的一半

三、计算题

7-1　已知某种气体分子在温度为 T_1 时的方均根速率等于温度为 T_2 时的平均速率。试求：$\dfrac{T_2}{T_1}$。

7-2　已知氮气的质量为 10kg，压强为 1.0atm，体积为 7700cm³。求分子的平均平动动能。

7-3　（1）写出麦克斯韦速率分布表达式；

（2）求出最概然速率；

（3）求出平均速率；

（4）求出方均根速率。

7-4　容器内盛有理想气体，其密度 $\rho = 1.24 \times 10^{-2}$ kg/m³，温度 $T = 273$K，压强 $p = 1.0 \times 10^{-2}$ atm，试求：

（1）$\sqrt{\overline{v^2}}$；

（2）气体的摩尔质量 M，并确定气体的类型；

（3）气体分子的平均平动动能 $\overline{\varepsilon}_k$。

7-5　氢气和氦气的压强、体积和温度都相等，试求：

（1）质量比 $\dfrac{M(H_2)}{M(He)}$；

（2）内能比 $\dfrac{E(H_2)}{E(He)}$。

习题参考答案

一、填空题

7-1　1.04kg/m³

7-2　$\dfrac{3}{2}kT$，$\dfrac{5}{2}kT$，$\dfrac{5MRT}{2M_{mol}}$

7-3 $4.0 \times 10^3 \, \text{kg}$

7-4 5/3

7-5 $n f(v) \mathrm{d}x \mathrm{d}y \mathrm{d}z \mathrm{d}v$

7-6 （2），（1）

7-7 $1.33 \times 10^5 \, \text{Pa}$

二、选择题

题号	7-1	7-2	7-3	7-4	7-5	7-6	7-7
答案	D	C	C	D	C	A	C

三、计算题

7-1 $\dfrac{3\pi}{8}$

7-2 $5.4 \times 10^{-24} \, \text{J}$

7-3 （1）麦克斯韦速率分布：$f(v) = 4\pi \left(\dfrac{m}{2\pi k T} \right)^{3/2} \cdot \exp\left(-\dfrac{mv^2}{2kT} \right) \cdot v^2$；

（2）平均速率：$\bar{v} = \sqrt{\dfrac{8kT}{\pi m}} = \sqrt{\dfrac{8RT}{\pi M}}$；

（3）最概然速率：$v_{\text{p}} = \sqrt{\dfrac{2kT}{m}} = \sqrt{\dfrac{2RT}{M}}$；

（4）方均根速率：$v_{\text{rms}} = \sqrt{\overline{v^2}} = \sqrt{\dfrac{3kT}{m}} = \sqrt{\dfrac{3RT}{M}}$。

7-4 （1）$\sqrt{\overline{v^2}} \approx 494 \, \text{m/s}$；

（2）$M = 28 \times 10^{-3} \, \text{kg/mol}$，该气体是氮气或一氧化碳；

（3）$\overline{\varepsilon}_{\text{k}} = 3.7 \times 10^{-21} \, \text{J}$。

7-5 （1）$\dfrac{M(\text{H}_2)}{M(\text{He})} = \dfrac{1}{2}$；（2）$\dfrac{E(\text{H}_2)}{E(\text{He})} = \dfrac{5}{3}$。

第8章 热力学基本定律与熵

学习目标

➤ 理解热力学第一、第二定律的本质，并能用其解决实际问题

➤ 掌握理想气体等容、等压、等温、绝热过程的热力学第一定律表达式

➤ 掌握卡诺循环的四个过程

➤ 掌握热力学第二定律的两种表述

➤ 理解熵的概念，并能用其解决实际问题

热物理学的描述方法包括宏观描述和微观描述，本章主要学习宏观描述方法——热力学第一、第二定律，以及与这两个定律相关联的态函数——熵。

8.1 热力学第一定律

8.1.1 准静态过程

任意系统达到平衡后，它的状态均可在状态图上以一个点表示，如图 8.1.1 所示，点 1 和点 2 均为平衡态。热力学系统在外界影响下，从一个平衡态过渡到另一个平衡态的变化过程，称为**热力学过程**，简称**过程**。在热力学过程进行的任一时刻，系统的状态不是平衡态。例如，推进活塞压缩气缸内的气体时，气体的体积、密度、温度或压强都将发生变化，在这一过程中任一时刻，气体各部分的密度、压强、温度并不完全相同（见图 8.1.1）。靠近活塞表面的气体密度要大些，压强也要大些，温度也高些。在热力学中，为了能利用系统处于平衡态时的性质来研究过程的规律，引入了准静态过程的概念。

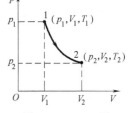

图 8.1.1 $p\text{-}V$ 图

准静态过程：一个进行得无限缓慢，以致系统连续不断地经历着一系列平衡态的过程称为准静态过程。

换句话说，只有系统内部各部分之间及系统与外界之间都始终同时满足力学、热学、化学平衡条件的过程才是准静态过程。而在实际热力学过程中的"满足"是在一定的近似条件下进行的。具体来说，只要系统内部各部分（或系统与外界）间的压强差、温度差，以及同一成分在各处的浓度之间的差异分别与系统的平均压强、平均温度、平均浓度之比很小，即可认为所研究的系统已分别满足力学、热学、化学平衡条件。

应该注意，准静态过程是理想模型，并不等同于真实的热力学过程，是为了研究方便而引入的。每个理想模型都有一定的适用条件，不能不加分析地用到每个热力学过程。

8.1.2 功 热量 内能

1. 功

由力学知识可知，物体的平衡态在外力作用下将被破坏，在物体运动状态发生改变的同时，将伴随有能量的转移，这个转移的能量就是功，换句话说，热力学中的**功是在力学相互作用过程中系统和外界转移的能量**。

热力学认为，**力学相互作用中的力是一种广义力**，它不仅包括机械力（如压强、金属丝的拉力、表面张力等），也包括电场力、磁场力等。所以**功也是广义功**，它不仅包括机械功，也包括电磁功。应注意以下几点：

① **只有在系统状态变化的过程中才有能量转移**，系统处于平衡态时能量不变，因而没有做功。

② **只有在广义力**（例如压强、电动势等）**作用下产生了广义位移**（例如体积变化、电荷量迁移等）**后才做了功**，这与力学中"只有物体受到作用力，并在力的方向上发生位移后，力才对物体做功"是一样的。

③ **在非准静态过程中**，由于系统内部压强处处不相等，且随时在无规律的变化，**很难计算其系统对外所做的功。在以后的讨论中，系统对外做功的讨论均局限于准静态过程**。

④ **功有正负之分**，我们规定外界对系统做功为正，以 W 表示；系统对外界做功为负，以 W' 表示。显然，对于同一过程 $W = -W'$。

⑤ **功不是状态参量**，其与系统间无对应关系。

常见的做功形式有体积膨胀做功、拉伸弹性模量做功和表面张力做功。在大学物理课程中，我们重点讨论体积功。

气缸中有一无摩擦且可上下移动的截面面积为 A 的活塞，气缸中封有流体（液体或气体），如图 8.1.2a 所示。设活塞外侧的压强为 p_e，在 p_e 作用下，活塞向下移动距离 dx，则外界对气体所做元功为

$$d\overline{w} = p_e A dx \tag{8.1.1}$$

由于气体体积减小了 $A dx$，则 $dV = -A dx$，所以式（8.1.1）又可写成如下形式：

$$d\overline{w} = -p_e dV \tag{8.1.2}$$

在无限小的、无摩擦的准静态过程（即可逆过程）中，若以 p 代替 p_e，如图 8.1.2b 所示。功为 V 到 $V+dV$ 区间内曲线下方的面积（图中以阴影线表示），则**外界对系统所做功可表示为**

$$W = -\int_{V_1}^{V_2} p dV \tag{8.1.3}$$

根据式（8.1.3），只要知道 p 和 V 的函数关系就可以计算出功。但一般说来，p 不仅

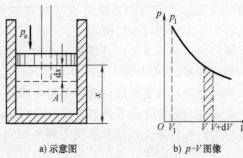

a) 示意图　　　b) p-V 图像

图 8.1.2 气缸活塞运动图

是体积 V 的函数，还是温度 T 的函数。因此，在热力学中碰到的常是多元函数的问题，其中最简单的是两个自变量的情况，例如 $T = T(p, V)$。

以理想气体在等温过程、等压过程和等容过程（均为可逆过程）为例，说明理想气体功的计算。

1）等温过程（isothermal process）。

准静态等温过程是指进行得足够缓慢，任一瞬时系统从热源吸收的热量总能补充系统对外界做功所减少的内能，使系统的温度总是与热源的温度相等（更确切地说，它始终比热源温度低很小的量）的过程。等温功为

$$W = -\int_{V_1}^{V_2} p\,\mathrm{d}V = -\nu RT \int_{V_1}^{V_2} \frac{\mathrm{d}V}{V} = -\nu RT \ln \frac{V_2}{V_1} \tag{8.1.4}$$

在式（8.1.4）中，利用关系式 $p_1 V_1 = p_2 V_2$，式（8.1.4）可写为

$$W = -\nu RT \ln \frac{p_1}{p_2} \tag{8.1.5}$$

2）等压过程（isobaric process）。

准静态等压过程是指初始温度为 T_1 的气体与一系列的温度分别为 $T_1 + \Delta T$，$T_1 + 2\Delta T$，$T_1 + 3\Delta T$，$\cdots$，$T_2 - \Delta T$，T_2 的热源依次相接触，直至气体温度达到终温 T_2 的过程。等压功为

$$W = -\int_{V_1}^{V_2} p\,\mathrm{d}V = -p(V_2 - V_1) = -\nu R(T_2 - T_1) \tag{8.1.6}$$

3）等容过程（isochoric process）。

准静态等容过程是指气体在温度升高的过程中体积保持不变，且所经历的每一个中间状态都是平衡态的过程。等容过程中由于 $\mathrm{d}V = 0$，则等容功为

$$W = -\int_{V_1}^{V_2} p\,\mathrm{d}V = 0 \tag{8.1.7}$$

2. 热量

当系统状态的改变来源于热学平衡条件的破坏，即来源于系统与外界间存在温度差时，我们就称系统与外界间存在热学相互作用。作用的结果是有能量从高温物体传递给低温物体，这种传递的能量称为**热量**。热量和功是系统状态变化中伴随发生的两种不同的能量传递形式，是不同形式能量传递的量度。它们都与状态变化的中间过程有关，因而不是系统状态的函数。

3. 内能

功和热量都不是系统状态的函数，我们应找到一个量纲既是能量的，同时还与系统状态有关的函数（即态函数），把它与功和热量联系起来，由此说明功和热量转换的结果其总能量是不守恒的，这个函数即为内能。在热力学中，**内能**是系统内部所有微观粒子（例如分子、原子等）的微观的无序运动能以及总的相互作用势能两者之和。内能与系统状态间有一一对应的关系，是状态函数，即处于平衡态系统的内能是确定的。

8.1.3 热力学第一定律的内涵

1. 能量守恒定律

历史上第一个发表论文，阐述能量守恒原理的是德国医生迈耶（Mayer，1814—1878）。

1842 年，他提出了机械能与热能间转换的原理，1845 年，他又提出了 25 种运动形式相互转化的形式。

焦耳（J. P. Joule，1818—1889）通过大量严格的定量实验来精确测定热功当量，并于 1850 年发表了实验结果，从而证明能量守恒的概念；而迈耶则从哲学思辨方面阐述能量守恒概念。后来，德国生理学家、物理学家亥姆霍兹（Helmholtz，1821—1894）发展了迈耶和焦耳的工作，讨论了当时力学的、热学的、电学的、化学的各种科学成就，严谨地认证了在各种运动中的能量是守恒的，并第一次以数学方式提出了能量守恒与转化定律。

能量守恒与转换定律的内容是，自然界一切物体都具有能量，能量有各种不同形式，它能从一种形式转化为另一种形式，从一个物体传递给另一个物体，在转化和传递中能量的数量不变。这一定律也证实**第一类永动机**（不消耗任何形式的能量而能对外做功的机械）**是无法制造出来的。**

2. 热力学第一定律的数学表达式

由能量守恒原理知：系统吸热，内能应增加；外界对系统做功，内能也增加。若系统既吸热，外界又对系统做功，则内能增量应等于这两者之和。为了对内能做出定量化的定义，焦耳对各种绝热过程进行了实验，实验结果表明一切绝热过程中使水升高相同的温度所需要做的功都是相等的。这一实验事实说明，系统在从同一初态变为同一末态的绝热过程中，外界对系统所做的功是一个恒量，这个恒量就被定义为内能的改变量，即

$$U_2 - U_1 = W_{绝热} \tag{8.1.8}$$

因为 $W_{绝热}$ 仅与初态、末态有关，而与中间经历的是怎样的绝热过程无关，故内能是态函数。

需要说明：这里只从绝热系统和外界之间功的交换来定义内能，这是一种宏观热力学的观点，它并不去追究微观的本质。从微观结构上看，分子动理论中系统的内能应是如下能量之和：

①分子的无规热运动动能；②分子间相互作用势能。

确定内能时需要加上初始内能 U_0，对一个系统进行热力学分析时所涉及的不是系统内能的绝对数值，而是在各过程中内能的变化，其变化量与 U_0 无关，故常可假设 $U_0 = 0$。

若将式（8.1.8）推广为非绝热过程，系统内能的增加还应包括来源于从外界吸收的热量 Q，则

$$U_2 - U_1 = W + Q \tag{8.1.9}$$

式（8.1.9）是热力学第一定律的数学表达式。功和热量与所经历的过程有关，它们不是态函数，但两者之和却成了仅与初末状态有关且与过程无关的内能改变量。对于无限小的过程，式（8.1.9）可改写为

$$dU = dW + dQ \tag{8.1.10}$$

因为 U 是态函数，它能满足多元函数中的全微分条件，故 dU 是全微分。但功和热量不是态函数，dW 和 dQ 仅表示沿某一过程变化的无穷小量，它们均不满足全微分条件。对于准静态过程，利用式（8.1.2）可把式（8.1.10）转换为

$$dU = dQ - p\,dV \tag{8.1.11}$$

式（8.1.11）是克劳修斯（Clausius）最早于 1850 年就理想气体情形写出的第一定律的数学表达式。

8.2 热力学第一定律的应用

8.2.1 热容与焓

一个物体吸收热量后，它的温度变化情况取决于具体的过程及物体的性质，热容集中概括了物体吸收了热量后的温度变化情况。我们知道，物体吸收热量与变化过程有关。以理想气体为例，沿不同路径升高相同温度时所吸收的热量是不同的，所以在不同路径中热容是不同的。其中经常用到的是比定容热容 c_V、比定压热容 c_p、摩尔定容热容 $C_{V,\mathrm{m}}$ 及摩尔定压热容 $C_{p,\mathrm{m}}$。

1. 等容过程：摩尔定容热容

在等容过程中，$\mathrm{d}V=0$。在一个很小的变化过程中有

$$(\Delta Q)_V = \Delta U \tag{8.2.1}$$

式中，下标 V 表示是在体积不变条件下的变化，故比定容热容 c_V、摩尔定容热容 $C_{V,\mathrm{m}}$ 以及定容热容 C_V 分别写为

$$c_V = \lim_{\Delta T \to 0} \frac{(\Delta Q)_V}{m\,\Delta T} = \lim_{\Delta T \to 0} \left(\frac{\Delta u}{\Delta T}\right)_V = \left(\frac{\partial u}{\partial T}\right)_V \tag{8.2.2}$$

$$C_{V,\mathrm{m}} = \left(\frac{\partial U_{\mathrm{m}}}{\partial T}\right)_V \tag{8.2.3}$$

$$C_V = mc_V = \nu C_{V,\mathrm{m}} \tag{8.2.4}$$

式中，m 表示物体的质量；u 表示单位质量内能，称比内能；U_{m} 表示摩尔内能。式 (8.2.4) 说明，物体的定容热容等于物体在体积不变条件下内能对温度的偏微商。一般内能是温度和体积的函数，即 $U=U_{(T,V)}$，故 C_V 也是 T、V 的函数。

2. 等压过程：摩尔定压热容

在等压过程中，$\mathrm{d}U = \mathrm{d}Q - p\,\mathrm{d}V$ 可改写为

$$(\Delta Q)_p = \Delta(U + pV) \tag{8.2.5}$$

定义焓为

$$H = U + pV \tag{8.2.6}$$

因为 U、p、V 都是状态函数，故它们的组合 H 也是状态函数。与内能类似，通常把 h 和 H_{m} 分别称为比焓（单位质量的焓）和摩尔焓，则比定压热容 c_p、摩尔定压热容 $C_{p,\mathrm{m}}$ 以及定压热容 C_p 可分别写为

$$c_p = \lim_{\Delta T \to 0} \frac{(\Delta Q)_p}{m\,\Delta T} = \lim_{\Delta T \to 0} \left(\frac{\Delta h}{\Delta T}\right)_p = \left(\frac{\partial h}{\partial T}\right)_p \tag{8.2.7}$$

$$C_{p,\mathrm{m}} = \left(\frac{\partial H_{\mathrm{m}}}{\partial T}\right)_p \tag{8.2.8}$$

$$C_p = mc_p = \nu C_{p,\mathrm{m}} \tag{8.2.9}$$

式 (8.2.8) 表明，在等压过程中吸收的热量等于焓的增量。一般来说，H 和 U 既可看作 T 和 V 的函数，也可看作 T 和 p 的函数。但人们习惯上常把 H 和 C_p 看作是 T 和 p 的函数，而把 U 看作是 T 和 V 的函数。因为地球表面上的物体一般都处在恒定大气压下，且测

定比定压热容在实验上也较易于（测定比定容热容就相当困难，因为样品会发生热膨胀，在温度变化时很难维持样品的体积恒定不变），所以在实验及工程技术中，焓与定压热容要比内能与定容热容有更重要的实用价值。

例 8-1 已知饱和水和水蒸气在 0.1013MPa、100℃ 时的单位质量焓值分别为 $419.06 \times 10^3 J/kg$ 和 $2676.3 \times 10^3 J/kg$。试求求此条件下的汽化热。

解 水的汽化是在等压下进行的。汽化热也是水汽化时的焓值之差，故

$$Q = h_汽 - h_水 = 2257.2 \times 10^3 J/kg$$

8.2.2 热力学第一定律的具体应用

1. 焦耳定律

图 8.2.1 所示为焦耳于 1845 年所做的著名的自由膨胀实验示意图。焦耳通过对常压下的气体进行焦耳实验发现，水温不变，即气体温度始终不变，这表明 V 的改变不影响 T 的改变，即 $U_1(T_1, V_1) = U_2(T_2, V_2)$。由于常压下的气体可近似看作理想气体，从而得出结论：理想气体内能仅是温度的函数，与体积无关。这一结论称为**焦耳定律**，是理想气体的一个重要性质。结合理想气体物态方程，可把理想气体的宏观特性总结为：

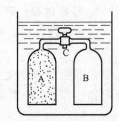

图 8.2.1 焦耳实验
示意图

① 严格满足 $pV = \nu RT$；② 满足阿伏伽德罗定律；③ 满足焦耳定律 $U = U(T)$。

需要指出，对于一般的气体（即非理想气体），因为 $U = U_{(T,V)}$，内能还是 V 的函数，所以气体向真空自由膨胀时温度是要发生变化的。

2. 理想气体的定容热容和内能

因为 $U = U(T)$，由式（8.2.3）知理想气体的定容热容也仅是温度的函数，可写为

$$C_V = \frac{dU}{dT}, \quad C_{V,m} = \frac{dU_m}{dT}, \quad C_V = \nu C_{V,m} \tag{8.2.10}$$

理想气体的内能为

$$dU = \nu C_{V,m} dT \tag{8.2.11}$$

对上式积分即可求出理想气体内能的改变为

$$U_2 - U_1 = \int_{T_1}^{T_2} \nu C_{V,m} dT \tag{8.2.12}$$

式（8.2.11）和式（8.2.12）适用于理想气体的任何过程，因为理想气体的内能仅是温度的函数。

3. 理想气体的定压热容和焓

因为 $U = U(T)$，所以

$$H = U + pV = U(T) + \nu RT \tag{8.2.13}$$

H 也仅是温度的函数，故

$$C_p = \frac{dH}{dT}, \quad C_{p,m} = \frac{dH}{dT}, \quad C_p = \nu C_{p,m} \tag{8.2.14}$$

它们也都仅是温度的函数。对于理想气体，同样有

$$dH = \nu C_{p,m} dT \tag{8.2.15}$$

对上式积分即可求出理想气体焓的改变为

$$H_2 - H_1 = \int_{T_1}^{T_2} \nu C_{p,m} dT \tag{8.2.16}$$

结合式 (8.2.10)、式 (8.2.13) 和式 (8.2.14)，得

$$C_{p,m} - C_{V,m} = R \tag{8.2.17}$$

式 (8.2.17) 称为迈耶公式。它表示摩尔定压热容比摩尔定容热容大一个摩尔气体常数。

4. 理想气体的等容、等压、等温、绝热过程

根据式 (8.2.11)，可把理想气体准静态过程的第一定律表达式 $dU = dQ - p dV$ 写为

$$dQ = \nu C_{V,m} dT + p dV \tag{8.2.18}$$

1) 等容过程：当系统的体积不变时，系统对外界所做的功为零，它所吸收的热量等于系统内能的增加。对于理想气体，有

$$dQ = \nu C_{V,m} dT \tag{8.2.19}$$

2) 等压过程：当系统的压强不变时 $dQ = dH$，理想气体在等压过程中吸收的热量为

$$dQ = \nu C_{p,m} dT \tag{8.2.20}$$

$$Q = \int_{T_1}^{T_2} \nu C_{p,m} dT \tag{8.2.21}$$

其内能改变仍然为 $U_2 - U_1 = \int_{T_1}^{T_2} \nu C_{V,m} dT$。

3) 等温过程：当系统的温度保持不变时，理想气体的内能保持不变，故 $dQ = -dW = p dV$。在准静态等温膨胀过程中，有

$$Q = -W = \nu R T \ln \frac{V_2}{V_1} \tag{8.2.22}$$

4) 绝热过程：绝对的绝热过程不可能存在，但可把某些过程近似看作绝热过程，例如，被良好的隔热材料包围的系统中所进行的过程。与此相反，在深海中的洋流，循环一次常需数十年，虽然它的变化时间很长，但由于海水质量非常大，热容很大，洋流与外界交换的热量与它本身的内能相比微不足道，同样可把它近似看作绝热过程。

在绝热过程中，$Q = 0$，因而有

$$U_2 - U_1 = W_{绝热} \tag{8.2.23}$$

理想气体在准静态绝热过程中有

$$-p dV = \nu C_{V,m} dT \tag{8.2.24}$$

对于理想气体，有物态方程 $pV = \nu R T$，两边微分，有

$$p dV + V dp = \nu R dT \tag{8.2.25}$$

$$dT = \frac{p dV + V dp}{\nu R} \tag{8.2.26}$$

将式 (8.2.26) 代入式 (8.2.24)，可得

$$(C_{V,m} + R) p dV = -C_{V,m} V dp \tag{8.2.27}$$

因为 $C_{p,m} - C_{V,m} = R$，若令比热容比 γ 为

$$\gamma = \frac{C_{p,m}}{C_{V,m}} \tag{8.2.28}$$

将式（8.2.28）代入式（8.2.27），可得

$$\frac{\mathrm{d}p}{p}+\gamma\frac{\mathrm{d}V}{V}=0 \tag{8.2.29}$$

若在整个过程中温度变化范围不大，则 γ 随温度的变化很小，可视为常量，对上式两边积分可得如下关系：

$$p_1V_1^{\gamma}=p_2V_2^{\gamma}=\cdots=常量 \tag{8.2.30}$$

式（8.2.30）是 γ 为常量时的理想气体在准静态绝热过程中的压强与体积间的变化关系，称为泊松（Poisson）公式。

利用理想气体物态方程 $pV=\nu RT$，式（8.2.30）可写为

$$TV^{\gamma-1}=常量 \tag{8.2.31}$$

或

$$\frac{p^{\gamma-1}}{T^{\gamma}}=常量 \tag{8.2.32}$$

式（8.2.31）和式（8.2.32）与泊松公式一样，都称为绝热过程方程。由于不同种类气体的 γ 不同，因而 $C_{V,\mathrm{m}}$ 也不同。对于单原子理想气体（如氦、氢等），$\gamma=\frac{5}{3}$，$C_{V,\mathrm{m}}=\frac{3}{2}$。

5）多方过程：现在我们先来比较一下理想气体等压、等容、等温及绝热四个过程的方程，它们分别是 $p=C_1$、$V=C_2$、$pV=C_3$、$pV^{\gamma}=C_4$。这四个方程都可以用表达式

$$pV^n=C \tag{8.2.33}$$

来统一表示，称为**理想气体多方过程方程**，指数 n 称为多方指数。显然，对绝热过程 $n=\gamma$，等温过程 $n=1$，等压过程 $n=0$，等容过程可利用 $p^{1/n}V=常量$，当 $n\to\infty$ 时，即为 $V=C_2$。

现将等压、等温、绝热、等容曲线同时画在 $p\text{-}V$ 图上，如图 8.2.2 所示。从图 8.2.2 中可以看出，n 从 $0\to1\to\gamma\to\infty$ 逐级递增，曲线也随之越陡峭。实际上 n 可取任意值。

例 8-2 气体在气缸中运动速度很快，而热量传递很慢，若近似认为这是一绝热过程，现将 300K、0.1MPa 的空气分别压缩到 1MPa 和 10MPa。试求其各自对应的末态温度。

解 （1）求压缩到 1MPa 时的末态温度。

已知 $T_0=300\mathrm{K}$，$p_0=0.1\mathrm{MPa}$，结合 $\dfrac{p^{\gamma-1}}{T^{\gamma}}=常量$，有

$$T_1=T_0\left(\frac{p_1}{p_0}\right)^{\frac{\gamma-1}{\gamma}}$$

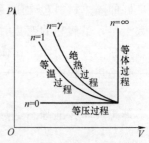

图 8.2.2 多方过程 $p\text{-}V$ 图

对于空气，$\gamma=1.4$，且 $\dfrac{p_1}{p_0}=10$，则末态温度为

$$T_1=300\times10^{0.2857}\mathrm{K}=579\mathrm{K}=306℃$$

（2）求压缩到 10MPa 时的末态温度。

同（1）问，有 $T_2=T_0\left(\dfrac{p_2}{p_0}\right)^{\frac{\gamma-1}{\gamma}}$，$\dfrac{p_2}{p_0}=100$，则对应的末态温度为

$$T_2=300\times100^{0.2857}\mathrm{K}=1118\mathrm{K}=845℃$$

例 8-3 已知 1mol 氧气经历如图 8.2.3 所示从 A 点到 B 点（AB 延长线经过原点 O 的

过程，已知 A、B 点的温度分别为 T_1、T_2，体积分别为 V_1、V_2。试求在该过程中所吸收的热量。

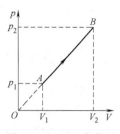

解 根据图 8.2.3，假设 A、B 点的压强分别为 p_1、p_2，从 A 点到 B 点过程中对外所做的功等于梯形 AV_1BV_2 围成的面积，即

$$-W=\frac{1}{2}(p_1+p_2)(V_2-V_1)$$

根据理想气体物态方程 $pV=\nu RT$ 知，A、B 状态的温度分别为

图 8.2.3 p-V 变化图

$$T_1=\frac{p_1V_1}{R}, T_2=\frac{p_2V_2}{R}$$

由于从 A 点到 B 点过程中的内能变化为 $C_{V,m}(T_2-T_1)$，则从 A 点到 B 点过程中所吸收的热量为

$$Q=C_{V,m}(T_2-T_1)+\frac{1}{2}(p_1+p_2)(V_2-V_1)$$

由图 8.2.3 中相似三角形知，$\dfrac{p_1}{p_2}=\dfrac{V_1}{V_2}$，即 $p_1V_2-p_2V_1=0$

考虑到氧气为双原子分子，$C_{V,m}=\dfrac{5}{2}R$，则

$$Q-(T_2-T_1)\left(C_{V,m}+\frac{R}{2}\right)=3(T_2-T_1)R$$

8.3 卡诺循环

8.3.1 可逆与不可逆过程

以前我们在力学及电磁学中所接触到的所有不与热相联系的过程都是可逆的。但力学、电磁学过程只要与热相联系，它必然是不可逆的。

仅凭人的直觉去判断某个过程是可逆还是不可逆是很不科学的。应对可逆过程及不可逆过程给出一个科学的定义。**系统从初态出发经历某一过程变到末态。若可以找到一个能使系统和外界都复原的过程（即系统回到初态，对外界也不产生任何影响），则原过程是可逆的。若总是找不到一个能使系统与外界同时复原的过程，则原过程是不可逆的。**

如图 8.3.1 所示，若活塞与气缸间无摩擦，则从（Ⅰ）变为（Ⅲ）的过程可认为是可逆的。因为它的逆过程可这样进行：自上而下十分缓慢地把一个个小砝码水平移到活塞上，气体将慢慢地被压缩，最后回到原始的状态（Ⅰ）。若气缸活塞间有摩擦，则（Ⅰ）变为（Ⅲ）的逆过程回不到状态（Ⅰ），除非外界额外再对气体做附加功，且附加功的数值等于克服气体黏性及摩擦力所做的总功。经过这样一个逆过程后，系统回到原来状态，外界的能量也收支平衡（做的功等于吸收的热），好像外界也回到原来状态。但是，它已给外界产生了不可消除的影响，这个影响就是把克服摩擦所做的功转化为热量释放到外界。外界给予系统的是功，而系统还给外界的则是热量，虽然功和热量都是转移的能量，但两者并不等价。（Ⅰ）变为（Ⅱ）的过程也是不可逆的。因为要使活塞回到原来的高度，外界必须压缩气体对它做功；做的功全部转化为热量传给外界，从而产生不可消除的影响。从上面所举例子可看出：

从（Ⅰ）变为（Ⅲ）的无摩擦过程是可逆的，因为（Ⅰ）变为（Ⅲ）的过程为准静态过程且在该过程中没有摩擦这一从功自发转化为热的耗散现象。

8.3.2 热机和制冷机

热机是工作物质从高温热源吸热使之转化为有用功的机械。但工作物质从高温热源吸热所增加的内能并不能全部转化为对外做的有用功，因为它还要向外放出一部分热，这是由循环过程的特点决定的。**循环过程**是指系统（即工作物质）从初态出发经历一系列的中间状态最后回到原来状态的过程。如图 8.3.2 所示为理想气体任意的准静态热机循环过程。

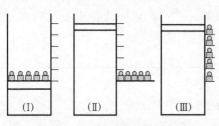

图 8.3.1　可逆与不可逆过程

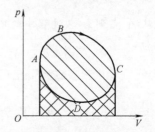

图 8.3.2　准静态热机循环过程

由图 8.3.2 可见，任何热机都不可能仅吸热而不放热，也不可能只与一个热源相接触。循环过程的净功是 p-V 图上循环曲线所围的面积。图 8.3.2 中做顺时针变化的循环，系统对外做净功，是热机。若做逆时针变化的循环，外界对系统做净功，则是**制冷机**。

1. 热机的效率

热机效率是指热机从高温热源吸的热中，有多少能量转化为功。热机效率 $\eta_{热机}$ 的定义式为

$$\eta_{热机} = \frac{W'}{Q_1} \tag{8.3.1}$$

式中，W' 为热机输出净功的数值；Q_1 为热机从高温热源吸取的总热量。设系统向低温热源释放的总热量为 $|Q_2|$，由于 $\Delta U = 0$，则由第一定律可得

$$\eta_{热机} = \frac{|Q_1| - |Q_2|}{|Q_1|} = 1 - \frac{|Q_2|}{|Q_1|} \tag{8.3.2}$$

若系统不仅仅与两个热源相接触，则

$$Q_1 = \sum_{i=1}^{m} Q_{1i}, \quad Q_2 = \sum_{i=1}^{m} Q_{2i} \tag{8.3.3}$$

2. 制冷系数

为了能对制冷机的性能做出比较，需对制冷机效率给出定义。对于制冷机，人们关心的是从低温热源吸走的总热量 $|Q_2|$，其代价是外界必须对制冷机做功 W，故定义制冷系数 $\eta_{冷}$ 为

$$\eta_{冷} = \frac{|Q_2|}{W} = \frac{|Q_2|}{|Q_1| - |Q_2|} \tag{8.3.4}$$

上式中，$\eta_{冷}$ 的数值可以大于 1，故不称 $\eta_{冷}$ 为制冷机效率，而称其为制冷系数。

可逆卡诺制冷机是由一个温度为 T_1 的可逆等温压缩过程（这时放热 Q_1）、一个温度为 $T_2(T_2 < T_1)$ 的可逆等温膨胀过程（这时吸热 Q_2）以及一个可逆绝热压缩和一个可逆绝热膨胀过程所组成的逆向循环来代表的。其制冷系数可写为

$$\eta_{冷} = \frac{T_2}{T_1 - T_2} \tag{8.3.5}$$

从式（8.3.5）可以看出，制冷温度越低，制冷系数也越小。

8.3.3 卡诺循环

卡诺循环是指由两个可逆等温过程及两个可逆绝热过程组成的循环，如图 8.3.3 所示。现在我们以理想气体为工作物质再来研究卡诺热机循环的效率。图 8.3.3 中，在 1→2 等温膨胀过程中吸热，有

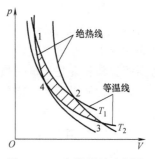

图 8.3.3 卡诺循环示意图

$$Q_1 = \nu R T_1 \ln \frac{V_2}{V_1} \tag{8.3.6}$$

在 3→4 等温压缩过程中放热，有

$$Q_2 = \nu R T_2 \ln \frac{V_4}{V_3} \tag{8.3.7}$$

2→3 是绝热膨胀过程，设气体的比热容比为 γ，$T_1 V_2^{\gamma-1} = T_2 V_3^{\gamma-1}$，即

$$\frac{V_2}{V_3} = \left(\frac{T_2}{T_1}\right)^{1/(\gamma-1)} \tag{8.3.8}$$

4→1 是绝热压缩过程，同理有 $T_2 V_4^{\gamma-1} = T_1 V_1^{\gamma-1}$，即

$$\frac{V_1}{V_4} = \left(\frac{T_2}{T_1}\right)^{1/(\gamma-1)} \tag{8.3.9}$$

结合式（8.3.8）和式（8.3.9），有

$$\frac{V_2}{V_3} = \frac{V_1}{V_4} \tag{8.3.10}$$

将式（8.3.6）、式（8.3.7）和式（8.3.10）代入式（8.3.2），有

$$\eta_{卡热} = \frac{T_1 - T_2}{T_1} = 1 - \frac{T_2}{T_1} \tag{8.3.11}$$

上式表明可逆卡诺热机效率仅与高温热源和低温热源的温度有关。

8.4 热力学第二定律

自然界中有一大类问题是不可逆的，而有关可逆与不可逆的问题正是热学所要研究的，这就是热力学第二定律。本节将对热力学第二定律的两种表述及其一致性进行简要的分析。

8.4.1 热力学第二定律的两种表述

1. 热力学第二定律的开尔文表述

大量事实均说明，一切热机不可能从单一热源吸热并把它全部转化为功。功能够自发地、无条件地全部转化为热；但热转化为功却是有条件的，而且其转化效率有所限制（这是功和热量的另一本质区别）。也就是说功自发转化为热这一过程只能单向进行而不可逆转，因而是不可逆的。1851 年，开尔文勋爵把这一普遍规律总结为热力学第二定律的**开尔文表**

述：**不可能从单一热源吸收热量，使之完全变为有用功而不产生其他影响**。热力学第二定律的另一种表述为**第二类永动机不可能造成**。第二类永动机是指不需要从外界吸收能源而做功的热机。

需要指出，开尔文表述中提到的"单一热源"是指温度处处相同且恒定不变的热源。"其他影响"则是指除了"由单一热源吸收热量全部转化为功"以外的任何其他变化。开尔文表述指出，系统在吸热对外做功的同时，必然会产生热转化为功以外的其他影响。例如，可逆等温膨胀确是从单一热源吸热全部转化为功的过程，但气缸中的气体在初态时体积较小，末态时体积较大，这是外界（气缸和活塞）对气体分子活动范围约束的不同，也就是对系统产生的不同影响。

2. 克劳修斯表述

开尔文表述揭示了自然界普遍存在的功转化为热的不可逆性。此外，自然界还存在热量传递的不可逆性。虽然我们可借助制冷机实现热量从低温热源流向高温热源，但这需要外界对制冷机做功（这部分最后还是转变为热量向高温热源释放了）。在制冷机运行过程中，除了热量从低温热源流向高温热源之外，还产生了将功转化为热这一种"其他影响"。为此，克劳修斯于 1852 年将这一规律总结为热力学第二定律的**克劳修斯表述：不可能把热量从低温物体传到高温物体而不引起其他影响**。也可表述为"热量不能自发地从低温物体传到高温物体"。

8.4.2　两种表述的等效性

开尔文表述和克劳修斯表述分别揭示了功转变为热及热传递的不可逆性。它们是两类不同现象，其表述也不相同。只有在两种表述等价的情况下，才可以把它们同时称为热力学第二定律。下面用反证法来证明这两种表述的等价性。按照反证法，假如开氏（或克氏）表述是正确的，克氏（或开氏）表述也是正确的，则必然有：若开氏（或克氏）表述不真，则克氏（或开氏）表述也不真。就是说，只要违反其中的任一表述，必然会违反另一种表述，由此说明，两者都是等价的。

反证 I：若开氏表述不成立，则克氏表述也不成立。

证明：如果开氏表述不成立，图 8.4.1a 中的热机 A 从高温热源 T_1 吸取热量 Q_1，全部变为有用的功 $W = Q_1$ 而不产生其他影响。这样我们就可以用这部热机输出的功 W 去驱动另一部制冷机 B（在图 8.4.1a 中以一个圆圈表示），B 工作于 T_1 和 T_2 之间（$T_1 > T_2$），它从 T_2 吸收热量 Q_2，与 Q_1 一起向高温热源 T_1 释放，所释放能量为 $Q_1 + |Q_2| = W + |Q_2|$。若把 A 和 B 一起看作一部联合制冷机，它们在一个循环过程中与外界之间的净交换是把热量 Q_2 从低温热源输入到高温热源，因为外界没有对联合制冷机做功，故这样的联合制冷机违背了克氏表述。

反证 II：若克氏表述不成立，则开氏表述也不成立。

证明：如果克氏表述不成立，则热量可以从低温物体自动传到高温物体，假设一卡诺制冷机 A′工作于 T_1、T_2 两个热源之间，如图图 8.4.1b 所示，它不断从低温热源 T_2 吸收热量 Q_2，然后传到高温热源 T_1，在循环中从高温热源 T_2 吸收热量 Q_2，外界不需要对它做功。现假设有另一部热机 B′工作于这两个热源之间，它从 T_1 热源吸热 Q_1，向 T_2 热源放热 Q_2，同时向外输出功 $W = |Q_1| - |Q_2|$。若把 A′和 B′一起看作一部联合热机，其净效

果是：它从 T_1 热源吸热 $|Q_1|-|Q_2|$，向外输出 $W=|Q_1|-|Q_2|$ 的功，而不产生其他影响，则违背了开氏表述。

需要说明，热力学第二定律还可以有其他很多种从某一种不可逆过程出发来说明不可逆性的表述。

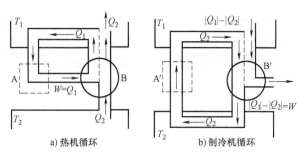

a) 热机循环　　　　　b) 制冷机循环

图 8.4.1　反证法证明两种表述的等价性

8.5　卡诺定理

卡诺在 1824 年设计卡诺热机的同时，还提出了卡诺定理。**卡诺定理表述如下：**

1）在相同的高温热源和相同的低温热源间工作的一切可逆热机其效率都相等，而与工作物质无关。

2）在相同高温热源与相同低温热源间工作的一切热机中，不可逆热机的效率都不可能大于可逆热机的效率。

需要注意：这里所说的热源都是温度均匀的恒温热源；若一可逆热机仅从某一温度的热源吸热，也仅向另一温度的热源放热，从而对外做功，那么这部可逆热机必然是由两个等温过程和两个绝热过程所组成的可逆卡诺机。所以卡诺定理中讲的热机就是卡诺热机。

8.6　熵与熵增加原理

热力学第二定律在利用两种表述来判别可逆与不可逆时都有很多局限性。正如马克思所说，"一门学科只有在能成功地运用数学时，才可说它真正的发展了。"联想到第一定律是因为找到了态函数内能，建立了第一定律数学表达式才能成功地解决很多实际问题。与此类似，若要方便地判断可逆与不可逆，进一步揭示不可逆性的本质，则要引入一个与可逆和不可逆性相联系的态函数——熵。

8.6.1　克劳修斯等式

根据卡诺定理，工作于相同的高温及低温热源间的所有可逆卡诺热机的效率都应相等，即

$$\eta = 1 - \frac{|Q_2|}{|Q_1|} = 1 - \frac{T_2}{T_1} \tag{8.6.1}$$

因为 $|Q_1|$ 和 $|Q_2|$ 都是正的，所以有

$$\frac{|Q_1|}{T_1} - \frac{|Q_2|}{T_2} = 0 \tag{8.6.2}$$

因为式中的 Q_2 是负的，所以式（8.6.2）可改写为

$$\frac{Q_1}{T_1} + \frac{Q_2}{T_2} = 0 \tag{8.6.3}$$

在可逆热机循环中，Q_1 和 Q_2 分别是温度为 T_1 的 1→2 过程及温度为 T_2 的 3→4 过程中传递的热量，而在 2→3 和 4→1 这两个绝热过程中无热量传递，即

$$\int_1^2 \frac{dQ}{T} + \int_2^3 \frac{dQ}{T} + \int_3^4 \frac{dQ}{T} + \int_4^1 \frac{dQ}{T} = 0$$

$$\oint_{\text{卡}} \frac{dQ}{T} = 0 \tag{8.6.4}$$

式中，$\oint_{\text{卡}}$ 表示沿卡诺循环的闭合路径进行的积分。式（8.6.4）说明，对于任何可逆卡诺循环的闭合积分恒为零。

将式（8.6.4）推广到任何可逆循环过程，可写为

$$\oint \left(\frac{dQ}{T}\right)_{\text{可逆}} = \sum_{i=1}^n \frac{\Delta Q_i}{T} = 0 \tag{8.6.5}$$

上式被称为克劳修斯等式。

8.6.2 熵和熵的计算

1. 熵的定义

考虑到热力学第一定律是因为找到了态函数内能，建立了热力学第一定律数学表达式从而成功地解决了很多实际问题。与此类似，若要方便地判断可逆与不可逆，进一步揭示不可逆性的本质，也应找到一个与可逆和不可逆性相联系的态函数——熵，再在此基础上进一步建立热力学第二定律的数学表达式，以便运用数学工具来分析和判断可逆与不可逆过程。

假设任意两个循环 A→B、B→A，根据克劳修斯等式，有

$$\oint \frac{dQ}{T} = \int_A^B \frac{dQ}{T} + \int_B^A \frac{dQ}{T} = 0 \tag{8.6.6}$$

因为 $\int_{A\,1}^B \frac{dQ}{T} = -\int_{B\,2}^A \frac{dQ}{T}$，所以

$$\int_{A\,1}^B \frac{dQ}{T} - \int_{A\,2}^B \frac{dQ}{T} = 0 \tag{8.6.7}$$

上式表明，$\int_A^B \frac{dQ}{T}$ 的值仅与处于相同初末态的 $\frac{dQ}{T}$ 有关，而与路径无关。这个结论对任意选定的初末两态（均为平衡态）都能成立。即 $\frac{dQ}{T}$ 是一个态函数，称为熵，以符号 S 表示。它满足如下关系

$$S_B - S_A = \int_{A\,\text{可逆}}^B \frac{dQ}{T} \tag{8.6.8}$$

对于无限小的过程，式（8.6.8）可写为

$$T dS = (dQ)_{\text{可逆}} \tag{8.6.9}$$

利用熵可将热力学第一定律表示为

$$T \, \mathrm{d}S = \mathrm{d}U + p \, \mathrm{d}V \tag{8.6.10}$$

式（8.6.10）是同时应用热力学第一与第二定律后的基本微分方程，它仅适用于可逆变化过程。而式（8.6.9）则是熵的微分表达式。虽然 $\mathrm{d}Q$ 不是态函数，但在可逆变化过程中的 $\mathrm{d}Q$ 被温度 T 除以后就是态函数熵的全微分，在数学上把具有这类性质的因子（如 T^{-1}）称为积分因子。

若系统的状态经历一可逆微小变化，它与恒温热源 T 交换的热量为 $\mathrm{d}Q$，则该系统的熵改变了 $\dfrac{\mathrm{d}Q}{T}$，这是热力学对熵的定义。

2. 关于熵的注意事项

1）熵的计算只能按可逆路径进行。

2）熵是态函数，即系统状态参量确定了，熵也就确定了。

3）若把某一初态定为参考态，则任一状态的熵可表示为 $S = \oint \dfrac{\mathrm{d}Q}{T} + S_0$，其中 S_0 是参考态的熵，是一个任意常数（因为参考态可任意选定，正如内能的参考态也可任意选定一样）。

4）热力学只能对熵做出定义，并由此计算熵的变化，但它无法说明熵的微观意义，这是由热力学这种宏观描述方法的局限性所决定的。

5）虽然"熵"的概念比较抽象，很难一次懂得很透彻，但随着科学发展和人们认识的不断深入，人们已越来越深刻地认识到它的重要性不亚于"能量"，甚至超过了"能量"。

3. 不可逆过程中熵的计算

在本课程中，我们通常设计一个连接相同初、末态的任一可逆过程，然后用熵的热力学定义式来计算不可逆过程中的熵。

4. 熵对热容的表达式

在可逆过程中，有 $\mathrm{d}S = (\mathrm{d}Q)_{可逆}$，则等容比热容 c_V 和等压比热容 c_p 可表示为

$$C_V = \left(\frac{\mathrm{d}Q}{\mathrm{d}T}\right)_V = T\left(\frac{\partial S}{\partial T}\right)_V \tag{8.6.11}$$

$$C_p = \left(\frac{\mathrm{d}Q}{\mathrm{d}T}\right)_p = T\left(\frac{\partial S}{\partial T}\right)_p \tag{8.6.12}$$

式（8.6.11）和式（8.6.12）是分别对 $C_V = T\left(\dfrac{\partial U}{\partial T}\right)_V$ 和 $C_p = T\left(\dfrac{\partial H}{\partial T}\right)_p$ 的另一种表达式。

5. 理想气体的熵

由 $\mathrm{d}U = \mathrm{d}Q - p \, \mathrm{d}V$ 且 $T \, \mathrm{d}S = (\mathrm{d}Q)_{可逆}$，得

$$\mathrm{d}S = \frac{1}{T}(\mathrm{d}U + p \, \mathrm{d}V) \tag{8.6.13}$$

对于理想气体，$\mathrm{d}U = \nu C_{V,\mathrm{m}} \mathrm{d}T$，$p = \dfrac{\nu R T}{V}$，故有

$$\mathrm{d}S = \nu C_{V,\mathrm{m}} \frac{\mathrm{d}T}{T} + \nu R \frac{\mathrm{d}V}{V} \tag{8.6.14}$$

因理想气体 $C_{V,\mathrm{m}}$ 仅是 T 的函数，在温度变化范围不大时，$C_{V,\mathrm{m}}$ 可近似认为是常数，

上式两边积分，则有

$$S - S_0 = \nu C_{V,\mathrm{m}} \ln \frac{T}{T_0} + \nu R \ln \frac{V}{V_0} \tag{8.6.15}$$

对 $p = \dfrac{\nu R T}{V}$ 进行全微分后，代入式（8.6.14），得

$$\mathrm{d}S = \nu C_{p,\mathrm{m}} \frac{\mathrm{d}T}{T} - \nu R \frac{\mathrm{d}P}{P} \tag{8.6.16}$$

上式两边积分，得

$$S - S_0 = \nu C_{p,\mathrm{m}} \ln \frac{T}{T_0} - \nu R \ln \frac{p}{p_0} \tag{8.6.17}$$

对于理想气体，只要初、末态的状态参量确定，即可利用式（8.6.17）计算熵变，而与所选取的过程是可逆的还是不可逆的，以及变化的路径如何无关，因为熵是态函数。

8.6.3 熵增加原理

熵增加原理可以表述为，热力学系统在从一个平衡态绝热地到达另一个平衡态的过程中，它的熵永不减少。若过程是可逆的，则熵不变；若过程是不可逆的，则熵增加。

一个热孤立系中的熵永不减少，在孤立系内部自发进行的涉及与热相联系的过程必然向熵增加的方向变化。由于孤立系统不受外界任何影响，且系统最终将达到平衡态，故在平衡态时的熵取极大值。可以证明，熵增加原理与热力学第二定律的开尔文表述或克劳修斯表述等效，也就是说，熵增加原理就是热力学第二定律。从熵增加原理可看出，对于一个绝热的不可逆过程，其按相反次序重复的过程不可能发生，因为这种情况下的熵将变小。"不能按相反次序重复"这一点也恰好说明，**不可逆过程相对于时间坐标轴肯定是不对称的**。但是经典力学相对于时间的两个方向是完全对称的。若以 $-t$ 代替 t，力学方程式不变。也就是说，如果这些方程式允许某一种运动，则也同样允许正好完全相反的运动。这说明力学过程是可逆的。所以"可逆不可逆"的问题实质上就是相对于时间坐标轴的对称不对称的问题。当然对于非绝热系的自发过程，熵可向减小方向变化。如生命过程总是自发向熵减小方向变化。

例 8-4 一容器被一隔板分隔为体积相等的两部分，左半部分中充有 ν mol 理想气体，右半部分是真空。试求将隔板抽除经自由膨胀后系统的熵。

解 理想气体的自由膨胀胀是不可逆过程，不能直接求熵变，应找一个连接相同初、末态的可逆过程计算熵变。可设想 ν mol 气体经历一可逆等温膨胀。例如，将隔板换成一个无摩擦活塞，使这一容器与一个比气体温度高一无穷小量的恒温热源接触，并使气体准静态地从 V 膨胀到 $2V$，则这样的过程是可逆的。因为等温过程 $\mathrm{d}U = 0$，$\mathrm{d}Q = p\,\mathrm{d}V$，则将隔板抽除经自由膨胀后系统的熵变为

$$S_2 - S_1 = \int_1^2 \frac{\mathrm{d}Q}{T} = \int_1^2 \frac{p}{T}\mathrm{d}V = \nu R \int_V^{2V} \frac{\mathrm{d}V}{V} = \nu R \ln 2$$

本 章 小 结

8-1 热力学第一定律：自然界中的一切物体都具有能量，能量有各种不同形式，它能

从一种形式转化为另一种形式，从一个物体传递给另一个物体，在转化和传递过程中能量的数量不变。这一定律也被称为第一类永动机（不消耗任何形式的能量而能对外做功的机械）是不能制造出来的。

8-2 热力学第一定律的微分表达式：$dU = dQ + dW$。

8-3 绝热过程物态方程：$pV^{\gamma} = $常量 或 $TV^{\gamma-1} = $常量 或 $\dfrac{p^{\gamma-1}}{T^{\gamma}} = $常量。

8-4 多方过程物态方程：$pV^n = C$。

8-5 卡诺循环：由两个可逆等温过程及两个可逆绝热过程组成的循环。

8-6 热力学第二定律的两种表述。

（1）开尔文表述：不可能从单一热源吸收热量，使之完全变为有用功而不产生其他影响；

（2）克劳修斯表述：不可能把热量从低温物体传到高温物体而不产生其他影响。

8-7 卡诺定理：

（1）在相同的高温热源和相同的低温热源间，工作的一切可逆热机其效率都相等，而与工作物质无关；

（2）在相同高温热源与相同低温热源间工作的一切热机中，不可逆热机的效率都不可能大于可逆热机的效率。

8-8 克劳修斯等式：$\oint \left(\dfrac{dQ}{T}\right)_{可逆} = \sum\limits_{i=1}^{n} \dfrac{\Delta Q_i}{T} = 0$。

8-9 熵对热容的表达式：$S - S_0 = \nu C_{p,m} \ln \dfrac{T}{T_0} - \nu R \ln \dfrac{p}{p_0}$。

8-10 熵增加原理：热力学系统从一个平衡态绝热地到达另一个平衡态的过程中，它的熵永不减少。若过程是可逆的，则熵不变；若过程是不可逆的，则熵增加。

习 题

一、填空题

8-1 晶体在熔化过程中，从外界吸收热量，但温度保持不变，则晶体的内能 _____（选填"增大""不变"或"减小"）。

8-2 三个容器内分别贮有 1mol 氦气、1mol 氢气和 1mol 氨气（均视为刚性分子的理想气体）。若它们的温度都升高 1K，则三种气体的内能增加值分别为 $\Delta E_{He} = $ _____；$\Delta E_{H_2} = $ _____；$\Delta E_{NH_3} = $ _____。

8-3 某理想气体等温压缩到给定体积时外界对气体做功 $|W_1|$，又经过绝热膨胀返回到原来的体积时气体对外做功 $|W_2|$，则整个过程中气体从外界吸收的热量 $Q = $ _____，内能改变量为 $\Delta E = $ _____。

8-4 一定量理想气体，从同一状态开始使其体积由 V_1 膨胀到 $2V_1$，分别经历以下三种过程：（1）等压过程；（2）等温过程；（3）绝热过程。其中：_____气体对外做功最多，_____气体内能增加最多；_____气体吸收的热量最多。

8-5 3mol 的理想气体开始时处在压强 $p_1 = 6\text{atm}$、温度 $T_1 = 500\text{K}$ 的平衡态。经过一

个等温过程，压强变为 $p_2=3\text{atm}$，该气体在此等温过程中吸收的热量为 $Q=$ _____ J。

8-6 可逆卡诺热机可以逆向运转。逆向循环时，从低温热源吸热，向高温热源放热，而且吸收的热量和放出的热量等于它正循环时向低温热源放出的热量和从高温热源吸的热量。设高温热源的温度为 $T_1=450\text{K}$，低温热源的温度为 $T_2=300\text{K}$，卡诺热机逆向循环时从低温热源吸热 $Q_2=400\text{J}$，则该卡诺热机逆向循环一次外界必须做功 $W=$ _____。

8-7 一个进行可逆卡诺循环的热机，其效率为 η，当它逆向运转时便成为一台制冷机，该制冷机的制冷系数 $\omega=\dfrac{T_2}{T_1-T_2}$，则 η 与 ω 的关系为 _____。

8-8 由绝热材料包围的容器被隔板分为两半，左边是理想气体，右边真空。如果把隔板撤去，气体将进行自由膨胀过程，达到平衡后气体的温度 _____ （填"升高""降低"或"不变"），气体的熵 _____ （填"增加""减小"或"不变"）。

8-9 在一个孤立系统内，一切实际过程都向着 _____ 的方向进行。这就是热力学第二定律的统计意义。从宏观上说，一切与热现象有关的实际过程都是 _____。

8-10 用下列两种方法：（1）使高温热源的温度 T_1 升高 ΔT；（2）使低温热源的温度 T_2 降低同样的 ΔT 值，分别可使卡诺循环的效率升高 $\Delta\eta_1$ 和 $\Delta\eta_2$，则 $\Delta\eta_1$ 和 $\Delta\eta_2$ 的关系为 _____。

二、选择题

8-1 关于温度、热量和内能，下列说法中正确的是（　　）。

A. 物体的温度越高，所含的热量越多

B. 物体的温度越高，物体内分子的无规则运动越激烈

C. 物体的内能增加，一定是外界对物体做了功

D. 物体吸收了热量，它的温度一定升高

8-2 可逆过程和不可逆过程的判断：（1）可逆热力学过程一定是准静态过程；（2）准静态过程一定是可逆过程；（3）不可逆过程就是不能向相反方向进行的过程；（4）凡有摩擦的过程，一定是不可逆过程。以上四种判断，其中正确的是（　　）。

A. （1）、（2）、（3）
B. （1）、（2）、（4）
C. （2）、（4）
D. （1）、（4）

8-3 质量一定的理想气体，从相同状态出发，分别经历等温过程、等压过程和绝热过程，使其体积增加一倍，那么气体温度的改变（绝对值）为（　　）。

A. 绝热过程中最大，等压过程中最小

B. 绝热过程中最大，等温过程中最小

C. 等压过程中最大，绝热过程中最小

D. 等压过程中最大，等温过程中最小

8-4 有两个相同的容器，容积固定不变，一个盛有氦气，另一个盛有氢气（视为刚性分子的理想气体），它们的压强和温度都相等，现将5J的热量传给氢气，使氢气温度升高，如果使氦气也升高同样的温度，则应向氦气传递的热量是（　　）。

A. 6J
B. 5J
C. 3J
D. 2J

8-5 1mol 的单原子分子理想气体从状态 A 变为状态 B，如果不知道它是什么气体，变

化过程也不知道，但 A、B 两状态的压强、体积和温度都知道，则可求出（　　）。

A. 气体所做的功   B．气体内能的变化

C. 气体传给外界的热量   D．气体的质量

8-6　一定量的某种理想气体其初始温度为 T、体积为 V，该气体在以下循环过程中经历了三个平衡过程：（1）绝热膨胀到体积为 $2V$，（2）等容变化使温度恢复为 T，（3）等温压缩到原来体积 V，则在此整个循环过程中（　　）。

A. 气体向外界放热   B．气体对外界做正功

C. 气体内能增加   D．气体内能减少

8-7　在温度分别为 327℃ 和 27℃ 的高温热源和低温热源之间工作的热机，理论上其最大效率为（　　）。

A. 25%   B．50%

C. 75%   D．91.74%

8-8　有人设计了一台卡诺热机（可逆的）。每循环一次可从 400K 的高温热源吸热1800J，向 300K 的低温热源放热 800J。同时对外做功 1000J，这样的设计是（　　）。

A. 可以的，符合热力学第一定律

B. 可以的，符合热力学第二定律

C. 不行的，卡诺循环所做的功不能大于向低温热源放出的热量

D. 不行的，这个热机的效率超过了理论值

8-9　根据热力学第二定律可知（　　）。

A. 功可以全部转换为热，但热不能全部转换为功

B. 热可以从高温物体传到低温物体，但不能从低温物体传到高温物体

C. 不可逆过程就是不能向相反方向进行的过程

D. 一切自发过程都是不可逆的

8-10　一绝热容器被隔板分成两半，一半是真空，另一半是理想气体。若把隔板抽出，气体将进行自由膨胀，达到平衡后（　　）。

A. 温度不变，熵增加   B．温度升高，熵增加

C. 温度降低，熵增加   D．温度不变，熵不变

8-11　"理想气体和单一热源接触做等温膨胀时，吸收的热量全部用来对外做功。"对此说法，有如下几种评论，其中正确的是（　　）。

A. 不违反热力学第一定律，但违反热力学第二定律

B. 不违反热力学第二定律，但违反热力学第一定律

C. 不违反热力学第一定律，也不违反热力学第二定律

D. 违反热力学第一定律，也违反热力学第二定律

三、计算题

8-1　理想气体经历 $V = \dfrac{1}{K}\left(\ln\dfrac{p_0}{p}\right)$ 的热力学过程，其中 p_0 和 K 都是常数。试求：

（1）当系统按此过程体积扩大一倍时，系统对外做的功；

（2）在这一过程中的热容。

8-2　有体积为 $2\times10^{-3}\,\mathrm{m^3}$ 的刚性双原子分子理想气体，其内能为 $6.75\times10^2\mathrm{J}$。试求：

（1）气体的压强；

（2）设分子总数为 5.4×10^{22} 个，求分子的平均平动动能及气体的温度。

8-3　0.02kg 的氦气（视为理想气体），温度由 17℃ 上升到 27℃。若在升温过程中，（1）体积保持不变；（2）压强保持不变；（3）不与外界交换热量。试分别求出气体内能的改变、吸收的热量、外界对气体所做的功。[摩尔气体常数 $R = 8.31 J/(mol \cdot K)$]

8-4　一气缸内盛有 1mol 温度为 27℃、压强为 1atm 的氮气（视作刚性双原子分子的理想气体）。先使它等压膨胀到原来体积的 2 倍，再等容升压使其压强变为 2atm，最后使它等温膨胀到压强为 1atm [摩尔气体常数 $R = 8.31 J/(mol \cdot K)$]。试求：

（1）氮气在全部过程中对外做的功；

（2）吸收的热量；

（3）内能的变化。

8-5　如计算题 8-5 图所示为一定量的某种理想气体所进行的循环过程，已知气体在状态 A 的温度为 $T_A = 300K$。试求：

（1）气体在状态 B、C 的温度；

（2）各过程中气体对外所做的功；

（3）经过整个循环过程，气体从外界吸收的总热量（各过程吸热的代数和）。

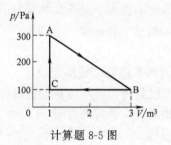

计算题 8-5 图

习题参考答案

一、填空题

8-1　增大

8-2　12.5J，　20.8J，　24.9J

8-3　$-|W_1|$，　$-|W_2|$

8-4　(1), (1), (1)

8-5　8.64×10^3

8-6　200J

8-7　$\eta = \dfrac{1}{\omega + 1}$（或 $\omega = \dfrac{1}{\eta} - 1$）

8-8　不变，增加

8-9　状态概率增大，不可逆的

8-10　$\Delta \eta_1 < \Delta \eta_2$

二、选择题

题号	8-1	8-2	8-3	8-4	8-5	8-6	8-7	8-8	8-9	8-10	8-11
答案	B	D	D	C	B	A	B	D	D	A	C

三、计算题

8-1 (1) $W = \dfrac{p_0}{K} \cdot \exp(-KV)[1 - \exp(-KV)]$;   (2) $C = c_V - \dfrac{\nu R}{KV - 1}$

8-2 (1) $p = 1.35 \times 10^5 \, \text{Pa}$;   (2) $\bar{\varepsilon}_k = 7.5 \times 10^{-21} \, \text{J}$, $T = 362 \text{K}$

8-3 (1) 等容过程：$W = 0 \text{J}$, $Q = 623 \text{J}$, $\Delta U = 623 \text{J}$;

(2) 等压过程：$W = 417 \text{J}$, $Q = 1.04 \times 10^3 \text{J}$, $\Delta U = 623 \text{J}$;

(3) 与外界无热量交换的过程：$W = -623 \text{J}$, $Q = 0 \text{J}$, $\Delta U = 623 \text{J}$。

8-4 (1) $W = 9.41 \times 10^3 \text{J}$;   (2) $\Delta U = 1.87 \times 10^4 \text{J}$;   (3) $\Delta E = 2.81 \times 10^4 \text{J}$

8-5 (1) $T_B = 300 \text{K}$, $T_C = 100 \text{K}$;   (2) $W_{A \to B} = 400 \text{J}$, $W_{B \to C} = -200 \text{J}$, $W_{C \to A} = 0 \text{J}$;

(3) $Q = 200 \text{J}$。

电 磁 学

第9章 静 电 场

学习目标

➤ 知道电荷量子性、电荷守恒定律

➤ 掌握库仑定律、高斯定理

➤ 理解叠加原理、环路定理

➤ 理解电场强度、电势、电势差

➤ 知道静电平衡条件及性质

➤ 知道位移极化、取向极化、极化强度矢量、电位移矢量

➤ 理解有电介质时的高斯定理

➤ 掌握电容的计算

➤ 知道电容器的串、并联

➤ 知道电容器所储存的能量

当今信息时代，人类已离不开电和磁，可对于它们的研究和利用，人类却经过了漫长的探索。早在公元前6至7世纪人类就已经发现了摩擦生电、磁石吸铁和磁石指南等现象，但直到17世纪初才开始进行系统的研究。1600年，英国女王伊丽莎白一世的御医吉尔伯特（William Gilbert）出版了《论磁》一书，标志着人类对磁学的研究从经验转变为科学。

吉尔伯特的书中虽然也记载了电学方面的研究，但直到1660年，德国物理学家盖里克（Otto von Guericke，马德堡半球实验发明人）发明摩擦起电机，人类才开始对电现象进行系统的研究，也才开始对电有初步的科学认识。1785年，法国物理学家库仑（Charles Augustin de Coulomb）通过扭秤实验发现了库仑定律后，人类从此可以对电学和磁学进行定量研究。

9.1 库仑定律

9.1.1 电荷

公元前6世纪，古希腊七贤之一的泰勒斯（Thales）观察到用布摩擦过的琥珀能吸引轻微物体，我国东汉时期的王充（见图9.1.1）在其所著的《论衡》中记载有"顿牟掇芥"（顿牟即琥珀，芥指芥菜子，统喻干草、

图 9.1.1 王充

纸等微小屑末，即摩擦过的琥珀能吸引轻小物体）的现象，人们认为这是琥珀带上了"电"。后人的研究表明，电磁现象是由于物体带上了"电荷"和"电荷的运动"。1733 年，法国人杜菲（Charles du Fay）经过实验研究，提出自然界只有两种电（松脂电和玻璃电）。大家熟知的"正电、负电"是由美国开国元勋之一的富兰克林（Benjamin Franklin）首先命名的。

人们发现，电荷间会产生相互作用，表现为同种电荷相斥，异种电荷相吸。宏观物体带电是因为组成物体的微观粒子所带的电荷不同：质子带正电荷，电子带负电荷，中子不带电。通常情况下，宏观物体内部的质子和电子数量相同，因此不带电。当物体失去电子或得到电子时，物体的负电荷将少于或多于正电荷，物体就带上"正电"或"负电"。带电体所带电荷的多少称为**电荷量**，其单位在国际单位制中为**库仑**，简称库，符号为 C。

9.1.2 电荷的量子性

1833 年，英国物理学家法拉第（Michael Faraday）通过电解实验得到了电化学中的一个重要定律——法拉第电解定律。随着研究的深入，人们由该定律发现了一个惊奇的结论：一个带电体的电荷量只能是一个"基本电荷"的电荷量的整数倍。"电子"（electron）一词就是爱尔兰物理学家斯通尼（George Johnstone Stoney）于 1890 年创造出来表示带有负"基本电荷"的粒子的单词。1897 年，英国物理学家汤姆孙（Joseph John Thomson）发现了电子，但电子的电荷量直到 1913 年才由美国物理学家密立根（Robert Andrews Millikan）（见图 9.1.2）通过著名的油滴实验测量得到，其绝对值（称为**元电荷**）为 $e = 1.60 \times 10^{-19}$ C。元电荷的最新值于 2018 年举行的第 26 届国际计量大会上修订为 $e = 1.602176634 \times 10^{-19}$ C。

图 9.1.2 密立根

虽然有理论认为自然界存在着电荷量为 $\pm\frac{1}{3}e$ 或 $\pm\frac{2}{3}e$ 的粒子（夸克），但实验尚未发现，因此目前电子的电荷量仍然是元电荷。所有电荷的电荷量总是元电荷的整数倍，其变化是不连续的，只能取一系列分立的数值，称为电荷的**量子性**。

为什么电荷具有量子性？这是物理学至今仍未解决的一个难题。即使在今后的实验中发现了带 $\pm\frac{1}{3}e$ 的电荷，电荷的量子性依然存在，只是元电荷将变为现值的 $\pm\frac{1}{3}$。

9.1.3 电荷守恒定律

富兰克林于 1747 年与朋友通信时提到："在这里与欧洲，科学家已经发现，并且证实，电火是一种真实的元素或物质种类，不是因摩擦而产生，而是只能通过搜集获得"。这是**电荷守恒定律**第一次出现，学术界将此定律的创建归功于富兰克林。

电荷守恒定律表述为：**实验证明，在一个与外界没有电荷交换的孤立系统内所发生的任何物理过程中，整个系统的总电荷量保持不变**。电荷守恒定律不仅在一切宏观过程中成立，而且在一切微观过程中（如核反应）也是成立的，它是物理学普遍定律之一。

9.1.4 库仑定律的内涵

在摩擦起电机发明之后，不少学者开始研究电荷间的相互作用力的定量规律。最初只能研究静止电荷间的相互作用，相应的理论称为**静电学**。1760 年，荷兰物理学家丹尼尔·伯努利（Daniel Bernoulli）就曾怀疑静电的吸引行为遵循平方反比定律。苏格兰物理学家罗比逊（John Robison）于 1769 年首次通过实验发现，两个带电球体之间的作用力与它们之间距离的 2.06 次方成反比。可惜的是，罗比逊并未察觉这项发现的重要性。1770 年代早期，英国物理学家亨利·卡文迪许（Henry Cavendish）通过巧妙的实验，得出了带电体之间的作用力依赖于所带电荷量与距离，并得出力与距离的 $\left(2 \pm \dfrac{1}{50}\right)$ 次方成反比，可惜他没有公布。

法国物理学家库仑（见图 9.1.3）用其发明的"库仑扭秤"对电荷间的电力进行实验研究，并和万有引力进行类比，于 1785 年发表了"**库仑定律**"，表述为：**真空中静止的两个点电荷间的相互作用力（库仑力）与这两个点电荷的电荷量的乘积成正比，与它们之间距离的二次方成反比，方向沿两电荷的连线**。库仑定律用矢量公式表示为

$$F_{12} = k \frac{q_1 q_2}{r_{12}^2} e_{r12} \tag{9.1.1}$$

图 9.1.3 库仑

式中，q_1 和 q_2 分别表示两个点电荷的电荷量（带有正、负号）；r_{12} 表示两个点电荷间的距离；F_{12} 表示 q_1 对 q_2 的作用力；e_{r12} 表示从 q_1 指向 q_2 的单位矢量；k 为比例常量，由实验确定。

当两个点电荷异号时，如图 9.1.4 所示，q_1 为正，q_2 为负，则由库仑定律可得 F_{12} 为负，负号表示 q_1 对 q_2 的作用力方向与 e_{r12} 相反，即由 q_2 指向 q_1，为吸引力；同理可知 F_{21} 与 e_{r21} 相反，也是吸引力，且 $F_{12} = -F_{21}$，表明库仑力符合牛顿第三定律。

对于常量 k，在国际单位制（SI）中，实验测定出的值为 $k = 8.9880 \times 10^9 \, \text{N} \cdot \text{m}^2/\text{C}^2 \approx 9 \times 10^9 \, \text{N} \cdot \text{m}^2/\text{C}^2$。

实际上，库仑定律更常用的形式为

$$F_{12} = \frac{1}{4\pi\varepsilon_0} \frac{q_1 q_2}{r_{12}^2} e_{r12} \tag{9.1.2}$$

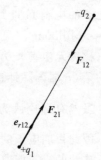

图 9.1.4 静止点电荷间的库仑力

式中，引入了另一个常量 ε_0 来代替 k，式中出现的"4π"称为单位制的有理化，这样可使以后常用的电磁学公式变得更加简单，不会出现 4π。ε_0 称为**真空介电常数**或**真空电容率**，在国际单位制中的值为 $\varepsilon_0 = \dfrac{1}{4\pi k} = 8.85 \times 10^{12} \, \text{C}^2/(\text{N} \cdot \text{m}^2)$。

库仑定律是电学的基本定律，其中的平方反比关系是否精确成立尤其重要。根据现代量子电动力学理论，库仑力与距离的平方反比关系是与光子的静止质量是否精确为零相关的：如果光子的静止质量为零，则库仑力与距离为严格的平方反比关系。

库仑定律只给出了两个静止的点电荷间相互作用力的规律，当遇到三个或以上的点电荷，需要讨论它们之间的相互作用时，就需要补充新的实验事实：**任意两个点电荷间的相互作用力不受其他电荷存在的影响，作用在每一个点电荷上的静电力等于其他各个点电荷单独存在时作用于该点电荷的静电力的矢量和**。这个结论称为**静电力的叠加原理**。

库仑定律和静电力的叠加原理是关于静止电荷相互作用的两个基本实验定律，应用它们原则上可以解决静电学的全部问题。

9.2　电场　电场强度

9.2.1　电场强度

　　库仑定律的适用距离范围很广，小到 $10^{-17}\,\mathrm{m}$，大到 $10^{7}\,\mathrm{m}$ 的范围内均精确成立。两个点电荷相距很远却依然能产生力的作用，不禁让人感叹电荷的神奇。人类对此有过不同的认识，起源于法拉第的"电场"假设，经实验证实的现代观点认为：任何电荷都会在其周围空间激发一种看不见、摸不着但客观存在的特殊物质——**电场**。电场的一个基本性质就是它会对处于其中的其他电荷产生作用力，称为**电场力**。静止电荷周围存在的电场称为**静电场**。电荷与电荷之间通过电场发生相互作用。

　　如图 9.2.1 所示，将一电荷量为 q_0，且足够小的点电荷（称为试探电荷或检验电荷）分别置于另一个电荷量为 Q 的点电荷（场源电荷）附近的 A 点和 B 点时，受到 Q 的电场施加的电场力 F_A 和 F_B，由实验可知 F_A 和 F_B 的方向不同，$|F_A| < |F_B|$，这和库仑定律的计算结果一致。这反映出电场具有"力的性质"，同时可知不同点处的性质不同，试探电荷 q_0 在 B 点受力较大，可视为 B 点的电场比 A 点处的强。

　　但对同一点而言，q_0 所受电场力 F 与 q_0 之比为一不变的矢量，由此引入一个描述电场强弱和方向的物理量**电场强度**，其定义为：正试探电荷 q_0 在电场中某点所受的电场力和其电荷量之比，用 E 表示：

图 9.2.1　不同点处的电场力

$$E = \frac{F}{q_0} \qquad (9.2.1)$$

　　注意：①电场强度 E 是矢量，电场中某点 E 的大小等于单位试探电荷在该点所受到的电场力的大小；E 的方向与正电荷在该点所受电场力的方向一致。②式（9.2.1）是电场强度的定义式，E 与试探电荷无关。③在 SI 中，电场强度 E 的单位为牛每库（N/C）或伏每米（V/m）。

9.2.2　电场强度的计算

1. 点电荷产生的电场强度

　　如图 9.2.2 所示，设真空中有一电荷量为 Q 的点电荷，P 点为 Q 的电场中的任意一点，P 点到 Q 的距离为 r。设想一试探电荷 q_0 位于 P 点，根据库仑定律，其所受电场力为 $F = \dfrac{1}{4\pi\varepsilon_0}\dfrac{Qq_0}{r^2}e_r$，式中 e_r 为 Q 指向 P 点方向的单位矢量，由式（9.2.1）可得 P 点的电场强度为

$$E = \frac{F}{q_0} = \frac{1}{4\pi\varepsilon_0}\frac{Q}{r^2}e_r \qquad (9.2.2)$$

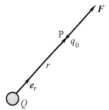

图 9.2.2　点电荷产生的电场

　　式（9.2.2）即为点电荷产生的电场强度公式，电场强度 E 的大小只由场源电荷的电荷量 Q 和距离 r 决定，与试探电荷无关；

当 Q 为正电荷时，电场强度 E 与 e_r 同向；当 $Q<0$ 时，E 与 e_r 反向。

2. 电场强度叠加原理

若真空中有 n 个点电荷 q_1，q_2，$\cdots$，q_n 组成的点电荷系，则空间中任意一点 P 的电场强度应该怎样计算呢？假设有试探电荷 q_0 放在 P 点，根据静电力叠加原理，q_0 所受电场力为 n 个点电荷对 q_0 作用的矢量和，即 $F = F_1 + F_2 + \cdots + F_n = \sum\limits_{i=1}^{n} F_i$。

由式（9.2.1）得点电荷系在 P 点产生的电场强度为

$$E = \frac{\sum\limits_{i=1}^{n} F_i}{q_0} = \sum\limits_{i=1}^{n} \frac{F_i}{q_0} = \frac{F_1}{q_0} + \frac{F_2}{q_0} + \cdots + \frac{F_n}{q_0} = \sum\limits_{i=1}^{n} E_i = \frac{1}{4\pi\varepsilon_0} \sum\limits_{i=1}^{n} \frac{q_i}{r_i^2} e_{ri} \qquad (9.2.3)$$

式中，e_{ri} 是场点 P 相对于第 i 个场源电荷的单位位置矢量。

式（9.2.3）表明，**电场中任何一点的总电场强度等于各个点电荷单独存在时在该点各自产生的电场强度的矢量和**，这就是**电场强度叠加原理**。任何带电体都可以视为由许多点电荷组成，因此由场强叠加原理可以计算任意带电体产生的电场强度。

3. 电荷连续分布的带电体产生的电场强度

如图 9.2.3 所示，将带电体分割为无限多个可视为点电荷的电荷元 dq（电荷量很小），每个 dq 在任一场点 P 产生的电场强度亦很小，记为 dE，由式（9.2.2）可得 $dE = \frac{1}{4\pi\varepsilon_0} \frac{dq}{r^2} e_r$。

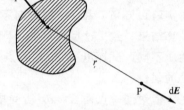

图 9.2.3　任意带电体产生的电场

根据电场强度叠加原理，带电体在 P 点产生的总电场强度 E 应为无限多个 dq 产生的场强 dE 的总和，在数学上就是积分运算，即

$$E = \int_V dE = \frac{1}{4\pi\varepsilon_0} \int_V \frac{dq}{r^2} e_r \qquad (9.2.4)$$

式中的 dq 有三种情况：若电荷连续分布在一体积内，且电荷体密度为 ρ，取体积元为 dV，则 $dq = \rho dV$；若电荷连续分布在一曲面或平面上，且电荷面密度为 σ，取面积元为 dS，则 $dq = \sigma dS$；若电荷连续分布在一曲线或直线上，且电荷线密度为 λ，取线元为 dl，则 $dq = \lambda dl$。

例 9-1　如图 9.2.4 所示，真空中有一长为 L、带正电荷、且电荷量为 q 的均匀带电细直棒，求在直棒延长线上距离右端点为 c 的 P 点处的电场强度。

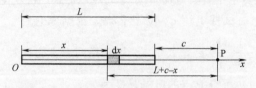

图 9.2.4　均匀带电直棒延长线上的电场强度

解　如图，以棒的左端点为原点，沿直棒建立 Ox 轴。电荷线密度为 $\lambda = \dfrac{q}{L}$。

在细棒上坐标为 x 处取一长为 dx 的线元，其电荷量为 $dq = \lambda dx$，在 P 点产生的电场强

度 $\mathrm{d}E$ 的方向沿 x 轴正向，大小为 $\mathrm{d}E=\dfrac{1}{4\pi\varepsilon_0}\dfrac{\lambda\,\mathrm{d}x}{(L+c-x)^2}$，则总电场强度为

$$E=\int_0^L\frac{1}{4\pi\varepsilon_0}\frac{\lambda}{(L+c-x)^2}\mathrm{d}x=\frac{\lambda}{4\pi\varepsilon_0}\int_0^L\frac{-\mathrm{d}(L+c-x)}{(L+c-x)^2}=\frac{\lambda}{4\pi\varepsilon_0}\left(\frac{1}{L+c-x}\right)_0^L=\frac{q}{4\pi\varepsilon_0 c(L+c)}$$

场强方向沿 x 轴正方向。

例 9-2　真空中有一半径为 R、带正电荷且电荷量为 Q 的均匀带电细圆环，试求在圆环轴线上距环心为 x 处的 P 点的电场强度。

解　以环心为原点，沿轴线方向为 x 轴，如图 9.2.5 所示。在细圆环上取一长为 $\mathrm{d}l$ 的线元，电荷量设为 $\mathrm{d}q$，$\mathrm{d}q$ 到 P 点的距离为 r，在 P 点产生的电场强度大小为

$$\mathrm{d}E=\frac{1}{4\pi\varepsilon_0}\frac{\mathrm{d}q}{r^2}$$

方向如图所示。

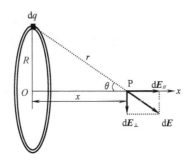

图 9.2.5　均匀带电细圆环轴线上的电场

将 $\mathrm{d}E$ 正交分解为平行于和垂直于 x 轴的分量 $\mathrm{d}E_{/\!/}$、$\mathrm{d}E_\perp$，它们的大小分别为 $\mathrm{d}E_{/\!/}=\dfrac{1}{4\pi\varepsilon_0}\dfrac{\mathrm{d}q}{r^2}\cos\theta$，$\mathrm{d}E_\perp=\dfrac{1}{4\pi\varepsilon_0}\dfrac{\mathrm{d}q}{r^2}\sin\theta$。

由圆环的对称性可知，若在电荷元 $\mathrm{d}q$ 的对称位置另取一相同大小的电荷元，则它们在 P 点产生的电场强度在垂直于 x 轴方向上分量 $\mathrm{d}E_\perp$ 将抵消。因此，P 点的电场强度一定沿 x 轴方向，大小为

$$E=\int\mathrm{d}E_{/\!/}=\int_0^Q\frac{\mathrm{d}q}{4\pi\varepsilon_0 r^2}\cos\theta=\frac{\cos\theta}{4\pi\varepsilon_0 r^2}\int_0^Q\mathrm{d}q=\frac{Q\cos\theta}{4\pi\varepsilon_0 r^2}=\frac{Qx}{4\pi\varepsilon_0 r^3}=\frac{Qx}{4\pi\varepsilon_0(R^2+x^2)^{3/2}}$$

显然，在环心处的电场强度 $E=0$；在距环心无限远，即 $x\gg R$ 处的电场强度 $E\approx\dfrac{q}{4\pi\varepsilon_0 x^2}$，此时带电细圆环近似为一个点电荷。

9.2.3　电场线

法拉第不仅提出了电场的猜想，而且还创造出"电场线"来形象地描述电场的分布。在电场中画一些假想的曲线，使得曲线上各点的切线方向与该点的场强方向一致，曲线的疏密程度表示电场强度的大小，这些曲线就是**电场线**。电场线不是客观实在，而是对物理现象的一种形象描述。图 9.2.6 画出了几种常见电场的电场线图。

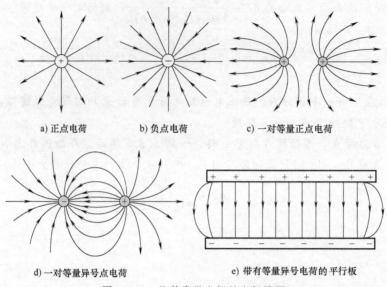

a) 正点电荷　　　b) 负点电荷　　　c) 一对等量正点电荷

d) 一对等量异号点电荷　　　e) 带有等量异号电荷的平行板

图 9.2.6　几种常见电场的电场线图

静电场的电场线具有如下性质：

1）电场线起于正电荷（或无限远），终止于负电荷（或无限远）；

2）电场线不闭合；

3）任何两条电场线在没有电荷的地方不会相交。

9.3　电势

当电荷 q 处于场强为 E 的电场中时，将受到电场力 $F = qE$ 的作用，体现出电场具有"力"的性质。当 q 在电场中运动时，电场力将会对其做功（电功），q 的能量也会随之变化，这体现场具有"能"的性质，物理量"电势"就是描述这种性质的。

9.3.1　电场力做功

如图 9.3.1 所示，真空中有一静止的场源点电荷 q，一个试探电荷 q_0 在 q 的电场中从 P 点运动到 Q 点，电场力将对 q_0 做多少功？考虑在路径上任意的 C 点处取位移元 $\mathrm{d}l$（图中放大了），C 点相对于 q 的位置矢量为 r。在 $\mathrm{d}l$ 段电场力做很小的功，称为元功 $\mathrm{d}A$，大小为

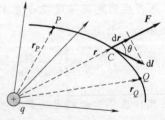

图 9.3.1　电场力做功

$$\mathrm{d}A = q_0 \boldsymbol{E} \cdot \mathrm{d}\boldsymbol{l} = q_0 E \mathrm{d}l \cos\theta = q_0 E \mathrm{d}r = \frac{qq_0}{4\pi\varepsilon_0 r^2}\mathrm{d}r$$

上式中 $\mathrm{d}r$ 为位矢 r 方向的长度微元，q_0 从 P 点经任意路径到达 Q 点，电场对其所做的总功为

$$A = \int_P^Q \mathrm{d}A = \int_{r_P}^{r_Q} \frac{q_0 q}{4\pi\varepsilon_0 r^2}\mathrm{d}r = \frac{q_0 q}{4\pi\varepsilon_0}\left(\frac{1}{r_P} - \frac{1}{r_Q}\right) \tag{9.3.1}$$

式中，r_P 和 r_Q 分别为 q_0 移动时的起点 P 和终点 Q 到场源电荷 q 的距离。从中可见，当场源电荷和试探电荷确定时，电场力做功的多少仅由试探电荷运动的起点和终点位置决定，而与路径无关。符合此做功特点的力称为保守力。

任一带电体都可以视为许多点电荷的集合，结合电场强度叠加原理，式（9.3.1）的结论可以推广到任何静电场。亦即在任何静电场中，电场力对试探电荷所做的功只与试探电荷的起点和终点位置有关，而与运动路径无关。这说明静电场力是**保守力**，静电场是**保守力场**。

9.3.2 静电场的环路定理

如图 9.3.2 所示，试探电荷 q_0 从电场中的 P 点沿任意路径 PCQ 到达 Q 点，再从 Q 点经路径 QDP 回到 P 点，即 q_0 运动一周，整个过程电场力所做的功为

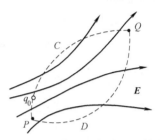

$$A = \oint_L q_0 \boldsymbol{E} \cdot \mathrm{d}\boldsymbol{l} = \int_{PCQ} q_0 \boldsymbol{E} \cdot \mathrm{d}\boldsymbol{l} + \int_{QDP} q_0 \boldsymbol{E} \cdot \mathrm{d}\boldsymbol{l}$$
$$= \int_{PCQ} q_0 \boldsymbol{E} \cdot \mathrm{d}\boldsymbol{l} - \int_{QDP} q_0 \boldsymbol{E} \cdot \mathrm{d}\boldsymbol{l} = 0$$

图 9.3.2 电场力沿闭合器径做功

上式表明：静电力沿任意闭合回路一周所做的功等于零。这个结论和静电力做功与路径无关，只与始末位置有关的结论相一致。

由上式同时可以推出

$$\oint_L \boldsymbol{E} \cdot \mathrm{d}\boldsymbol{l} = 0, \tag{9.3.2}$$

此式表明：**在静电场中，电场强度沿任意闭合路径的积分等于零**。这个结论称为**静电场的环路（环流）定理**，它表明静电场是保守场。

9.3.3 电势能　电势和电势差

1. 电势能

对于保守力场，如重力场，可引入势能函数，如重力势能。因此，静电场中也可引入与位置有关的**电势能**的概念。受重力 mg 作用的物体，其高度发生变化，如下降 h，重力对其做的功 $A = mgh$，物体的重力势能增量为 $\Delta E_{\mathrm{p}} = -mgh$，则有 $A = -\Delta E_{\mathrm{p}}$，即做功等于势能增量的负值。在静电场中运动的试探电荷，受电场力做功后其电势能会发生变化，变化规律依然有 $A = -\Delta E_{\mathrm{p}}$。

在图 9.3.3 所示的电场中，试探电荷 q_0 从 a 点沿任意路径移动到 b 点，W_a 和 W_b 分别表示 q_0 在电场中 a 点和 b 点的电势能。如前所述，电场力对 q_0 所做的功等于电势能增量的负值，即

$$A_{ab} = \int_a^b q_0 \boldsymbol{E} \cdot \mathrm{d}\boldsymbol{l} = -(W_b - W_a) \tag{9.3.3}$$

与重力势能、弹力势能相似，电势能也是相对量。为了确定 q_0 在电场中某点的电势能，必须选择一个电势能为零的参考点，其他点的电势能就是相对于此参考点的值。电势能零点可以任意选择，如果选择 b 点的电势能为零，即 $W_b = 0$，则 a 点的电势能为

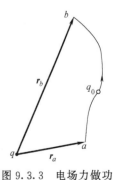

图 9.3.3 电场力做功

$$W_a = A_{ab} = \int_a^{\text{参考点}} q_0 \boldsymbol{E} \cdot \mathrm{d}\boldsymbol{l}$$

试探电荷 q_0 在电场中某点的电势能，在数值上等于把它从该点移到零势能点处时电场力所做的功。通常情况下取无限远处为电势能零点，则 a 点的电势能为

$$W_a = \int_a^\infty q_0 \boldsymbol{E} \cdot \mathrm{d}\boldsymbol{l} \qquad (9.3.4)$$

必须注意：和其他势能一样，电势能是试探电荷和电场的相互作用能，属于由它们组成的系统所有。

2. 电势和电势差

由式（9.3.4）可见，电势能与电场的性质、a 点的位置以及电荷量 q_0 的大小有关，但电势能 W_a 与 q_0 的比值 $\dfrac{W_a}{q_0}$ 却不变，它反映了电场"能量"的基本性质，由此定义出物理量"**电势**"。a 点的电势用 V_a 表示，即

$$V_a = \frac{W_a}{q_0} = \int_a^\infty \boldsymbol{E} \cdot \mathrm{d}\boldsymbol{l} \qquad (9.3.5)$$

由式（9.3.5）可见，电势和试探电荷无关，它是电场的一个基本物理量，和电场的另一个基本物理量 $\boldsymbol{E}$ 有关联，它们都是由电场本身决定的，和外界无关。

式（9.3.5）表明，电场中某点 a 的电势，等于把单位正电荷从 a 点经任意路径移动到无限远处时，电场力所做的功。当然前提也同电势能零点一样，选择无限远处为电势零点。实际上电势零点也可以任意选取，通常也选择大地的电势为零。

电势是**标量**，在 SI 中的单位为**伏特**，简称**伏**（V）。

静电场中任意两点 a 和 b 的电势的差值就是电场中 a、b 两点之间的**电势差**，也称**电压**，用 U_{ab} 表示，大小为

$$U_{ab} = V_a - V_b = \frac{W_a}{q_0} - \frac{W_b}{q_0} = \frac{W_a - W_b}{q_0} = \frac{A_{ab}}{q_0} = \int_a^b \boldsymbol{E} \cdot \mathrm{d}\boldsymbol{l} \qquad (9.3.6)$$

由式可见，a、b 两点的电势差等于将单位正电荷从 a 移到 b 时电场力做的功。而当任一电荷 q_0 从 a 点移动到 b 点时，电场力做功为

$$A_{ab} = q_0 U_{ab} \qquad (9.3.7)$$

这就是我们在中学所熟知的电功计算公式。

9.3.4 电势的计算

1. 点电荷电场的电势

电荷量为 q 的点电荷的电场中，取 $V_\infty = 0$，以任一条电场线为积分路径，距离 q 为 r 处的电势为

$$V = \int_r^\infty \boldsymbol{E} \cdot \mathrm{d}\boldsymbol{l} = \int_r^\infty \frac{q}{4\pi\varepsilon_0 r^2} \mathrm{d}r = \frac{q}{4\pi\varepsilon_0 r} \qquad (9.3.8)$$

2. 电势叠加原理

对于由 n 个点电荷 q_1，q_2，$\cdots$，q_n 组成的系统所产生的电场，根据式（9.3.8）和电场强度叠加原理，任意一点 a 的电势为

$$V_a = \int_a^\infty \boldsymbol{E} \cdot \mathrm{d}\boldsymbol{l} = \int_a^\infty (\boldsymbol{E}_1 + \boldsymbol{E}_2 + \cdots + \boldsymbol{E}_n)\mathrm{d}\boldsymbol{l} = \frac{1}{4\pi\varepsilon_0} \sum_{i=1}^n \frac{q_i}{r_i} = \sum_{i=1}^n V_i(a) \quad (9.3.9)$$

式中，r_i 和 $V_i(a)$ 分别代表 a 点到第 i 个电荷的距离和第 i 个电荷在 a 点产生的电势。在点电荷系产生的电场中，任一点的电势等于各个点电荷单独存在时在该点所产生的电势的代数和，这个规律叫作静电场的电势叠加原理。

3. 任意带电体的电势

对于电荷连续分布的任意带电体 Q，可以把带电体看成是由许多可视为点电荷的很小的电荷元 $\mathrm{d}q$ 组成的，根据**电势叠加原理**，Q 在空间某点 a 产生的电势，等于各个电荷元在点 a 产生的电势的代数和，数学计算为积分运算，即

$$V_a = \int_Q \frac{\mathrm{d}q}{4\pi\varepsilon_0 r} \tag{9.3.10}$$

式中，$\mathrm{d}q$ 可分为以下三种情况：

若是电荷体密度为 ρ 的带电体，取体积元 $\mathrm{d}V$，则 $\mathrm{d}q = \rho\mathrm{d}V$，则电势 $V_a = \iiint_V \frac{\rho\mathrm{d}V}{4\pi\varepsilon_0 r}$；

若是电荷面密度为 σ 的带电面，取面积元为 $\mathrm{d}S$，则 $\mathrm{d}q = \sigma\mathrm{d}S$，则电势 $V_a = \iint_S \frac{\sigma\mathrm{d}S}{4\pi\varepsilon_0 r}$；

若是电荷线密度为 λ 的带电线，取线元为 $\mathrm{d}l$，则 $\mathrm{d}q = \lambda\mathrm{d}l$，则电势 $V_a = \int_L \frac{\lambda\mathrm{d}l}{4\pi\varepsilon_0 r}$。

例 9-3 如图 9.3.4 所示，真空中有一长为 L、带正电荷、且电荷量为 q 的均匀带电细直棒，求在直棒延长线上距离右端点为 c 的 P 点处的电势。

图 9.3.4 带电直线的电势

解 如图，以棒的左端点为原点，沿直棒建立 Ox 轴。电荷线密度为 $\lambda = \dfrac{q}{L}$。

在细棒上坐标为 x 处取一长为 $\mathrm{d}x$ 的线元，其电荷量为 $\mathrm{d}q = \lambda\mathrm{d}x$，在 P 点产生的电势为

$$\mathrm{d}V = \frac{1}{4\pi\varepsilon_0} \frac{\lambda\mathrm{d}x}{(L+c-x)}$$

则细棒在 P 点的总电势为

$$V = \int_0^L \frac{1}{4\pi\varepsilon_0} \frac{\lambda}{(L+c-x)}\mathrm{d}x = \frac{\lambda}{4\pi\varepsilon_0} \int_0^L \frac{-\mathrm{d}(L+c-x)}{(L+c-x)} = \frac{-\lambda}{4\pi\varepsilon_0} \ln(L+c-x) \Big|_0^L = \frac{q}{4\pi\varepsilon_0 L} \ln\left(\frac{L+c}{c}\right)$$

例 9-4 图 9.3.5 所示为半径为 R、带正电荷且电荷量为 q 的均匀带电细圆环，求在轴线上距圆心为 x 的 P 点处的电势。

解 如图所示，在环上任取一电荷元 $\mathrm{d}q$，产生的电势为

$$\mathrm{d}V = \frac{1}{4\pi\varepsilon_0} \frac{\mathrm{d}q}{r}$$

由电势叠加原理可得 P 点电势为

$$V = \int \mathrm{d}V = \int_0^q \frac{1}{4\pi\varepsilon_0} \frac{1}{\sqrt{R^2 + x^2}} \mathrm{d}q = \frac{1}{4\pi\varepsilon_0} \frac{q}{\sqrt{R^2 + x^2}}$$

讨论：如图 9.3.5b 所示，环心 $x = 0$ 处的电势 $V = \dfrac{q}{4\pi\varepsilon_0 R}$；距环心无限远，即 $x \gg R$ 处的电势 $V = \dfrac{q}{4\pi\varepsilon_0 x}$。

带电细圆环在无限远处产生的电势相当于把电荷全部集中在环心处的一点时所产生的电势。

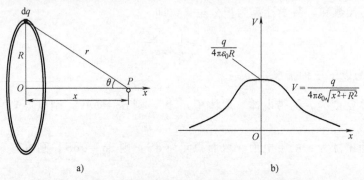

图 9.3.5 均匀带电细圆环轴线上的电势分布

例 9-5 图 9.3.6 是一电荷量为 $-q$ 的点电荷电场，其中 A、B 两点到 $-q$ 的距离分别为 r_A、r_B，求 A、B 两点间的电势差。

解 点电荷的电场强度大小为 $E = \dfrac{q}{4\pi\varepsilon_0 r^2}$，方向由 B 指向 A。

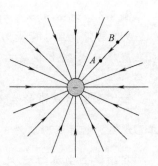

A、B 两点间的电势差为

$$U_{AB} = \int_A^B \boldsymbol{E} \cdot \mathrm{d}\boldsymbol{l} = \int_{r_A}^{r_B} \frac{q}{4\pi\varepsilon_0 r^2} \mathrm{d}r \cdot \cos\pi = \frac{q}{4\pi\varepsilon_0 r_B} - \frac{q}{4\pi\varepsilon_0 r_A}$$

图 9.3.6 点电荷电场

讨论：可见 $U_{AB} < 0$，表明 A 点比 B 点的电势低。

9.3.5 等势面

电场中不同点的电势一般是不相等的，但总有一些点的电势会相等。将电场中电势相等的点连接起来所形成的曲面叫作**等势面**。图 9.3.7 画出了几种典型电场的电场线与等势面（虚线）的示意图。

静电场中的等势面具有下列性质：

1）电荷沿等势面移动时，电场力做功为零；

2）等势面处处与电场线正交；

3）等势面的疏密表示电场的强弱。

等势面是研究电场经常使用的方法，实际中经常是先测量出带电体周围的等势面，然后再推导出电场的分布。

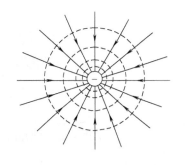

a) 负点电荷电场的电场线与等势面

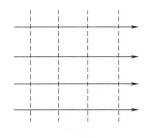

b) 匀强电场的电场线与等势面

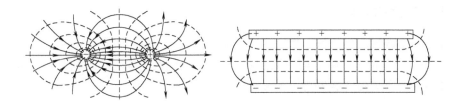

c) 一对等量异号电荷的电场线与等势面   d) 两平行带电平板的电场线与等势面

图 9.3.7　几种典型电场的电场线与等势面

9.4　高斯定理

9.4.1　电场强度通量

如图 9.4.1 所示，在电场中有平面时，将有电场线通过该面。通过电场中任一给定面的电场线条数称为通过该面的**电场强度通量**，简称**电通量**，用符号 Φ_e 表示。在匀强电场中，若电场线垂直通过平面 S，如图 9.4.1a 所示，则 $\Phi_e = ES$；如图 9.4.1b 所示，当电场线斜着通过时，E 和平面的法线方向 e_n 成 θ 角，则 $\Phi_e = ES\cos\theta = \boldsymbol{E} \cdot \boldsymbol{S}$。

图 9.4.2 所示的是非匀强电场中电场线通过一曲面 S，此时可以把曲面 S 分成许多可视为平面的微小面元 $\mathrm{d}S$，且 $\mathrm{d}S$ 范围内的电场强度 $\boldsymbol{E}$ 可认为处处相同。穿过面元 $\mathrm{d}S$ 的电通量为

$$\mathrm{d}\Phi_e = E\cos\theta\,\mathrm{d}S = \boldsymbol{E} \cdot \mathrm{d}\boldsymbol{S}$$

将上式对整个曲面 S 积分，可得通过曲面 S 的电通量为

$$\Phi_e = \iint\limits_{S} \mathrm{d}\Phi_e = \iint\limits_{S} \boldsymbol{E} \cdot \mathrm{d}\boldsymbol{S} \tag{9.4.1}$$

通过闭合曲面 S 的电通量为

$$\Phi_e = \oiint\limits_{S} \boldsymbol{E} \cdot \mathrm{d}\boldsymbol{S} \tag{9.4.2}$$

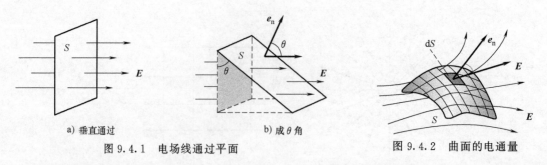

a) 垂直通过　　　　　　　b) 成 θ 角

图 9.4.1　电场线通过平面　　　　　　图 9.4.2　曲面的电通量

一般情况下，通过闭合曲面的电场线有"穿进"也有"穿出"，通常规定面元 dS 的法线正方向指向闭合面的外侧，由此穿出闭合曲面部分的电通量为正值，穿进部分的电通量为负值。

9.4.2　高斯定理的内容

现在计算一个特殊的电通量，如图 9.4.3 所示，真空中有一点电荷 $+q$，以 $+q$ 为球心，作半径为 R 的闭合球面 S。在 S 面上取面元 dS，dS 的法线方向沿径向向外，与电场强度 E 同向。穿过面元的电场强度通量为

$$d\Phi_e = E \cdot dS = E\,dS = \frac{1}{4\pi\varepsilon_0}\frac{q}{R^2}dS$$

通过整个球面 S 的电通量为

$$\Phi_e = \oiint\limits_S d\Phi_e = \oiint\limits_S \frac{q}{4\pi\varepsilon_0 R^2}dS = \frac{q}{4\pi\varepsilon_0 R^2}\oiint\limits_S dS = \frac{q}{4\pi\varepsilon_0 R^2}4\pi R^2 = \frac{q}{\varepsilon_0}$$

结果表明，电通量与球面半径（即球面大小）无关，只与球面内所包围的电荷量有关。

对于图 9.4.3 中的另一个包围 $+q$ 的任意闭合曲面 S'，通过它的电通量 Φ_e' 又是多少呢？由图中可见，通过 S' 的电场线必然会通过球面 S，因此有 $\Phi_e' = \Phi_e = \dfrac{q}{\varepsilon_0}$。此结论可总结并推广为：**在真空的静电场中，穿过任意闭合曲面（高斯面）的电通量，等于该曲面所包围的所有电荷量的代数和除以真空介电常量**，这就是**真空中静电场的高斯定理**，用公式表示为

$$\Phi_e = \oiint\limits_S E \cdot dS = \frac{1}{\varepsilon_0}\sum_{S_{内}} q_i \tag{9.4.3}$$

高斯定理是静电场的基本规律之一，是电磁场理论的主要组成部分，具有重要的意义。它是由德国科学家高斯（Johann Karl Friedrich Gauss）（见图 9.4.4）和韦伯（Wilhelm Eduard Weber）共同建立并发表的。

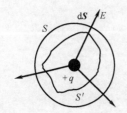

图 9.4.3　高斯定理的证明

图 9.4.4　高斯

9.4.3　高斯定理的应用

在静电场中，高斯定理经常被用来求解电荷分布具有一定对称性电场的电场强度。用高斯定理求电场强度的一般步骤：首先，要进行对称性分析；其次，根据对称性选择合适的高斯面；最后，应用高斯定理进行计算。

例 9-6　图 9.4.5 所示为电荷面密度为 σ 的无限大均匀带电平面，求距平面为 r 处的电场强度。

解　平面无限大且均匀带电，具有平面对称性，因此电场强度的方向垂直于带电平面，取一个以带电平面为中垂面的圆柱面为高斯面，底面积为 S，高为 $2r$，根据高斯定理，得

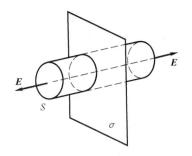

$$\Phi_e = \oiint_S \boldsymbol{E} \cdot d\boldsymbol{S} = \iint_{左面} \boldsymbol{E} \cdot d\boldsymbol{S} + \iint_{右面} \boldsymbol{E} \cdot d\boldsymbol{S} + \iint_{侧面} \boldsymbol{E} \cdot d\boldsymbol{S}$$

$$= 2E \Delta S = \frac{\sigma \Delta S}{\varepsilon_0}$$

图 9.4.5　无限大均匀
带电平面的场强

故得电场强度的大小为 $E = \dfrac{\sigma}{2\varepsilon_0}$，电场强度方向垂直于带电平面。

由上述结果可见，电场强度大小与距离 r 无关，空间各点电场强度大小相等，方向在两个空间相反，带正电时背离带电平面，负电时指向平面。

例 9-7　求半径为 R、总的电荷量为 Q 的均匀带电球面在球面内外各点的电场强度分布。

解　如图 9.4.6 所示，因为带电球面的电荷分布具有球对称性，所以球面内外各点的电场强度也是球对称的，电场强度方向沿径向，故选取半径为 r 的同心球面 S 为高斯面。

根据高斯定理可得通过高斯面的电通量为

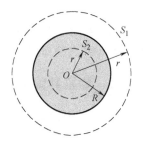

$$\oiint_S \boldsymbol{E} \cdot d\boldsymbol{S} = \oiint_S E \, dS = E \oiint_S dS = E \cdot 4\pi r^2 = \frac{\sum q}{\varepsilon_0}$$

图 9.4.6　均匀带电球面

则高斯面上的电场强度为

$$E = \frac{\sum q}{4\pi \varepsilon_0 r^2}$$

当 $r \geqslant R$ 时，$\sum q = Q$，有 $E_外 = \dfrac{1}{4\pi\varepsilon_0} \dfrac{Q}{r^2}$，方向沿径向；

当 $r < R$ 时，$\sum q = 0$，有 $E_内 = 0$，即球面内部没有电场。

例 9-8　有一无限长均匀带电细直棒，其线电荷密度为 λ，求距细棒距离为 a 处的电场强度。

解 如图 9.4.7 所示，因为无限长均匀带电细棒的电荷分布为柱对称，其电场线垂直且经过细棒，以细棒为轴构造一个高为 l、截面半径为 a 的圆柱面作为高斯面 S。通过高斯面 S 的电通量可分为圆柱侧面和上、下底面三部分通量的代数和。

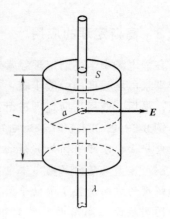

$$\Phi_e = \oiint\limits_S \boldsymbol{E} \cdot \mathrm{d}\boldsymbol{S}$$

$$= \iint\limits_{侧面} \boldsymbol{E} \cdot \mathrm{d}\boldsymbol{S} + \iint\limits_{上底} \boldsymbol{E} \cdot \mathrm{d}\boldsymbol{S} + \iint\limits_{下底} \boldsymbol{E} \cdot \mathrm{d}\boldsymbol{S}$$

因上、下底面的电场强度方向与上、下底面平行，其电通量为零。高斯面包含的总电荷量为 $\sum q_i = \lambda l$，根据高斯定理可得

$$\Phi_e = \iint\limits_{侧面} \boldsymbol{E} \cdot \mathrm{d}\boldsymbol{S} = E \cdot 2\pi a l = \frac{1}{\varepsilon_0} \lambda l$$

故电场强度的大小为 $E = \dfrac{1}{2\pi\varepsilon_0} \dfrac{\lambda}{a}$，其大小和电荷密度以及距离有关，方向沿带电细棒的垂线方向。均匀带电细棒的 $E\text{-}r$ 曲线如图 9.4.7 所示。

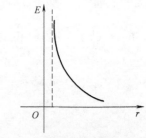

图 9.4.7 无限长均匀带电细棒及其电场强度分布

9.5 静电场中的金属导体

当电荷置于静电场中时会受到电场力的作用，如果将金属导体放入电场中，会发生什么现象？有什么规律呢？

9.5.1 金属导体的静电平衡

当金属导体处于外加电场 $\boldsymbol{E}_{外}$ 中时，其内部大量的自由电子将受到电场力的作用而定向移动，以图 9.5.1 所示的方形金属为例，左侧面将聚集电子而带负电，右侧面由于失去电子而带正电。这个现象称为**静电感应现象**，两侧产生的电

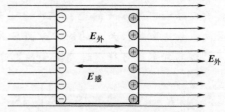

图 9.5.1 静电场中的金属导体

荷叫作**感应电荷**。感应电荷在空间中会产生和 $\boldsymbol{E}_{外}$ 方向相反的电场——感应电场 $\boldsymbol{E}_{感}$，因此导体内部的总电场强度 $\boldsymbol{E} = \boldsymbol{E}_{外} + \boldsymbol{E}_{感}$ 将小于 $\boldsymbol{E}_{外}$。随着感应电荷的不断增加，$\boldsymbol{E}_{感}$ 增强，并最终和 $\boldsymbol{E}_{外}$ 平衡，使得导体内部电场强度 $\boldsymbol{E}$ 为零，此时自由电子将不再受到电场力的作用，也就不能再定向移动，此时导体达到**静电平衡状态**。显然，导体达到**静电平衡状态的条件**是：**导体内部电场强度 $\boldsymbol{E}$ 为零**。这个过程是在极其短暂的时间内完成的。

金属导体静电平衡时有以下性质：

1）整个导体是一个等势体，导体表面是一个等势面；

2）导体以外靠近表面地方的电场强度处处与导体表面垂直；

3）导体内部没有净电荷，所有多余电荷只分布在导体表面上；

4）导体表面附近的电场强度与面电荷密度 σ 成正比（$E = \sigma / \varepsilon_0$）。

实验表明，导体尖端表面凸出尖锐（曲率大）的地方，电荷比较密集，σ 大，表面较平坦（曲率小）的地方 σ 小。因此，导体尖端附近的电场强度特别大，容易产生**尖端放电**现象。所以避雷针和电视发射塔要做得很尖，而电子线路的焊点、高压输电线和高压设备的电极等表面要做得光滑，避免毛刺。

9.5.2 导体壳和静电屏蔽

导体内部如果空心则形成导体壳，空腔内有无电荷会影响电荷和电场分布。图 9.5.2a 表示空腔内无电荷，由于导体壳处于静电平衡，导体内电场强度为零，净电荷只能分布在壳外表面，空腔内无电场，腔内是等势区，因此腔外的电场对腔内无影响，这种现象属于**静电屏蔽**。将收音机置于金属网罩内，会收不到电台节目就是屏蔽的原因。

图 9.5.2b 表示导体壳腔内有电荷，则壳的内表面会感应出等量异号电荷，壳外表面则会出现与腔内电荷等量同号的电荷。此时，腔内电荷的电场是可以对腔外产生影响的。图 9.5.2c 为腔内有电荷的导体壳接地后，壳外电场消失，腔内的电场对外界无影响，这也属于**静电屏蔽**。静电屏蔽既可"屏外"，也可"屏内"，它在实际中的应用很广。如将电子仪表外壳制成金属，在电缆外层包以金属，将弹药库罩以金属网，在高压带电作业时穿上均压服等，都是利用静电屏蔽消除外电场影响的措施。

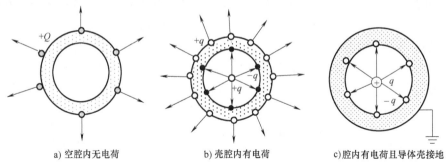

a) 空腔内无电荷   b) 壳腔内有电荷   c) 腔内有电荷且导体壳接地

图 9.5.2 导体壳静电平衡时的电场

9.6 静电场中的电介质

中学曾学习过"在平行板电容器中加入电介质会增大电容"，那么什么是"**电介质**"呢？电介质就是通常所说的绝缘体。理想的电介质内部没有自由电荷，不能导电，但将其置于电场中时，依然会受到电场的影响，产生**电极化**现象。电极化的电介质也会对原电场产生影响。

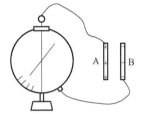

9.6.1 电介质对电场的影响

我们可以通过一个实验来观察电介质对电场的影响。如图 9.6.1 所示，将平行板电容器的 A、B 两极板分别接在静电计的直杆和外壳上，充电后可见静电计的指针有一定的偏角，偏角的大小

图 9.6.1 电介质对电场的影响

反映了两极板间电压的大小，设此时的电压为 U_0。然后撤掉充电电源，保持极板上的电荷量不变，向两极板间插入电介质（如玻璃板），我们会发现指针的偏角减小，表明两极板间电压减小了，以 U 表示此时电压。前后两次电压的关系可以写为 $U=U_0/\varepsilon_r$，其中的 ε_r 叫作电介质的**相对介电常量**（或相对电容率），它的大小由电介质的种类和状态决定，反映了电介质的一种特性。

在电容器极板所带电荷量 Q 保持不变的情况下，插入电介质后两极板间的电压降低，根据 $C=Q/U$，显然平行板电容器的电容增大了。

9.6.2 电介质的极化

实验表明：电介质在外电场作用下，其内部及表面的分子要重新分布。电介质内部及表面出现的电荷与前述导体的情况不同，它们只能在分子范围内移动，不能像导体中的自由电子那样可以自由移动。但电介质内部正负电荷的电荷量相等，相互抵消。使得介质表面一端出现正电荷，另一端出现负电荷，这种现象叫作**电介质的极化**。其表面出现的电荷称为**极化电荷或束缚电荷**。

我们知道，任何物质的分子或原子（以下统称分子）都是由带负电的电子和带正电的原子核组成的，整个分子呈电中性。分子中的正、负电荷分布在一个线度为 10^{-10} m 数量级的体积内，并非集中于一点。但是，当我们研究一个分子受外电场的作用时，可以认为所有正电荷集中于一点——"正电中心"。同理，分子中的负电荷也有一个"负电中心"。由此可以将电介质分成两类：一是**无极分子**，当外电场不存在时，其分子中正、负电的"中心"重合在一起，如 He、H_2、N_2、CO_2 等分子；反之，正、负电"中心"不重合的称为**有极分子**，如 HCl、H_2O、CO 等分子，每个有极分子相当于一个电偶极子。

1. 无极分子的位移极化

如图 9.6.2 所示，无极分子电介质处在外电场中时，分子中的"正、负电中心"受相反的电场力作用而往相反方向移动微小位移，形成一个电偶极子，其方向与外电场同向。宏观上由于电介质的表面有剩余电荷而显电性，从而产生极化电荷。

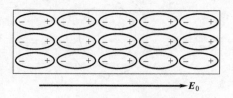

图 9.6.2 无极分子的位移极化

2. 有极分子的取向极化

对于由有极分子组成的电介质，无外电场作用时，由于分子做无规则热运动，各分子固有电矩的取向杂乱无章，所以宏观上不显电性。当有外电场时，分子的固有电矩将受到外电场的力矩作用而沿着外电场方向排列，如图 9.6.3a 所示。由于分子的无规则热运动，这种取向不可能完全整齐，当外电场的作用和热运动的作用达到平衡时，绝大多数分子的固有电矩的方向会不同程度地和外电场方向一致。对于整个电介质来说，同位移极化一样，在电介质的表面上会产生极化电荷，如图 9.6.3b 所示。

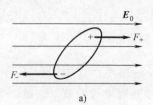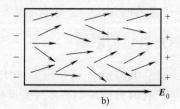

图 9.6.3 有极分子的取向极化

设外电场为 E_0，极化电荷也要产生电场 E'，方向与 E_0 相反。电介质内部的总电场为两个电场之和，即 $E=E_0+E'$，因此总电场 E 弱于外电场 E_0。

9.6.3　极化强度矢量

为了定量描述电介质极化的程度，引入**极化强度矢量（P）：电介质单位体积内分子电矩的矢量和**。用 p_i 表示电介质中一微小体积 ΔV 内第 i 个分子的电矩，则该处的极化强度 P 为

$$P=\lim_{\Delta V}\frac{\sum_i p_i}{\Delta V} \tag{9.6.1}$$

极化强度矢量不仅反映极化的程度，也反映了极化的方向，SI 中的单位是 C/m^2。如果电介质中每点的极化强度 P 的大小和方向均相同，则称为**均匀极化**。本书中只讨论均匀极化的电介质。

实验表明，当外电场不太强时，各向同性的电介质中任一点的极化强度 P 的大小与该点场强 E 的大小成正比，方向相同，即

$$P=\chi_e\varepsilon_0 E \tag{9.6.2}$$

式中，χ_e 叫做**极化率**，它是材料的一种属性，只和电介质的种类有关。对于各向同性的电介质，χ_e 是常量。

当施加于电介质的外电场不太强时，电介质只会发生极化。但当外电场很强时，电介质就可能会变成导体，因为电介质分子中的正负电荷有可能被很强的电场力分开而产生大量自由电荷。这种现象称为**电介质的击穿**。

9.6.4　电位移矢量　有电介质时的高斯定理

电介质在外电场 E_0 作用下发生极化时，其内部的电场 E 变化复杂，使得求解有电介质时的电场变得相当困难。为了解决这个问题，引入一个新的物理量——**电位移矢量 D**，即

$$D=\varepsilon_0 E+P \tag{9.6.3}$$

式中，P 为极化强度矢量；D 在 SI 中的单位是 C/m^2，其量纲与极化强度及面电荷密度的相同。

可以证明，高斯定理在电介质中也成立，称为**有电介质时的高斯定理**，其数学表达式为

$$\oint_S \boldsymbol{D}\cdot\mathrm{d}\boldsymbol{S}=\sum_{S内}q_0 \tag{9.6.4}$$

其意义为：在静电场中，通过任意一个闭合曲面的电位移通量等于该闭合曲面包围的自由电荷的代数和，也称 D 的高斯定理。实验证明，**有电介质时的高斯定理**对变化的电磁场也成立，因此是电磁学的基本规律之一。

对于各向同性的电介质，有 $P=\chi_e\varepsilon_0 E$，代入式（9.6.3），可得

$$D=\varepsilon_0 E+P=\varepsilon_0 E+\chi_e\varepsilon_0 E=\varepsilon_0\varepsilon_r E=\varepsilon E, \tag{9.6.5}$$

式中，$\varepsilon_r=1+\chi_e$ 称为**相对介电常数**（或**相对电容率**）；$\varepsilon=\varepsilon_r\varepsilon_0$ 称为电介质的**绝对介电常数**（或**绝对电容率**）。

应用有电介质时的高斯定理和式（9.6.5）可以较为简便地计算出电介质中的电场。在

电位移具有特殊对称性的情况下，可以很方便地求出电位移 D 和电场强度 E 的分布。

例 9-9 一平行板电容器充电后金属极板上的自由电荷面密度为 $\pm\sigma_{e0}$，且两板间充满了极化率为 χ_e 的均匀电介质。求：（1）电介质内的电场强度 E；（2）电容器两板间有、无电介质时的电容之比。

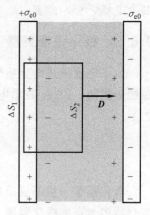

图 9.6.4　有电介质的
平行板电容器

解 如图 9.6.4 所示，取一柱形高斯面 S，其中一个底面 ΔS_1 位于电容器的金属极板内，另一底面 ΔS_2 位于电介质内，侧面平行于电场线。

当达到平衡时，金属极板上的自由电荷位于内表面，极板中的电场为零，自由电荷在两板间产生的匀强电场强度为 $E_0=\dfrac{\sigma_{e0}}{\varepsilon_0}$，方向由正极板指向负极板。因此，通过底面 ΔS_1 的电位移通量为零，通过 ΔS_2 面的电位移通量为 $D\Delta S_2$，侧面的电位移通量为零。高斯面 S 包围的自由电荷的电荷量为 $\Delta q_0=\sigma_{e0}\Delta S_1$。

（1）根据有电介质时的高斯定理，可得

$$\oiint_S \boldsymbol{D} \cdot \mathrm{d}\boldsymbol{S}=D\Delta S_2=\sigma_{e0}\Delta S_1$$

而 $\Delta S_1=\Delta S_2$，则有 $D=\sigma_{e0}=\varepsilon_0 E_0$。

又因为 $D=\varepsilon_r\varepsilon_0 E$，则电介质中的电场强度的大小为 $E=\dfrac{E_0}{\varepsilon_r}=\dfrac{\sigma_{e0}}{\varepsilon_r\varepsilon_0}$。

（2）电容器所带电荷量保持不变，设电容器两极板间距离为 d，插入电介质前后的电压之比为 $\dfrac{U_0}{U}=\dfrac{E_0 d}{Ed}=\varepsilon_r$，根据电容 $C=\dfrac{Q}{U}$，则电容之比为 $\dfrac{C}{C_0}=\dfrac{U_0}{U}=\varepsilon_r>1$，故插入电介质后的电容增大。

9.7　电容器

电容器是电子设备中不可或缺的电子元件。两个彼此绝缘又互相靠近的导体就组成了一个电容器，它能储存电荷。电容器有多种，按形状分：平行板电容器、柱形电容器、球形电容器；按性能分：固定电容器、可变电容器、半可变电容器；按介质分：空气电容器、塑料电容器、云母电容器、陶瓷电容器等。还有近年应用越来越多的超级电容器（见图 9.7.1），其电容可以高达数百法拉，甚至上万法拉。

图 9.7.1　超级电容器

电容 C 是用来表示电容器容纳电荷的本领的物理量，定义为 $C=Q/U$，Q 为电容器所带电荷量，U 为两极板间的电压（电势差），其在 SI 中的单位为库每伏（C/V），称为法拉（F）。

电容器电容的大小与导体所带电荷量无关，由极板的形状、相对位置和其间的电介质决定。

9.7.1　电容器电容的计算

电容器电容的计算大致按以下步骤进行：首先，假设电容器两极板所带的电荷量分别为 $+Q$ 和 $-Q$；计算两极板间的电场强度；然后，再根据电场强度求出两极板间的电势差 U；最后由公式 $C=Q/U$ 计算出电容 C。

1. 平行板电容器的电容

如图 9.7.2 所示，设极板面积为 S，两板间距离为 d，所带电荷量分别为 $+Q$ 和 $-Q$。忽略边缘效应，将平板视为无限大平面，板间电场视为匀强电场。若面电荷密度为 σ，则两极板间的电场强度大小为

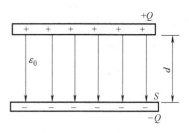

图 9.7.2　平行板电容器

$$E=\frac{\sigma_0}{\varepsilon_0}=\frac{Q}{\varepsilon_0 S}$$

两极板间的电势差为

$$U_{AB}=\int_A^B \boldsymbol{E}\cdot d\boldsymbol{l}=Ed=\frac{Qd}{\varepsilon_0 S}$$

平行板电容器的电容为

$$C=\frac{Q}{U_{AB}}=\frac{\varepsilon_0 S}{d}$$

可见平行板电容器的电容与极板面积 S 成正比，与板间距离 d 成反比，且和真空电容率 ε_0 有关。若板间为其他电介质，电容率为 ε，则 $C=\dfrac{\varepsilon S}{d}$。

2. 圆柱形电容器

如图 9.7.3 所示，圆柱形电容器由两个同轴导体圆柱面 A、B 组成，长为 l，半径分别为 R_A、R_B，且 $R_B-R_A\ll l$。

设电容器所带电荷量为 Q，电荷线密度为 $\lambda=Q/l$，由高斯定理可得圆柱面间的场强为

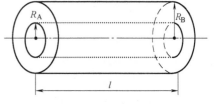

图 9.7.3　圆柱形电容器

$$E=\frac{\lambda}{2\pi\varepsilon_0 r}(R_A<r<R_B)$$

两圆柱面间的电势差为

$$U=\int_{R_A}^{R_B}\frac{\lambda\,dr}{2\pi\varepsilon_0 r}=\frac{Q}{2\pi\varepsilon_0 l}\ln\frac{R_B}{R_A}$$

则圆柱形电容器的电容为

$$C=\frac{Q}{U}=\frac{2\pi\varepsilon_0 l}{\ln\dfrac{R_B}{R_A}}$$

可见电容大小仅由长度和两极板半径及电介质决定。

9.7.2 电容器的串联和并联

1. 电容器的并联

把电容器的首尾分别连接后接到电路中（见图9.7.4）。

令 $U=U_A-U_B$，电容器所带电荷量分别为 $q_1=C_1U$，$q_2=C_2U$，$\cdots$，$q_n=C_nU$。

因为 $C=\dfrac{q_1+q_2+\cdots+q_n}{U}$，所以 $C=C_1+C_2+\cdots+C_n$，并联电容器的总电容等于各分电容之和。

2. 电容器的串联

把电容器的首尾依次连接后接到电路中（见图9.7.5）。

令 $U=U_A-U_B$，则 $U=U_1+U_2+\cdots+U_n$，各电容器的电容分别为 $C_1=\dfrac{q}{U_1}$，$C_2=\dfrac{q}{U_2}$，$\cdots$，$C_n=\dfrac{q}{U_n}$，则串联总电容 $C=\dfrac{q}{U}=\dfrac{q}{U_1+U_2+\cdots+U_n}$，故 $\dfrac{1}{C}=\dfrac{1}{C_1}+\dfrac{1}{C_2}+\cdots+\dfrac{1}{C_n}$，总电容的倒数等于各分电容倒数之和。

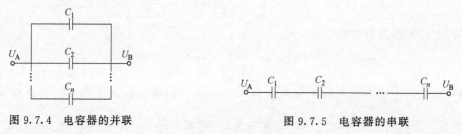

图 9.7.4　电容器的并联　　　　　　　图 9.7.5　电容器的串联

9.7.3 电容器的储能

电容器充电后和电源断开，将电容器和小灯泡连接，则灯泡会有短暂的发光过程。这是由于电容器放电时做功，电能转化为光能。同时也说明电容器充电后不仅储存了电荷，也储存了电能，那么有多少焦耳的电能呢？

充电就是把其他形式的能量转化为电能的过程。对于电容为 C 的电容器，在充电过程中，设某时刻充有电荷量 q，此时两极板间的电压为 U_{AB}，当有 $\mathrm{d}q$ 的电荷量微元从负极板移到正极板时，外力克服电场力做的元功为

$$\mathrm{d}A=U_{AB}\mathrm{d}q=\frac{1}{C}q\,\mathrm{d}q$$

电容器充有电荷量 Q 时，克服电场力做功为

$$A=\int_0^Q\frac{q}{C}\mathrm{d}q=\frac{1}{2}\frac{Q^2}{C}=\frac{1}{2}CU^2$$

式中，U 为此时两板间的电压。根据功能关系，做功的多少就等于转化的电能，因此储存在电容器中的能量为

$$W_e=A=\frac{Q^2}{2C}=\frac{1}{2}CU^2=\frac{1}{2}QU \tag{9.7.1}$$

这就是电容器的储能公式。

本 章 小 结

9-1 静电场的基本规律。

（1）库仑定律：$\boldsymbol{F}_{12}=k\dfrac{q_1 q_2}{r_{12}^2}\boldsymbol{e}_{r12}$，$\boldsymbol{F}_{12}=\dfrac{1}{4\pi\varepsilon_0}\dfrac{q_1 q_2}{r_{12}^2}\boldsymbol{e}_{r12}$

（2）高斯定理：$\varPhi_e=\oiint\limits_{S}\boldsymbol{E}\cdot\mathrm{d}\boldsymbol{S}=\dfrac{1}{\varepsilon_0}\sum\limits_{S_内}q_i$

（3）环路定理：$\oint\limits_{L}\boldsymbol{E}\cdot\mathrm{d}\boldsymbol{l}=0$

（4）静电力叠加原理：任意两个点电荷间的相互作用力不受其他电荷存在的影响，作用在每一个点电荷上的静电力等于其他各个点电荷单独存在时作用于该点电荷的静电力的矢量和。

（5）电势叠加原理：在点电荷系产生的电场中，任一点的电势等于各个点电荷单独存在时在该点所产生的电势的代数和。

（6）电荷守恒定律：在一个与外界没有电荷交换的孤立系统内所发生的任何物理过程中，整个系统的总电荷量保持不变。

9-2 描述静电场的基本物埋量。

（1）电场强度：$\boldsymbol{E}=\dfrac{\boldsymbol{F}}{q_0}$。点电荷的电场强度为 $\boldsymbol{E}=\dfrac{1}{4\pi\varepsilon_0}\dfrac{Q}{r^2}\boldsymbol{e}_r$，电荷连续分布的带电体产生的电场强度为 $\boldsymbol{E}=\displaystyle\int_V\mathrm{d}\boldsymbol{E}=\dfrac{1}{4\pi\varepsilon_0}\int_V\dfrac{\mathrm{d}q}{r^2}\boldsymbol{e}_r$。

（2）电势：$V_a=\dfrac{W_a}{q_0}=\displaystyle\int_a^\infty\boldsymbol{E}\cdot\mathrm{d}\boldsymbol{l}$。点电荷电场的电势 $V=\dfrac{q}{4\pi\varepsilon_0 r}$，任意带电体的电势 $V_a=\displaystyle\int_Q\dfrac{\mathrm{d}q}{4\pi\varepsilon_0 r}$。

9-3 静电场中的导体

（1）静电平衡条件：导体内部电场强度 $\boldsymbol{E}$ 为零。

（2）静电平衡性质：①整个导体是一个等势体，导体表面是一个等势面；②导体以外靠近表面地方的电场强度处处与导体表面垂直；③导体内部没有净电荷，所有多余电荷只分布在导体表面上；④导体表面附近的电场强度与电荷面密度 σ 成正比。

9-4 静电场中的电介质

（1）位移极化、取向极化。

（2）极化强度矢量 $\boldsymbol{P}=\lim\limits_{\Delta V}\dfrac{\sum\limits_i \boldsymbol{p}_i}{\Delta V}$，各向同性的电介质 $\boldsymbol{P}=\chi_e\varepsilon_0\boldsymbol{E}$。

（3）电位移矢量 $\boldsymbol{D}=\varepsilon_0\boldsymbol{E}+\boldsymbol{P}$，各向同性的电介质 $\boldsymbol{D}=\varepsilon_0\varepsilon_r\boldsymbol{E}=\varepsilon\boldsymbol{E}$。

（4）有电介质时的高斯定理 $\oiint\limits_{S}\boldsymbol{D}\cdot\mathrm{d}\boldsymbol{S}=\sum q_0$。

9-5 电容

(1) 电容器的电容 $C = \dfrac{Q}{U}$。

(2) 决定电容的公式：平行板电容器的电容 $C = \dfrac{\varepsilon_0 S}{d}$，圆柱形电容器的电容 $C = \dfrac{2\pi\varepsilon_0 l}{\ln \dfrac{R_B}{R_A}}$

(3) 串联和并联电容器的总电容。

并联：$C = C_1 + C_2 + \cdots + C_n$，串联：$\dfrac{1}{C} = \dfrac{1}{C_1} + \dfrac{1}{C_2} + \cdots + \dfrac{1}{C_n}$。

9-6 充电电容器储存的能量：$W_e = A = \dfrac{Q^2}{2C} = \dfrac{1}{2}CU^2 = \dfrac{1}{2}QU$。

习　题

一、填空题

9-1 点电荷 Q 产生的电场中有一 a 点，现在 a 点放一电荷量为 $q = +2 \times 10^{-8}$C 的检验电荷，它受到的电场力的大小为 7.2×10^{-5}N，方向水平向左。则：（1）点电荷 Q 在 a 点产生的场强大小为_____，方向_____；（2）若在 a 点换上另一电荷量为 $q = 4 \times 10^{-4}$C 的负电荷，它受到的电场力的大小为_____，方向为_____，此时点电荷 Q 在 a 点产生的场强大小为_____；（3）若将检验电荷从 a 点移走，则 a 点的场强大小为_____。

9-2 电荷量分别为 q_1 和 q_2 的两个点电荷在空间各点单独产生的场强分别为 E_1 和 E_2，空间各点总电场强度为 $E = E_1 + E_2$，现在构造一封闭曲面 S 以包围这两个点电荷，则通过 S 的电通量为_____。

9-3 有一半径为 R、带有均匀分布电荷量 Q 的球面，对于距离球心 r 处的电场强度：当 $r < R$ 时，$E =$ _____；当 $r > R$ 时，$E =$ _____。

9-4 静电场的环路定理的数学表达式为_____，该式的物理意义是_____，该定理表明静电场是_____场。

9-5 真空中有一个电荷量为 q 的点电荷，在与 q 相距 r 处有一点 A，则 A 点的电场强度的大小 $E_A =$ _____，电势 $V_A =$ _____。

9-6 选无穷远处为电势零点，半径为 R 的导体球带电后，其电势为 U_0，则在球外离球心相距 r 处的电场强度的大小为_____。

9-7 一电场中有 a、b、c 三点，将电荷量为 2×10^{-8}C 的负电荷由 a 点移到 b 点，克服电场力做功 8×10^{-6}J；再由 b 点移到 c 点，电场力对该负电荷做功为 3×10^{-6}J，则 a、c 两点中，_____点电势较高，a、c 两点间的电势差等于_____。

9-8 一平行板电容器充电后切断电源，若使两极板间距离增加，则两极板间电场强度_____，电容_____。

9-9 一对无限大带电平行板带等量异号电荷，电荷面密度为 σ，两板相距 5.0m，A 板带正电，B 板带负电并接地（地面的电势为零），则在两板之间距 A 板 1.0m 处的 P 点的电势为_____。

9-10 一平行板电容器始终与一端电压一定的电源相连。当电容器两极板间为真空时，电场强度为 E_0，电位移为 D_0，然后在两极板间充满相对介电常量为 ε_r 的均匀电介质时，电场强度为 E，电位移为 D，则 $E : E_0 = $ _____ ，$D : D_0 = $ _____ 。

二、选择题

9-1 关于摩擦起电和感应起电，以下说法正确的是（　　）。

A. 摩擦起电是因为电荷的转移，感应起电是因为产生电荷

B. 摩擦起电是因为产生电荷，感应起电是因为电荷的转移

C. 不论摩擦起电还是感应起电都是电荷的转移

D. 以上说法均不正确

9-2 电荷量为 q 和 $-2q$ 的点电荷分别置于 $x = -1\mathrm{m}$ 和 $x = 1\mathrm{m}$ 处，则试探电荷 q_0 置于距 x 多远处时所受合力为零？（　　）

A. $(3 + \sqrt{8})\mathrm{m}$ 　　 B. $-(3 + \sqrt{8})\mathrm{m}$ 　　 C. 0 　　 D. $\dfrac{1}{3}\mathrm{m}$

9-3 关于电场强度，下列说法中正确的是（　　）。

A. 电场强度的大小和检验电荷 q_0 的大小成正比

B. 点电荷在电场中某点受力的方向一定是该点电场强度方向

C. 在电场中某点，检验电荷 q_0 所受的力与 q_0 的比值不随 q_0 的大小而变化

D. 在以点电荷为球心的球面上，由该点电荷所产生的电场的电场强度处处相等

9-4 下面关于电场线的论述中正确的是（只考虑电场）（　　）。

A. 电场上任一点的切线方向就是点电荷在该点的运动方向

B. 电场线上任一点的切线方向就是正电荷在该点的加速度方向

C. 电场线弯曲的地方是非匀强电场，电场线为直线的地方是匀强电场

D. 只要初速度为零，正电荷必将在电场中沿电场线方向运动

9-5 在孤立的点电荷的电场中，下列说法中不正确的是（　　）。

A. 电场中电场线越密的地方场强越强

B. 不存在两条平行的电场线

C. 找不到两个电场强度完全相同的点

D. 沿着电场线的方向电场强度越来越小

9-6 有两个固定的异号点电荷，它们的电荷量给定但大小不等，用 E_1 和 E_2 分别表示两个点电荷所产生的电场强度的大小，则在通过两点电荷的直线上，$E_1 = E_2$ 的点，（　　）。

A. 有三个，其中两处合电场强度为零 　　 B. 有三个，其中一处合场强为零

C. 只有两个，其中一处合电场强度为零 　　 D. 只有一个，该处合场强不为零

9-7 电场中有一点 P，下列说法中正确的是（　　）。

A. 若放在 P 点的电荷的电荷量减半，则 P 点处的电场强度减半

B. 若 P 点没有检验电荷，则 P 点的电场强度为零

C. P 点的电场强度越大，则同一电荷在 P 点受到的电场力越大

D. P 点的电场强度方向与该点放置检验电荷的带电性质有关

9-8 下列说法中正确的是（　　）。

A. 若高斯面内的 $\sum q=0$，则高斯面上各点的电场强度均为零

B. 若高斯面上各点的电场强度均为零，则高斯面内的 $\sum q=0$

C. 若穿过高斯面的电通量等于零，则高斯面内处处无电荷

D. 若高斯面内 $\sum q \neq 0$，则高斯面上各点的电场强度均不为零

9-9　点电荷放在球形高斯面的球心处，下列哪种情况高斯面的电通量会发生变化？（　　）。

A. 将另一点电荷放在高斯面外

B. 将球心处的点电荷移到高斯面内另一处

C. 将另一点电荷放进高斯面内

D. 改变高斯面半径大小

9-10　电场中电势越高的地方，（　　）。

A. 那里的电场强度越大　　　　　　　B. 放在那里的电荷的电势能越大

C. 放在那里的正电荷的电势能越大　　D. 那里的等势面分布越密

9-11　一半径为 R 的薄金属球壳，电荷量为 $-Q$，设无穷远处电势为零，则在球壳内各点的电势 V_i 可表示为（　　）。

A. $V_i < -k\dfrac{Q}{R}$ 　　　　　　　　B. $V_i = -k\dfrac{Q}{R}$

C. $V_i > -k\dfrac{Q}{R}$ 　　　　　　　　D. $-k\dfrac{Q}{R} < V_i < 0$

9-12　从某一等势面上的 A 点把电荷移到另一等势面上，然后再移到原来的等势面上的另一点 B，在此过程中电场力所做的功 A 为（　　）。

A. $A>0$ 　　　　B. $A<0$ 　　　　C. $A=0$ 　　　　D. 无法确定

9-13　以下有关电场强度 E 与电势 V 的关系的说法中，正确的是（　　）。

A. 已知某点的 E，就可以确定该点的 V　　B. 已知某点的 V，就可以确定该点的 E

C. E 不变的空间，V 也一定不变　　　　D. E 值相等的曲面上，V 值不一定相等

9-14　关于静电场的下列说法中正确的是（　　）。

A. 在电场强度处处为零的区域内，电势也一定处处为零

B. 在电场强度处处相同的区域内，电势也一定处处相同

C. 电势降低最快的方向就是电场强度的方向

D. 在同一等势面内移动电荷过程中，电场力做正功

9-15　静电场中，下述说法正确的是（　　）。

A. 正电荷由高电势处运动到低电势处，电势能增加

B. 正电荷由高电势处运动到低电势处，电势能减小

C. 负电荷由低电势处运动到高电势处，电势能增加

D. 负电荷由高电势处运动到低电势处，电势能减小

9-16　下列措施中能使平行板电容器的电容增大的是（　　）。

A. 增大两极板所加的电压　　　　　　B. 给极板上多带些电荷量

C. 使两极板间距离增大　　　　　　　D. 在两极板间插入介质板

9-17　关于某一个电容器，下列说法中正确的是（　　）。

A. 电容器两极间的电势差越大，电容就越大

B. 电容器所带电荷量越多，电容就越大

C. 电容器所带电荷量增加一倍，两极间的电势差也增加一倍

D. 电容器两极板间的电势差减小到原来的 1/2，它的电容也减小到原来的 1/2

9-18　在整个空间里充满相对介电常数为 ε_r 的电介质，其中有一点电荷 q_0，则电场强度大小为（　　）。

A. $E = \dfrac{q_0}{4\pi r^2}$ 　　　B. $E = \dfrac{q_0}{4\pi\varepsilon_0 r^2}$ 　　　C. $E = \dfrac{q_0}{4\pi\varepsilon_r r^2}$ 　　　D. $E = \dfrac{q_0}{4\pi\varepsilon_r\varepsilon_0 r^2}$

三、计算题

9-1　两个同号点电荷所带电荷量之和为 Q，当距离一定时，问它们所带的电荷量各为多少时，相互作用力最大？

9-2　氢原子由一个质子（即氢原子核）和一个电子组成。根据经典模型，在正常状态下电子绕核做圆周运动，轨道半径是 5.29×10^{-11} m。已知质子质量 $m_p = 1.67\times10^{-27}$ kg，电子质量 $m_e = 9.11\times10^{-31}$ kg，电荷量分别为 $+1.60\times10^{-19}$ C 和 -1.60×10^{-19} C，引力常数 $G = 6.67\times10^{-11}$ N·m²/kg²。求：

（1）电子所受的库仑力；

（2）库仑力是万有引力的倍数；

（3）电子的速度大小。

9-3　如计算题 9-3 图所示，在直角三角形 ABC 的 A 点处，有点电荷 $q_1 = 1.8\times10^{-9}$ C，B 点处有点电荷 $q_2 = -4.8\times10^{-9}$ C，$\overline{AC} = 3$ cm，$\overline{BC} = 4$ cm，试求 C 点的电场强度。

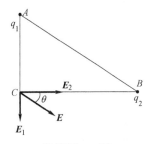

计算题 9-3 图

9-4　一半径为 R 的薄圆板，均匀分布有电荷，电荷面密度为 σ，求：在垂直板面且通过圆心 O，距离圆心为 x 处的电场强度。

9-5　均匀带电球壳内半径为 6cm，外半径为 10cm，电荷体密度为 2×10^{-5} C/m³。分别求距球心 5cm、8cm 和 12cm 处的电场强度。

9-6　在半径为 R_1 和 R_2（$R_1 < R_2$）的两个同心球面上，分别均匀地分布着电荷 Q_1 和 Q_2，求：当半径分别小于 R_1、大于 R_2 以及介于 R_1 和 R_2 之间时空间各点的电场强度分布。

9-7　两无限长同轴圆柱面，半径分别为 R_1 和 R_2（$R_1 < R_2$），带有等量异号电荷，单位长度的电荷量为 λ 和 $-\lambda$。求距离轴线 r 处的电场强度：（1）$r < R_1$；（2）$R_1 < r < R_2$；（3）$r > R_2$。

9-8　已知两点电荷 $q_1 = 3.0\times10^{-8}$ C，$q_2 = -2.0\times10^{-8}$ C，相距 $a = 8.0$ cm 放置，在其中垂线上有一点 A，距离垂足 $r = 6.0$ cm。今将另一点电荷 $q = 2.0\times10^{-9}$ C 从无穷远移动到 A 点，则电场力所做的功为多少？电势能增加多少？

9-9　有一半径为 R 的均匀带电球面，其电荷面密度为 σ。若规定无穷远处为电势零点，那么该球面上的电势为多少？

9-10 平行板电容器两极板相距 d，面积为 S，充电至电压为 U_0 时，断开电源，然后在极板间插入电介质板（厚度为 t，相对介电常数为 ε_r），求此时：

（1）极板上的电荷量 Q；（2）介质中的 E 和 D 的大小；（3）两极板间的电势差 U；（4）电容器的电容 C。

习题参考答案

一、填空题

9-1 （1）$3.6 \times 10^3 \mathrm{N/C}$，水平向左；（2）$1.44 \times 10^{-4} \mathrm{N}$，水平向右，$3.6 \times 10^3 \mathrm{N/C}$；

（3）$3.6 \times 10^3 \mathrm{N/C}$

9-2 $\dfrac{q_1 + q_2}{\varepsilon_0}$ 9-3 0，$\dfrac{Q}{4\pi\varepsilon_0 r^2}$

9-4 $\oint_L \boldsymbol{E} \cdot \mathrm{d}\boldsymbol{l} = 0$，静电场力做功与运动路径无关，保守

9-5 $\dfrac{q}{4\pi\varepsilon_0 r^2}$，$\dfrac{q}{4\pi\varepsilon_0 r}$ 9-6 $\dfrac{RU_0}{r^2}$ 9-7 a，250V

9-8 不变，减小   9-9 $\dfrac{4\sigma}{\varepsilon_0}$ 9-10 $1 : \varepsilon_r$，$1 : 1$

二、选择题

题号	9-1	9-2	9-3	9-4	9-5	9-6	9-7	9-8	9-9
答案	C	B	C	B	D	C	C	B	C

题号	9-10	9-11	9-12	9-13	9-14	9-15	9-16	9-17	9-18
答案	C	B	C	D	C	B	D	C	D

三、计算题

9-1 $Q/2$

9-2 （1）$8.23 \times 10^{-8} \mathrm{N}$；（2）$2.27 \times 10^{39}$ 倍；（3）$2.19 \times 10^6 \mathrm{m/s}$

9-3 $E = 3.24 \times 10^4 \mathrm{N/C}$，与 CB 边所成夹角 $\theta = \arccos\,(0.833)$

9-4 以圆心为坐标原点，取轴线为 x 轴，$E = \dfrac{\sigma}{2\varepsilon_0}\left(1 - \dfrac{x}{\sqrt{x^2 + R^2}}\right)\boldsymbol{i}$

9-5 5cm 处：$E_1 = 0$；8cm 处：$E_2 = 3.08 \times 10^{-7} \mathrm{N/C}$；12cm 处：$E_3 = 3.63 \times 10^{-7} \mathrm{N/C}$。

9-6 小于 R_1 时，$E_1 = 0$；大于 R_2 时，$E_2 = \dfrac{Q_1 + Q_2}{4\pi\varepsilon_0 r^2}$；介于 R_1 和 R_2 之间时，$E_3 = \dfrac{Q_1}{4\pi\varepsilon_0 r^2}$。

9-7 （1）$r < R_1$ 时，$E_1 = 0$；（2）$R_1 \leqslant r \leqslant R_2$ 时，$E_2 = \dfrac{\lambda}{2\pi\varepsilon_0 r}$；（3）$r > R_2$ 时，$E_3 = 0$。

9-8 $-4.5 \times 10^{-6} \mathrm{J}$，$4.5 \times 10^{-6} \mathrm{J}$

9-9 $V = \dfrac{R\sigma}{\varepsilon_0}$

9-10　(1) 极板上所带电荷量：$Q = U_0 C_0 = \dfrac{U_0 \varepsilon_0 S}{d}$；

(2) $D = \sigma_0 = \dfrac{Q}{S} = \dfrac{U_0 \varepsilon_0}{d}$，介质中的电场强度：$E = \dfrac{D}{\varepsilon_0 \varepsilon_r} = \dfrac{Q}{\varepsilon_0 \varepsilon_r S} = \dfrac{U_0}{\varepsilon_r d}$；

(3) 空气中的电场强度为 $E_0 = \dfrac{D_0}{\varepsilon_0} = \dfrac{U_0}{d}$，极板间电压 $U = E_0(d - t) + Et =$

$\dfrac{U_0}{d}(d - t) + \dfrac{U_0}{\varepsilon_r d} t = \dfrac{U_0}{\varepsilon_r d}[\varepsilon_r d + (1 - \varepsilon_r) t]$；

(4) 电容 $C = \dfrac{Q}{U} = \dfrac{\varepsilon_0 \varepsilon_r S}{\varepsilon_r d + (1 - \varepsilon_r) t}$。

第10章 恒定电路

学习目标

➤ 知道电流密度、电流的连续性方程、恒定电流条件

➤ 理解电动势

➤ 掌握闭合电路欧姆定律、一段含源电路欧姆定律

➤ 理解惠斯通电桥平衡条件

➤ 掌握基尔霍夫定律

科学家们在 18 世纪对静电研究取得开创性成果的同时，意大利解剖学教授伽伐尼（Aloisio Galvani）在 1780 年无意中发现了动物电，经过仔细研究后，他于 1791 年发表了论文《肌肉运动中的电力》。意大利物理学家伏打（Alessandro Volta）受此启发研究动物电，并于 1800 年发明了人类第一个电池（伏打电池），使电学研究由静电走向动电。

我们的生活和工作早已离不开电，随处可见各式各样的用电器，它们的工作离不开电路。电路在能量传输、机电运行、自动控制和各种测量中都有着广泛的应用。电路规模的大小，可以相差很大，小到硅片上的集成电路，大到高低压输电网。电路技术也是电磁学的一个组成部分，它主要研究由电源和负载元件（用电器）组成的电路的导电规律和特性。本章仅涉及恒定电路。

10.1 电流 电流密度

10.1.1 电流

我们已经知道，电荷的定向移动形成**电流**。从微观角度看，电流实际是带电粒子的定向运动。形成电流的带电粒子称为载流子，它可以是电子、质子、离子或半导体中的"空穴"。电流的产生需要两个条件：一是有可以自由移动的电荷；二是有电场（超导体除外）。电流的方向规定为：**正电荷**定向移动的方向，亦即导体中任意一点的电流方向，沿该点的电场强度方向。

将单位时间内通过导体某横截面的电荷量称为通过该截面的**电流**，用 I 表示，即

$$I = \lim_{\Delta t \to 0} \frac{\Delta q}{\Delta t} = \frac{dq}{dt} \tag{10.1.1}$$

式中，q 为电荷量；t 为时间。电流是标量，是国际单位制（SI）中的一个基本物理量，单

位为安培（A），1A＝1C/s。

材料对电流的阻碍作用由电阻（R）描述，SI 中的单位为欧姆（Ω）。电阻的倒数称为**电导**，它是描述材料导电性能的物理量，SI 中的单位为西门子，简称西，符号为 S。

10.1.2 电流密度

电流是单位时间内通过导体某一横截面的总电荷量。当电流已知时，我们却不能知道通过该截面上某处的电荷量，以及各处的电流是否均匀。而在一些实际工作中，必须研究电流在导体中的分布规律和特点，如电法勘探、电法测井、电解槽内电解液中的电流和接地的作用等，因此引入**电流密度**（矢量）来表示。

导体中某点的**电流密度**（j）在数值上等于和正电荷运动方向垂直的单位面积上的电流，方向沿正电荷运动的方向，即该点电流方向，数学表达式为

$$j = \lim_{\Delta s_\perp \to 0} \frac{\Delta I}{\Delta S_\perp} = \frac{\mathrm{d}I}{\mathrm{d}S_\perp} \tag{10.1.2}$$

式中，I 为电流；$S_\perp$ 为垂直于电流方向的面元面积。导体中每个点处均有一电流密度矢量，因此在导体中形成了一个电流密度矢量场，简称**电流场**。

由式（10.1.2）可知，通过面元 $\mathrm{d}S_\perp$ 的电流 $\mathrm{d}I$ 与该点电流密度的大小 j 之间的关系为

$$\mathrm{d}I = j\,\mathrm{d}S_\perp$$

如果面元 $\mathrm{d}S$ 与 j 不垂直，形成夹角 θ，则

$$\mathrm{d}I = j\,\mathrm{d}S\cos\theta = \boldsymbol{j} \cdot \mathrm{d}\boldsymbol{S} \tag{10.1.3}$$

式（10.1.3）表明，通过某面元上的电流等于电流密度在该面元上的通量（j 通量）。

正如电场分布可以用电场线来形象描述一样，**电流场**的分布也可以用**电流线**来形象描述，如图 10.1.1 所示，并规定：电流线上各点的切线方向与该点的电流密度矢量的方向相同；某点处垂直于电流密度方向的单位面积上电流线的条数正比于该点的电流密度的大小。

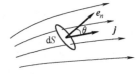

图 10.1.1 电流线

10.1.3 电流的连续性方程

通过一个闭合曲面的电流密度 j 通量等于单位时间内由曲面内流出的电荷量，如果在导体中任取一个闭合曲面 S，并取其外法线方向为正方向，则通过闭合曲面 S 上的 j 通量为

$$I = \oiint_s \boldsymbol{j} \cdot \mathrm{d}\boldsymbol{S} = \frac{\mathrm{d}q_{出}}{\mathrm{d}t}$$

根据电荷守恒定律，单位时间内流出闭合曲面 S 的电荷量等于曲面内电荷量的减少量，即

$$\oiint_s \boldsymbol{j} \cdot \mathrm{d}\boldsymbol{S} = -\frac{\mathrm{d}q}{\mathrm{d}t} \tag{10.1.4}$$

这就是**电流的连续性方程**，它是电流场的基本方程之一，也是电荷守恒定律在电流场中的数学表述。

如果导体中的电流保持不变（恒定电流），同一时间内流出和流进闭合曲面的电荷量相

同，即$\dfrac{\mathrm{d}q}{\mathrm{d}t}=0$，则通过闭合曲面 S 上的 $\boldsymbol{j}$ 通量为

$$\oiint_{s} \boldsymbol{j} \cdot \mathrm{d}\boldsymbol{S} = 0 \tag{10.1.5}$$

这称为**恒定电流条件**或**恒定电流方程**，它要求恒定电流的电路必须是闭合的。

10.2 电源 电动势

10.2.1 电源

众所周知，电路中要产生电流就必须有电源，为什么呢？

电路中的自由电荷受到电场力的作用发生定向移动而形成电流，而恒定电流的电路必须是闭合的，因此自由电荷在恒定电路中不可能只受到静电力的作用，否则自由电荷不可能回到起点。电路中必须存在使自由电荷回到起点的力，称为**非静电力**。从能量观点看，电路中的元件或用电器工作时要消耗电能，必须通过非静电力做功把其他形式的能量转化为电能，如化学能、机械能等。

从电势观点看，沿着电流方向，电路中的电势逐渐降低，如果没有非静电力的作用，正电荷不可能从低电势处回到高电势处。**电源**就是在恒定电路中提供非静电力的装置，它把其他形式的能量转化为电能，通过非静电力把正电荷从电源的负极搬到正极。

电源有两个电极，未接入电路时电势高的一极为正极，电势低的一极为负极。电源接入电路形成闭合回路时，电源内的部分称为**内电路**，电源外的部分称为**外电路**，两极间的电势差称为**路端电压（外电压）**。

电源有不同类型，常见的有干电池、蓄电池和发电机，新能源包括太阳能电池、锂电池、氢燃料电池等，它们各有不同本质的非静电力，如发电机中的非静电力来自电磁感应，化学电池中的非静电力则是来自化学作用。

10.2.2 电动势

电源工作时是靠非静电力做功不断把正电荷在电源内部从负极移向正极的，其能力的大小用**电动势** $\mathscr{E}$ 表示。在电源内，单位正电荷从负极移向正极时非静电力做的功，叫作电源的**电动势**，其数学表达式为

$$\mathscr{E} = \dfrac{A_{\mathrm{K}}}{q} \tag{10.2.1}$$

式中，q 为正电荷由电源内从负极到达正极的电荷量；A_{K} 为非静电力对 q 做的功。电动势是标量，但为了反映非静电力的作用方向，习惯上把从负极指向正极的方向（电源内）规定为电动势的方向。

由式（10.2.1）可见，电动势的量纲与电压的量纲相同，在 SI 中的单位也是伏特（V），但它们是完全不同的物理量。电动势是电源的一个基本特征参数，和非静电力相联系，它的大小由电源本身的性质决定，与外电路、电流大小和方向无关。而电压则与静电场中的静电力相联系，其大小分布与外电路有关。

10.3　恒定电路的计算

10.3.1　电阻的串联和并联

1. 串联电路

如图 10.3.1 所示，把多个电路元件依次连接形成只有一条电流通道的电路即为串联电路，它具有 5 个特点：

1）电路中的电流处处相等；

2）电路两端的总电压等于各元件两端的电压之和；

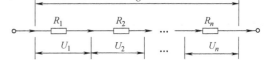

图 10.3.1　串联电路

3）各元件两端的电压与其电阻成正比；

4）电路的总电阻等于各分电阻之和；

5）各元件的功率与其电阻成正比。

2. 并联电路

如图 10.3.2 所示，多个电路元件的首尾分别并排连接在一起，形成有多条电流支路和两个公共连接点的通路即为并联电路，它也有 5 个特点：

1）各支路两端的电压相等；

2）总电流等于各支路的电流之和；

3）各支路的电流与该支路的电阻成反比；

4）电路总电阻的倒数等于各支路电阻倒数之和；

5）各支路的功率与其电阻成反比。

对一些简单电路，如单一的串联或并联电路，或者是既有串联也有并联的混联电路，都可以用上述串联和并联的电路原理进行分析和计算。

10.3.2　闭合电路的欧姆定律

图 10.3.3 所示为有一简单的闭合回路，虚线框内代表电动势为 $\mathscr{E}$、内电阻为 r 的电源。电源向电路提供能量，其功率为 $P = I\mathscr{E}$，而外电阻 R 和内电阻 r 在电路上消耗的功率分别为 I^2R 和 I^2r，由能量守恒定律可得 $I\mathscr{E} = I^2R + I^2r$，因此有

$$I = \frac{\mathscr{E}}{R+r} \tag{10.3.1}$$

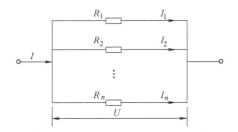

图 10.3.2　并联电路

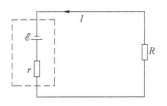

图 10.3.3　闭合（全）电路

式（10.3.1）表明，在闭合电路中，电流与电源电动势成正比，与电路总电阻成反比。这就是**闭合电路欧姆定律**，也称为**全电路欧姆定律**。路端电压 $U = IR = \mathscr{E} - Ir$。

对 $I = \dfrac{\mathscr{E}}{R+r}$ 进行分析可知：

1) 当外电路开路时，$R \to \infty$，$I = 0$，电路中无电流。

2) 当外电路短路时，$R = 0$，$I = \dfrac{\mathscr{E}}{r}$，由于一般情况下电源的内电阻 r 很小，所以短路电流 I 很大，使得电源产生的热功率 $P = I^2 r = \dfrac{\mathscr{E}^2}{r}$ 也很大，所以极易烧毁电源或引起火灾，因此应避免电路发生短路。

3) 由 $I = \dfrac{\mathscr{E}}{R+r}$ 可得 $\mathscr{E} - Ir - IR = 0$，这一关系可以理解为：在稳恒电路中，从电路的某一点出发，绕电路一周，各个元件的电压的代数和为零。这是一个很重要的关系，在分析电路时经常用到。

如图 10.3.4 所示，在实际电路中可能会有多个电源和多个元件，怎样列出电路的方程呢？

先假定回路沿 $ABCDA$ 方向绕行，再假定电路中的电流方向也沿 $ABCDA$ 的方向，并规定：在回路绕行方向上，凡电势降落为正值，凡电势升高为负值。由静电场环路定理 $\oint \boldsymbol{E} \cdot \mathrm{d}\boldsymbol{l} = 0$ 可知，从 A 开始沿回路绕行一周电势降落为零，因此有

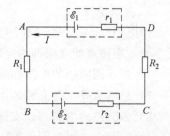

图 10.3.4　多个电源和电阻的电路

$$IR_1 + \mathscr{E}_2 + Ir_2 + IR_2 + Ir_1 - \mathscr{E}_1 = 0$$

上式可写为

$$\sum IR_i + \sum Ir_i + \sum \mathscr{E}_i = 0 \tag{10.3.2}$$

式（10.3.2）表明：沿闭合回路绕行一周，各段上的电势降落的代数和为零，这就是**闭合电路欧姆定律**的普遍形式。

10.3.3　一段含源电路的欧姆定律

由两个或者两个以上的回路组成的电路叫作**复杂电路**。图 10.3.5 所示为复杂电路的一部分，其中 $A \to C \to B$ 是一段含有电源的电路，称为**含源电路**。

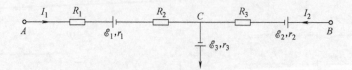

图 10.3.5　复杂电路的一部分

现在欲求 A 和 B 两端的电势差 U_{AB}，表示选定绕行方向为 $A \to C \to B$，假设支路电流方向如图所示。并**规定**：凡电阻中的电流方向与选定方向相同，则电势降落，电压取正值；反之，凡电阻中的电流方向与选定方向相反，则电势升高，电压取负值，此规定对电源及其内

阻 r 均相同。由此列出方程

$$U_{AB} = I_1 R_1 + \mathscr{E}_1 + I_1 r_1 + I_2 R_2 - I_2 R_3 - \mathscr{E}_2 - I_2 r_2$$

上式可写为

$$U_{AB} = \sum \mathscr{E}_i + \sum I R_i + \sum I r_i \tag{10.3.3}$$

式（10.3.3）表示**一段含源电路上的电压等于该段电路上各电源和各电阻上电势降落的代数和**，称为**一段含源电路欧姆定律**。

10.3.4 平衡电桥

桥式电路是一种能用来较精确测量电阻的电路，简称**电桥**。图 10.3.6 所示是最简单的直流电桥，其中四个电阻 R_1、R_2、R_3、R_4 连接成四边形，每一边是电桥的一个臂。将四边形的对角 A 和 C 接入电路中，在对角 B 和 D 之间接上检流计 P，这就是 B 和 D 间的"**电桥**"。电路接通时，如果桥上没有电流流过，检流计 P 指针指向 0，称为**电桥平衡**，此时 B、D 两点的电势相等，即 B、D 的电压为零。

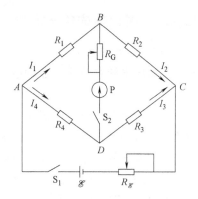

图 10.3.6 直流电桥

电桥达到平衡，桥上电流为零（$I_G = 0$），$V_B = V_D$，则有

$$U_{AB} = U_{AD}, \quad U_{BC} = U_{DC}$$

即 $I_1 R_1 = I_4 R_4$，$I_2 R_2 = I_3 R_3$。

由于 $I_G = 0$，所以 $I_1 = I_2$，$I_4 = I_3$。

将 $I_1 R_1 = I_4 R_4$，$I_2 R_2 = I_3 R_3$ 两式相除，可得

$$\frac{R_1}{R_2} = \frac{R_4}{R_3} \quad \text{或} \quad R_1 R_3 = R_2 R_4 \tag{10.3.4}$$

式（10.3.4）就是**电桥的平衡条件**。在电桥的四支臂中，若已知其中三支臂的电阻，则根据平衡条件就可以计算出第四支臂的电阻。

10.4 基尔霍夫定律

对于图 10.4.1 这样稍复杂的电路，用欧姆定律无法求解出各支路的电流 I_1、I_2、I_3，计算这种复杂电路需要用到**基尔霍夫定律**。1845 年，当时还是学生的德国物理学家基尔霍夫（Gustav Robert Kirchhoff）提出了基尔霍夫定律，现在仍广泛应用于电路的分析和设计上。

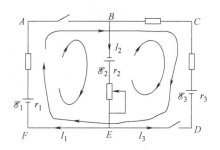

图 10.4.1 支路、节点、回路

基尔霍夫定律包括两个定律：基尔霍夫第一定律（也称为**节点电流定律**）和基尔霍夫第二定律（也称为**回路电压定律**）。

掌握基尔霍夫定律首先需要认识电路中的三个概念。

1）支路：由电源和用电器串联而成的电流相等的通路，如图 10.4.1 中 $A \to F$、$B \to E$、$C \to D$ 皆是，而 $A \to B \to C \to D$ 和 $A \to B \to E \to F$ 则不是。

2）节点：由三条或三条以上支路的汇合点，如 B 点和 E 点，而 A、C、D、F 点就不是节点。

3）回路：由支路构成的闭合通路，如 $A \to B \to E \to F \to A$、$B \to C \to D \to E \to B$、$A \to B \to C \to D \to E \to F \to A$。

10.4.1 基尔霍夫第一定律

图 10.4.2 中的 A 点是一节点，由于电荷不可能在节点 A 处堆积，因此在节点 A 处，流向节点的电流和流出节点的电流的代数和应等于零，即

$$\sum (\pm I) = 0 \qquad (10.4.1)$$

这就是**基尔霍夫第一定律**（也称为**节点电流定律**），表述为：**在任一节点处，流向节点的电流与流出节点的电流的代数和等于零。**

应用基尔霍夫第一定律列方程时应注意以下几点：

1）先对各支路的电流方向做出假设。

2）根据电流的假定方向，规定从节点流出的电流为正，流向节点的电流为负。

3）每一电路上电流的方向是任意假定的，若解出的电流为正值，表示该支路电流的实际方向与假定方向一致；若解出的电流为负值，则表示该支路电流的实际方向与假定方向相反。

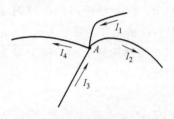

图 10.4.2 节点电流

根据基尔霍夫第一定律，电路中的每一个节点都可以列出如式（10.4.1）那样的方程，统称为基尔霍夫第一方程组，或节点电流方程组。可以证明：如果电路中有 n 个节点，那么根据基尔霍夫第一定律只能写出 $n-1$ 个独立的节点电流方程，余下的一个方程式可以从这 $n-1$ 个方程组合得到。图 10.4.1 中有两个节点 B、E，因此只能列出一个独立的节点电流方程。

10.4.2 基尔霍夫第二定律

根据静电场的环路定理（$\oint_L \boldsymbol{E} \cdot \mathrm{d}\boldsymbol{l} = 0$），沿恒定电路中取任一闭合回路 L 绕行一周回到出发点，电势降落的代数和一定等于零。

在复杂的闭合回路中绕行时，电势有升有降，**规定**：在回路绕行方向上，凡电势降落时电压取正值，凡电势升高时电压取负值。亦即：当流经第 i 个电阻元件 R_i 的电流 I_i 与闭合回路的绕行方向相同时，电势下降 $I_i R_i$；而当电流 I_i 与闭合回路的绕行方向相反时，电势下降 $-I_i R_i$；当回路绕行经过电动势为 $\mathscr{E}_i$ 的电源时，如果绕行方向与电动势反向，则电势降落了 $\mathscr{E}_i$；如果绕行方向与电动势同向时，电势升高 $\mathscr{E}_i$，即电势降落为 $-\mathscr{E}_i$。由此对于一个闭合回路，可以得到方程

$$\sum_i \mathscr{E}_i + \sum_i I_i r_i + \sum_i I_i R_i = 0 \qquad (10.4.2)$$

这就是**基尔霍夫第二定律**（也称为**回路电压定律**），可以表述为：**沿闭合回路绕行一周，电势降落的代数和为零。**

根据基尔霍夫第二定律，对电路中的每一个回路都可以列出一个方程，这些方程统称为基尔霍夫第二方程组或回路电压方程组。

应用基尔霍夫第二定律需要注意以下几点：

1）对未知的各支路电流方向可任意假设，各回路绕行方向也可任意设定。若求解得到的支路电流为负数，则表示该支路的实际电流方向与假设方向相反；若为正数，则表明实际电流方向与假设的方向相同。

2）在电路中有多少条回路，就能列出多少个回路电压方程。可以证明：若电路中有 m 个回路，可以列出 $(m-1)$ 个独立的回路电压方程。那么该如何确定独立回路的数目呢？对于支路无相互跨越的平面电路，我们可以将电路视为一张"渔网"，每一个"网孔"对应的就是一个独立的回路。列方程时，在新选定的回路中应该至少包含一个不属于其他回路的支路。

3）只要列出所有的独立节点电流方程和独立回路的回路电压方程，便能联立求解出复杂电路。

例 10-1 如图 10.4.3 所示电路中，电动势 $\mathscr{E}_1 = 3.0\text{V}$，$\mathscr{E}_2 = 1.0\text{V}$，内阻 $r_1 = 0.5\Omega$，$r_2 = 1.0\Omega$，电阻 $R_1 = 10.0\Omega$，$R_2 = 5.0\Omega$，$R_3 = 4.5\Omega$，$R_4 = 19.0\Omega$。求电路中各支路的电流。

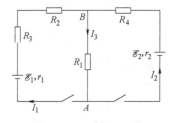

图 10.4.3 例 10-1 图

解 设各支路电流方向，如图 10.4.3 所示。

对于节点 A，根据基尔霍夫第一定律可得

$$I_1 + I_2 - I_3 = 0 \tag{1}$$

根据基尔霍夫第二定律，可得

左侧回路：
$$I_1(r_1 + R_2 + R_3) + I_3 R_1 - \mathscr{E}_1 = 0 \tag{2}$$

右侧回路：
$$I_2(r_2 + R_4) + I_3 R_1 - \mathscr{E}_2 = 0 \tag{3}$$

联立式（1）～式（3）求解，可得

$$I_1 = 0.16\text{A}, \quad I_2 = -0.02\text{A}, \quad I_3 = 0.14\text{A}$$

其中，I_2 为负表示实际电流与假设的相反。

本 章 小 结

10-1 电流密度：$j = \lim\limits_{\Delta S_\perp \to 0} \dfrac{\Delta I}{\Delta S_\perp} = \dfrac{\mathrm{d}I}{\mathrm{d}S_\perp}$，方向同电流方向。

10-2 电流的连续性方程：$\oiint_s \boldsymbol{j} \cdot \mathrm{d}\boldsymbol{S} = -\dfrac{\mathrm{d}q}{\mathrm{d}t}$。

恒定电流条件：$\oiint_s \boldsymbol{j} \cdot \mathrm{d}\boldsymbol{S} = 0$。

10-3 电动势：描述电源通过非静电力做功，将其他形式的能量转化为电能本领大小的物理量，$\mathscr{E} = \dfrac{A_\mathrm{K}}{q}$。

10-4 闭合电路欧姆定律：$\sum IR_i + \sum Ir_i + \sum \mathscr{E}_i = 0$。

10-5 一段含源电路欧姆定律：$U_{AB} = \sum \mathscr{E}_i + \sum IR_i + \sum Ir_i$。

10-6 惠斯通电桥平衡条件：$\dfrac{R_1}{R_2} = \dfrac{R_4}{R_3}$ 或 $R_1 R_3 = R_2 R_4$。

10-7 基尔霍夫定律。

(1) 第一定律：$\sum\limits_i (\pm I) = 0$；

(2) 第二定律：$\sum\limits_i \mathscr{E}_i + \sum\limits_i I_i r_i + \sum\limits_i I_i R_i = 0$。

习　题

一、填空题

10-1 恒定电流条件的数学表达式是 _____。

10-2 电源内部，正电荷要从负极运动到正极，必须依靠 _____ 力的作用。

10-3 基尔霍夫第一定律：在电路中任一节点处，流向节点的电流和流出节点的电流的代数和为 _____。

10-4 在一个电路回路中，规定在回路的绕行方向上，凡电势 _____ 为负值，凡电势 _____ 为正值。

二、选择题

10-1 描述材料导电性能的物理量是（　　）。

A. 电导　　　　B. 电阻 R　　　　C. 电流强度 I　　　　D. 电压 U

10-2 已知电源的电动势 $\mathscr{E}$ 和内阻 r，将其接入总阻值为 R 的电路中，则电路中的电流为（　　）。

A. $\dfrac{\mathscr{E}}{r}$　　　　B. $\dfrac{\mathscr{E}}{R}$　　　　C. $\dfrac{\mathscr{E}}{R+r}$　　　　D. $\dfrac{\mathscr{E}(R+r)}{Rr}$

10-3 如选择题 10-3 图所示电路中 M、N 两点间的电势差 U_{MN} 为（　　）

A. $\mathscr{E} - IR$　　　　　　　　B. $IR + \mathscr{E}$

C. $-\mathscr{E} + IR$　　　　　　　D. $-IR - \mathscr{E}$

10-4 有一水平放置的平行板电容器按选择题 10-4 图所示电路连接，在两极板间有一带电的油滴 O 处于静止状态。若油滴的电荷量开始缓慢减小，为使油滴仍静止，以下措施中可行的是（　　）。

选择题 10-3 图

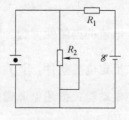

选择题 10-4 图

A. 所有条件保持不变

B. 其他条件不变，使电容器两极板缓慢靠近

C. 其他条件不变，使电容器两极板缓慢远离

D. 其他条件不变，将变阻器的滑片缓慢上移

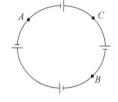

10-5 四个电动势均为 $\mathscr{E}$、内阻均为 r 的电源按选择题 10-5 图所示电路连接，则（　　）。

A. $U_{AB}=2\mathscr{E}$，$U_{BC}=\mathscr{E}$　　　　B. $U_{AB}=0$，$U_{BC}=0$

C. $U_{AB}=\mathscr{E}$，$U_{BC}=3\mathscr{E}$　　　　D. $U_{AB}=0$，$U_{BC}=-\mathscr{E}$

选择题 10-5 图

三、计算题

10-1 有 5 个电阻均为 6Ω 的电灯，工作电压为 12V，把它们并联到一个电动势为 12V、内阻为 0.20Ω 的电源上。求：分别只开 1 盏灯和 5 盏灯全开时，灯两端的电压分别为多大？

10-2 如计算题 10-2 图所示电路中，电压表的内阻和 R 分别为 400Ω、1000Ω，在开关 S 未合上时其电压表的读数为 4.988V，开关合上时其读数为 4.983V。求电源的电动势和内阻（结果保留 2 位有效数字）。

10-3 如计算题 10-3 图所示电路中，电源没有内阻，电动势 $\mathscr{E}=18V$，$R_1=40\Omega$，$R_2=30\Omega$，$R_3=60\Omega$。求开关闭合后各支路的电流。

10-4 如计算题 10-4 图所示电路中，不计电源内阻，已知 $\mathscr{E}_1=12V$，$\mathscr{E}_2=2V$，$R_1=0.5\Omega$，$R_3=2\Omega$，$I_2=1A$，求：R_2、I_1、I_3。

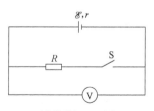

计算题 10-2 图

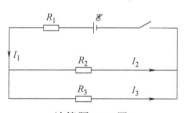

计算题 10-3 图

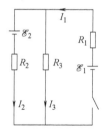

计算题 10-4 图

10-5 如计算题 10-5 图所示有一电路，已知 $\mathscr{E}_1=1.0V$，$\mathscr{E}_2=2.0V$，$\mathscr{E}_3=3.0V$，$r_1=r_2=r_3=1.0\Omega$，$R_1=1.0\Omega$，$R_2=3.0\Omega$。求：(1) 通过电源 3 的电流 I_3；(2) R_2 消耗的功率；(3) 电源 3 对外提供的功率。

10-6 一电路如计算题 10-6 图所示，已知 $R_1=R_3=R_4=R_5=2\Omega$，$r_1=r_2=r_3=1\Omega$，$R_2=3\Omega$，$\mathscr{E}_1=12V$，$\mathscr{E}_2=9V$，$\mathscr{E}_3=8V$。求：(1) A、B 断开时它们间的电压 U_{AB}；(2) A、B 短路时通过 $\mathscr{E}_2$ 的电流的大小和方向。

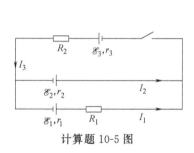

计算题 10-5 图

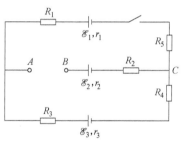

计算题 10-6 图

习题参考答案

一、填空题

10-1 $\oint_S \boldsymbol{j} \cdot \mathrm{d}\boldsymbol{S} = 0$ 10-2 非静电 10-3 零 10-4 升高，降低

二、选择题

题号	10-1	10-2	10-3	10-4	10-5
答案	A	C	B	C	D

三、计算题

10-1 11.61V，10.59V   10-2 $\mathscr{E} = 5.0\text{V}$，$r = 1.0\Omega$

10-3 $I_1 = 0.3\text{A}$，$I_2 = 0.2\text{A}$，$I_3 = 0.1\text{A}$

10-4 $R_2 = 4.6\Omega$，$I_1 = 5.6\text{A}$，$I_3 = 4.6\text{A}$

10-5 (1) $I_3 = 1\text{A}$；   (2) 3W；   (3) $P = 2\text{W}$

10-6 (1) 1V；   (2) $\dfrac{2}{13}\text{A}$，方向为 $A \rightarrow B \rightarrow C$

第11章 稳恒磁场

学习目标

➤ 理解毕奥-萨伐尔定律、安培定律

➤ 知道载流线圈的磁矩和磁力矩

➤ 掌握带电粒子在匀强磁场中的运动

➤ 知道霍尔效应

➤ 理解磁场的高斯定理

➤ 掌握安培环路定理

➤ 知道磁介质分类、磁化电流、磁化强度

➤ 掌握有磁介质时的安培环路定理

对磁性的认识和应用最早的国家是中国，我国北宋时期的科学家沈括在11世纪时创制了航海指南针，并发现了地磁偏角。而对磁性的科学研究则是从西方开始的，人们对磁和电有无联系也是一直有所疑惑。1774年，德国一家研究机构曾悬赏解决"电力和磁力是否存在实际和物理的相似性"问题，但由于没有稳恒电流而难以解决。直到1820年丹麦物理学家奥斯特（Hans Christian Oersted）发现电流具有磁效应（电生磁），1831年法拉第发现电磁感应（磁生电），电和磁相之间的关联才得以确认。

11.1 磁场

11.1.1 磁场的概念

在奥斯特发现电流磁效应的同一年，法国物理学家安培（André Marie Ampère）发现通电导体会受到磁铁的作用力，通电导体间会产生力的作用。实验表明：磁铁周围存在磁场，电流周围也有磁场，它们间的相互作用是通过磁场进行的。和电场一样，磁场也是客观存在的特殊物质，它对外界的重要表现是：①磁场对进入其中的运动电荷产生洛伦兹力作用，对通电导体产生安培力作用；②磁场会对在其中运动的通电导体做功，表明磁场具有能量。

经过研究，安培于1822年提出**"环形分子电流"**是磁性本质的假说，它也有助于理解为何不存在"磁单极"。这符合现代物理学家对物质磁性的理解，磁性主要是由原子内电子的轨道运动和自旋运动产生。

法拉第首先使用假想的磁感线形象地表示磁场（见图 11.1.1）。磁感线具有以下特征：

①磁感线是闭合曲线，从 N 极出发，进入 S 极；②磁感线均是闭合曲线，任意两条磁感线不相交；③磁感线上一点的切线方向表示该点的磁场方向；④磁感线密集处磁场强，稀疏处磁场弱。

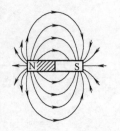
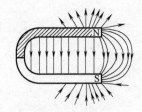

图 11.1.1　磁场的磁感线

11.1.2　磁感应强度

磁场的强弱用物理量**磁感应强度**来描述，以矢量 $\boldsymbol{B}$ 表示，它是由运动的试探电荷在磁场中所受磁场力的大小和方向来定义的。

当正试探电荷 q_0 垂直于磁场方向以速率 v 运动时，电荷受到的磁力最大，用 F_{max} 表示。对磁场中某一点，F_{max} 与 q_0 及 v 的比值与 q_0 和 v 都无关，仅与磁场在该点的性质有关。定义磁感应强度 $\boldsymbol{B}$ 的大小为

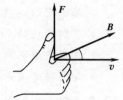

$$B = \frac{F_{max}}{q_0 v} \qquad (11.1.1)$$

图 11.1.2　磁感应强度方向的判断

磁感应强度的方向和该点的磁场方向相同，即小磁针在该点静止时 N 极的指向。$\boldsymbol{B}$、$\boldsymbol{v}$、$\boldsymbol{F}$ 满足右手螺旋关系：

$$\boldsymbol{F} = q_0 \boldsymbol{v} \times \boldsymbol{B} \qquad (11.1.2)$$

这也是洛伦兹力的一般公式。如图 11.1.2 所示，当右手四指从速度 $\boldsymbol{v}$ 的指向经小于 $180°$ 的角度转向 $\boldsymbol{B}$ 的指向时，拇指所指示的方向就是正电荷所受磁力 $\boldsymbol{F}$ 的方向。实际中，根据已知的 $\boldsymbol{v}$ 的方向和测得的 $\boldsymbol{F}$ 的方向，就能判断 $\boldsymbol{B}$ 的指向。因此，磁感应强度 $\boldsymbol{B}$ 是描述磁场中各点磁场强弱和方向的矢量。

磁感应强度 $\boldsymbol{B}$ 在 SI 中的单位是特斯拉，简称特，符号为 T。$1T = 1N/(A \cdot m)$。磁感应强度的另一个常用单位为高斯（Gs），$1T = 10^4 Gs$。

11.1.3　毕奥-萨伐尔定律

电流磁效应的发现引起了很多学者的兴趣，法国物理学家毕奥（Jean Baptiste Biot）和萨伐尔（Felix Savart）对载流导线对磁针的作用进行了更仔细地研究后发现：这个作用力正比于电流，反比于电流与磁极的距离，力的方向垂直于这一距离。他们提出了静磁学的一条基本规律：**毕奥-萨伐尔定律**，表述为：

任一电流元 $I\mathrm{d}\boldsymbol{l}$ 在任意给定点 P 所产生的磁感应强度 $\mathrm{d}\boldsymbol{B}$ 的大小与电流元的大小成正比，与电流元和由电流元到 P 点的位矢 $\boldsymbol{r}$ 间的夹角的正弦成正比，而与电流元到 P 点的距离 r 的平方成反比。$\mathrm{d}\boldsymbol{B}$ 的方向垂直于 $I\mathrm{d}\boldsymbol{l}$ 和 $\boldsymbol{r}$ 所组成的平面，指向为由 $I\mathrm{d}\boldsymbol{l}$ 经小于 $180°$ 的角转向 $\boldsymbol{r}$ 时右螺旋前进的方向。数学表达式为

$$\mathrm{d}B = \frac{\mu_0}{4\pi} \frac{I\,\mathrm{d}l\sin\theta}{r^2} \qquad (11.1.3)$$

式中，μ_0 为真空磁导率，大小为 $\mu_0 = 4\pi\times10^{-7}\,\mathrm{T\cdot m/A}$（或 $\mathrm{N/A^2}$）。

电流元 $I\,\mathrm{d}l$、位矢 r 和磁场 $\mathrm{d}B$ 三者的方向符合右手螺旋关系，如图 11.1.3 所示，电流元产生的磁场可写为矢量形式：

$$\mathrm{d}B = \frac{\mu_0}{4\pi} \frac{I\,\mathrm{d}l\times e_r}{r^2} \qquad (11.1.4)$$

式中，e_r 是 r 的单位矢量。

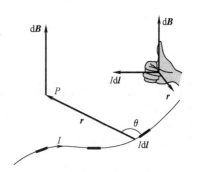

图 11.1.3 $I\,\mathrm{d}l$、r 及 $\mathrm{d}B$ 三者的方向

对于任意形状的载流导线在给定点 P 产生的磁场，由叠加原理可得其磁感应强度等于各段电流元在该点产生的磁场的矢量和，即

$$B = \int_L \mathrm{d}B = \int_L \frac{\mu_0}{4\pi} \frac{I\,\mathrm{d}l\times e_r}{r^2}$$

式中，L 为载流导线的长。由于无法得到单独的电流元，所以毕奥-萨伐尔定律不能直接用实验证明，但是它的正确性已由计算结果与实验相符合而得到确认。

例 11-1 图 11.1.4 所示为一通过电流为 I 的直导线 CD，点 P 距离导线为 a，它到导线两端 C 和 D 的连线与直导线电流方向之间的夹角分别为 α_1 和 α_2。求点 P 处的磁感应强度。

解 点 P 到直导线的垂足为 O，$OP=a$，在距点 O 为 l 处取电流元 $I\,\mathrm{d}l$，点 P 相对于电流元 $I\,\mathrm{d}l$ 的位矢为 r，$I\,\mathrm{d}l$ 在点 P 产生的磁感应强度 $\mathrm{d}B$ 垂直于纸面向里，其大小由毕奥-萨伐尔定律，得

$$\mathrm{d}B = \frac{\mu_0}{4\pi} \frac{I\,\mathrm{d}l\sin\alpha}{r^2}$$

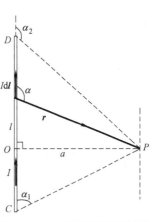

整段载流直导线的电流元 $I\,\mathrm{d}l$ 在 P 点产生的磁场方向均垂直于纸面向里，因此总磁感应强度为

$$B = \int_C^D \mathrm{d}b = \int_C^D \frac{\mu_0}{4\pi} \frac{I\,\mathrm{d}l\sin\alpha}{r^2}$$

图 11.1.4 有限长载流直导线产生的磁感应强度

从图可知 $l = a\cot(\pi-\alpha) = -a\cot\alpha$，$r = a\csc\alpha$，于是可得 $\mathrm{d}l = a\csc^2\alpha\,\mathrm{d}\alpha$，因而 P 点的磁感应强度为

$$B = \frac{\mu_0 I}{4\pi a} \int_{\alpha_1}^{\alpha_2} \sin\alpha\,\mathrm{d}\alpha = \frac{\mu_0 I}{4\pi a}(\cos\alpha_1 - \cos\alpha_2)$$

方向垂直于纸面向里。

讨论：

（1）若导线无限长，即 $\alpha_1\to0$，$\alpha_2\to\pi$，则距导线为 a 处的磁感应强度的大小为 $B = \dfrac{\mu_0 I}{2\pi a}$；

（2）若导线半无限长，即 $\alpha_1 = \dfrac{\pi}{2}$，$\alpha_2 \to \pi$，距离导线 a 处的磁感应强度的大小为 $B = \dfrac{\mu_0 I}{4\pi a}$。

亦即载流直导线在某点所激发的磁感应强度的大小，正比于电流，反比于该点与直电流间的垂直距离 a。

11.2 磁场对载流导线的作用

11.2.1 安培定律

安培在获悉电流具有磁效应后，设计了四个极其精巧的实验来研究电流之间的相互作用。他认为电流元相当于力学中的质点，它们之间也存在着像万有引力一样的作用，并遵照牛顿的方式，创建了电动力学。

关于安培力，安培提出：位于磁场中某点处的电流元 $I\,\mathrm{d}l$ 将受到磁场的作用力 $\mathrm{d}\boldsymbol{F}$，$\mathrm{d}\boldsymbol{F}$ 的大小与电流元的大小 $I\,\mathrm{d}l$、磁感应强度的大小 B，以及电流元和磁感应强度间夹角的正弦成正比。这就是后人所称的**安培定律**，其数学表达式为

$$\mathrm{d}F = kI\,\mathrm{d}lB\sin\theta$$

$\mathrm{d}\boldsymbol{F}$ 的方向垂直于 $I\,\mathrm{d}l$ 与 $\boldsymbol{B}$ 所组成的平面，服从右手螺旋法则。式中，k 为比例系数，取决于式中各量的单位。在 SI 中，$k = 1$，则上式常见的形式为

$$\mathrm{d}F = I\,\mathrm{d}lB\sin\theta \tag{11.2.1}$$

用矢量形式表示为

$$\mathrm{d}\boldsymbol{F} = I\,\mathrm{d}\boldsymbol{l} \times \boldsymbol{B} \tag{11.2.2}$$

给定载流导线在磁场中所受到的安培力为 $\mathrm{d}\boldsymbol{F}$ 的矢量和，即

$$\boldsymbol{F} = \int_L \mathrm{d}\boldsymbol{F} = \int_L I\,\mathrm{d}\boldsymbol{l} \times \boldsymbol{B} \tag{11.2.3}$$

一般情况下，在计算一段载流导线的安培力时，如果各电流元所受磁场力的方向是一致的，则上式的积分就转化成标量积分。高中熟悉的安培力公式 $F = BIL$ 就是由上式推导出来的。

11.2.2 磁场对平面载流线圈的作用

如图 11.2.1a 所示，匀强磁场的磁感应强度为 $\boldsymbol{B}$，矩形刚性平面线圈 $ABCD$，其中边长 $AB = CD = l_1$，$DA = BC = l_2$，线圈内通有电流 I。规定线圈平面法线 $\boldsymbol{n}$ 的正方向与线圈中的电流方向满足右手螺旋关系，设线圈的法线 $\boldsymbol{n}$ 与磁场方向成 θ 角。根据安培定律，AB 边和 CD 边所受磁场力 $\boldsymbol{F}_3$ 和 $\boldsymbol{F}_4$ 始终处于线圈平面内，并且大小相等、方向相反，在同一直线上，因而作用效果互相抵消。而 DA 边和 BC 边由于电流的方向始终与磁场垂直，它们所受磁场力 $\boldsymbol{F}_1$ 和 $\boldsymbol{F}_2$ 的大小为 $F_1 = F_2 = BIl_2$。

$\boldsymbol{F}_1$ 和 $\boldsymbol{F}_2$ 的大小相等、方向相反，但不在同一直线上，构成一对力偶，为线圈提供了力矩，如图 11.2.1b 所示，此力矩的大小为

$$M = F_1 \frac{1}{2}l_1\cos\left(\frac{\pi}{2} - \theta\right) + F_2 \frac{1}{2}l_1\cos\left(\frac{\pi}{2} - \theta\right) \tag{11.2.4}$$

$$= F_1 l_1 \sin\theta = BIl_2 l_1 \sin\theta = BIS\sin\theta$$

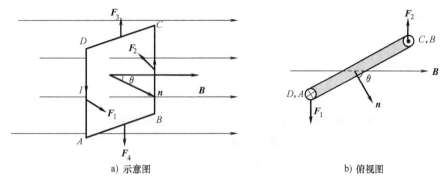

a) 示意图　　　　　　b) 俯视图

图 11.2.1　磁场对载流线圈的作用

式中，$S=l_1 l_2$ 为线圈的面积。令 $\boldsymbol{m}=IS\boldsymbol{n}$，叫作载流线圈的**磁矩**，代入上式得 $M=mB\sin\theta$，其矢量式为

$$\boldsymbol{M}=\boldsymbol{m}\times\boldsymbol{B} \tag{11.2.5}$$

线圈就是在上述磁力矩的作用下绕中心轴旋转，各种电动机和电流表都是靠其内部的载流线圈在磁场中的转动来工作的。式（11.2.4）虽然是从矩形平面线圈推得的，但可以证明它对于任意形状的平面线圈都适用，也适用于带电粒子沿闭合路径运动的磁矩。

例 11-2　半径为 R、通过电流为 I 的圆形载流线圈置于匀强磁场中，它可以绕过直径的轴旋转，磁感应强度的大小为 B，方向沿 x 轴正向。求：（1）线圈的受力情况；（2）线圈所受的磁力矩。

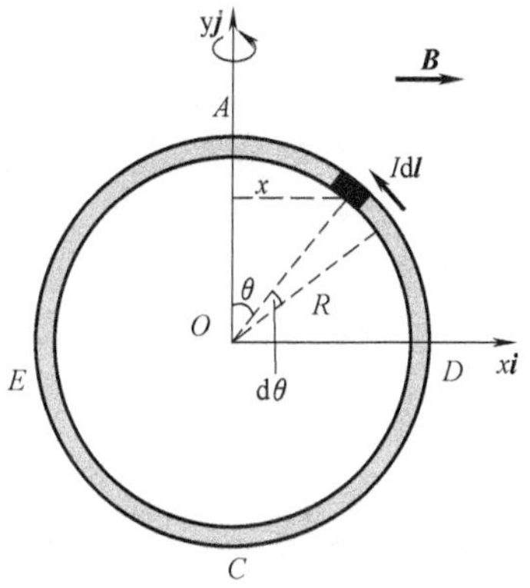

解　（1）如图 11.2.2 所示，将线圈分为 AEC 和 CDA 两个半圆环，由安培定律可知 AEC 半环上任意一点的受力方向均垂直圆环向外，CDA 半环上任意一点的受力方向均垂直圆环向里。在 CDA 半环上取电流元 $I\mathrm{d}l$，所受安培力的大小为

$$\mathrm{d}F=I\mathrm{d}lB\sin(\pi-\theta)=I\mathrm{d}lB\sin\theta$$

CDA 半环受到的安培力为

$$F_{CDA}=\int_\pi^0 I\mathrm{d}lB\sin\theta=\int_\pi^0 IB\sin\theta R\mathrm{d}\theta=-2BIR$$

图 11.2.2　圆形载流线圈所受的磁力矩

方向垂直圆环向里，即 $-\boldsymbol{k}$ 方向。

同理可得 AEC 半环受到的安培力 $F_{AEC}=2BIR$，方向垂直圆环向外，即 $+\boldsymbol{k}$ 方向。

F_{AEC} 与 F_{CDA} 虽然大小相等、方向相反，但不在一条直线上，形成一对力偶，因而合力为零，力矩不为零，形成的力偶矩使圆环绕 y 轴转动。

（2）线圈的磁矩为 $\boldsymbol{m}=IS\boldsymbol{k}=I\pi R^2\boldsymbol{k}$

磁力矩为 $\boldsymbol{M}=\boldsymbol{m}\times\boldsymbol{B}=I\pi R^2 B\boldsymbol{k}\times\boldsymbol{i}=I\pi R^2 B\boldsymbol{j}$

11.3　磁场对运动电荷的作用

11.3.1　洛伦兹力

带电粒子 q 在磁场中运动时会受到**洛伦兹力**的作用，当运动速度 $\boldsymbol{v}$ 与磁感应强度 $\boldsymbol{B}$ 垂直

时，其大小为 $F=qvB$。从安培定律可以推导出洛伦兹力，其矢量表达式为

$$F=qv \times B \qquad (11.3.1)$$

洛伦兹力的大小为 $F=qvB\sin\theta$，θ 为 v 与 B 的夹角；当 q 带正电时，F 的方向与 $v \times B$ 的方向一致，而当 q 带负电时，F 的方向与 $v \times B$ 的方向相反。

因洛伦兹力总是与速度方向垂直，所以洛伦兹力不做功，只改变速度方向。

如果带电粒子在电场和磁场同时存在空间运动，所受合力为

$$F_{合}=qE+qv \times B \qquad (11.3.2)$$

式（11.3.2）适用于粒子以任何速度运动的情形，称为洛伦兹公式。

11.3.2 带电粒子在匀强磁场中的运动

1. v 与 B 平行或反平行

根据式（11.3.1），当带电粒子的速度 v 与匀强磁场 B 方向平行或反平行时，作用在带电粒子的洛伦兹力为零，带电粒子做匀速直线运动。

2. v 与 B 垂直

此时带电粒子 q 受到的洛伦兹力的大小为 $F=qvB$，方向始终与 v 垂直，带电粒子在 F 与 v 组成的平面内做匀速圆周运动，洛伦兹力提供向心力。

带电粒子在匀强磁场中运动的轨道半径称为**回旋半径**，其大小为

$$R=\frac{mv}{qB} \qquad (11.3.3)$$

粒子运行一周所需要的时间称为**回旋周期**，以 T 表示，由（11.3.3），得

$$T=\frac{2\pi R}{v}=\frac{2\pi m}{qB} \qquad (11.3.4)$$

单位时间内粒子所运行的圈数称为**回旋频率**，用 V 表示，有

$$V=\frac{1}{T}=\frac{qB}{2\pi m} \qquad (11.3.5)$$

可见周期 T 和频率 f 都与速率 v 无关，且速率大的绕大圈，速率小的绕小圈。

3. v 与 B 斜交成 θ 角

如图 11.3.1 所示，此时将 v 沿平行及垂直磁场的方向进行正交分解，平行分量 $v_{//}=v\cos\theta$，垂直分量 $v_{\perp}=v\sin\theta$。根据上述讨论可知，垂直分量 $v_{\perp}$ 将使带电粒子 q 在垂直于磁场平面内做匀速圆周运动，回旋半径和回旋周期分别为

$$R=\frac{mv\sin\theta}{qB}, \quad T=\frac{2\pi m}{qB} \qquad (11.3.6)$$

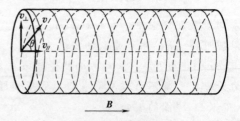

图 11.3.1 带电粒子在磁场中
作等螺距的螺旋运动

而由于 q 在 $v_{//}$ 方向不受力，所以 q 将沿磁场方向做匀速直线运动，因此 q 最终将沿 B 的方向做等螺距的**螺旋运动**，螺距为 $d=v_{//}T=2\pi mv\cos\theta/(qB)$。

有很多仪器设备便是根据带电粒子在磁场中的不同运动规律制成的，如电子显微镜、质谱仪、回旋加速器、速度选择器、显像管及霍尔传感器等。

11.3.3 霍尔效应

如图 11.3.2a 所示，将导体板放在垂直于板面的磁场中，当有电流垂直于磁场方向通过时，如图 11.3.2b 所示，在垂直于电流和磁场方向的导体板上、下表面将分别出现负电荷和正电荷，上下表面间将产生横向电压 U_H，称为**霍尔电压**，这个现象叫作**霍尔效应**。这是由于定向运动的载流子受到洛伦兹力作用而在导体板表面聚集而产生的，同时也使导体中出现相应的电场，称为**霍尔电场**（E_H）。

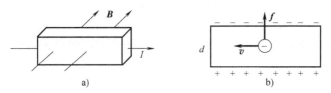

图 11.3.2 霍尔效应

实验发现，霍尔电压与电流 I 以及磁感应强度的大小 B 成正比，与导体板的厚度 d 成反比，即

$$U_H = R_H \frac{IB}{d} \tag{11.3.7}$$

式中，R_H 称为**霍尔系数**，仅由导体材料决定。

当发生霍尔效应时，导体中的载流子所受的霍尔电场力最终将与洛伦兹力平衡，由此可以计算出**霍尔系数**为

$$R_H = \frac{1}{nq} \tag{11.3.8}$$

式中，q 为导体中载流子的电荷量；n 为导体中自由电荷的浓度，这就是决定霍尔系数的因素。由于金属导体的载流子浓度很大，因此金属的霍尔效应不是很明显，但是半导体材料的霍尔效应就很明显。

在实际应用中已经制造出很多半导体霍尔效应电子元件，并广泛应用于测量、自动化、计算和电子等技术中。例如，判断半导体载流子的类型和浓度；测量电路中的电流和功率；测量压力、质量、液位、流速、流量；进行四则运算、开方、乘方；用于监视和测量汽车各部件运行参数的变化，等等。

霍尔效应是美国物理学家霍尔（Edwin Herbert Hall）在 1879 年首先发现的，在后续的研究中物理学家们还发现了"整数量子霍尔效应"和"分数量子霍尔效应"，它们的发现者分别获得了 1985 年和 1998 年的诺贝尔物理学奖。2013 年，由中国物理学家薛其坤带领的团队发现了"反常量子霍尔效应"，这是"诺奖级"的成果，有可能带来下一次的信息技术革命。

11.4 磁场的高斯定理 安培环路定理

11.4.1 磁场的高斯定理

穿过磁场中某一曲面的磁感应线的条数，称为穿过该曲面的**磁感应强度通量**，用符号

Φ_{m} 表示，简称**磁通量**，在 SI 中的单位为韦伯，符号为 Wb。在匀强磁场 $\boldsymbol{B}$ 中，若磁感线垂直通过平面 S，则 $\Phi_{\mathrm{m}} = BS$；若斜着通过时，$\boldsymbol{B}$ 和平面 S 的法线方向 $\boldsymbol{n}$ 成 θ 角，则 $\Phi_{\mathrm{m}} = BS\cos\theta = \boldsymbol{B} \cdot \boldsymbol{S}$。

在非匀强磁场中，通过曲面上一面积元 $\mathrm{d}\boldsymbol{S}$ 的磁通量为

$$\mathrm{d}\Phi_{\mathrm{m}} = \boldsymbol{B} \cdot \mathrm{d}\boldsymbol{S} = B\,\mathrm{d}S\cos\theta \tag{11.4.1}$$

通过任一有限曲面 S 的磁通量为

$$\Phi_{\mathrm{m}} = \iint_S \boldsymbol{B} \cdot \mathrm{d}\boldsymbol{S} = \iint_S B\,\mathrm{d}S\cos\theta \tag{11.4.2}$$

由于磁感线是闭合曲线，对于磁场中任意一个闭合曲面，有磁感线进入闭合曲面，也就必然有相应的磁感线穿出闭合曲面，因此通过任何闭合曲面的总磁通量必为零，即有

$$\oint_S \boldsymbol{B} \cdot \mathrm{d}\boldsymbol{S} = 0 \tag{11.4.3}$$

式 (11.4.3) 可经毕奥-萨伐尔定律和磁场叠加原理证明，称为**磁场的高斯定理**，也称**磁通连续定理**，它表明磁场是无源场。

11.4.2 安培环路定理

1. 安培环路定理

静电场的环路定理 $\left(\oint_L \boldsymbol{E} \cdot \mathrm{d}\boldsymbol{l} = 0\right)$ 表明静电场是保守场。那么，稳恒磁场中磁感应强度的环流 $\oint_L \boldsymbol{B} \cdot \mathrm{d}\boldsymbol{l}$ 又会揭示出磁场的什么规律呢？

1826 年，安培提出了载流导线中的电流与其产生的磁场之间的关系，后人将其称为**安培环路定理：在真空的稳恒磁场中，磁感应强度 $\boldsymbol{B}$ 沿任意闭合曲线 L 的线积分（环流），等于穿过这个闭合曲线的所有电流的代数和的 μ_0 倍**。数学表达式为

$$\oint_L \boldsymbol{B} \cdot \mathrm{d}\boldsymbol{l} = \mu_0 \sum_{i=1}^{n} I_i \tag{11.4.4}$$

如图 11.4.1 所示，穿过闭合曲线 L（即被 L 包围）的电流有 I_1、I_2，故代入式 (11.4.4) 中时只有两个电流，不包含 I_3。同时由于 I_1 和 I_2 的电流方向相反，因此在式中需区分正负。

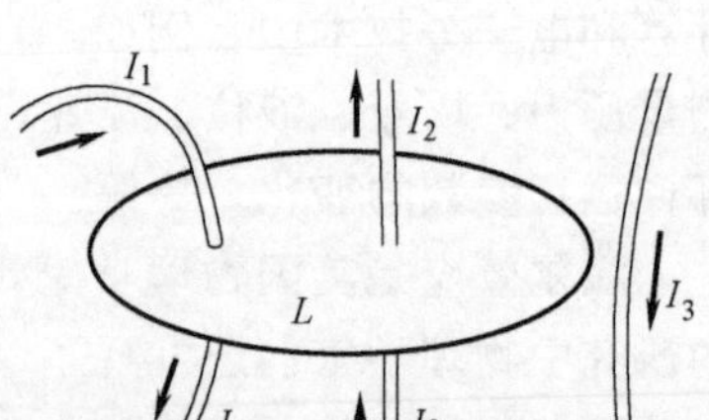

闭合回路 L 内电流正负的**规定**：穿过回路 L 的电流方向与 L 的环绕方向（即积分方向）服从右手螺旋关系时，电流 I 为正值，否则 I 为负值。

图 11.4.1 闭合曲线和电流

注意：电流 I 不穿过回路 L，虽然对磁感应强度环流无贡献，但决不能误认为沿回路 L 上各点的磁感应强度 $\boldsymbol{B}$ 仅由 L 内包围的电流所产生，$\boldsymbol{B}$ 是由空间中的所有电流产生的。

安培环路定理揭示了磁场是有旋场（即涡旋场），是非保守场，不存在标量势函数。这是恒磁场不同于静电场的一个十分重要的性质。

安培环路定理可以用来处理电流分布具有一定对称性的恒磁场问题，能方便地计算出某

些载流导体周围的磁感应强度的分布。

2. 安培环路定理的应用

利用安培环路定理求磁感应强度的基本步骤：首先，用磁场叠加原理对载流体的磁场进行对称性分析；然后，根据磁场的对称性和特征，选择适当形状的环路；最后，利用式(11.4.4)求磁感应强度。

例 11-3 有一半径为 R 的无限长载流圆柱体导线，电流 I 均匀地流过其横截面，求圆柱体导线内外的磁感应强度。

解 如图 11.4.2 所示，载流圆柱体导线是无限长的，因此磁场对圆柱体轴线具有柱对称性（磁感线为圆）。构造一半径为 r 的同轴圆环，积分方向同 $\boldsymbol{B}$，由安培环路定理可得

$$\oint_L \boldsymbol{B} \cdot \mathrm{d}\boldsymbol{l} = \mu_0 I$$

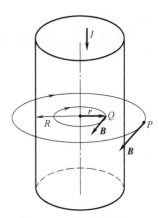

图 11.4.2 长载流圆柱体的磁场

① 当 $r > R$ 时，磁感应强度的大小为 $B = \dfrac{\mu_0 I}{2\pi r}$，在圆柱形载流导线外部，磁感应强度的大小与离开轴线的距离 r 成反比，$\boldsymbol{B}$ 的方向与 I 成右手螺旋关系。

② 当 $0 < r \leqslant R$ 时（即柱内）时，电流均匀分布在圆柱体导线所在的截面上，因而有

$$B 2\pi r = \mu_0 \frac{I}{\pi R^2} \pi r^2$$

最后得到

$$B = \frac{\mu_0}{2\pi} \frac{Ir}{R^2}$$

在圆柱形载流导线内部，磁感应强度的大小与离开轴线的距离 r 成正比，$\boldsymbol{B}$ 的方向与 I 成右手螺旋关系。

例 11-4 有一无限长直螺线管，每单位长度上均匀密绕有 n 匝线圈，通过线圈的电流为 I。求：螺线管内部的磁感应强度的大小。

解 由于直螺线管无限长，管内可视为匀强磁场，磁感应强度的方向与螺线管的轴线平行，管外磁场可视为零。

取如图 11.4.3 所示的矩形回路 $ABCD$，AB 边在管内，CD 边在管外，另两条边垂直于轴线。根据安培环路定理，有

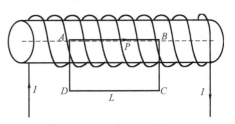

图 11.4.3 载流无限长直螺线管内任一点的磁场

$$\oint_L \boldsymbol{B} \cdot \mathrm{d}\boldsymbol{l} = \int_{AB} \boldsymbol{B} \cdot \mathrm{d}\boldsymbol{l} + \int_{BC} \boldsymbol{B} \cdot \mathrm{d}\boldsymbol{l} + \int_{CD} \boldsymbol{B} \cdot \mathrm{d}\boldsymbol{l} + \int_{DA} \boldsymbol{B} \cdot \mathrm{d}\boldsymbol{l} = \int_{AB} \boldsymbol{B} \cdot \mathrm{d}\boldsymbol{l} = B\overline{AB} = \mu_0 \overline{AB} n I$$

解得磁感应强度的大小为 $B = \mu_0 n I$。

因此，无限长直螺线管内的磁场由电流 I 及单位长度的线圈匝数 n 决定。

例 11-5 一平均半径为 R 的螺绕环密绕有均匀的线圈，总匝数为 N，线圈通过的电流

为 I。求螺绕环内的磁场分布。

解　如图 11.4.4 所示，由于均匀密绕螺绕环上电流的分布具有中心轴对称性，所以磁场的分布也应具有轴对称性，因此，环内磁感应线为同心圆，环外磁感应强度为零。

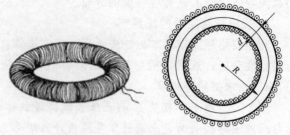

在环内选一半径为 R 的回路 L，根据安培环路定理有

图 11.4.4　载流螺绕环内的磁场

$$\oint_L \boldsymbol{B} \cdot \mathrm{d}\boldsymbol{l} = B2\pi R = \mu_0 NI$$

解得磁感应强度的大小为 $B = \dfrac{\mu_0 NI}{2\pi R}$。

当 $2R \gg d$ 时，环的粗细可忽略不计，环内可视为均匀磁场，磁感应强度的大小为

$$B = \frac{\mu_0 NI}{2\pi R} = \mu_0 nI$$

可见磁场由电流 I 及单位长度的线圈匝数 n 决定。

11.5　磁介质

我们知道，在通电线圈中插入铁心时会使磁场大大增强，而插入其他物质则不会，其中的奥秘是什么呢？当物质被置于磁场中时，其性质往往会发生变化，并会影响原磁场的分布。此类物质称为**磁介质**。

11.5.1　磁介质的磁化

1. 磁介质对磁场的影响

可以定量地研究磁介质对磁场的影响作用：在一个长直螺线管内充满某种磁介质，在线圈中通以电流 I，然后测出此时管内的磁感应强度大小 B；保持电流 I 不变，然后撤除磁介质，将管内抽成真空，再测出此时的磁感应强度大小 B_0。可将 B_0 视为外加磁场，则磁介质对磁场的影响关系可由 B 和 B_0 表示为

$$B = \mu_r B_0 \tag{11.5.1}$$

式中，μ_r 称为磁介质的**相对磁导率**，其量纲为 1，它只和磁介质的种类和状态有关。

根据 μ_r 的大小可将磁介质分为三类：**顺磁质**——μ_r 略大于 1（如 Mn、Al、O、W 等）；**抗磁质**——μ_r 略小于 1（如 Au、Ag、Cu、H_2O 等），**铁磁质**——μ_r 比 1 大得多，并且会随着外加磁场的强弱而变化（如 Fe、Co、Ni 及其合金和氧化物）。

2. 分子磁矩

磁场对不同种类磁介质的不同影响与磁介质的微观结构有关，由于假设的微观模型不同，出现了两种不同观点的理论——分子电流观点和磁荷观点。下面只介绍分子电流观点。

研究磁性时，物质内的每个分子都可以用一个等效的圆电流来表示，即分子电流，它产生的磁矩称为**分子磁矩**。

有些磁介质在无外磁场作用时，其分子的各种磁矩的矢量和为零，即分子的固有磁矩为零，称为**无矩分子**。由无矩分子组成的磁介质就是抗磁质。另外的磁介质分子的固有磁矩不为零，则称为**有矩分子**，由该类分子组成的磁介质即为顺磁质。而铁磁质是顺磁质的一种特殊情况，其原子内部的各电子间还存在着一种特殊的相互作用，从而可以产生很强的磁性。

既然顺磁质的分子固有磁矩不为零，那么为什么它在未磁化时不显磁性呢？这是因为由于分子无规则热运动的存在，在无外磁场作用时，分子的固有磁矩的取向沿各个方向的概率相等。因此所有分子磁矩的矢量和为零，使得磁介质在宏观上不显磁性。当顺磁质放入磁场中时，分子的固有磁矩将受到磁场施加的力矩作用，从而使分子磁矩的方向倾向于与外磁场方向一致。因此，磁场得到加强。

对于抗磁质，虽然分子没有固有磁矩，但在受到磁场的作用时会产生一个和外磁场方向相反的附加磁矩，从而削弱磁场。

3. 磁化电流

将一段圆柱状的顺磁质沿磁场方向置入匀强磁场中，其分子固有磁矩的方向将和外磁场趋于一致，每个分子磁矩对应一分子环形电流，如图 11.5.1 所示。由图 11.5.1a 中的横截面容易看出，在介质内部任何两个环形电流相邻处的电流方向总是相反的，因此它们的磁作用效果就相互抵消了。但如图 11.5.1b 所示，在横截面边缘上（即介质表面上）的环形电流的外围一段未被抵消，它们的电流方向相同的，从宏观上看起来，相当于有一环形电流流过横截面，故相当于在整个介质表面上有一层环形电流流过，称为**磁化电流**。它在周围空间中会产生一个附加磁场，从而增强介质内部的磁场。磁化电流不是自由电荷定向移动形成的电流，因此也叫**束缚电流**。

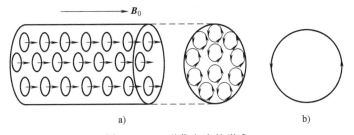

图 11.5.1 磁化电流的形成

抗磁质处于磁场中时会有附加磁矩产生，同顺磁质一样，附加磁矩也对应环形电流，因此，在介质表面同样也会产生磁化电流（束缚电流）。磁化电流产生的附加磁场在介质内部的方向和原磁场方向相反，使磁场减弱。

11.5.2 磁化强度

为了描述磁介质的磁化程度和方向，引入一个矢量——**磁化强度**。

单位体积内的分子磁矩的矢量和称为磁化强度。以 $\sum \boldsymbol{m}$ 表示磁介质宏观体积元 ΔV 内的所有分子磁矩的矢量和，以 $\boldsymbol{M}$ 表示磁化强度矢量，则有

$$\boldsymbol{M} = \frac{\sum \boldsymbol{m}}{\Delta V} \tag{11.5.2}$$

$\boldsymbol{M}$ 在 SI 中的单位是安每米，符号为 A/m。如果磁介质中各处的磁化强度的大小和方向

都一致就称均匀磁化，本书只讨论均匀磁化的情况。

磁介质磁化时，磁场越强，分子磁矩排列越整齐，磁化强度越大，磁化电流也越大。可以证明，在磁介质中，穿过闭合曲线 L 的磁化电流 I' 与磁化强度的关系为

$$\oint_L \boldsymbol{M} \cdot \mathrm{d}\boldsymbol{l} = \sum I' \qquad (11.5.3)$$

由图 11.5.2 所示的磁介质可以推导出磁化强度的大小和介质表面单位长度上的磁化电流 i'（面磁化电流密度）的大小的关系为 $M = i'$。

对于一般情况，考虑到方向，i' 和 M 的关系应为

$$i' = \boldsymbol{M} \times \boldsymbol{e}_n \qquad (11.5.4)$$

式中，e_n 为介质表面的外法向单位矢量。因此，面磁化电流密度等于磁化强度沿表面切线方向的分量。

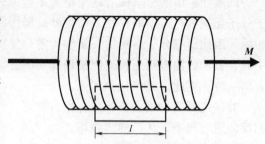

图 11.5.2 磁化电流和磁化强度间的关系

11.5.3 有磁介质时的安培环路定理

磁化时，磁介质表面的磁化电流在空间中产生一个磁场 $\boldsymbol{B}'$，空间中任一点的磁感应强度应该是传导电流产生的磁场 $\boldsymbol{B}_0$ 和 $\boldsymbol{B}'$ 的矢量和，即

$$\boldsymbol{B} = \boldsymbol{B}_0 + \boldsymbol{B}' \qquad (11.5.5)$$

上一节所介绍的**磁场的安培环路定理**同样也适用于磁化电流 I' 产生的磁场，只需在电流 $\sum I_i$ 中增加磁化电流即可。有磁介质时的安培环路定理可写为

$$\oint_L \boldsymbol{B} \cdot \mathrm{d}\boldsymbol{l} = \oint_L \boldsymbol{B}_0 \cdot \mathrm{d}\boldsymbol{l} + \oint_L \boldsymbol{B}' \cdot \mathrm{d}\boldsymbol{l} = \mu_0 \left(\sum I_0 + \sum I' \right)$$

又根据式（11.5.3），可得

$$\oint_L \boldsymbol{B} \cdot \mathrm{d}\boldsymbol{l} = \mu_0 \left(\sum I_0 + \oint_L \boldsymbol{M} \cdot \mathrm{d}\boldsymbol{l} \right)$$

等式两边同除以 μ_0，并移项可得

$$\oint_L \left(\frac{\boldsymbol{B}}{\mu_0} - \boldsymbol{M} \right) \cdot \mathrm{d}\boldsymbol{l} = \sum I_0$$

引入辅助量：$\boldsymbol{H} = \dfrac{\boldsymbol{B}}{\mu_0} - \overrightarrow{\boldsymbol{M}}$，称为**磁场强度**，则有

$$\oint_L \boldsymbol{H} \cdot \mathrm{d}\boldsymbol{l} = \sum I_0 \qquad (11.5.6)$$

上式表明：**磁场强度 $\boldsymbol{H}$ 沿任意闭合曲线的线积分等于穿过该回路的传导电流的代数和，与磁化电流无关**，此规律称为有磁介质时的安培环路定理。

注意：磁场强度只是一个辅助量，磁感应强度 $\boldsymbol{B}$ 才有直接的物理意义，只是由于历史原因才将 H 叫作磁场强度。磁场强度在国际单位制中的单位是 A/m。磁场强度的另一个常用单位是奥斯特，用 Oe 表示，二者的换算关系为

$$1 \mathrm{A/m} = 4\pi \times 10^{-3} \mathrm{Oe}$$

例 11-6 一平均半径为 R 的螺绕环密绕有均匀的线圈，总匝数为 N，环内充满某种磁

介质，流过螺绕环的传导电流为 I_0，此时介质的磁化强度为 $\boldsymbol{M}$。保持电流不变，螺绕环内变为真空时产生的磁感应强度为 $\boldsymbol{B}_0$。求：充满介质时产生的磁感应强度 $\boldsymbol{B}$。

解 将与环同心的圆形回路 L 取为积分路径，穿过回路 L 的传导电流共有 NI_0。

由有磁介质时的安培环路定理可得

$$\oint_L \boldsymbol{H} \cdot \mathrm{d}\boldsymbol{l} = 2\pi R H = NI_0$$

解得

$$H = \frac{NI_0}{2\pi R}$$

则由 $\boldsymbol{H} = \dfrac{\boldsymbol{B}}{\mu_0} - \boldsymbol{M}$ 可得介质内的磁感应强度，对于均匀极化的磁介质，$\boldsymbol{B}$、$\boldsymbol{H}$、$\boldsymbol{M}$ 的方向均相同，因此有

$$B = \mu_0(H + M) = \mu_0 \frac{NI_0}{2\pi R} + \mu_0 M$$

另外，对于空心螺绕环的磁场，有 $B_0 = \mu_0 \dfrac{NI_0}{2\pi R}$，$M = 0$

则

$$B_0 = \mu_0 H$$

所以磁介质内的磁感应强度的大小可写为 $B = B_0 + \mu_0 M$

注意：$B_0 = \mu_0 H$ 是磁感应强度的大小和磁场强度的大小的关系在真空中的磁场特例，一般情况下，两者关系为 $B = \mu_r \mu_0 H = \mu H$，其中 μ_r 为介质的**相对磁导率**，μ 称为介质的**(绝对) 磁导率**，真空的 $\mu_r = 1$。

本 章 小 结

11-1 毕奥-萨伐尔定律：$\mathrm{d}\boldsymbol{B} = \dfrac{\mu_0}{4\pi} \dfrac{I\mathrm{d}\boldsymbol{l} \times \boldsymbol{e}_r}{r^2}$。

11-2 安培定律：$\mathrm{d}\boldsymbol{F} = I\mathrm{d}\boldsymbol{l} \times \boldsymbol{B}$。

11-3 磁场对平面载流线圈的作用。

（1）线圈的磁矩：$\boldsymbol{m} = IS\boldsymbol{n}$。

（2）线圈的磁力矩：$\boldsymbol{M} = \boldsymbol{m} \times \boldsymbol{B}$。

11-4 带电粒子在匀强磁场中的运动。

（1）$\boldsymbol{v}$ 与 $\boldsymbol{B}$ 平行或反平行：带电粒子做匀速直线运动。

（2）$\boldsymbol{v}$ 与 $\boldsymbol{B}$ 垂直：回旋半径 $R = \dfrac{mv}{qB}$，回旋周期 $T = \dfrac{2\pi R}{v} = \dfrac{2\pi m}{qB}$，回旋频率 $f = \dfrac{1}{T} = \dfrac{qB}{2\pi m}$。

（3）$\boldsymbol{v}$ 与 $\boldsymbol{B}$ 斜交成 θ 角：等螺距的螺旋运动，螺距为 $d = v_{//} T = 2\pi mv\cos\theta/(qB)$。

11-5 霍尔效应

（1）霍尔电压：$U_H = R_H \dfrac{IB}{d}$。

（2）霍尔系数：$R_H = \dfrac{1}{nq}$。

11-6 磁场的高斯定理：$\oiint\limits_{S} \boldsymbol{B} \cdot d\boldsymbol{S}=0$。

11-7 安培环路定理：$\oint\limits_{L} \boldsymbol{B} \cdot d\boldsymbol{l}=\mu_0 \sum\limits_{i=1}^{n} I_i$。

11-8 磁介质：

(1) 顺磁质、抗磁质、铁磁质；

(2) 磁化电流：磁介质表面等效形成的电流，也叫束缚电流。

(3) 磁化强度：$\boldsymbol{M}=\dfrac{\sum \boldsymbol{m}}{\Delta V}$；

(4) 面磁化电流密度：$\boldsymbol{i}'=\boldsymbol{M}\times\boldsymbol{n}$。

11-9 有磁介质时的安培环路定理：$\oint\limits_{L} \vec{\boldsymbol{H}} \cdot d\boldsymbol{l}=\sum I_0$。

习　题

一、填空题

11-1 电流元 $I d\boldsymbol{l}$ 放在半径为 R 的圆心上，方向向上，如填空题 11-1 图所示，则圆周上 P、M、N 三点的磁感应强度：$B_P=$ _____，方向为 _____；$B_M=$ _____，方向为 _____；$B_N=$ _____，方向为 _____。

填空题 11-1 图

11-2 如填空题 11-2 图所示，无限长直导线在某处弯成半径为 R 的半圆，当通以电流 I 时，则在圆心 O 点的磁感应强度大小为 $B=$ _____，方向为 _____。

11-3 电子质量为 m，电荷量为 e，以速度 $\boldsymbol{v}$ 飞入磁感应强度为 B 的匀强磁场中，$\boldsymbol{v}$ 与 $\boldsymbol{B}$ 的夹角为 θ，电子做螺旋运动，则螺旋线的螺距 $h=$ _____，半径 $R=$ _____。

填空题 11-2 图

11-4 无限长直密绕螺线管，单位长度线圈匝数为 n，通过电流为 I，当管内分别为真空和充满相对磁导率为 μ_r 的磁介质时，管内的磁感应强度的大小分别为 _____、_____。

11-5 磁介质分为三类：_____、_____、_____。

11-6 一均匀磁化的磁介质棒，直径为 20mm，长为 100mm，其总磁矩为 $31400A \cdot m^2$，则磁化强度为 _____。

二、选择题

11-1 若平面载流线圈在磁场中既不受力，也不受力矩作用，说明（　　）。

A. 磁场一定均匀，线圈的磁矩方向一定与磁场方向平行

B. 磁场一定不均匀，线圈的磁矩方向一定与磁场方向平行

C. 磁场一定均匀，线圈的磁矩方向一定与磁场方向垂直

D. 磁场一定不均匀，线圈的磁矩方向一定与磁场方向垂直

11-2 如选择题 11-2 图所示，匀强磁场中有一矩形通电线圈，它的平面与磁场方向平

行，在磁场作用下，线圈发生转动，其方向是（　　）。

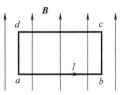

A. ad 边转入纸内，bc 边转出纸外

B. ad 边转出纸外，bc 边转入纸内

C. ab 边转入纸内，cd 边转出纸外

D. ab 边转出纸外，cd 边转入纸内

选择题 11-2 图

11-3　电子枪同时射出两电子，初速率分别为 v 和 $2v$，均与磁场方向垂直，经过均匀磁场偏转后，先回到出发点的是（　　）。

A. 同时到达　　　　B. v 的电子　　　　C. $2v$ 的电子　　　　D. 条件不够，无法确定

11-4　一带电粒子以速度 v 垂直射入匀强磁场 B 中，它的运动轨迹是半径为 R 的圆，若要使半径变为 $2R$，磁场的大小应变为（　　）。

A. $\sqrt{2}B$　　　　B. $2B$　　　　C. $\dfrac{1}{2}B$　　　　D. $\dfrac{\sqrt{2}}{2}B$

11-5　一电荷量为 q 的点电荷在均匀磁场中运动，下列说法正确的是（　　）。

A. 只要速度大小相同，所受的洛伦兹力就相同

B. 在速度不变的前提下，电荷 q 改变为 $-q$，受力方向反向但数值不变

C. 电荷 q 改变为 $-q$，速度方向相反，力的方向反向，数值不变

11-6　一载有直流电流 I 的细导线分别均匀密绕在半径为 R 和 r 的长直圆筒上，形成两个螺线管（$R=2r$），两螺线管单位长度上的匝数相等，则两螺线管中的磁感应强度大小 B_R 和 B_r 应该满足（　　）。

A. $B_R=4B_r$　　　　B. $B_R=2B_r$　　　　C. $B_R=B_r$　　　　D. $B_R=\dfrac{1}{2}B_r$

11-7　下列说法中正确的是（　　）。

A. 闭合回路上各点的磁感应强度都为零时，回路内一定没有电流通过

B. 闭合回路上各点的磁感应强度都为零时，回路内穿过电流的代数和必定为零

C. 磁感应强度沿闭合回路的积分为零时，回路上各点的磁感应强度必定为零

D. 磁感应强度沿闭合回路的积分不为零时，回路上任意一点的磁感应强度都不可能为零。

三、计算题

11-1　有一半径为 R，通有稳恒电流 I 的圆线圈。求：在垂直于圆线圈所在平面并通过圆心的轴线上与圆心相距为 x 的任一点 P 的磁感应强度的大小。

11-2　将一个半径为 R 的半圆形细导体置于磁感应强度的大小为 B 的匀强磁场中，导体所在平面垂直于磁场方向，当导体中通过电流 I 时它所受到的安培力有多大？

11-3　一电子在垂直于均匀磁场的方向做半径为 $R=2.4\text{cm}$ 的圆周运动，电子的速度大小为 $v=1000\text{m/s}$，质量为 $m=9.1\times10^{-31}\text{kg}$。求圆轨道内所包围的磁通量。

11-4　一个电子在 $B=4.0\times10^{-4}\text{T}$ 的磁场中，沿半径 $R=1.0\text{cm}$ 的螺旋线运动，螺距 $h=6.28\text{cm}$。求：（1）电子的速度大小。（2）B 与 v 的夹角。（电子质量 $m=9.1\times10^{-31}\text{kg}$）

11-5　同轴的两圆筒状导线，内筒半径为 R_1，外筒半径为 R_2，其间为真空，外筒与内筒通有大小相等、方向相反的电流 I。求：与轴线距离为 r 处的磁感应强度的大小。

11-6　已知截面面积为 6mm^2 的裸铜线允许的长期负载电流为 32A，电流在导线横截面

上均匀分布。求：（1）导线内、外的磁感应强度分布；（2）导线表面的磁感应强度大小。（$\mu_0 = 4\pi \times 10^{-7}\,\text{T} \cdot \text{m/A}$）

11-7　一半径为 R 的长直中空金属薄管，沿轴线方向均匀通有电流 I，求空间中磁感应强度的分布。

11-8　一铁环中心线的周长为 40cm，横截面面积为 2.0cm^2，在环上共密绕线圈 800 匝，当通有电流 0.2A 时，通过环的磁通量为 4.0×10^{-6}Wb。求：（1）环内磁感应强度和磁场强度的大小；（2）铁的磁导率和磁化强度的大小。

11-9　一横截面直径为 4mm 的环形铁心，平均半径 $R = 4$cm，相对磁导率为 100，环上均匀密绕着 400 匝线圈，当线圈通有 0.4A 的电流时，通过铁心横截面的磁通量为多少？

11-10　一铁环中心线的周长为 40cm，横截面面积为 0.5cm^2，在环上密绕有 400 匝线圈。当导线通有电流 0.1A 时，通过环的截面的磁通量为 8×10^{-6}Wb。求：（1）铁环内磁感应强度和磁场强度的大小；（2）铁的相对磁导率和磁化强度的大小。

11-11　一中心周长为 20cm 的螺绕环，均匀密绕有 500 匝，线圈中通有电流 0.1A。求：

（1）环内为真空时的磁感应强度和磁场强度的大小；

（2）环内充满相对磁导率为 1000 的铁磁质时的磁感应强度和磁场强度的大小；

（3）磁介质内部由磁化电流产生的磁感应强度的大小。

习题参考答案

一、填空题

11-1　0，无；$\dfrac{\mu_0 I \mathrm{d}l}{4\pi R^2}$，垂直纸面向外；$\dfrac{\mu_0 I \mathrm{d}l}{4\pi R^2}$，垂直纸面向里

11-2　$\dfrac{\mu_0 I}{4R}$，垂直纸面向里　　11-3　$\dfrac{2\pi m v\cos\theta}{eB}$，$\dfrac{m v\sin\theta}{eB}$

11-4　$\mu_0 n I$，$\mu_r \mu_0 n I$　　11-5　顺磁质，抗磁质，铁磁质

11-6　1×10^9A/m

二、选择题

题号	11-1	11-2	11-3	11-4	11-5	11-6	11-7
答案	A	D	A	C	B	C	B

三、计算题

11-1　$B = \dfrac{\mu_0}{2} \dfrac{IR^2}{(x^2 + R^2)^{3/2}}$　　11-2　BIR　　11-3　4.28×10^{-10}Wb

11-4　（1）$v = 9.94 \times 10^5$m/s；　　（2）$\theta = 45°$

11-5　$r < R_1$ 时，$B_1 = 0$；$R_1 < r < R_2$ 时，$B_2 = \dfrac{\mu_0 I}{2\pi r}$；$r > R_2$ 时，$B_3 = 0$

11-6　（1）导线内 $B = \dfrac{\mu_0 Ir}{2\pi R^2}$，导线外 $B = \dfrac{\mu_0 I}{2\pi r}$；　　（2）导线表面的磁感应强度的大小

为 $B = 64\sqrt{\dfrac{\pi}{6}} \times 10^{-4}\text{T} \approx 4.63 \times 10^{-3}$T

11-7 $r<R$ 时，$B_1=0$；$r>R_2$ 时，$B_2=\dfrac{\mu_0 I}{2\pi r}$

11-8 （1）$B=0.02\text{T}$，$H=400\text{A/m}$； （2）$\mu=5\times10^{-5}\text{H/m}$，$M=\dfrac{10^5}{2\pi}-400\approx$
$1.55\times10^4\text{A/m}$

11-9 $\Phi_B\approx1.00\times10^{-6}\text{Wb}$

11-10 （1）$B=0.16\text{T}$，$H=100\text{A/m}$； （2）$\mu_r=1.27\times10^3$，$M=1.269\times10^5\text{A/m}$

11-11 （1）$H_0=250\text{A/m}$，$B_0=3.14\times10^{-4}\text{T}$； （2）$H=H_0=250\text{A/m}$，
$B=0.314\text{T}$； （3）$B'=0.313686\text{T}$

光　学

第12章 几何光学和光学仪器

学习目标

➤ 掌握几何光学的基本定律
➤ 理解费马原理
➤ 理解球面反射和折射成像
➤ 掌握薄透镜成像的作图与计算
➤ 掌握光学仪器放大本领

几何光学：撇开光的波动本性，而仅以光的直线传播性质为基础，研究光在透明介质中传播问题的光学。几何光学是成像的一级近似理论，仅适用于波面的线度远大于波长的情况；几何光学是波动光学的近似情况，用波面和"光线"代替了波长、位相、振幅等波动特征量；但几何光学具有直观、方便、不涉及光的本性问题的优点。

12.1 几何光学的基本定律 费马原理

12.1.1 几何光学的基本定律

1. 光线和波面

光线：表示光的传播方向的几何线，系一理想模型；

波面：波传播过程中的同位相面。

2. 几何光学的基本定律

（1）直线传播定律　光在**均匀**介质中沿直线传播。

（2）独立传播定律　自不同方向或由不同物体发出的光线相交时，各光线的独立传播不会相互影响。

（3）反射定律　光通过两种介质的分界面时，入射光线、反射光线、法线在同一平面内；入射光线、反射光线分居于法线异侧；且反射角 i_1' 与入射角 i_1 相等，即

$$i_1' = i_1 \qquad (12.1.1)$$

（4）折射定律　光通过两种介质的分界面时，入射光线、折射光线、法线在同一平面内；入射光线、折射光线分居于法线异侧；且折射角 i_2 与入射角 i_1 满足关系：

$$\frac{\sin i_1}{\sin i_2} = n_{21} \qquad (12.1.2)$$

式中，比例常数 n_{21} 称为第二种介质相对于第一种介质的相对折射率。

某种介质相对于真空的折射率，称为该介质的（绝对）折射率 n；可以证明：$n = c/v$，其中 c、v 分别为光在真空和某种介质中的传播速度；$c = 3 \times 10^8 \text{m/s}$，$v$ 与介质特性及光波波长有关。由 $n_{21} = n_2/n_1$，可得

$$n_1 \sin i_1 = n_2 \sin i_2 \tag{12.1.3}$$

（5）光路可逆原理 光经多次反射和折射后，光路是可逆的。

几点说明：① 光路可逆原理可由前面的定律推出，故称为原理；

② 分界面可以是曲面，法线系指入射点处的曲面法线；

③ "海市蜃楼" 现象说明，光在折射率渐变介质中沿曲线传播。

12.1.2 费马原理

1. 光程

光在真空中相距 l 的两点 A、B 间传播所需时间为

$$t = l/c$$

光在介质中相距 l 的两点 A、B 间传播所需时间为

$$t' = l/v = nl/c$$

由此可见，光在介质中经过路径 l 所需的时间等于在真空中经过路径 nl 所需的时间。定义光程

$$\Delta = nl \tag{12.1.4}$$

则不管光在什么介质中传播，只要光程相等，光的传播时间就相等。故光程具有折合路程的含义，光程可理解为相同时间内光在真空中传播的路程。

若光线连续经过几种介质 $1, 2, \cdots, k$，则

$$\Delta = \sum_{i=1}^{k} n_i s_i \tag{12.1.5}$$

若光线经过非均匀介质 $n = n(s)$，则

$$\Delta = \int_A^B n \, \mathrm{d}s \tag{12.1.6}$$

2. 费马原理

光在指定的两点间传播，实际的光程总是一极值。即光沿光程值为最小、最大或恒定的路径传播。

$$\int_A^B n \, \mathrm{d}s = 极值（极小、极大或恒定值） \tag{12.1.7}$$

或

$$\delta \Delta = 0 \tag{12.1.8}$$

一般情况下，实际光程取极小值。

例如，在均匀介质中，光程取极小值，光沿直线传播（按几何公理，两点间最短的距离是直线）。

3. 由费马原理推导折射定律

如图 12.1.1 所示，设分界面是平面 M_1，上下分别为均匀介质 n_1、n_2，光通过 A 点后经过平面 M_1 折射传播到 B 点。

1）过 A、B 两点平面 M_2 垂直于 M_1，交线记为 $\overline{OO'}$；

2）折射点 C 一定在 $\overline{OO'}$ 上，因为 $\overline{AC'} > \overline{AC''}$，$\overline{C'B} > \overline{C''B}$，所以 $\Delta_{AC'B} > \Delta_{AC''B}$，故入射面和折射面在同一平面内。

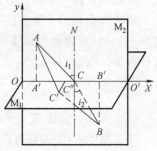

图 12.1.1 由费马原理
推导折射定律

3）设 $A(x_1, y_1)$，$B(x_2, y_2)$，$C(x, 0)$，则 $x_1 < x < x_2$，即 C 必在 A' 与 B' 之间。故入射线 AC 和折射线 CB 分居于法线 N 的异侧。

$$\Delta_{ACB} = n_1\overline{AC} + n_2\overline{CB} = n_1\sqrt{(x-x_1)^2 + y_1^2} + n_2\sqrt{(x_2-x)^2 + y_2^2} \tag{12.1.9}$$

$$\frac{\mathrm{d}\Delta_{ACB}}{\mathrm{d}x} = \frac{n_1(x-x_1)}{\sqrt{(x-x_1)^2 + y_1^2}} - \frac{n_2(x_2-x)}{\sqrt{(x_2-x)^2 + y_2^2}} \tag{12.1.10}$$

$$= n_1\frac{\overline{A'C}}{\overline{AC}} - n_2\frac{\overline{CB'}}{\overline{CB}} = n_1\sin i_1 - n_2\sin i_2 \equiv 0 \tag{12.1.11}$$

即
$$n_1\sin i_1 = n_2\sin i_2 \tag{12.1.12}$$

$$\left(\text{可推出} \frac{\mathrm{d}^2\Delta_{ACB}}{\mathrm{d}x^2} > 0, \text{故光沿光程} \Delta \text{为极小值的路径传播} \right)$$

4. 光程取最大、恒定、最小的情况举例

图 12.1.2 中，镜面是旋转椭球面，P 和 P' 是椭圆的两个焦点，是规定通过的两点。

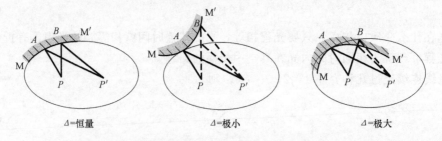

△=恒量   △=极小   △=极大

图 12.1.2 光程取最大、恒定、最小的情况举例

12.2 光在平面上的反射和折射

12.2.1 单心光束 实像和虚像

1. 几个概念

（1）发光点（物点） 只有几何位置，没有形状大小的"光源"称为发光点（物点）。若光线实际发自某点，则该点称为实发光点；若光线是等价于发自某点，则该点称为虚发光点。多个物点（发光点）的集合称为物。

（2）单心光束 有一定关系的一些光线的集合称为光束。

自一发光点发出的由许多光线构成的光束称为单心光束（或同心光束）。

如图12.2.1所示，在均匀介质中，单心光束的波面为球面，若发光点在无穷远处，则单心光束的波面为平面。

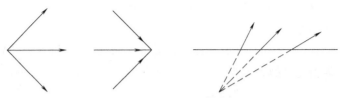

图12.2.1 单心光束举例

（3）像 自物点发出的光束，经光学系统后，若仍是单心光束，则把此单心光束的交点（称为顶点或光心）称为光学系统对该物点的像点。多个像点的集合称为像。

如图12.2.2所示，若光线实际通过光心，则得实像；若光线的延长线通过光心，则得虚像。

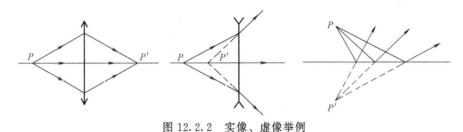

图12.2.2 实像、虚像举例

2. 人眼的特性与物像共异性

人眼不能看到光线本身，只能看到光束的光心。

人眼以**直接**进入瞳孔前的光线来判断光束的光心位置。

物像共性：物和像都不过是进入瞳孔的光束的光心（的集合）而已。

物像异性：物可向各个方向发光，而像只向某些方向发光（见图12.2.3）。

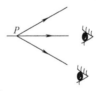
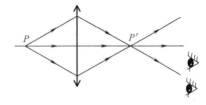

图12.2.3 物像异性

12.2.2 光在平面上的反射和折射

由于反射和折射造成单心光束不再保持单心性，而保持光束单心性的问题，则可以在适当条件下得到解决。

1. 光在平面上的反射

如图12.2.4所示，P为发光点，MM'为分界面。由反射定律容易证明：

$$\angle PAN = \angle P'AN, \triangle PAB \cong \triangle P'AB$$

即 $\overline{PA} = \overline{P'A}$，$\triangle PAP'$ 为一等腰三角形。故 MM' 垂直平

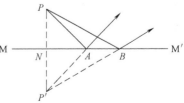

图12.2.4 光在平面上的反射

分 $\overline{PP'}$，$\overline{PN}=\overline{NP'}$。

结论：

1) 像点与物点相对于反射平面对称，像是虚像；

2) 平面镜是最简单、但又能完善成像的光学系统。

2. 光在平面上的折射

如图 12.2.5 所示，xOz 面是介质分界面，设 $n_1>n_2$，P 为物点，PA_1 和 PA_2 是靠得很近的两条光线，各相关点的坐标为

$$A_1(x_1,0),A_2(x_2,0),P_1(0,y_1),P_2(0,y_2),$$
$$P(0,y),P'(x',y')$$

则由图可推出

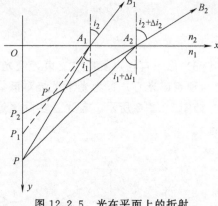

$$y_1=\frac{n_2}{n_1}\sqrt{y^2+\left(1-\frac{n_1^2}{n_2^2}\right)x_1^2} \qquad (12.2.1)$$

$$y_2=\frac{n_2}{n_1}\sqrt{y^2+\left(1-\frac{n_1^2}{n_2^2}\right)x_2^2} \qquad (12.2.2)$$

$$x'=y\left(\frac{n_1^2}{n_2^2}-1\right)\tan^3 i_1 \qquad (12.2.3)$$

图 12.2.5　光在平面上的折射

$$y'=\frac{n_2}{n_1}y\left[1-\left(\frac{n_1^2}{n_2^2}-1\right)\tan^2 i_1\right]^{3/2} \qquad (12.2.4)$$

因单心光束是球面波，故可在一平面上考虑光线的分布，用两条光线找出像点的位置。而非单心光束不再是球面波，故需考虑光线的空间分布。

为此，将图绕 Oy 轴旋转一小角度（考虑 P 发出的狭窄空间光束），**光束中的所有光线不相交于一点，而是相交于两条互垂的线段上**，一条由 P' 描出，另一条则是 $\overline{P_1P_2}$，分别称为子午、弧矢像线（或焦线），**这一现象称为像散。**

在垂直方向，$i_1\approx 0(x_1\approx x_2\approx 0)$，

$$x'=0,y'=y_1=y_2=\frac{n_2}{n_1}y \qquad (12.2.5)$$

在水面上方沿垂直方向观察水中的物体，$n_2=1$，$n_1=4/3$，$y'<y$，y' 称为像似深度。

3. 全反射

由 $n_1\sin i_1=n_2\sin i_2$，即 $i_2=\arcsin\left(\dfrac{n_1}{n_2}\sin n_1\right)$（系单调增函数）可知，若光从密介质传入疏介质中，即 $n_1>n_2$，则 $i_1<i_2$；当 i_1 增大到某一值 i_C 时，$i_2=90°$；故 $i_1>i_C$ 时，光线不再折射而被全部反射；这种只有反射光而没有折射光的现象称为**全反射**，i_C 称为临界角：

$$i_C=\arcsin\frac{n_2}{n_1} \qquad (12.2.6)$$

光导纤维：光导纤维简称光纤，是直径为 $10^{-6}\sim 10^{-5}\,\mathrm{m}$ 的双层玻璃丝，结构如图

12.2.6 所示，它具有弯曲传光、质量轻、容量大、保密性好等优点，广泛应用于国防、医学、自控、通信等领域中。可以证明，在介质 n_0 中，只有顶角小于 $2i_0$ 的空间锥形体中的光线，才能在光纤中传输。其中，

$$i_0 = \arcsin \frac{\sqrt{n_1^2 - n_2^2}}{n_0} \qquad (12.2.7)$$

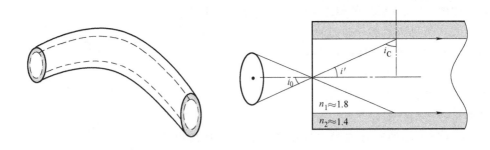

图 12.2.6 光导纤维

4. 棱镜

（1）**棱镜** 由两个或两个以上的不平行的折射平面围成的透明介质元件。三棱镜由两个折射棱面和一个底面构成。

三棱镜的主截面：垂直于两折射棱面的截面。

三棱镜的顶角（棱角）：两折射棱面的夹角。

三棱镜的偏向角：入射光线与出射光线的夹角 θ。

（2）**最小偏向角** 按图 12.2.7 可以证明：当 $i_1 = i_1'$（即 $i_2 = i_2'$）时，有最小 θ，记为 θ_0。

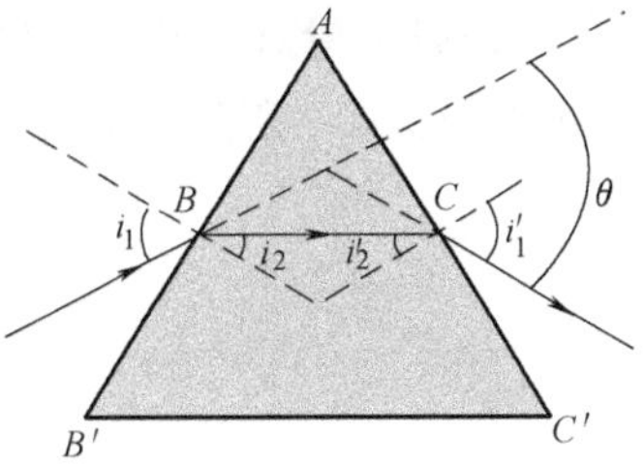

因为

$$\theta = (i_1 - i_2) + (i_1' - i_2') \qquad (12.2.8)$$

图 12.2.7 棱镜和最小偏向角

$$i_2 + i_2' = \angle A \ (由 \ i_2 + \angle B = i_2' + \angle C = 90° 推得) \qquad (12.2.9)$$

所以

$$\theta_0 = (i_1 + i_1') - (i_2 + i_2') = 2i_1 - \angle A \qquad (12.2.10)$$

$$i_1 = \frac{\theta_0 + \angle A}{2} \qquad (12.2.11)$$

$$i_2 = i_2' = \frac{\angle A}{2} \qquad (12.2.12)$$

故

$$n = n_0 \frac{\sin \dfrac{\theta_0 + \angle A}{2}}{\sin \dfrac{\angle A}{2}} \qquad (12.2.13)$$

利用上式可以测量棱镜材料的折射率 n；利用棱镜可以改变光线传播方向（全反射棱

镜），还可以使复色光分为单色光（色散棱镜）。

12.3 光在球面上的反射和折射

12.3.1 光在球面上的反射

1. 符号法则

对于如图 12.3.1 所示的单球面，一般包括以下几部分。

顶点 O：所讨论的部分球面的中心；

曲率中心 C：球面的球心；

主轴 $\overline{OC}$：连接 O 和 C 的直线；

主截面：过 $\overline{OC}$ 的任一平面。

具体符号法则介绍如下：

1）光线与主轴的交点位置均从顶点算起，凡是在顶点的右方者，其间距离为正；凡是在顶点的左方者，其间距离为负。物、像点到主轴的距离，在主轴上方者为正，在主轴下方者为负。

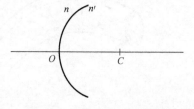

图 12.3.1 单球面的主截面

2）光线方向的倾斜角度均从主轴（或球面法线）算起，并取小于 90°的角度，由主轴（或球面法线）转向有关光线时，若沿顺时针方向转，则该角度为正；若沿逆时针方向转，则该角度为负。

3）图中出现的长度量和角度量只能用正值表示。

2. 球面反射对光束单心性的破坏

如图 12.3.2 所示，对 ΔPAC 和 $\Delta P'AC$ 应用正弦定律，得

$$\frac{\overline{PC}}{\sin i}=\frac{\overline{AC}}{\sin(-u)} \tag{12.3.1}$$

$$\frac{\overline{P'C}}{\sin(-i')}=\frac{\overline{AC}}{\sin(-u')} \tag{12.3.2}$$

因为 $\overline{AC}=\overline{OC}=-r$，$\overline{PC}=(-s)-(-r)=r-s$，$\overline{P'C}=(-r)-(-s')=s'-r$，所以

$$\frac{r-s}{\sin i}=\frac{-r}{\sin(-u)} \tag{12.3.3}$$

$$\frac{s'-r}{\sin(-i')}=\frac{-r}{\sin(-u')} \tag{12.3.4}$$

应用反射定律 $\sin(-i')=\sin i$，得

$$(r-s)\sin(-u)=(s'-r)\sin(-u') \tag{12.3.5}$$

即

$$s'=r+\frac{\sin(-u)}{\sin(-u')}(r-s) \tag{12.3.6}$$

结论：单心光束经球面反射后，单心性受到破坏，变为像散光束，如图 12.3.3 所示。

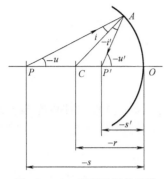

图 12.3.2 球面反射的光路

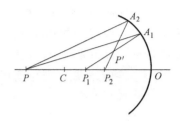

图 12.3.3 球面反射的像散

3. 理想成像的条件——近轴条件

要使 P_1、P_2、P' 基本重合为一点，即有明确的像点存在，必须满足条件：

$$\sin\alpha \approx \tan\alpha \approx \alpha \tag{12.3.7}$$

式 (12.3.7) 中的 α 为光线与主轴的夹角，即光线必须是近轴的，物点必须是近轴的。

故几何光学也称为一级近似光学或高斯光学。

4. 球面反射的物像公式

由图 12.3.2 可知，近轴条件下

$$\sin(-u) \approx \tan(-u) \approx \overline{AO}/(-s) \tag{12.3.8}$$

$$\sin(-u') \approx \tan(-u') \approx \overline{AO}/s' \tag{12.3.9}$$

$$\frac{\sin(-u')}{\sin(-u)} = \frac{s}{s'} \tag{12.3.10}$$

$$s' = r + \frac{\sin(-u)}{\sin(-u')}(r-s) = r + \frac{s'}{s}(r-s) \tag{12.3.11}$$

整理，可得

$$\frac{1}{s'} + \frac{1}{s} = \frac{2}{r} \tag{12.3.12}$$

r 一定，$s' = s'(s)$ 对应于一定的物点，有唯一的像点，此像点称为高斯（Gauss）像点，上式称为高斯公式。

P、P' 是共轭点，PA、$P'A$ 是共轭光线，s、s' 分别称为物距、像距。

如图 12.3.4 所示，当 $s = -\infty$ 时，$s' = r/2$，平行光经球面反射后对应的像点称为反射球面的（主）焦点 F，F 到 O 的距离称为焦距 f'，即

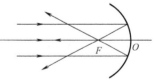

图 12.3.4 球面反射的焦点

$$f' = s'\big|_{s=-\infty} = r/2 \tag{12.3.13}$$

故高斯公式可写为

$$\frac{1}{s'} + \frac{1}{s} = \frac{1}{f'} \tag{12.3.14}$$

以上讨论对凹球面和凸球面均成立。

5. 球面反射成像作图法和横向放大率

（1）几个概念

焦平面：经过焦点与主轴垂直的平面；

副轴：经过曲率中心的任一直线；

横向放大率：像高 y' 与物高 y 之比，即 $\beta \equiv y'/y$。

（2）作图法　以下光线中，视情况任取两条（⑤只需一条）光线，即可作图求像。

① 平行于主轴的光线，经球面反射后，必然经过焦点（见图 12.3.5a）；

② 凡经过焦点的光线，经球面反射后，必然与主轴平行（见图 12.3.5a）；

③ 经过曲率中心的光线，经球面反射后，按原方向返回（见图 12.3.5b）；

④ 经过顶点的光线，经球面反射后，反射光线与主轴的夹角等于入射光线与主轴的夹角（见图 12.3.5c）；

⑤ 平行于副轴的光线，经球面反射后，必然会聚于焦平面与该副轴的交点上（见图 12.3.5d）。

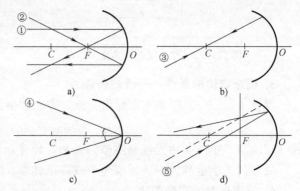

图 12.3.5　球面反射作图法

据光路可逆定律，知像求物时，可将像视为物，对其求出像，所得像即为所求物。

（3）横向放大率　由图 12.3.6 可得，$\triangle PAO \backsim$
$\triangle P'BO$

即

$$\frac{-y'}{y} = \frac{-s'}{-s} = \frac{s'}{s} \qquad (12.3.15)$$

故

$$\beta = \frac{y'}{y} = -\frac{s'}{s} \qquad (12.3.16)$$

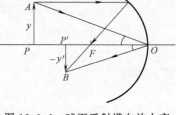

图 12.3.6　球面反射横向放大率

像的性质的判断：

$|\beta| > 1$，$|y'| > |y|$，像是放大的，$|\beta| < 1$，像是缩小的；

$\beta > 0$，y'、y 同符号，像是正立的；$\beta < 0$，像是倒立的；

若 $s < 0$，则 $s' < 0$ 时是实像，$s' > 0$ 时是虚像。

12.3.2　光在球面上的折射

1. 球面折射对光束单心性的破坏

如图 12.3.7 所示，$\overline{PA} = l$，$\overline{AP'} = l'$

$$\Delta_{PAP'} = nl + n'l' \qquad (12.3.17)$$

由余弦定理，得

$$l = \sqrt{r^2 + (r-s)^2 - 2r(r-s)\cos\varphi} \qquad (12.3.18)$$

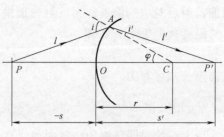

图 12.3.7　球面折射的光路

$$l' = \sqrt{r^2 + (s'-r)^2 - 2r(s'-r)\cos\varphi} \tag{12.3.19}$$

A 点移动，r 是常数，φ 是位置变量，由费马原理，得

$$\frac{\mathrm{d}\Delta_{PAP'}}{\mathrm{d}\varphi} = 0 \tag{12.3.20}$$

即

$$\frac{n(r-s)}{l} - \frac{n'(s'-r)}{l'} = 0 \tag{12.3.21}$$

故

$$\frac{n'}{l'} + \frac{n}{l} = \frac{1}{r}\left(\frac{n's'}{l'} + \frac{ns}{l}\right) \tag{12.3.22}$$

$s' = s'(s, \varphi)$，单心光束经球面折射后，成为像散光束。

2. 球面折射成像的物像公式

近轴条件下，$\cos\varphi \approx 1$，$l = -s$，$l' = s'$，式（12.3.22）成为

$$\frac{n'}{s'} - \frac{n}{s} = \frac{n'-n}{r} \tag{12.3.23}$$

此即球面折射成像的（普遍的）物像公式。

1）光焦度：$\Phi \equiv \dfrac{n'-n}{r}$ 称为球面折射系统的**光焦度**。

单位：屈光度（D），$1\mathrm{D} = 1\mathrm{m}^{-1} = 100$ 度。

2）物空间和像空间：物和像均可在球面两侧空间内，物和像所在空间是完全重叠的，为区别起见，定义入射光线所在的空间为物空间，出射光线所在的空间为像空间。

3）焦点、焦距：平行于主轴的光线经球面折射后和主轴的交点称为像方（第二）焦点 F'，F' 到顶点 O 的距离称为像方（第二）焦距 f'，即

$$f' = s'\Big|_{s=-\infty} = \frac{n'}{\Phi} = \frac{n'}{n'-n}r \tag{12.3.24}$$

若主轴上某一物点发出的光线经球面折射后成为平行于主轴的光线，则该物点所在位置称为物方（第一）焦点 F，F 到 O 的距离称为物方（第一）焦距 f，即

$$f = s\Big|_{s'=\infty} = \frac{-n}{\Phi} = \frac{-n}{n'-n}r \tag{12.3.25}$$

可见，

$$f'/f = -n'/n \tag{12.3.26}$$

对于反射情况，数学处理上，可以认为 $n' = -n$，于是 $f' = f$，故此时焦点和焦距可不区分物方与像方，物像公式变为 $\dfrac{1}{s'} + \dfrac{1}{s} = \dfrac{2}{r} = \dfrac{1}{f'}$，可见球面反射情况可视为球面折射情况的特例。

对于平面折射情况，$r \to \infty$，$\Phi = 0$，$\dfrac{n'}{s'} - \dfrac{n}{s} = 0$，$s' = \dfrac{n'}{n}s$，可见平面折射情况可视为球面折射情况的特例。

4）高斯公式和牛顿公式。

将普遍的物像公式两边同除以 Φ，得

$$\frac{n'/\Phi}{s'} - \frac{n/\Phi}{s} = 1 \tag{12.3.27}$$

即

$$\frac{f'}{s'} + \frac{f}{s} = 1 \quad (\text{高斯公式}) \tag{12.3.28}$$

若物距、像距不是从顶点，而是分别从物方、像方焦点算起，符号法则不变，如图 12.3.8 所示，则 $-s = -x - f$，$s' = f' + x'$，所以

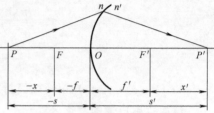

$$\frac{f'}{f'+x'} + \frac{f}{f+x} = 1 \tag{12.3.29}$$

整理即得

$$xx' = ff' \quad (\text{牛顿公式}) \tag{12.3.30}$$

后面将看到，高斯公式和牛顿公式对其他光学系统也同样适用。

图 12.3.8　高斯公式和牛顿公式

3. 球面折射成像的作图法和横向放大率

（1）作图法　在已知 f、f'、r（或通过 n、n'、r 折算出 f、f'、r）时，前述反射成像作图法则基本适用，如图 12.3.9 所示。

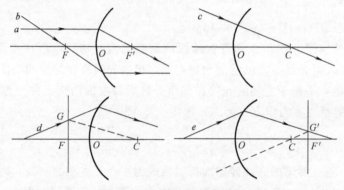

图 12.3.9　球面折射作图法

对于主轴上的物点或任意入射光线，已知 n、n'、r 时，不必算出 f、f'，也可直接按折射定律作图求出其共轭的像点或共轭的光线。

（2）横向放大率　如图 12.3.10 所示，近轴条件下，

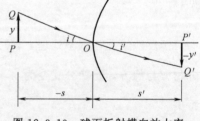

$$\sin i \approx \tan i \approx \frac{y}{-s} \tag{12.3.31}$$

$$\sin i' \approx \tan i' \approx \frac{-y'}{s'} \tag{12.3.32}$$

根据折射定律，得

图 12.3.10　球面折射横向放大率

$$n\,\frac{y}{-s} = n'\,\frac{-y'}{s'} \tag{12.3.33}$$

故

$$\beta = \frac{y'}{y} = \frac{ns'}{n's} \tag{12.3.34}$$

将 $s=f+x$、$s'=f'+x'$、$xx'=ff'$ 代入上式，可得

$$\beta=-\frac{f}{x}=-\frac{x'}{f'}$$

(12.3.35)

像的性质的判断：

$|\beta|>1$，$|y'|>|y|$，像是放大的；$|\beta|<1$，像是缩小的；

$\beta>0$，y'、y 同符号，像是正立的；$\beta<0$，像是倒立的；

若 $s<0$，则 $s'<0$ 时是虚像，$s'>0$ 时是实像。

12.4　透镜

12.4.1　光在连续几个球面上的折射

1. 共轴光具组
各个折射球面的曲率中心在一条直线上的光学系统。

2. 逐个球面成像法（追迹法）
从第一个球面出射的折射光线，可视为第二个球面的入射光线；即将第一个球面所成的像，看成第二个球面的物，并依次对各球面成像，最后可求出物体通过整个光学系统所成的像。

可以证明：

$$\beta=\beta_1\beta_2\beta_3\cdots$$

(12.4.1)

3. 虚物
如图 12.4.1 所示，实物 P 经过单球面 Ⅰ～Ⅳ 依次成像 P_1'、P_2'、P_3'、P_4'。P_3' 对球面 Ⅲ 而言是实像，对单球面 Ⅳ 而言是虚物。

实物：发散的入射光束的顶点；

虚物：会聚的入射光束的顶点。

成像问题，重要的并不是"光束的顶点是在物空间还是在像空间的问题"，而是光线方向，虚物并不总是意味着虚无缥缈。

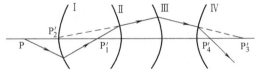

图 12.4.1　光在连续几个球面上的折射

12.4.2　透镜的原理

透镜是由两个共轴球面包围某种透明介质（如玻璃）而构成的光学元件。透镜是光学仪器中最常见、最重要的光学元件。透镜可以分为以下几类：

凸透镜：中央厚边缘薄的透镜，一般是会聚透镜；

凹透镜：中央薄边缘厚的透镜，一般是发散透镜；

厚透镜：中央厚度与曲率半径相比不可忽略的透镜；

薄透镜：中央厚度与曲率半径相比可以忽略的透镜。

1. 厚透镜的成像
如图 12.4.2 所示，利用逐次成像法可得：

$$\begin{cases} \dfrac{n}{s''} - \dfrac{n_1}{s} = \dfrac{n-n_1}{r_1} \\[3mm] \dfrac{n_2}{s'} - \dfrac{n}{s''-t} = \dfrac{n_2-n}{r_2} \end{cases} \qquad (12.4.2)$$

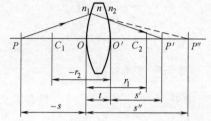

图 12.4.2　厚透镜的成像

联立两式即可求出给定物的像。

2. 薄透镜的成像

薄透镜是中央厚度与曲率半径相比可以忽略的透镜。光学仪器中的透镜一般是薄透镜。为了方便，薄透镜常常简称为透镜。

（1）普遍的物像公式　注意薄透镜：$s''-t \approx s''$，可得

$$\frac{n_2}{s'} - \frac{n_1}{s} = \frac{n-n_1}{r_1} + \frac{n_2-n}{r_2} = \varPhi \qquad (12.4.3)$$

上式即为透镜成像普遍的物像公式。

（2）焦点和焦距　平行于主轴的光线经透镜两次折射后和主轴的交点称为像方（第二）焦点 F'，F' 到顶点 O 的距离称为像方（第二）焦距 f'，即

$$f' = s' \big|_{s=-\infty} = n_2/\varPhi \qquad (12.4.4)$$

若主轴上某一物点发出的光线经透镜两次折射后成为平行于主轴的光线，则该物点所在位置称为物方（第一）焦点 F，F 到 O 的距离称为物方（第一）焦距 f，即

$$f = s \big|_{s'=\infty} = -n_1/\varPhi \qquad (12.4.5)$$

对于**会聚**透镜，$f'>0$；对于**发散**透镜，$f'<0$。

（3）光心和副轴　可以认为薄透镜的 O 和 O' 重合在一起，记为 O。若 $n_1=n_2$ 则通过 O 点的光线不变，此时称 O 点为**光心**。

副轴：通过光心的任意直线。

（4）高斯公式和牛顿公式　将焦距的表达式代入普遍的物像公式中，即得

$$\frac{f'}{s'} + \frac{f}{s} = 1 \quad \text{（高斯公式）} \qquad (12.4.6)$$

若物距、像距分别从 F、F' 算起，则上式变为

$$xx' = ff' \quad \text{（牛顿公式）} \qquad (12.4.7)$$

由此可见，经透镜两次折射后成像的高斯公式和牛顿公式与单球面成像的公式形式一致，但应注意光焦度的公式是不同的。

（5）关于光焦度和焦距的讨论

① 由 $f/f' = -n_1/n_2$ 知，若 $n_1 \neq n_2$，则 $|f| \neq |f'|$；若 $n_1=n_2$，则

$$|f| = |f'| \qquad (12.4.8)$$

$$f = -f' \qquad (12.4.9)$$

此时成像公式变为

$$\frac{1}{s'} - \frac{1}{s} = \frac{1}{f'} \qquad (12.4.10)$$

$$xx' = -(f')^2 \qquad (12.4.11)$$

这才是处理透镜成像实际问题的常用公式。

② 由 $\Phi = \dfrac{n-n_1}{r_1} + \dfrac{n_2-n}{r_2}$ 知，若 $n_1 = n_2 = 1$，则

$$\Phi = (n-1)\left(\frac{1}{r_1} - \frac{1}{r_2}\right) \qquad (12.4.12)$$

此即透镜制造者方程。若 $n_1 = n_2 = n_0$，则 $\Phi = (n-n_0)\left(\dfrac{1}{r_1} - \dfrac{1}{r_2}\right)$。当 $n > n_0$ 时，凸透镜 $\left(\dfrac{1}{r_1} - \dfrac{1}{r_2} > 0\right)$：$\Phi > 0$，$f' > 0$，是会聚的；凹透镜 $\left(\dfrac{1}{r_1} - \dfrac{1}{r_2} < 0\right)$：$\Phi < 0$，$f' < 0$ 是发散的。而当 $n < n_0$ 时，凸透镜：$\Phi < 0$，$f' < 0$，是发散的；凹透镜：$\Phi > 0$，$f' > 0$，是会聚的。

3. 薄透镜成像的作图法和横向放大率

(1) 作图法 如图 12.4.3a、b、c 所示，下列光线中，视情况任取两条（④、⑤只需一条）光线，即可作图求像。

① 平行于主轴的光线，经透镜后，出射光线必然经过焦点 F'；

② 经过焦点 F 的光线，经透镜后，出射光线必然与主轴平行；

③ 经过光心 O 的光线，经透镜后，按原方向继续前进；

④ 经过焦平面 F 与副轴交点的光线，经透镜后，出射光线与该副轴平行；

⑤ 平行于副轴的光线，经透镜后，必然会聚于焦平面 F' 与该副轴的交点上。

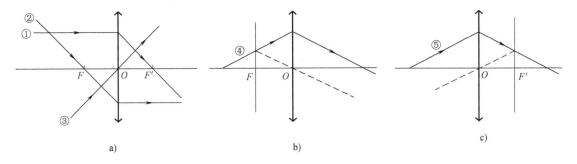

a)   b)   c)

图 12.4.3 透镜成像作图法

(2) 横向放大率 从图 12.4.4 中可得

$$\beta = \frac{y'}{y} = \frac{s'}{s} \qquad (12.4.13)$$

将 $s = f + x$、$s' = f' + x'$、$xx' = ff'$ 代入上式，可得

$$\beta = -\frac{f}{x} = -\frac{x'}{f'} \qquad (12.4.14)$$

像的性质的判断：

$|\beta| > 1$，$|y'| > |y|$，像是放大的；$|\beta| < 1$，像是缩小的；

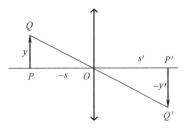

图 12.4.4 透镜成像横向放大率

$\beta > 0$，y'、y 同符号，像是正立的；$\beta < 0$，像是倒立的；

若 $s < 0$，则 $s' < 0$ 时是虚像，$s' > 0$ 时是实像。

12.5　显微镜　望远镜

12.5.1　光学仪器的放大本领

1. 放大本领 M（见图 12.5.1a）

利用助视仪器观察物时像对人眼的张角 U'，与不用助视仪器且物在像的位置时物对人眼的张角 U 之比，即

$$M \equiv \frac{u'}{u} \tag{12.5.1}$$

注意式中 u 与 u' 并非共轭量。

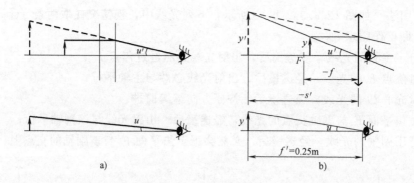

图 12.5.1　放大本领

2. 放大镜的放大本领

从图 12.5.1b，可得

$$u' \approx \frac{y'}{-s'} \approx \frac{y}{-f} = \frac{y}{f'} \tag{12.5.2}$$

$$u = \frac{y}{0.25} \tag{12.5.3}$$

故

$$M = \frac{u'}{u} = \frac{0.25}{f'} \tag{12.5.4}$$

12.5.2　显微镜的放大本领

1. 结构和光路

显微镜由物镜和目镜组成，物镜和目镜都可以是单一透镜或复合透镜。显微镜的光路如图 12.5.2 所示。

2. 放大本领

物镜 O_1 的横向放大率：为使物镜所成实像尽量大，物应靠近 F_1，$s = f_1$，$\beta_物 = \frac{y'}{y} =$

$\dfrac{s'}{s} \approx \dfrac{s'}{f_1} = -\dfrac{s'}{f'_1}$，$y' = -\dfrac{s'}{f'_1}y$（要使实像更大，$O_1$ 的焦距应更小）。

目镜 O_2 的放大本领：$M_目 = \dfrac{0.25}{f'_2}$（要使放大本领更强，O_2 的焦距应更小）。

为使目镜所成虚像尽量大，物（即实像）应靠近 F_2，故

$$-u'' \approx -u' \approx \dfrac{-y'}{-f_2} = -\dfrac{y'}{f'_2} \quad (12.5.5)$$

$$u' = \dfrac{y'}{f'_2} = -\dfrac{s'}{f'_1 f'_2}y \quad (12.5.6)$$

由 $u = \dfrac{y}{0.25}$，得显微镜的放大本领：

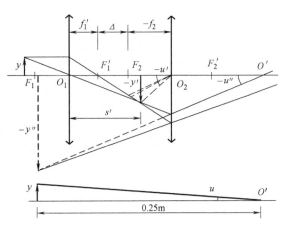

图 12.5.2 显微镜光路

$$M = \dfrac{u''}{u} = \dfrac{u'}{u} = -\dfrac{0.25s'}{f'_1 f'_2} = \beta_物 M_目 \quad (12.5.7)$$

f'_1、f'_2 很小，$\Delta = l - f'_1 + f_2 \approx s' \approx l$，故

$$M = -\dfrac{0.25s'}{f'_1 f'_2} = -\dfrac{0.25l}{f'_1 f'_2} = -\dfrac{0.25\Delta}{f'_1 f'_2} \quad (12.5.8)$$

式中，"$-$"号表示显微镜放大后的像是倒立的。

由式（12.5.8）可见，若要制作高倍数的显微镜，在保证成像质量的前提下，物镜和目镜的焦距愈短愈好。

实际上，也可将物镜和目镜组成一复合光具组，并将它视为一简单的放大镜，则

$$f' = -\dfrac{f'_1 f'_2}{\Delta} \quad (12.5.9)$$

$$M = -\dfrac{0.25}{f'} = -\dfrac{0.25\Delta}{f'_1 f'_2} \quad (12.5.10)$$

12.5.3 望远镜的放大本领

常见望远镜有开普勒望远镜和伽利略望远镜，有时也分别称为天文望远镜和景物望远镜。

1. 开普勒望远镜

（1）结构和光路　物镜和目镜均为凸透镜，物镜的 F'_1 与目镜的 F_2 重合，光路如图 12.5.3 所示。

（2）放大本领　$u = \dfrac{-y'}{f'_1}$，$-u'' = -u' = \dfrac{-y'}{f'_2}$

$$M = \dfrac{u''}{u} = -\dfrac{f'_1}{f'_2} \quad (12.5.11)$$

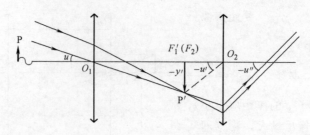

图 12.5.3　开普勒望远镜光路图

2. 伽利略望远镜

（1）结构和光路　物镜为凸透镜，目镜为凹透镜，物镜的 F'_1 与目镜的 F_2 重合，光路如图 12.5.4 所示。

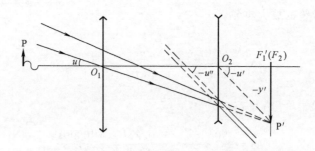

图 12.5.4　伽利略望远镜光路图

（2）放大本领　同开普勒望远镜，得

$$M = \frac{u''}{u} = -\frac{f'_1}{f'_2} \tag{12.5.12}$$

讨论：

1）共同点：光学间隔为 0，望远镜是无焦系统；平行光束通过时，透射出来的仍是平行光，整个光具组的焦点和主平面都是在无限远处。横向放大率 β 都小于 1（像是缩小的），可见 M 与 β 不同。由式（12.5.12）可见，若要制作高倍数的望远镜，在保证成像质量的前提下，物镜的焦距愈长愈好，而目镜的焦距愈短愈好。

2）不同点：

① 开普勒望远镜的视场较大，而伽利略望远镜的视场较小（因为伽利略望远镜的目镜是发散的）；

② 开普勒望远镜的目镜物方焦平面上可放叉丝或刻度尺，而伽利略望远镜则不能（因为前者在镜筒内）；

③ 开普勒望远镜的镜筒较长，而伽利略望远镜的镜筒较短（因为两个焦距的加与减）。

本 章 小 结

12-1　基本概念：光线、波面，单心光束、像散，物、像，光学系统等。

12-2　基本规律：几何光学基本定律、费马原理。

12-3 全反射临界角 $i_C = \arcsin \dfrac{n_2}{n_1}$，棱镜材料折射率 $n = n_0 \sin \dfrac{\theta_0 + \angle A}{2} / \sin \dfrac{\angle A}{2}$。

12-4 球面反射成像公式 $\dfrac{1}{s'} + \dfrac{1}{s} = \dfrac{2}{r} = \dfrac{1}{f'}$，横向放大率公式 $\beta = \dfrac{y'}{y} = -\dfrac{s'}{s}$。

12-5 球面折射成像公式 $\dfrac{n'}{s'} - \dfrac{n}{s} = \dfrac{n'-n}{r}$，横向放大率公式 $\beta = \dfrac{y'}{y} = \dfrac{ns'}{n's}$。

12-6 薄透镜光焦度 $\Phi = \dfrac{n-n_1}{r_1} + \dfrac{n_2-n}{r_2}$，焦距 $f' = n_2/\Phi$，$f = -n_1/\Phi$。

12-7 光学系统的高斯公式 $\dfrac{f'}{s'} + \dfrac{f}{s} = 1$，牛顿公式 $xx' = ff'$，横向放大率公式

$\beta = \dfrac{n_1 S'}{n_2 S} = -\dfrac{f}{x} = -\dfrac{x'}{f'}$ 等的应用，以及 $n_1 = n_2$ 时，这些公式的简化形式。

12-8 光学系统的成像作图法。

12-9 显微镜的放大本领 $M = -\dfrac{0.25 s'}{f_1' f_2'} = -\dfrac{0.25 l}{f_1' f_2'} = -\dfrac{0.25 \Delta}{f_1' f_2'}$。

12-10 望远镜的放大本领 $M = -\dfrac{f_1'}{f_2'}$。

习　题

一、填空题

12-1 折射定律表述为：光通过两种介质的分界面折射时，入射光线、折射光线、法线_____；入射光线、折射光线_____；且折射角 r 与入射角 i 满足关系_____。

12-2 若光从密介质传入疏介质中，当入射角 $i > i_C$ 时，光线不再折射而被全部反射；这种只有反射光没有折射光的现象称为_____，i_C 称为临界角，满足关系式_____。

12-3 玻璃棱镜的折射率 $n = 2$，如果光线垂直从一个侧面入射，而在另一个侧面没有光线的折射，所需要棱镜的最小顶角为_____。

12-4 设三角棱镜的顶角为 $60°$，折射率为 $\sqrt{2}$，则最小偏向角为_____，此时入射角为_____。

12-5 平面反射镜成像的垂轴放大率为_____，物像位置关系为_____，如果反射镜转过 θ 角，则反射光线方向改变_____。

12-6 汽车前面的反光镜做成凸面是由于_____，它对实物总可以得到一个_____像。

12-7 曲率半径为 R 的球面镜的焦距为_____，若将球面镜浸于折射率为 n 的液体中，球面镜的焦距为_____。

12-8 用横向放大率判断物、像大小关系的方法是：当 $|\beta| > 1$ 时，_____；$|\beta| < 1$ 时，_____。用横向放大率判断物、像正倒关系的方法是：当 $\beta > 0$ 时，_____；$\beta < 0$ 时，_____。

12-9 凸透镜在_____条件下，可起发散作用；薄凹透镜在_____情况下，可起会聚作用。

12-10 显微镜系统的放大本领 $M =$ _____，其数值为_____与目镜放大本领的乘积。

二、选择题

12-1 关于日食和月食，以下说法中正确的是（　　）。

A. 在月球的本影区里能看到日全食

B. 在月球的本影区里能看到日偏食

C. 在月球进入地球的本影区时，可看到月偏食

D. 在月球全部进入地球的半影区时，可看到月全食

12-2 用一只手拿住一支铅笔，笔尖朝上，放在眼前一定的距离处，再用另一只手去触摸笔尖。实验显示，睁开双眼比闭上一只眼睛更容易摸到。对此现象的可能的解释是（　　）。

A. 用一只眼睛观察笔尖时，来自笔尖的光线射入眼睛的方向发生了变化

B. 用一只眼睛观察笔尖时，来自笔尖的光线射入眼睛的距离发生了变化

C. 用双眼观察笔尖时，来自笔尖的同方向光线分成两束射入双眼

D. 用双眼观察笔尖时，来自笔尖的两束不同方向的光线分别射入双眼，其焦点在笔尖位置

12-3 潜水员在水底看岸边的树比实际的要高一些，某同学大致画了一幅光路图，其中与从水中看岸边物体相同的是（　　）

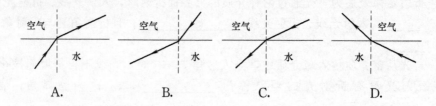

A.　　　　　　B.　　　　　　C.　　　　　　D.

12-4 小明在东湖畔看到：船儿在水面荡漾，鱼儿在白云中穿梭，青山在水中摇曳。小明看到的景物中，由于光的折射形成的是（　　）。

A. 船儿　　　　　B. 鱼儿　　　　　C. 白云　　　　　D. 青山

12-5 一条光线以 45° 的入射角进入三棱镜，此时恰好得到最小偏向角为 30°，则此三棱镜的顶角为（　　）。

A. 30°　　　　　B. 45°　　　　　C. 60°　　　　　D. 75°

12-6 凹球面镜对实物成像的性质之一是（　　）。

A. 虚像都是正立、放大的　　　　　B. 虚像都是倒立、放大的

C. 虚像都是正立、缩小的　　　　　D. 虚像都是倒立、缩小的

12-7 某同学用了一个焦距为 10cm 的凸透镜做实验。将一枝花从离透镜 30cm 处逐渐移向 15cm 处的过程中（　　）。

A. 像逐渐变小，像距逐渐变小

B. 像逐渐增大，像距逐渐增大

C. 像先变小后变大，像距逐渐增大

D. 像一直增大，像距先变小后变大

12-8 有一物体放在凸透镜前，它到凸透镜的距离是 20cm，此时在屏上得到的是放大的像，则此凸透镜的焦距可能是（　　）。

A. 4cm B. 8cm C. 16cm D. 22cm

12-9 把凸透镜正对太阳光，可在距凸透镜 10 cm 处得到一个最小最亮的光斑。若用此透镜来观察邮票上较小的图案，则邮票到透镜的距离应（　　）。

A. 大于 10 cm B. 小于 10cm

C. 大于 20cm D. 在 10cm 和 20cm 之间

12-10 天文望远镜是无焦系统，设其物镜的焦距为 f_1，目镜的焦距为 f_2，则该望远镜镜筒的长度 L（　　）。

A. 等于（$f_1 + f_2$） B. 小于（$f_1 + f_2$）

C. 大于（$f_1 + f_2$） D. 与 f_1、f_2 无关

12-11 下列关于光学仪器作用的说法中错误的是（　　）。

A. 平面镜能成等大的虚像

B. 放大镜是凸透镜，凸透镜只能成放大的像

C. 近视眼镜是凹透镜，它对光起发散作用

D. 照相机照相时，底片成倒立缩小的实像

三、计算题

12-1 日落很久以后，常能在高空中看到明亮的人造卫星。在地球赤道上方飞行的人造卫星，日落 2h 后仍能在正上方看到它，它的最低高度为多少？（取地球半径为 6.38×10^6 m）

12-2 顶角 α 很小的棱镜，常称为光楔；n 是光楔的折射率。求光楔使垂直入射的光产生的偏向角。

12-3 人眼前有一小物体，距人眼 25cm，今在人眼和小物体之间放置一块平行平面玻璃板，玻璃板的折射率 $n = 1.5$，厚度 $d = 15$mm。试问此时观察到的小物体相对于它原来的位置移动了多远？

12-4 某观察者通过一块薄玻璃片去看他自己在凸面镜中的像。他移动着玻璃片，使得在玻璃片中与在凸面镜中所看到的他眼睛的像重合在一起。若凸面镜的焦距为 10cm，眼睛距凸面镜顶点的距离为 40cm，问玻璃片距观察者眼睛的距离为多少？

12-5 高 5cm 的物体距凹面镜顶点 12cm，凹面镜的焦距是 10cm，求像的位置及高度，并作光路图。

12-6 物体位于半径为 r 的凹面镜前什么位置时，可分别得到：放大 4 倍的实像、放大 4 倍的虚像、缩小 1/4 的实像和缩小 1/4 的虚像？

12-7 如计算题 12-7 图所示，MN 是一薄透镜的主轴，S' 是 S 的像，作图求出透镜和焦点的位置。（辅助线用虚线并保留，光线用实线）

12-8 如计算题 12-8 图所示，MN 是一薄透镜的主轴，S' 是 S 的像，作图求出透镜和焦点的位置。（辅助线用虚线并保留，光线用实线）

12-9 计算题 12-9 图中 L 为薄透镜，水平横线 MN 为主轴。ABC 为已知的一条穿过这个透镜的光线的路径，用作图法求出任一光线 DE 穿过透镜后的路径，并写出简要步骤。

（辅助线用虚线并保留，光线用实线）

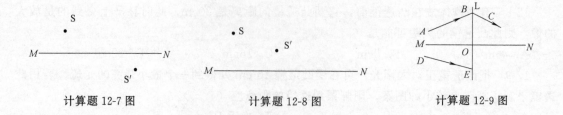

计算题 12-7 图　　　　　　计算题 12-8 图　　　　　　计算题 12-9 图

12-10　在报纸上放一个平凸透镜，眼睛通过透镜看报纸，当平面在上时，报纸的虚像在平面下 13.3mm 处，当凸面在上时，报纸的虚像在凸面下 14.6mm 处。若透镜的中央厚度为 20mm，求透镜的折射率和凸球面的曲率半径。

12-11　实物与光屏间的距离为 L，在中间某一位置放一凸透镜，可使实物的像清晰地投于屏上，将移过距离 d 之后，屏上又出现一个清晰的像。（1）试计算两个像的大小之比；（2）求证：透镜的焦距为 $(L^2-d^2)/(4L)$；（3）求证：L 不能小于透镜焦距的 4 倍。

12-12　如计算题 12-12 图所示，L_1、L_2 分别为凸透镜和凹透镜。前面放一小物，移动屏幕到 L_2 后 20cm 的 S_1 处接收到像。现将凹透镜 L_2 撤去，将屏前移 5cm 至 S_2 处，重新接收到像。求凹透镜 L_2 的焦距。

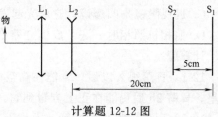

计算题 12-12 图

12-13　一显微镜具有三个物镜、两个目镜。三个物镜的焦距分别 16mm、4mm、1.9mm，两个目镜的放大本领分别为 5 倍、10 倍。设三物镜所成之像都能落在像距 160mm 处，问这台显微镜的最大和最小放大本领各为多少？

12-14　有一显微镜系统，物镜的放大率为 -40，目镜的放大倍数为 15（设均为薄透镜），物镜的共轭距为 195mm，求物镜和目镜的焦距、物体的位置、物镜与目镜的间距和总放大倍数。

12-15　已知一个 5 倍的伽利略望远镜，其物镜又可作为放大镜，其放大倍数亦为 5 倍。试求物镜和目镜的焦距及望远镜筒长。

12-16　拟制造一架 3 倍的望远镜，已知有一个焦距为 50cm 的物镜，问（1）开普勒望远镜；（2）伽利略型望远镜中目镜的光焦度及物镜和目镜之间的距离各为多少？

习题参考答案

一、填空题

12-1　在同一平面内；分居于法线异侧；$n_1\sin i=n_2\sin r$

12-2　全反射，$i_C=\arcsin(n_2/n_1)$

12-3　$30°$

12-4　$30°$，$45°$

12-5　1，对称成像，2θ

12-6 凸面镜较平面镜有较广的视场，正立、缩小的虚像

12-7 $R/2$，$R/2$

12-8 像是放大的，像是缩小的，像是正立的，像是倒立的

12-9 周围介质的折射率大于透镜介质折射率，周围介质的折射率大于透镜介质折射率

12-10 $-\dfrac{25\Delta}{f_1' f_2'}$（单位为 cm），物镜的横向放大率

二、选择题

题号	12-1	12-2	12-3	12-4	12-5	12-6	12-7	12-8	12-9	12-10	12-11
答案	A	D	C	B	C	A	B	C	B	A	B

三、计算题

12-1 $h = R(1-\cos 30°)/\cos 30° = 0.154R = 9.9 \times 10^5 \,\mathrm{m}$

12-2 $\delta = n\alpha - \alpha = (n-1)\alpha$

12-3 $\overline{PP'} = d\left(1 - \dfrac{1}{n}\right) = 5\mathrm{mm}$

12-4 24cm

12-5 $s' = -60\mathrm{cm}$，$y' = -25\mathrm{cm}$，光路图如计算题 12-5 答案图所示。

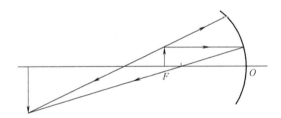

计算题 12-5 答案图

12-6 放大 4 倍的实像：$l_1 = \dfrac{5}{8}r$，$l_2 = \dfrac{5}{2}r$；放大 4 倍的虚像：$l_1 = \dfrac{3}{8}r$，$l_2 = -\dfrac{3}{2}r$；

缩小 1/4 的实像：$l_1 = -\dfrac{5}{2}r$，$l_2 = \dfrac{5}{8}r$；缩小 1/4 的虚像：$l_1 = -\dfrac{3}{2}r$，$l_2 = -\dfrac{3}{8}r$。

12-7 光路图如计算题 12-7 答案图所示。

12-8 光路图如计算题 12-8 答案图所示。

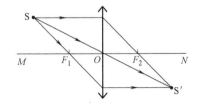

计算题 12-7 答案图

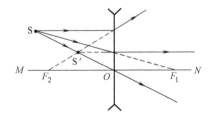

计算题 12-8 答案图

12-9 光路图如计算题 12-9 答案图所示。

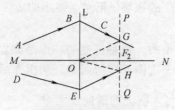

计算题 12-9 答案图

12-10 1.5，−76.84mm

12-11 （1）两个像的大小之比 $\dfrac{y_{21}}{y_{22}} = \left(\dfrac{L+d}{L-d}\right)^2$ ；（2）、（3）证明略

12-12 −60cm

12-13 −842；−50

12-14 4.64mm；16.67mm；−4.76mm；211.7mm；−600

12-15 5cm；−1cm；4cm

12-16 （1）6D，67cm；（2）−6D，33cm

第13章　光的干涉和衍射

学习目标

> 理解光程、光程差

> 掌握分波面干涉

> 理解惠更斯-菲涅耳原理

> 掌握夫琅禾费衍射

> 掌握光栅衍射

> 理解光学仪器分辨本领

13.1　光源　光的相干性

13.1.1　光的电磁理论

1. 光是电磁波

1）根据麦克斯韦的电磁理论，真空中电磁波的传播速率 $c=1/\sqrt{\varepsilon_0\mu_0}\approx3\times10^8\,\mathrm{m/s}$，此数值与实验测得的光速相同。于是麦克斯韦提出，光是某一波段的电磁波。

2）介质中电磁波的传播速率与光速相同

$$v=c/\sqrt{\varepsilon_r\mu_r}=1/\sqrt{\varepsilon\mu} \tag{13.1.1}$$

由

$$n=c/v \tag{13.1.2}$$

得

$$n=\sqrt{\varepsilon_r\mu_r} \tag{13.1.3}$$

上式将光学和电磁学这两个不同领域的物理量联系了起来。

3）人眼能够感受的电磁波称为光波或可见光。

波长范围是 $400\sim760\,\mathrm{nm}$，敏感波长是 $555\,\mathrm{nm}$（黄绿色）。

2. 电磁波的表达式

1）电磁波是电、磁矢量的振动在空间的传播过程，波动方程为

$$\begin{cases} \nabla^2 \boldsymbol{E} - \dfrac{1}{v^2}\dfrac{\partial^2 \boldsymbol{E}}{\partial t^2} = 0 \\[2mm] \nabla^2 \boldsymbol{H} - \dfrac{1}{v^2}\dfrac{\partial^2 \boldsymbol{H}}{\partial t^2} = 0 \end{cases} \tag{13.1.4}$$

2）电磁波是横波，其能流密度矢量为

$$\boldsymbol{S} = \boldsymbol{E} \times \boldsymbol{H}(v) \tag{13.1.5}$$

3）人眼、感光材料等仅对电矢量 $\boldsymbol{E}$ 起作用，一般所说的光矢量即 $\boldsymbol{E}$ 矢量。

3. 光波的表达式和（相对）强度 I

沿 x 方向传播的光波的表达式为

$$E = E_0 \cos[(\omega t - kx) + \varphi_0] \tag{13.1.6}$$

沿 r 方向传播的光波的表达式为

$$E = E_0 \cos[(\omega t - \boldsymbol{k} \cdot \boldsymbol{r}) + \varphi_0] \tag{13.1.7}$$

用复数分别表示为

$$\widetilde{E} = \widetilde{E}_0 \exp\{i[(\omega t - kx) + \varphi_0]\} \tag{13.1.8}$$

或

$$\widetilde{E} = \widetilde{E}_0 \exp\{-i[(\omega t - kx) + \varphi_0]\} \tag{13.1.9}$$

$$\widetilde{E} = \widetilde{E}_0 \exp\{i[(\omega t - \boldsymbol{k} \cdot \boldsymbol{r}) + \varphi_0]\} \tag{13.1.10}$$

或

$$\widetilde{E} = \widetilde{E}_0 \exp\{-i[(\omega t - \boldsymbol{k} \cdot \boldsymbol{r}) + \varphi_0]\} \tag{13.1.11}$$

其中，$k = 2\pi/\lambda$。称 T、$\nu = 1/T$、$\omega = 2\pi\nu = 2\pi/T$ 分别为（时间）周期、频率、圆频率，与此相对应，可称 λ、$1/\lambda$、$k = 2\pi/\lambda$ 分别为空间周期、空间频率、空间圆频率；空间圆频率 k 一般称为波数，其相应的矢量 $\boldsymbol{k}$ 称为波矢，$\boldsymbol{k}$ 的方向与光的传播方向即 v 的方向相同。

光波的能流密度的时间平均值即光的强度为

$$\overline{S} = \frac{1}{2}\sqrt{\frac{\varepsilon_r \varepsilon_0}{\mu_r \mu_0}} E_0^2 \tag{13.1.12}$$

一般用光的相对强度 $I = E_0^2 = \widetilde{E} \cdot \widetilde{E}^*$（其中 $\widetilde{E}^*$ 为 $\widetilde{E}$ 的共轭复数）来表示光的强度，简称光强。

13.1.2 光的独立性 叠加性和相干性

1. 光波的独立传播原理和叠加原理

两列光波相遇后，互不干扰，保持自己的特性（频率、振幅、初位相、振动方向等）继续向前传播；在相遇区域，任一点的光振动等于各光波单独传播时在该点引起的光振动的矢量和。

2. 相干叠加与不相干叠加

如图 13.1.1 所示，S_1、S_2 所发的光波分别为

$$\widetilde{E}_1 = \widetilde{E}_{01} \exp\{-i[(\omega_1 t - k_1 r_1) + \varphi_{01}]\} \tag{13.1.13}$$

$$\widetilde{E}_2 = \widetilde{E}_{02} \exp\{-i[(\omega_2 t - k_2 r_2) + \varphi_{02}]\} \tag{13.1.14}$$

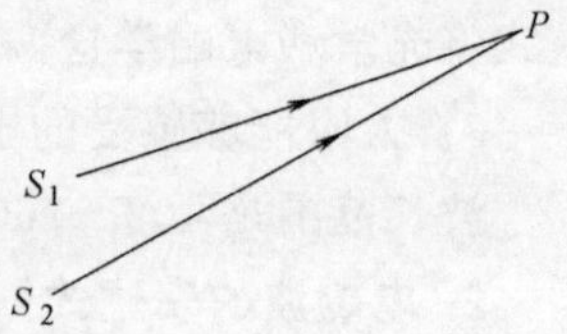

图 13.1.1 两列光波的叠加

在 P 点相遇时，合振动为

$$\widetilde{E}=\widetilde{E}_1+\widetilde{E}_2 \tag{13.1.15}$$

P 点的光强

$$I=\widetilde{E}\cdot\widetilde{E}^*=(\widetilde{E}_1+\widetilde{E}_2)\cdot(\widetilde{E}_1^*+\widetilde{E}_2^*) \tag{13.1.16}$$

$$=\widetilde{E}_1\widetilde{E}_1^*+\widetilde{E}_2\widetilde{E}_2^*+\widetilde{E}_1\widetilde{E}_2^*+\widetilde{E}_2\widetilde{E}_1^* \tag{13.1.17}$$

$$=E_{01}^2+E_{02}^2+\widetilde{E}_{01}\cdot\widetilde{E}_{02}\exp\left\{\begin{matrix}\mathrm{i}\left[(\omega_2t-k_2r_2+\varphi_{02})-(\omega_1t-k_1r_1+\varphi_{01})\right]\\-\mathrm{i}\left[(\omega_2t-k_2r_2+\varphi_{02})-(\omega_1t-k_1r_1+\varphi_{01})\right]\end{matrix}\right\}$$

$$\tag{13.1.18}$$

注意 $I_1=E_{01}^2$，$I_2=E_{02}^2$，并应用欧拉公式，可得

$$I=I_1+I_2+2\widetilde{E}_{01}\cdot\widetilde{E}_{02}\cos\left[(\omega_2t-k_2r_2+\varphi_{02})-(\omega_1t-k_1r_1+\varphi_{01})\right] \tag{13.1.19}$$

令

$$I_{12}=2\widetilde{E}_{01}\cdot\widetilde{E}_{02}\cos\left[(\omega_2-\omega_1)t-(k_2r_2-k_1r_1)+(\varphi_{02}-\varphi_{01})\right] \tag{13.1.20}$$

则

$$I=I_1+I_2+I_{12} \tag{13.1.21}$$

其中，I_1、I_2 分别为两点光源各自在 P 点引起的光强。在观测时间 τ 内观测到的平均光强为

$$\langle I\rangle=\frac{1}{\tau}\int_0^\tau I_1\mathrm{d}t+\frac{1}{\tau}\int_0^\tau I_2\mathrm{d}t+\frac{1}{\tau}\int_0^\tau I_{12}\mathrm{d}t \tag{13.1.22}$$

若 $\widetilde{E}_{01}$ 和 $\widetilde{E}_{02}$ 在观测时间内保持恒定，并略去平均符号 $\langle\ \rangle$，则平均光强

$$I=I_1+I_2+\frac{1}{\tau}\int_0^\tau I_{12}\mathrm{d}t \tag{13.1.23}$$

式中，I_{12} 称为干涉项，它在观测时间内的积分可能为零，也可能不为零。我们将干涉项 I_{12} 在观测时间内的积分不为零的叠加称为相干叠加，积分为零的叠加称为非相干叠加。

当两个或多个光波叠加时，在叠加区域内的光强并不等于各个光波单独引起的光强之和，这种现象称为干涉现象。应当注意干涉现象的根本特征并不在于是否出现明暗相间的干涉条纹，出现明暗相间的干涉条纹只不过是干涉现象的一种表现。

3. 相干条件

要产生干涉现象，叠加的光波必须满足一些必要条件，这些条件称为**相干条件**，满足相干条件的光波称为**相干光波**，发射相干光波的光源称为**相干光源**。

从干涉项 I_{12} 的表达式 [式 (13.1-20)] 可以看出：

1) 若 $\widetilde{E}_{01}$ 垂直于 $\widetilde{E}_{02}$，则 $\widetilde{E}_{01}\cdot\widetilde{E}_{02}=0$，$\langle I_{12}\rangle=0$。可见，产生干涉的一个必要条件是叠加的各光波的电矢量互不正交。

2) 若 $\omega_1\neq\omega_2$，则 $\cos\left[(\omega_2-\omega_1)t\right]$ 将在观测时间 τ 内做许多次周期变化，$\langle I_{12}\rangle=0$。可见，产生干涉的第二个必要条件是叠加的各光波的频率相同。

3) 若在观测时间 τ 内 $\varphi_{02}-\varphi_{01}$ 随时间做迅速的随机变化，则 $\langle I_{12}\rangle=0$。可见，产生干涉的第三个必要条件是叠加的各光波的初位相之差恒定。

13.2 光程 光程差

1. 光程差与位相差

因为 $\omega_1 = \omega_2$，所以 $k_1 = k_2 = k$，故

$$\Delta\varphi = \varphi_2 - \varphi_1 = k(r_2 - r_1) + (\varphi_{01} - \varphi_{02}) = \frac{2\pi}{\lambda}(r_2 - r_1) + (\varphi_{01} - \varphi_{02}) \tag{13.2.1}$$

$$= \frac{2\pi}{\lambda}(nr_2 - nr_1) + (\varphi_{01} - \varphi_{02}) \tag{13.2.2}$$

一般情况下，$\varphi_{02} = \varphi_{01}$（有时 $\varphi_{02} - \varphi_{01} = \pi/2$），故

$$\Delta\varphi = \frac{2\pi}{\lambda}\delta \tag{13.2.3}$$

此即光程差 δ 与位相差 $\Delta\varphi$ 的关系式，式中 λ 为光波在真空中的波长。

2. 干涉条纹的形成

由 $I = I_1 + I_2 + 2E_{01}E_{02}\cos\Delta\varphi = E_{01}^2 + E_{02}^2 + 2E_{01}E_{02}\cos\Delta\varphi$，得

当 $\Delta\varphi = 2k\pi$，即 $\delta = 2k\dfrac{\lambda}{2}(k = 0, \pm1, \pm2, \cdots)$ 时，有

$$I = I_{\max} = I_1 + I_2 + 2\sqrt{I_1 I_2} = (E_{01} + E_{02})^2 \tag{13.2.4}$$

和振幅 $E_0 = E_{01} + E_{02}$，出现干涉极大；

当 $\Delta\varphi = (2k+1)\pi$，即 $\delta = (2k+1)\dfrac{\lambda}{2}(k = 0, \pm1, \pm2, \cdots)$ 时，有

$$I = I_{\min} = I_1 + I_2 - 2\sqrt{I_1 I_2} = (E_{01} - E_{02})^2 \tag{13.2.5}$$

和振幅 $E_0 = E_{01} - E_{02}$，出现干涉极小；

若 $\Delta\varphi$ 介于 $2k\pi$ 与 $(2k+1)\pi$ 之间，则光强介于 $I_{\max}$ 与 $I_{\min}$ 之间。

若 $I_1 = I_2$，即 $E_{01} = E_{02}$，则 $I = 2I_1(1 + \cos\Delta\varphi) = 4I_1\cos^2\dfrac{\Delta\varphi}{2}$，$I_{\max} = 4I_1$，$I_{\min} = 0$。

I 随 $\Delta\varphi$ 的变化如图 13.2.1 所示。

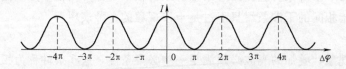

图 13.2.1 两列强度相等的光波叠加时的光强分布

一般情况下，I 随 $\Delta\varphi$ 的变化如图 13.2.2 所示。

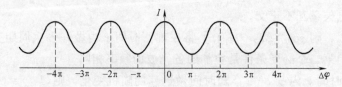

图 13.2.2 两列强度不相等的光波叠加时的光强分布

3. 干涉条纹的可见度　相干条件的补充条件

若 $I_{\min}$ 过大，它将提供一个明亮的背景，使得条纹很不明显。为了描述干涉条纹的明显程度，我们引入可见度（也叫反衬度或对比度）：

$$\gamma = \frac{I_{\max} - I_{\min}}{I_{\max} + I_{\min}} \tag{13.2.6}$$

γ 的取值范围是 $0 \leqslant \gamma \leqslant 1$。当 $I_1 = I_2$ 时，$I_{\min} = 0$，$\gamma = 1$，条纹反差最大，明显程度最高；当 $I_1 \gg I_2$ 时，$I_{\max} \approx I_{\min}$，$\gamma \approx 0$，条纹模糊不清。一般要求 $\gamma \geqslant 1/\sqrt{2}$。

为了观测到干涉条纹，（考虑到光源的时空相干性）相干叠加的两列光波还应满足下列相干条件的补充条件：

1）两列光波的振动方向（几乎）一致。

2）振幅相差不大。

3）位相相差不大。

13.3　分波面干涉

13.3.1　杨氏双缝实验

普通光源发射的是许多断续的、持续时间 τ_0 小于 10^{-8} s 的、振动方向与初位相具有随机性的波列。这些显然不能满足相干条件，要设法将一个原子所发射的一个波列分解为一对波列，再使它们经过不同的路径达到同一点。

1801 年，英国物理学家托马斯·杨做成功了历史上第一个光的干涉——双孔实验。后来他用平行的狭缝代替针孔，称为杨氏双缝实验。

杨氏双缝实验用波的干涉理论解释了观察到的实验现象，并且根据实验结果计算出了光的波长，该实验也为光的波动论的确立提供了坚实的实验基础。

杨氏双缝实验的装置如图 13.3.1 所示。屏 A 上有一狭缝 S_0，A 后放置另一平行于 A 的屏 B，屏 B 上有了两条狭缝 S_1、S_2，S_0、S_1 和 S_2 三条狭缝平行且 S_1、S_2 对称地居于过 S_0 的垂线的两侧。屏 B 后再平行地放置观察屏 E。当单色平行光垂直地投射到屏 A 上时，在屏 E 上就会出现图示的干涉图样。

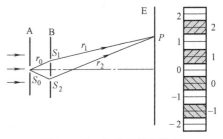

图 13.3.1　杨氏双缝实验的
装置与干涉图案

在杨氏双缝实验中，缝很窄，可以看成是一条线。根据惠更斯原理，当光投射到缝 S_0 上以后，S_0 上的每一个点都可以作为点状的子波源，发出球面形子波，各个点的子波的包络面是一圆柱面，所以缝 S_0 发出的是圆柱形子波。S_0 发出的子波传播到 S_1、S_2，而 S_1、S_2 又可作为线状子波源，再各自发出一个圆柱形子波。由于两个子波源 S_1、S_2 来自同一波面，所以子波的频率相同；由于两个子波源相距很近，所以子波传播到达较远的屏 E 时，振动方向几乎一致；又由于两个子波源 S_1、S_2 关于 S_0 对称分布于同一波面上，所以它们发出的子波位相将相同。因此，S_1、S_2 发出的两列光波满足相干条件，是两列相干光波。

在杨氏双缝实验中，相干光源 S_1、S_2 是从 S_0 所发射的波面上分割出来的两个小面元，我们将这种方法产生的干涉称为**分波阵面干涉**。

下面定量讨论干涉条纹的特点。

因为 $d \ll y_M \ll r_0$，所以 P 点的光程差满足（取 $n=1$）：

$$\delta = n(r_2 - r_1) \approx d\sin\theta \tag{13.3.1}$$

因为

$$\sin\theta \approx \tan\theta = \frac{y}{r_0} \tag{13.3.2}$$

所以

$$\delta = d\frac{y}{r_0} \tag{13.3.3}$$

由

$$\delta = \begin{cases} 2k\dfrac{\lambda}{2}, \text{相消干涉} \\ 2(k+1)\dfrac{\lambda}{2}, \text{相长干涉} \end{cases} \quad (k=0,\pm1,\pm2,\cdots) \tag{13.3.4}$$

得

$$y = \begin{cases} 2k\dfrac{r_0}{d}\dfrac{\lambda}{2}, \text{相消干涉} \\ 2(k+1)\dfrac{r_0}{d}\dfrac{\lambda}{2}, \text{相长干涉} \end{cases} \quad (k=0,\pm1,\pm2,\cdots) \tag{13.3.5}$$

故条纹间隔

$$\Delta y = y_{k+1} - y_k = \frac{r_0}{d}\lambda \tag{13.3.6}$$

由上述讨论可知，干涉条纹具有下列特点：

1）干涉条纹是明暗相间的、等间隔的、强度相等的直条纹。

2）k 称为干涉级，$\delta=0$，$k=0$ 时对应中央明条纹中心 P_0，其他明、暗条纹的级次如图 13.3.1 所示。

3）单色光照射（λ 恒定）时，Δy 正比于 r_0 和 $1/d$；复色光照射（但 r_0、d 恒定）时，Δy 正比于 λ，除中央明条纹外，各级明条纹都带有色彩，称为干涉色散。

4）干涉条纹记录了位相差的信息，可以应用于全息照相中。

13.3.2 菲涅耳双面镜实验

杨氏双缝实验中的缝很窄，这会产生衍射，为避免衍射，菲涅耳设计出如图 13.3.2 所示的双面镜实验装置，图中的虚光源 S_1、S_2 等价于杨氏双缝实验中的双缝。

$$r_1 = \overline{SA} + \overline{AP} = S_1AP \tag{13.3.7}$$

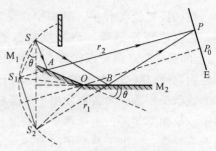

图 13.3.2 菲涅耳双面镜实验

$$r_2 = \overline{SB} + \overline{BP} = S_2BP \tag{13.3.8}$$

因为 $\overline{SO} = \overline{S_1O} = \overline{S_2O} = r$，所以 S、S_1、S_2 三点在以 O 为圆心、r 为半径的一个圆周上，同弧 $\overset{\frown}{S_1S_2}$ 所对的圆心角与圆周角间满足关系：

$$\angle S_1OS_2 = 2\theta \tag{13.3.9}$$

故

$$d = 2r\sin\theta \approx 2r\theta \tag{13.3.10}$$

r 一般为 1m 左右，故为了让 d 为小的量，θ 必须很小，一般为 $12'$ 左右。由于 $r_0 = r + L$，所以

$$\Delta y = \frac{r_0}{d}\lambda = \frac{r+L}{2r\theta}\lambda \tag{13.3.11}$$

式中，$L = \overline{OP_0}$。平行光干涉时，$r \to \infty$，$\Delta y = \frac{\lambda}{2\theta}$，其中 2θ 为两列平行光间的夹角。

13.3.3 劳埃德镜实验和半波损失

在劳埃德镜实验中，只用一片反射镜就可实现干涉，如图 13.3.3 所示。图 13.3.3 中的光源 S、虚光源 S' 等价于杨氏双缝实验中的双缝，因此，在屏 E 上可观测到明暗相间的等间隔的直条纹。

但将屏移动到 E′ 位置时，观测到 P_0 点是暗条纹中心，而不是预期的明条纹中心。屏上其他位置的情况也一样，即明暗条纹的位置互换了。

在维纳驻波实验中也得到了相同的结果。因为光在介质中传播时，位相不可能发生突变，所以位相的突变只可能是发生在反射过程中。实验和光的电磁理论都证

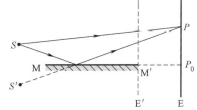

图 13.3.3 劳埃德镜实验

明：当光从折射率小的光疏介质向折射率大的光密介质表面入射时，反射过程中反射光会产生位相突变 π。位相突变 π 的位相差等价于 $\lambda/2$ 的光程，故这一现象也称为半波损失。此时

$$\delta_0 = \begin{cases} 2(k+1)\dfrac{\lambda}{2}, & \text{相长干涉} \\[2mm] 2k\dfrac{\lambda}{2}, & \text{相消干涉} \end{cases} \quad (k = 0, \pm1, \pm2, \cdots) \tag{13.3.12}$$

维纳驻波实验、菲涅耳双棱镜实验等都属于分波面干涉，由于篇幅所限，这里不再深入讨论。另外一种分振幅干涉也称为薄膜干涉，这里也不再做讨论。

13.4 光的衍射现象 惠更斯-菲涅耳原理

13.4.1 光的衍射

1. 衍射

光绕过障碍物偏离直线传播而进入几何阴影，并在屏幕上出现光强不均匀分布的现象叫作光的衍射（见图 13.4.1）。

光的衍射可以描述为，光波经过障碍物后，光波能量在空间按照某种方式重新分布。

2. 衍射的特征和分类

（1）特征 光在受限制的方位上展开；限制越强，光展得越开，衍射现象越明显。

（2）分类 根据障碍物离光源和考察点的距离不同，通常将衍射分为两类。

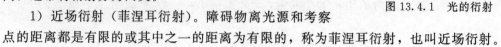

1）近场衍射（菲涅耳衍射）。障碍物离光源和考察点的距离都是有限的或其中之一的距离为有限的，称为菲涅耳衍射，也叫近场衍射。

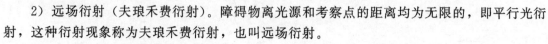

图 13.4.1 光的衍射

2）远场衍射（夫琅禾费衍射）。障碍物离光源和考察点的距离均为无限的，即平行光衍射，这种衍射现象称为夫琅禾费衍射，也叫远场衍射。

下面仅就夫琅禾费衍射进行讨论。

13.4.2 惠更斯-菲涅耳原理

惠更斯提出，介质上波阵面上的各点，都可以看成是发射子波的波源，其后任意时刻这些子波的包迹，就是该时刻新的波阵面。菲涅耳充实了惠更斯原理，他提出波面上每个面元都可视为子波的波源，这些子波沿各个方向传播，空间各点的位相比次波源的位相依次滞后，而且是具有相干性的，位于空间某点 P 的振动是所有这些子波在该点产生的相干振动的叠加，称为惠更斯-菲涅耳原理。

惠更斯-菲涅耳原理（见图 13.4.2）包含如下假定：

1）面元 dS 在观察点 P 所引起的波动的振幅与面元 dS 的面积成正比，与 dS 到点 P 的距离 r 成反比，还与倾角有关〔用倾斜因子 $k(\theta)$ 描述〕；

2）面元 dS 在观察点 P 所引起的波动的位相比次波源 dS 的滞后 kr，即

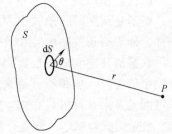

图 13.4.2 惠更斯-菲涅耳原理

$$dE = c\frac{dS}{r}k(\theta)\cos(\omega t - kr + \varphi_0) \tag{13.4.1}$$

3）波面 S 在观察点 P 所引起的波动是所有 dS 在 P 点引起的波动的叠加，即

$$E = \iint_S dE = C\iint_S \frac{dS}{r}k(\theta)\cos(\omega t - kr + \varphi_0) \tag{13.4.2}$$

式（13.4.2）即为惠更斯-菲涅耳原理的数学表达式。

13.5 夫琅禾费单缝和圆孔衍射

13.5.1 夫琅禾费单缝衍射

1. 实验装置和衍射花样的特点

（1）实验装置和光路 如图 13.5.1 所示。

（2）衍射花样的特点 中央有一特别明亮的亮直纹，两侧有强度逐渐减弱的等宽的亮直纹，且宽度为中央亮纹的一半。

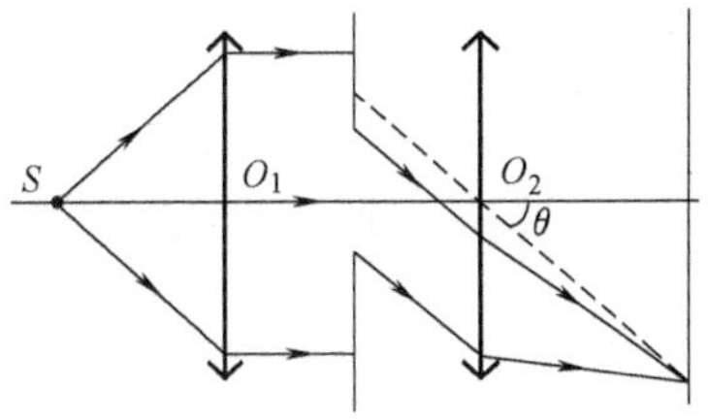

图 13.5.1 夫琅禾费单缝衍射光路

2. 光强公式

设 A_0 为整个缝在 P_0 点引起的振幅，则由惠更斯-菲涅耳原理，得

$$\mathrm{d}\widetilde{E} = \frac{A_0}{b}\mathrm{d}x \exp[\mathrm{i}(\omega t - k\Delta - kx\sin\theta)] \tag{13.5.1}$$

$$\widetilde{E} = \int \mathrm{d}\widetilde{E} = \frac{A_0}{b\mathrm{i}k\sin\theta}\exp[\mathrm{i}(\omega t - k\Delta)]\int_0^b \exp[-\mathrm{i}(kx\sin\theta)]\mathrm{d}(\mathrm{i}kx\sin\theta) \tag{13.5.2}$$

$$= \frac{A_0}{b\mathrm{i}k\sin\theta}\exp[\mathrm{i}(\omega t - k\Delta)]\exp[-\mathrm{i}(kx\sin\theta)]\,|_0^b \tag{13.5.3}$$

$$= \frac{A_0}{\frac{\pi}{\lambda}b\sin\theta}\exp[\mathrm{i}(\omega t - k\Delta)]\exp\left[-\mathrm{i}\left(\frac{\pi}{\lambda}b\sin\theta\right)\right]\frac{\exp\left[\mathrm{i}\left(\frac{\pi}{\lambda}b\sin\theta\right)\right] - \exp\left[-\mathrm{i}\left(\frac{\pi}{\lambda}b\sin\theta\right)\right]}{2\mathrm{i}} \tag{13.5.4}$$

$$= A_0\frac{\sin u}{u}\exp\left[\mathrm{i}\omega t - \mathrm{i}k\left(\Delta + \frac{1}{2}b\sin\theta\right)\right] \tag{13.5.5}$$

其中 $u = \dfrac{\pi}{\lambda}b\sin\theta$，故

$$E_0 = A_0\frac{\sin u}{u} \tag{13.5.6}$$

$$I = I_0\left(\frac{\sin u}{u}\right)^2 \tag{13.5.7}$$

上式即单缝衍射的光强分布公式。

3. 衍射花样

对光强分布公式求导数并令其为零，得

$$\frac{\mathrm{d}I}{\mathrm{d}u} = 2I_0\sin u(u\cos u - \sin u)/u^3 = 0 \tag{13.5.8}$$

即主最大和最小可以由 $\sin u = 0$ 得出。

$$u = 0, \sin\theta = 0, \theta = 0 \text{ 时}, I_{主} = I_0 \tag{13.5.9}$$

$$u = k\pi, \sin\theta = k\frac{\lambda}{b} \quad (k = \pm1, \pm2, \cdots)\text{时}, I_{\min} = 0 \tag{13.5.10}$$

而次最大满足的方程为

$$u\cos u - \sin u = 0 \tag{13.5.11}$$

即

$$u = \tan u \tag{13.5.12}$$

这是超越方程，只能用图解法求解，如图 13.5.2 所示。
此时，由图解法可得

$$u = \pm1.43\pi, 2.46\pi, \cdots; \sin\theta = \pm1.43\frac{\lambda}{b}, 2.46\frac{\lambda}{b}, \cdots \tag{13.5.13}$$

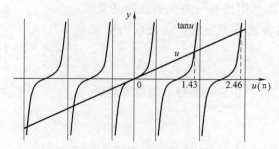

图 13.5.2 超越函数的图解法

$$\sin\theta \approx \pm\left(k+\frac{1}{2}\right)\frac{\lambda}{b} \quad (k=\pm1,\pm2,\cdots) \tag{13.5.14}$$

光强分布如图 13.5.3 所示。

4. 讨论

(1) 主最大与次最大的光强之比

$$I_{主}=I_0 \tag{13.5.15}$$

$$I_{次}=I_0/\left[\left(k+\frac{1}{2}\right)\pi\right]^2 \ll I_{主} \tag{13.5.16}$$

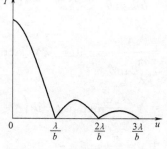

图 13.5.3 单缝衍射光强分布

(2) 角宽度

1) 两侧亮纹的情况，角宽度为

$$\Delta\theta=\theta_{k+1}-\theta_k=\sin\theta_{k+1}-\sin\theta_k=\lambda/b \tag{13.5.17}$$

线宽度为

$$\Delta l = \Delta\theta f_2' \tag{13.5.18}$$

2) 中央亮纹的情况：

$$\Delta\theta=\theta_{+1}-\theta_{-1}=2\lambda/b \tag{13.5.19}$$

$$\Delta l_0 = \Delta\theta_0 f_2' \tag{13.5.20}$$

3) $\sin\theta \varpropto \lambda$，白光照射，两侧有彩色条纹，称为衍射色散。

4) $\sin\theta \varpropto \lambda/b$，$\Delta\theta=\lambda/b$ 表明，只有在 λ 远远小于 b，即 λ/b 远远小于 1 的条件下，衍射现象才可以忽略不计（即观察不到衍射条纹）；反之，λ 愈大或者 b 愈小，衍射现象就愈显著。

13.5.2 夫琅禾费圆孔衍射

只要将单缝实验装置和光路中的单缝光栅换成圆孔光栅就能观察到夫琅禾费圆孔衍射。可以推出夫琅禾费圆孔衍射的光强分布公式为

$$I=I_0 J_1^2\frac{(2m)}{m^2} \tag{13.5.21}$$

式中，$J_1(2m)$ 是一阶贝塞尔函数；$m=\pi R\sin\theta/\lambda$。

1) 衍射特点：中央有一特别明亮的圆形光斑，该光斑称为艾里斑。

2) 艾里斑的半角宽为

$$\Delta\theta=0.610\lambda/R \tag{13.5.22}$$

半径宽为

$$\Delta r = \Delta\theta f_2' = 0.610\lambda f_2'/R \qquad (13.5.23)$$

当 λ/R 远远小于 1 时，衍射现象可略去（即观察不到衍射现象）；λ 愈大或 R 愈小，衍射现象愈显著。

夫琅禾费圆孔衍射的结果常用于分辨本领的讨论中。

13.6 平面衍射光栅

1. 光栅及其分类

（1）光栅 任何具有空间周期性的衍射屏都可以称为光栅。

（2）分类 根据透光性能等不同性质，常常将光栅做如下分类：

$$\begin{cases}透射光栅 \\ 反射光栅\end{cases} 或 \begin{cases}黑白光栅 \\ 正弦光栅\end{cases} 或 \begin{cases}一维光栅 \\ 二维光栅 \\ 三维光栅\end{cases}$$

本节仅就一维黑白透射光栅做讨论。

（3）光栅常数和光栅密度 光栅的两刻线间透光部分的距离 b 与不透光部分的距离 a 的和称为光栅常数，光栅常数 $d = a + b$，光栅常数的倒数称为光栅密度。

2. 光栅衍射的光强公式

可以推导出光栅衍射的光强分布公式为

$$I = I_0\left(\frac{\sin Nv}{\sin v}\right)^2\left(\frac{\sin u}{u}\right)^2 \qquad (13.6.1)$$

式中，N 为光栅的缝的数目；$v = \Delta\varphi/2 = \dfrac{\pi}{\lambda}d\sin\theta$；$u = \dfrac{\pi}{\lambda}b\sin\theta$。

光栅衍射的光强分布如图 13.6.1 所示，从图 13.6.1 和光栅衍射的光强分布公式（13.6.1）可以看出，光栅衍射包含多缝干涉部分和单缝衍射部分，光栅衍射可以视为多缝干涉的光强分布受到了单缝衍射的调制。

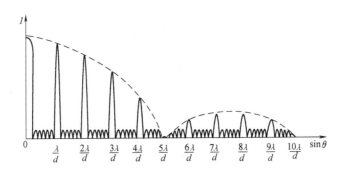

图 13.6.1 光栅衍射的光强分布

从光栅衍射的光强分布公式（13.6.1）可以得出，当 $d\sin\theta = j\lambda$（$j = 1, 2, 3, \cdots$）时，对应于多缝干涉的主最大；当 $b\sin\theta = k\lambda$ 时，对应于单缝衍射的最小；当 $d\sin\theta = j'\lambda$

（$j' \neq \pm 1N$，$\pm 2N$，…）时，对应于多缝干涉的最小。在两个主最大之间有 $N-1$ 个最小，$N-2$ 个次最大。

3. 光栅方程

多缝干涉主最大（即后面介绍的光谱线）的位置所满足的方程称为光栅方程。光线垂直照射光栅时，光栅方程为

$$d\sin\theta = j\lambda \tag{13.6.2}$$

而光线以 θ_0 的角度倾斜照射时，光栅方程变为

$$d(\sin\theta \pm \sin\theta_0) = j\lambda \tag{13.6.3}$$

4. 谱线的缺级

若某级多缝干涉主最大的位置与单缝衍射最小的位置重合，则该级光谱线消失便会产生谱线的缺级，即缺级的条件是可以将以下两式联立

$$\begin{cases} \sin\theta = j\dfrac{\lambda}{d} \\ \sin\theta = k\dfrac{\lambda}{b} \end{cases} \tag{13.6.4}$$

故缺级谱线的级次为 $j = k\dfrac{d}{b}$，缺级条件是 d/b 是整数或分数。在图 13.6.1 中，因为 $d/b = 5$，所以 ± 5，± 10，± 15，…级光谱线消失。

5. 谱线的半角宽

谱线位置满足：

$$d\sin\theta = j\lambda \tag{13.6.5}$$

相邻最小位置满足：

$$d\sin(\theta + \Delta\theta) = (jN+1)\frac{\lambda}{N} \tag{13.6.6}$$

将

$$d\sin(\theta + \Delta\theta) = d(\sin\theta\cos\Delta\theta + \cos\theta\sin\Delta\theta) \approx d(\sin\theta + \Delta\theta\sin\Delta\theta)$$

和 $(jN+1)\dfrac{\lambda}{N} = j\lambda + \dfrac{\lambda}{N}$ 代入式（13.6.6），得

$$\Delta\theta = \frac{\lambda}{Nd\cos\theta} \tag{13.6.7}$$

式（13.6.7）即谱线的半角宽的公式，可以看出：谱线的半角宽度 $\Delta\theta$ 与乘积 Nd 成反比，N 和 d 愈大，谱线的半角宽 $\Delta\theta$ 愈小，谱线愈窄，锐度愈好。

6. 光栅光谱

复色光照射，同一级谱线对应多条亮线（或一彩色光带）。

光谱：多缝干涉主最大是亮线，称为光谱线，同一级谱线的集合称为光谱。

光栅光谱仪正是利用了这一光栅衍射的色散特性，从式（13.6.1）和式（13.6.7）可以看出，若要光谱线又细又亮，光栅的刻痕数 N 愈大愈好。

13.7　光学仪器的分辨本领

1. 瑞利判据

瑞利经过大量的人眼实验，给出瑞利判据：甲物体衍射图样中心与乙物体衍射图样的第一极小重合时，人眼恰好能看清这两个物体（或两个物体的像）。

一般光学仪器元件的边缘是圆形的，故可以用夫琅禾费圆孔衍射的结果来讨论光学仪器的分辨本领。根据瑞利判据，由夫琅禾费圆孔衍射的第一最小位置，可以确定出光学仪器的最小分辨角：

$$\Delta\theta = 0.610\frac{\lambda}{R} \tag{13.7.1}$$

通常，将最小分辨角的倒数称为光学仪器的分辨本领，即最小分辨角愈小分辨本领愈强；有时，也用某处的分辨极限来描述分辨本领，分辨极限愈小意味着分辨本领愈强。

2. 人眼的分辨本领

人眼的敏感波长和瞳孔直径分别为 $\lambda \approx 5500\text{Å}$（$1\text{Å} = 10^{-10}\text{m}$），$R = 1\text{mm}$，故人眼的最小分辨角为

$$\wedge\theta = 0.610\frac{\lambda}{R} = 0.34\times10^{-3}(\text{rad}) = 1' \tag{13.7.2}$$

明视距离（人眼的明视距离为 25cm）处人眼的分辨极限为

$$\Delta y = 250\Delta\theta = 0.1\text{mm} \tag{13.7.3}$$

这正是通常的刻度尺最小分度值取为 1mm 的原因所在。

人眼的视网膜（视网膜至瞳孔的距离为 22mm）处的分辨极限：由 $\Delta\theta' = 0.610\frac{\lambda}{Rn}$（$n = 1.33$ 为水状夜的折射率），得

$$\Delta y' = 22\Delta\theta' \approx 5\times10^{-3}\text{mm} \tag{13.7.4}$$

人眼视网膜处的分辨极限的大小等于视网膜细胞的尺寸。正是视网膜的细胞尺寸决定了人眼视网膜处的分辨极限，决定了明视距离处人眼的分辨极限。也正是视网膜的细胞尺寸的原因，决定了瑞利实验的结果。

3. 望远镜的分辨本领

望远镜的最小分辨角为

$$\Delta\theta = 0.610\frac{\lambda}{R} = 1.22\frac{\lambda}{D} \tag{13.7.5}$$

在物镜像面上的分辨极限为

$$\Delta y = \Delta\theta \cdot f_1' = 1.22\frac{\lambda}{D/f_1'} \tag{13.7.6}$$

其中

$$\text{R.A.} = \frac{D}{f_1'} \tag{13.7.7}$$

称为相对孔径。所以，望远镜的分辨本领决定于相对孔径。为了提高放大本领，天文望远镜的物镜焦距只能很大；为了提高分辨本领，天文望远镜的物镜孔径只能做得很大。

4. 显微镜的分辨本领

显微镜的最小分辨角为

$$\Delta\theta = 0.610\frac{\lambda}{R} \tag{13.7.8}$$

可以推出，在物镜像面上的分辨极限为

$$\Delta y = 0.610\frac{\lambda}{n\sin u} \tag{13.7.9}$$

普通的光学显微镜，其分辨极限 Δy 约为 10^{-4}mm 量级。

电子显微镜用电子波代替光波照射来观察物体，因为电子波的波长比光波的波长小得多，所以电子显微镜的分辨极限 Δy 可以提高到约 10^{-9}mm 量级，即原子尺寸量级。

本 章 小 结

13-1　人眼能够感受的电磁波称为光波或可见光。波长范围是 $400\sim760$nm，敏感波长是 555nm（黄绿色）。

13-2　人眼、感光材料等仅对电矢量 $\boldsymbol{E}$ 起作用，一般说的光矢量即 $\boldsymbol{E}$ 矢量。

13-3　光的相干条件：频率相同、振动方向相同、相位差恒定。

13-4　相位差和光程差的关系是 $\Delta\varphi = \dfrac{2\pi}{\lambda}\delta$。

13-5　杨氏双缝的条纹间隔 $\Delta y = \dfrac{r_0}{nd}\lambda$，菲涅耳双面镜的条纹间隔 $\Delta y = \dfrac{r+L}{2r\theta}$。

13-6　光的衍射现象是光绕过障碍物偏离直线传播，而进入几何阴影，并在屏幕上出现光强不均匀分布的现象。光的衍射可以描述为，光波经过障碍物后，光波能量在空间按照某种方式重新分布。

13-7　惠更斯-菲涅耳原理的数学表达式为 $E = \iint\limits_{S}\mathrm{d}E = C\iint\limits_{S}\dfrac{\mathrm{d}S}{r}k(\theta)\cos(\omega t - kr + \varphi_0)$。

13-8　单缝衍射的光强分布公式为 $I = I_0\left(\dfrac{\sin u}{u}\right)^2$，主最大位置 $\theta = 0$，最小位置 $\sin\theta = k\dfrac{\lambda}{b}$ $(k = \pm1,\ \pm2,\ \cdots)$。

13-9　光栅方程为 $d\sin\theta = j\lambda$；缺级谱线的级次为 $j = k\dfrac{d}{b}$，缺级条件是 d/b 是整数或分数；谱线的半角宽 $\Delta\theta = \dfrac{\lambda}{Nd\cos\theta}$。

13-10　根据瑞利判据，可以确定出人眼、光学仪器的最小分辨角满足 $\Delta\theta = 0.610\dfrac{\lambda}{R}$，在物镜像面上，望远镜的分辨极限为 $\Delta y = 1.22\dfrac{\lambda}{D/f_1'}$，显微镜的分辨极限为 $\Delta y = 0.610\dfrac{\lambda}{n\sin u}$。

习　题

一、填空题

13-1　可见光的波长范围从＿＿＿＿＿＿到＿＿＿＿＿＿＿，人眼最灵敏的光波波长为＿＿＿＿＿。

13-2　两列单色平面简谐波叠加的相干条件是＿＿＿＿＿＿＿＿、＿＿＿＿＿＿＿＿、＿＿＿＿＿＿＿＿。

13-3　两列单色平面简谐光波相干叠加能观察到干涉条纹的补充条件是＿＿＿＿＿＿、＿＿＿＿＿＿、＿＿＿＿＿＿。

13-4　干涉条纹的可见度（也叫反衬度或对比度）定义为＿＿＿＿＿＿＿，γ 的取值范围是＿＿＿＿＿＿。

13-5　如填空题 13-5 图所示，S_1、S_2 是两个相干光源，它们到 P 点的距离分别为 r_1 和 r_2，路径 S_1P 垂直穿过一块厚度为 e_1、折射率为 n_1 的介质板，路径 S_2P 垂直穿过厚度为 e_2、折射率为 n_2 的另一介质板，其余部分可看作真空，这两条路径的光程差等于＿＿＿＿＿＿；若折射率 $n_2=n_1=n$，则这两条路径的光程差等于＿＿＿＿＿＿＿；若厚度 $e_2=e_1=e$，则这两条路径的光程差等于＿＿＿＿＿＿＿。

填空题 13-5 图

13-6　在杨氏双缝实验中，干涉条纹间隔为＿＿＿＿＿＿，其中 D 为＿＿＿＿＿＿，a 为＿＿＿＿＿＿。

13-7　劳埃德镜、维纳驻波实验均证实：光在＿＿＿＿＿介质中传播，遇到＿＿＿＿＿介质发生反射时，在＿＿＿＿＿或＿＿＿＿＿两种情况下，发生反射光与入射光的振动方向相反的现象，这一现象称为＿＿＿＿＿＿或＿＿＿＿＿＿。

13-8　如填空题 13-8 图所示，用波长为 λ 的光照亮狭缝和双棱镜可获得干涉条纹，若双棱镜的劈尖角为 θ、折射率为 n，双棱镜到缝和屏的距离分别为 l 和 L，则干涉条纹间隔为＿＿＿＿＿＿。

填空题 13-8 图

13-9　光的衍射现象是光绕过障碍物＿＿＿＿＿＿，而进入几何阴影，并在屏幕上出现＿＿＿＿＿＿的现象。光的衍射可以描述为，光波经过障碍物后，＿＿＿＿＿＿在空间按照某种方式重新分布。

13-10　夫琅禾费单缝衍射条纹的特点是中央有一＿＿＿＿＿＿的直条纹，两侧是＿＿＿＿＿＿的直条纹，中央直条纹的宽度是两侧直条纹的＿＿＿＿＿＿。

13-11　用平行的单色光垂直照射小圆孔，在圆孔后面的屏上能观察到＿＿＿＿＿＿条纹，中心处有一个特别明亮的亮斑，称为＿＿＿＿＿＿，亮斑的角半径为＿＿＿＿＿＿。

13-12　光栅衍射的光强分布公式为＿＿＿＿＿＿，其中 $v=$＿＿＿＿＿＿，$u=$＿＿＿＿＿＿。

13-13　用单色光垂直入射在一块光栅上，其光栅常数 $d=3\mu m$，缝宽 $a=1\mu m$，则在单缝衍射的中央明纹区中共有＿＿＿＿＿＿条（主极大）谱线。

13-14 瑞利判据可叙述为甲物体的衍射图样的 _____ 与乙物体的衍射图样的 _____ 重合时，人眼（或光学仪器）恰能这两个物体（的像）；由瑞利判据可定出最小分辨角为 _____ ，其倒数称为 _____ 。

二、选择题

13-1 已知光在真空中的传播速率为 $3 \times 10^8 \text{m/s}$，频率为 $5 \times 10^{14} \text{Hz}$ 的单色光在折射率为 1.5 的玻璃中的波长为（   ）。

A. 400nm   B. 600nm   C. 900nm   D. 1000nm

13-2 在双缝干涉实验中，以白光为光源，在屏幕上观察到彩色的干涉条纹，若在双缝中的一缝前放一红色滤光片，另一缝前放一绿色滤光片，则此时（   ）。

A. 只有红色和绿色的双缝干涉条纹，其他颜色的双缝干涉条纹消失

B. 红色和绿色的双缝干涉条纹消失，其他颜色的双缝干涉条纹依然存在

C. 任何颜色的双缝干涉条纹都不存在，但屏上仍有光亮

D. 屏上无任何光亮

13-3 在杨氏双缝实验中，照射光的波长减小，同时双缝间的距离增大，则干涉条纹（   ）

A. 变密   B. 变疏   C. 不变   D. 不能确定

13-4 用白光进行杨氏干涉试验，则干涉图样为（   ）。

A. 除了零级条纹是白色，附近为内紫外红的彩色条纹

B. 各级条纹都是彩色的

C. 各级条纹都是白色的

D. 零级亮条纹是白色的，附近的为内红外紫的彩色条纹

13-5 下列几种光学现象中，属于光的衍射现象的是（   ）。

A. 太阳光通过玻璃三棱镜后形成彩色光带

B. 雨后天空中出现彩虹

C. 水面上的薄油层，在阳光照射下呈现彩色花纹

D. 白光通过单狭缝后在屏上出现彩色条纹

13-6 下列对衍射现象的定性分析，不正确的是（   ）。

A. 光的衍射是光在传播过程中绕过障碍物发生传播的现象

B. 衍射条纹图样是光波相互叠加的结果

C. 光的衍射现象为光的波动说提供了有力的证据

D. 光的衍射现象完全否定了光的直线传播结论

13-7 对于单缝衍射现象，以下说法正确的是（   ）。

A. 缝的宽度 d 越小，衍射条纹越亮

B. 缝的宽度 d 越小，衍射现象越明显

C. 缝的宽度 d 越小，光的传播路线越接近直线

D. 入射光的波长越短，衍射现象越明显

13-8 一束平行单色光垂直入射在光栅上，当光栅常数 $d = a + b$（a 为每条缝的宽度）满足下列哪种情况时，$j = \pm 3, \pm 6, \pm 9, \cdots$ 级次的主极大均不出现？（   ）

A. $d = 2a$ B. $d = 3a$ C. $d = 4a$ D. $d = 6a$

13-9 一束白光垂直照射在一光栅上,在形成的同一级光栅光谱中,偏离中央明纹最远的是( )。

A. 紫光   B. 绿光   C. 黄光   D. 红光

13-10 某复色光垂直入射到每厘米有 5000 条狭缝的光栅上,在第 4 级明纹中观察到的最大波长小于( )。

A. 400nm   B. 450nm   C. 500nm   D. 550nm

13-11 地球与月球相距 3.8×10^5 km,用口径为 1m 的天文望远镜(取光波长 $\lambda = 550$ nm)能分辨月球表面两点的最小距离约为( )。

A. 96m   B. 128m   C. 255m   D. 510m

13-12 一宇航员在 160km 的高空恰好能分辨地面上发射波长为 550nm 的两个点光源,假定宇航员的瞳孔直径为 5.0 mm,则此两点光源的间距为( )。

A. 21.5m   B. 10.5m   C. 31.0m   D. 42.0m

三、计算题

13-1 巨蟹星座中心有一颗脉冲星,其辐射的光频信号和射频信号到达地球有 1.27s 的时差,且光波快于射电波。

(1) 求光波和射电波从脉冲星到地球的光程差 ΔL;

(2) 试计算这两种电磁波传播于宇宙空间中的折射率之差 Δn 的数量级,已知这颗脉冲星与地球相距约 $6300 ly \approx 6 \times 10^{16}$ km。

13-2 在双缝干涉实验中,双缝到光屏上 P 点的距离差 $\Delta x = 0.6 \mu m$,若分别用频率 $f_1 = 5.0 \times 10^{14}$ Hz 和 $f_2 = 7.5 \times 10^{14}$ Hz 的单色光垂直照射双缝,试通过计算说明 P 点出现明、暗条纹的情况。

13-3 用某透明介质盖住双缝干涉装置中的一条缝,此时,屏上零级明纹移至原来的第 5 条明纹处,若入射光波长为 589.3nm,介质折射率 $n = 1.58$,求此透明介质膜的厚度。

13-4 双缝间距为 1mm,离观察屏 1m,用钠光灯作为光源,它发出两种波长的单色光 $\lambda_1 = 589.0$nm,$\lambda_2 = 589.6$nm,这两种单色光的第 10 级亮条纹之间的间距是多少?

13-5 菲涅耳双棱镜的折射率为 $n = 1.50$,劈角 $\theta = 0.5°$,被照亮的狭缝距双棱镜的距离 $l = 10$cm,屏与双棱镜的距离 $L = 1.0$m,干涉条纹间距 $\Delta x = 0.80$mm,求所用光波的波长。

13-6 在单缝夫琅禾费衍射实验中,设第一级暗纹的衍射角很小,若钠黄光($\lambda \approx$ 589nm)中央明纹的宽度为 4.0mm,则 $\lambda = 442$nm 的蓝紫色光的中央明纹宽度为多少?

13-7 某种单色平行光垂直入射到单缝上,单缝缝宽为 0.15mm。缝后放一个焦距为 400mm 的凸透镜,在透镜的焦平面上,测得中央明条纹两侧的两个第三级暗条纹之间的距离为 8.0mm,求入射光的波长。

13-8 在夫琅禾费衍射实验中,如果缝宽 a 与入射光波长 λ 的比值分别为 1、10、100,试分别计算中央明纹边缘的衍射角,并讨论计算结果。

13-9 设光栅平面和透镜都与屏幕平行,在平面透射光栅上每厘米有 5000 条刻线,用它来观察波长为 589nm 的钠黄光的光谱线。

(1) 当光线垂直入射到光栅上时,所能看到的光谱线的最高级数 k_{max} 是多少?

(2) 当光线以 30° 的入射角(入射线与光栅平面法线的夹角)斜入射到光栅上时,所能看到的光谱线的最高级数 k'_{max} 是多少？

13-10 波长为 $\lambda=600nm$ 的单色光垂直入射到一光栅上，测得第二级条纹的衍射角为 $30°$，第三级是缺级，求：

(1) 光栅常数 d 为多少？

(2) 透光缝的最小宽度 a 为多少？

(3) 在选定了 d 与 a 后，屏幕上可能呈现的明条纹最高级次为多少？

(4) 在选定了 d 与 a 后，屏幕上最多能呈现几条明纹？

13-11 一波源发射波长为 $600nm$ 的激光平面波，投射于一双缝上，通过双缝后，在距双缝 $100cm$ 的屏上，观察到干涉花样如计算题 13-11 图所示，试求：

(1) 缝的宽度 b ；(2) 双缝的间距 d 。

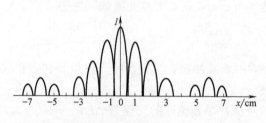

计算题 13-11 图

13-12 在迎面驶来的汽车上，两盏前灯相距 $120cm$ 。试问汽车离人多远的地方，眼睛恰能分辨这两盏灯？设夜间人眼瞳孔直径为 $5.0mm$ ，入射光波长为 $550nm$ ，而且仅考虑人眼瞳孔的衍射效应。

13-13 用孔径分别为 $20cm$ 和 $160cm$ 的两种望远镜能否分辨月球上直径为 $500m$ 的环形山？假设月球与地面的距离为地球半径的 60 倍，而地球半径约为 $6370km$ ，光源发出的光的波长为 $550nm$ 。

13-14 电子显微镜的孔径角 $2u=8°$ ，电子束的波长为 $0.1nm$ ，试求它的最小分辨距离。若与人眼能分辨在明视距离处相距 $6.7×10^{-2}mm$ 的两点相比，则此显微镜的放大倍数是多少？

习题参考答案

一、填空题

13-1 $400nm$, $760nm$, $555nm$

13-2 频率相同，存在互相平行的振动分量，具有固定的位相差

13-3 振动方向（几乎）一致，振幅相差不大，位相相差不大

13-4 $\gamma=\dfrac{I_{max}-I_{min}}{I_{max}+I_{min}}$, $0 \leqslant V \leqslant 1$

13-5 $(r_2-r_1)+(n_2e_2-n_1e_1)+(e_1-e_2)$, $(r_2-r_1)+(n-1)(e_2-e_1)$, $(r_2-r_1)+(n_2-n_1)e$

13-6 $\Delta x=x_{k+1}-x_k=\dfrac{D}{2na}\lambda$, 两缝到屏幕的距离，两缝间的距离

13-7 光疏，光密，掠射，正射，位相突变，半波损失

13-8 $\dfrac{l+L}{2(n-1)l\theta}\lambda$

13-9 偏离直线传播，光强不均匀分布，光波能量

13-10 特别明亮，近似等宽，两倍

13-11 同心圆形，艾里斑，$0.610\lambda/R$

13-12 $I=I_0\left(\dfrac{\sin Nv}{\sin v}\right)^2\left(\dfrac{\sin u}{u}\right)^2$，$v=\dfrac{\pi d\sin\varphi}{\lambda}$，$u=\dfrac{\pi a\sin\varphi}{\lambda}$

13-13 5

13-14 中心，第一极小，$\theta_0=1.22\lambda/D$，分辨本领

二、选择题

题号	13-1	13-2	13-3	13-4	13-5	13-6	13-7	13-8	13-9	13-10	13-11	13-12
答案	A	C	A	B	D	D	B	B	D	C	C	C

三、计算题

13-1 3.81×10^5 km，10^{-11}

13-2 频率为 f_1 的光垂直照射时出现亮条纹，频率为 f_2 的光垂直照射时出现暗条纹。

13-3 $5.08\mu m$

13-4 0.06mm

13-5 630nm

13-6 3.002mm

13-7 500nm

13-8 $90°$，$5.7°$，$0.57°$；随着比值的增大，衍射角越来越小

13-9 (1) $k_{max}=3$； (2) $k'_{max}=5$

13-10 (1) 2.4×10^{-6} m； (2) 0.8×10^{-6} m； (3) 4； (4) 2

13-11 (1) 1.5×10^{-3} cm；(2) 6×10^{-3} cm

13-12 8.94×10^3 m

13-13 孔径为 20cm 的望远镜不能分辨月球上的环形山，而孔径为 160cm 的望远镜能分辨。

13-14 8.74×10^{-7} mm，$M=7.7\times10^4$

天体物理与宇宙学简介

第14章 天体的层次和天文观测工具

🚩 **学习目标** ▐▐▐

➢ 了解宇宙中天体的层次和分类，如行星、恒星、星系、星系团等

➢ 知道太阳和太阳系的构成，以及太阳系各天体的物理性质

➢ 知道人类获取宇宙信息的主要渠道，以及人类探测宇宙的主要工具

➢ 知道天文光学望远镜、射电望远镜的基本结构

➢ 了解世界上的大型光学、射电和空间天文望远镜

➢ 了解我国主要的天文观测望远镜

在科学发展的历史长河中，物理学和天文学是两门关系特别紧密、相互促进、共同发展的兄弟学科。物理学的发展为天文学提供了用于理解天文现象和规律的理论基础，物理学的每次重大进展都推动着天文学的重大发展；同时，天文学也为物理学的重要发现提供了独特的实验室，在许多情况下是唯一的实验室。物理学和天文学就是这样相互依存、相互促进的学科。

近年来，获诺贝尔物理学奖的许多成果都是物理学和天文学最完美的结合。例如，在1964 年至 2017 年间，就有 12 个年度、15 项天文学课题获得诺贝尔物理学奖。物理学家涉足天文学领域的研究已成为必然；天文学家也密切关注着物理学的发展，试图用物理学的原理来解释宇宙的过去、现在和未来。

物理学是天文学的理论基础，例如，人们在原子物理学、原子核物理学、量子力学、广义相对论、等离子体物理学、高能物理学的基础上发展出了相对论天体物理学、等离子体天体物理学、高能天体物理学、宇宙磁流体力学、核天体物理学等。物理学的理论预言推动了天文学的发展，例如，光线的引力弯曲、引力场中的光谱红移，中子星、宇宙微波背景辐射、黑洞的存在等。

同时，天文学的观测也促进了物理学的发展，例如，万有引力定律的获得、氦元素的发现、热核聚变概念的提出、白矮星理论、元素合成理论等都直接来自天文观测结果。天文观测为物理学的基本理论提供了在地球上的实验室中所无法得到的物理现象和物理过程。例如，中子星的超高密度（$10^{16} \sim 10^{19} \, \text{kg/m}^3$）、超强磁场（$10^{12} \sim 10^{14} \, \text{Gs}$，$1\text{Gs} = 10^{-4} \, \text{T}$）、超强压力、超高温和超强辐射；能量达 $10^{21} \sim 10^{22} \, \text{eV}$ 的高能宇宙射线；能量达 $10^{47} \sim 10^{53} \, \text{erg}$（$1\text{erg} = 10^{-7} \, \text{J}$）的超新星爆发（其光度可达太阳的 $10^7 \sim 10^{10}$ 倍）等极端物理条件，这些极端物理条件在地球上是永远达不到的，而且也是很难想象的。

14.1　宇宙中天体的层次

天文学是研究天体和宇宙的科学，是六大自然基础学科（数学、物理学、化学、生物学、天文学、地球科学）之一。天文学的研究对象是宇宙及其中的天体和各种形态的物质。天体是指太空中的一切实体，包括自然天体和人造天体。各种形态的物质是指行星际、星际和星系际的弥漫物质，以及各种微粒辐射流等。天文学是观测和研究它们的位置、分布、运动、形态、结构、物理状态、化学组成、相互关系和起源演化的一门基础学科。

天体物理学是天文学的一个分支，也是物理学的一个分支学科。天体物理学是应用物理学的技术、方法和理论，研究天体的形态、结构、化学组成、物理状态和演化规律的科学。天体物理学的研究内容十分丰富，按照研究对象和研究方法的不同，天体物理学可分为：太阳物理学、太阳系物理学、恒星物理学、星系天文学、高能天体物理学、恒星天文学、天体演化学、射电天文学和空间天文学等不同的分支学科。

14.1.1　天体和天体的层次

宇宙中存在各种各样的天体，这些天体可以按照质量或者体积的大小排序分为不同的层次。例如，按天体的体积大小，由小到大可分为：行星层次（如地球）、恒星层次（如太阳）、星系（如银河系）、星际云、星系群、星系团和超星系团等层次，每个层次又可分为多种类型。

行星层次：太阳系的八大行星及其卫星，如地球、月亮；太阳系中的小天体，如小行星、彗星、流星体等；太阳系外的行星系统等。

恒星层次：太阳；恒星集团；恒星的形成和演化；致密天体（白矮星、中子星和黑洞）等。

星际物质：恒星之间的物质，包括星际气体、星际尘埃、星际云、星际磁场等。

星系层次：银河系；河外星系；类星体、活动星系；星系群、星系团、超星系团等。

宇宙整体：宇宙的大尺度结构；暗物质、暗能量；宇宙的起源和演化等。

14.1.2　太阳和太阳系

1. 太阳

太阳是太阳系中唯一的一颗恒星，太阳到地球的平均距离被定义为 1 个天文单位（Astronomical Unit），简记为 1AU，它的数值大小是 $1\text{AU} \approx 1.49 \times 10^8 \text{km}$，常近似取为 1.5 亿千米，光从太阳表面传播到地球大约需要 8min19s。地球围绕太阳运动的轨道是个椭圆，太阳位于椭圆的一个焦点上，太阳距离地球最近的距离约 $1.47 \times 10^8 \text{km}$，最远的距离约 $1.52 \times 10^8 \text{km}$。太阳的半径 $R_\odot = 6.9599 \times 10^5 \text{km}$，它是地球半径的 109 倍。太阳的体积则是地球体积的 130 万倍。

2. 太阳系

太阳是太阳系的中心天体，它的质量占太阳系总质量的 99.87%。太阳以强大的万有引力吸引着太阳系家族的所有成员（见图 14.1.1）：水星、金星、地球、火星、木星、土星、天王星、海王星及其卫星和众多的小行星、彗星、流星体以及弥漫的行星际物质，使它们都围绕着自己不停地运转。

太阳系的八大行星按性质可分为两类，一类称为**类地行星**，包括水星、金星、地球、火星，其主要特点是：距离太阳较近；体积和质量小，平均密度大；表面温度高，中心有铁核，金属含量较高，卫星数少。另一类称为**类木行星**，包括木星、土星、天王星、海王星，其主要特点是：体积和质量很

图 14.1.1　太阳系家族

大，其平均密度小；主要由氢、氦、氖等气体物质构成；卫星数目多，都有光环。

14.1.3　恒星世界

在晴朗无月的夜晚，我们仰望天空，斗转星移，繁星闪烁，给人无限的遐想。除了几颗行星，以及偶尔出现的彗星、快速移动的人造天体和划空而过的流星外，我们肉眼可见的发光天体都是恒星，因其在天空中的相对位置和颜色几乎是不变的，所以古人才称其为"恒"星。其实恒星不"恒"，只是它们距离地球太遥远了，使得我们无法用肉眼分辨。

每天晚上我们用肉眼可以看到大约 3000 颗恒星，随着地球绕日公转运动，一年之中肉眼总共可以看到大约 6000 颗恒星。而如果我们借助望远镜进行观测，星空中就会立即展现出成千上万颗色彩斑斓、广袤深邃的恒星世界（见图 14.1.2）。

怎样才能辨认天空中这些密密麻麻分布的恒星呢？人们用想象的线条将星星连接起来，构成各种各样的图形，或人为地把星空分成若干区域，这些图形连同它们

图 14.1.2　恒星世界

所在的天空区域，西方叫作星座，中国古人称之星官。星座内恒星的命名原则是按照恒星的亮暗程度，由亮到暗的顺序排列，以该星座的名称加一个希腊字母来顺序表示，如猎户座 α 星、猎户座 β 星等。1928 年，国际天文学会对星座的名称进行了统一的界定，规定全天有88 个星座，其中北天球有 29 个、南天球有 47 个、黄道带上有 12 个。

中国古代把北天极附近的星空划分为三个较大的天区，称为三垣：紫微垣、太微垣和天市垣，将黄道附近的星空划分为二十八个区域，称二十八宿。后来，我国古人又将二十八宿分作四组，每组七宿，分别与东、西、南、北四个地平方位，青、白、红、黑四种颜色，青龙、白虎、朱雀、玄武四种动物相匹配，称为四象或四陆。

14.1.4　银河系

北半球的人们在盛夏、秋初的晴朗夜晚仰望星空，会看到一条淡淡的光带从东北向南横贯天穹，宛如奔腾的河流一泻千里，这就是我们太阳系所在的家园——银河系。古代，中国人称它为"天河"。在中国民间很早就流传着牛郎和织女在天河鹊桥相会的神话故事。欧洲人称它为"牛奶路"。美丽的银河令人心驰神往，激发了人们许多美丽的遐想。

多波段观测研究表明，银河系的外貌就像一个中间突起的透镜，这个恒星系统的直径约为 10 万光年。银河系主要由核球、银盘、旋臂、银晕几个部分组成（见图 14.1.3）。它的主体是银盘，众多的高光度亮星、银河星团和银河星云组成了四条旋涡结构，叠加在银盘上。从银河系的核心展出了四条旋臂：人马臂、英仙臂、猎户臂和天鹅臂。太阳系目前位于银河系猎户臂的外边缘。银河系内有 3000 多亿颗恒星，以及众多的亮星云、暗星云、星际气体、尘埃物质以及可能隐蔽的暗物质和暗能量等。

图 14.1.3　银河系的结构示意图

14.1.5　河外星系

我们的银河系在宇宙的汪洋大海之中只是"沧海一粟"，在银河系以外是一个更为广阔、更为壮观的河外星系世界（见图 14.1.4），它们是由恒星、气体和尘埃组成的庞大天体系统。著名的大麦哲伦云、小麦哲伦云及仙女座大星云都是河外星系。众多的河外星系千姿百态、神采各异，有幼儿星系、中年星系和处于暮年的老年星系。星系之间有的互相作用，也有的正在分裂瓦解或互相吞食，展现在人们面前的是一个神奇壮观、魅力无穷的星系世界。

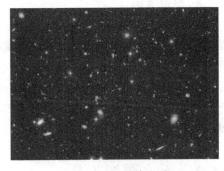

图 14.1.4　河外星系

人们对河外星系的认识经历过漫长的过程。早期，人们通过望远镜看到深邃的星空有一些朦朦胧胧、形态各异的云雾状光斑，认为都是气体星云。直到 1926 年，美国天文学家哈勃观测仙女座大星云时才发现，所谓星云是由大量很暗的恒星组成的。他利用其中的造父变星求出仙女座大星云离我们有 80 万光年之遥远（据现代观测这个距离应该是 220 万光年），由此推算出它不属于银河系，而是在银河系之外的另一个星系。此后，人们发现许多的星云其实就是河外星系。

在浩瀚的宇宙中，河外星系的形态各异、婀娜多姿。为了研究方便，哈勃按照星系的形态将星系大致分为：椭圆星系（E）、旋涡星系（S）、棒旋星系（SB）、透镜状星系（S0）和不规则星系（Irr）（见图 14.1.5）。

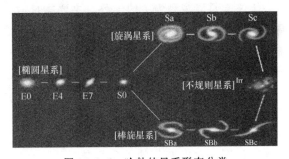

图 14.1.5　哈勃的星系形态分类

14.1.6　星系群　星系团　超星系团

许多星系通过相互碰撞、互相吞并可以聚集成星系群、星系团或超星系团。由星系分布的统计分析表明，孤立的星系只占少数，多数星系是成群的，它们相互间有动力学联系。

1. 星系群

由十个至几十个星系组成的有动力学联系的天体系统叫星系群，其中包括我们银河系的这个星系群称之为本星系群。本星系群除了银河系和著名的仙女座星系 M31 以外，还有大约 33 个星系成员。

2. 星系团

由许多相互有动力学联系的更多星系组成的集团叫星系团。星系团是比星系群更大的星系集团，是星系的系统，正如星系是恒星的系统一样。

目前，已知有大约数千个星系团，除了室女星系团（见图 14.1.6）以外，还有半人马星系团、长蛇星系团、船帆星系团、孔雀星系团、船底星系团等。我们银河系所属的这个星系团叫作本星系团。

按照包含星系的多少，星系团可分为富星系团和贫星系团。其中，富星系团包含几千个星系，贫星系团的成员星系相对富星团要少一些。

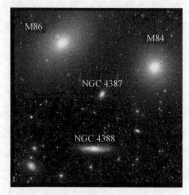

图 14.1.6　室女星系团的局部

3. 超星系团

近年来，除了一般的星系团之外，人类还发现了由星系团组成的更大的星系集团，称之为超星系团。超星系团是引力在极大范围上作用的结果，它的结构和演变与宇宙本身的结构和演化密切相关。我们银河系所在的超星系团称为本超星系团。本超星系团以室女星系团为中心，并且可能有自转。

14.2　天文观测工具

14.2.1　人类获得天体信息的主要渠道

天文学是以观测为主的学科，主要靠接收天体辐射到地面的信息来获取天体的内部信息。人类获得天体信息的渠道主要有四种：电磁辐射（波）、宇宙线、中微子、引力波，其中电磁辐射（波）是最为重要的一种。

1. 电磁辐射（波）

电磁辐射（波）是由发生区域向远处传播的电磁场，其传播速率与光速相同，它以变化的电磁场传递能量，是具有特定波长和强度的波（波动性）。根据波长由长到短，电磁辐射可以分为射电、红外、可见光、紫外、X 射线和 γ 射线等 6 个波段，可见光又可分解为七色光，电磁波的波长范围如图 14.2.1 所示。

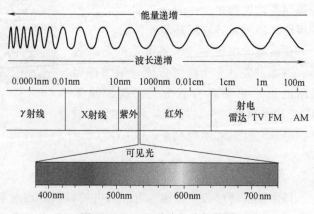

图 14.2.1　电磁波的波长范围

地球的大气层为人类提供了充足的氧气和适宜的温度，保护人类免受来自太空的不速之客（如流星、粒子辐射等）的袭击。但同时，因为地球大气会对天体辐射的电磁波具有吸收和辐射作用，所以只有某些波段的辐射才能到达地面，这就好像是大气层为它们开的窗口，称为大气窗口。宇宙中的各类天体发射着波长在 $10^6 \sim 10^{-14}$ m 范围内的电磁辐射，地面上只能通过两个主要的窗口来接收天体辐射的信息：光学窗口和射电窗口，另外还有一个波长范围很窄的红外窗口。如果要观测天体全波段的电磁辐射，必须要摆脱地球大气的屏障，只有把探测器搭载到卫星上，并发射到大气层外进行观测，这就是天文观测卫星。

2. 宇宙线

宇宙线指的是来自于宇宙中的一种具有相当大能量的带电粒子流，主要包括质子，α 粒子和少量原子核，以及电子、中微子和 X 射线、γ 射线等高能光子。通过对宇宙线的观测，可以获取发生在宇宙中的一些高能天体的物理过程和天体的内部信息。

3. 中微子

中微子质量极其微小，几乎等于零，而且不带电，与物质的作用非常微弱，是基本粒子中最难探测的一种粒子。在宇宙中，很多天体的物理活动都会产生大量的中微子，例如，恒星内部的热核反应过程就会释放大量的中微子。通过探测来自宇宙中的中微子可以获取天体的信息。

4. 引力波

在物理学中，引力波是指时空弯曲中的涟漪，它通过波的形式从辐射源向外传播，这种波以引力辐射的形式传输能量。引力波是一种时空涟漪，如同石头丢进水里产生的波纹。1916 年，爱因斯坦基于广义相对论预言了引力波的存在，但他认为引力波难以被探测到，因为相关信号非常微弱。宇宙中可能探测到的引力波主要来自于致密双星系统（如白矮星、中子星和黑洞双星系统）。2016 年 2 月 11 日，美国激光干涉引力波天文台（LIGO）的研究人员宣布，他们在 2015 年 9 月 14 日探测到来自于两个黑洞合并的引力波信号。这是人类历史上第一次探测到引力波，证实了百年前爱因斯坦的预测。2017 年 8 月 17 日，美国激光干涉引力波天文台（LIGO）和室女座引力波天文台（Virgo）首次发现双中子星并合的引力波事件，国际引力波电磁对应体观测联盟也发现了该引力波事件的电磁对应体。2017 年度的诺贝尔物理学奖被授予美国麻省理工学院教授雷纳·韦斯（Rainer Weiss）、加州理工学院教授基普·索恩（Kip S. Thorne）和巴里·巴里什（Barry C. Barish），以表彰他们在 LIGO 探测器和引力波观测方面的决定性贡献。

14.2.2 天文望远镜

在远古的年代，人类认识和了解宇宙主要靠肉眼直接进行观测。但由于天体距离我们都非常遥远，人眼所能直接观测到的天体辐射能量是十分有限的，肉眼只能感知天体的亮暗变化以及天体在宇宙中的大致方位，无法获取天体更多的内容信息。

1609 年，意大利科学家伽利略自制了世界上第一架天文光学望远镜（口径 4.4cm），这是近代天文仪器的开端。用望远镜观测天体是天文观测手段的第一次大变革。伽利略凭借自制的望远镜，一举发现了月球上的环形山、木星的 4 颗卫星、金星亮度的位相变化、银河系是由许多恒星组成的等多项新成果。在此后的 400 多年间，望远镜帮助人类扩大了对宇宙的认识，促使近代天文学从诞生到发展，苗壮成长。为了纪念伽利略首用望远镜进行天文观测 400 周年，国际天文学联合会和联合国教科文组织把 2009 年定为"国际天文年"。

19 世纪中叶，在望远镜的基础上，人们又把分光术、测光术和照相术用于天文学研究，这是天文观测手段的第二次大变革。从此，人类不仅能得心应手地测定天体的一般位置和运动，而且还能了解天体的物理化学性质和结构，从而促使天体物理学的诞生和发展。

20 世纪 50 年代，人造地球卫星上天，不仅开创了人类飞出地球的新纪元，而且还为天文学的发展带来了新机遇。天文学家利用这一新机遇，突破地球大气屏障，到外层空间去观测，从而导致空间天文学的诞生。这是天文观测手段的又一次大变革。空间天文观测具有地面观测无法比拟的优越性，它不仅提高了仪器的分辨本领，而且使观测领域从电磁波的部分波段扩展到全波段。21 世纪的今天，人类对宇宙的探测已进入到全波段、多方位的观测时代。

1. 天文望远镜的种类

天文望远镜根据其接收电磁波的波长范围不同，主要可以分为光学望远镜、射电望远镜、红外望远镜、X 射线望远镜和 γ 射线望远镜几种类型。光学望远镜，主要接收光学波段的电磁辐射，观测位置是在地面或空间（如哈勃空间望远镜）；射电望远镜，主要接收射电波段的电磁辐射，观测位置是地面电磁干扰小的区域；红外望远镜，主要接收红外波段的电磁辐射，观测位置是地面高海拔干燥地区或空间；X 射线望远镜和 γ 射线望远镜，主要分别接收 X 射线波段与 γ 射线波段的电磁辐射，观测位置是空间（大气层之外），即通过搭载的天文卫星进行观测。

2. 天文光学望远镜

天文望远镜是探测宇宙奥秘的重要武器，它的主要作用是收集天体的辐射，把大量暗弱天体成像在望远镜里，提高分辨率，使得对观测目标的细节看得更清楚。因此，所有望远镜都有成像和作为光子（辐射）收集器的功能。

天文光学望远镜主要由物镜和目镜组镜头及其他配件组成。通常按照物镜的不同，可把光学望远镜分为三类：折射望远镜、反射望远镜和折反射望远镜。物镜是核心器件，起聚光作用，其光学性能的好坏至关重要。物镜是反射镜的叫反射望远镜；物镜是透镜的叫折射望远镜；物镜是反射镜，但是前面加装一块用于改正像差的透镜的望远镜叫折反射望远镜。

目前，世界上在用的大型天文光学望远镜主要有：美国于 1992 年和 1996 年分别建成的两架口径 10m 的凯克 I 和凯克 II 号望远镜，其联合干涉观测相当于一架口径 14m 望远镜的威力（见图 14.2.2）；欧洲南方天文台（ESO）建造的甚大望远镜（VLT），由 4 架口径 8.2m 的望远镜组成，四架联合观测的有效口径可达 16m；美国、英国等六国联合建造的双子座望远镜由两架 8m 望远镜组成；1999 年 1 月投入使用的日本昴星团（Subaru）望远镜，是口径 8.3m（单镜面）的望远镜，安装在夏威夷的莫纳克亚山；以及美国在建的 30 米口径望远镜（Thirty Meter Telescope，TMT）等。世界上口径大于 2m 的光学望远镜有 40 余台。

中国目前口径 2m 以上的光学望远镜有两台：分别是 2.16m 望远镜，安装在国家天文台兴隆观测站；2.40m 望远镜，安装在国家天文台南方观测基地云南丽江高美古观测站。另外还有一台郭守敬望远镜（大天区面积多目标光纤光谱天文望远镜，英文缩写 LAMOST），它的有效口径为 4m，主要用于天体的光谱巡天观测。

天文光学望远镜的性能好坏，除了看光学性能外，还要看它的机械性能的指向精度和跟踪精度是否优良。衡量天文望远镜光学性能的好坏主要有 6 个参数，分别是有效口径、相对

图 14.2.2　美国的 10m 口径凯克望远镜

口径（光力）、放大率、贯穿本领（极限星等）、分辨本领、视场，其中有效口径是一个非常重要的参数。望远镜的口径越大，分辨本领越高，能观测更暗、更多的天体。

3. 射电望远镜

射电望远镜是射电天文学研究的主要工具。1932 年，美国年轻的工程师央斯基在研究无线电干涉的噪声源时，首先发现了来自银河系中心方向的无线电波。1937 年，美国无线电工程师雷伯，架设了一个直径为 9.6m 的金属抛物面天线，首次收到了来自银河系的无线电波，证实了央斯基的发现。雷伯的天线是世界上第一架射电望远镜。

第二次世界大战中，英国的一军用雷达接收到太阳强烈的射电干扰，使人们对宇宙中射电辐射的兴趣越来越浓。战争结束后，战地雷达闲置无用，科学家们把更多的雷达用于射电天文学研究，不久便有了一系列令人惊异的新发现，从而拉开了射电天文学发展的序幕。

射电天文学是一个相对新的天文学分支，它使用射电望远镜系统在无线电波段研究宇宙中的各类天体。20 世纪 60 年代，天文学中的四大重要发现：类星体、脉冲星、微波背景辐射和星际有机分子，都主要是由射电望远镜观测发现的。射电天文学的发展对天文学的发展做出了重大贡献。

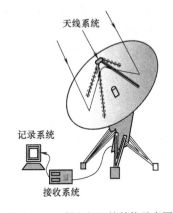

典型的射电望远镜包括天线系统、接收系统和记录系统三个部分（见图 14.2.3）。天线系统是个金属的旋转抛物面天线，它的优点是有汇集射电波的接收面，频带较宽，比较易于进行机械跟踪和扫描。接收系统主要有一个接收机，其作用是把微弱的无线电信号放大。记录系统是使用记录仪或电表将经过接收机放大的信号显示出来，并进行记录。

图 14.2.3　射电望远镜结构示意图

目前，世界上最大的单口径射电望远镜是我国的 500 米口径球面射电望远镜（简称 FAST），其位于贵州省平塘县克度镇大窝凼的喀斯特洼坑中，该望远镜被誉为"中国天眼"，是由我国天文学家南仁东于 1994 年提出构想的，历时 22 年建成，并于 2016 年 9 月 25 日落成启用。"天眼"工程是由中国科学院国家天文台主导建设，具有我国自主知识产权、世界最大单口径、最灵敏的射电望远镜，主要由主动反射面系统、馈源支撑系统、测量与控制系统、接收机与终端及观测基地等几大部分构成（见图 14.2.4）。

此外，世界上一些大型的射电望远镜还有美国的位于波多黎各的阿雷西博天文台的射电望远镜，其抛物面天线直径达 305m，但是固定不动的，只能靠副镜的调整来稍微扩大可观测的天区。德国的 100m 可动天线的射电望远镜。美国的绿岸天文台可转动射电望远镜（GBT），它的天线口径是 110m×100m，可自动跟踪。中国科学院上海天文台位于上海佘山基地的 65 米口径全方位可动大型射电天文望远镜。

图 14.2.4　500 米口径球面射电望远镜

为了提高射电望远镜的分辨本领，一方面可以增大天线的口径，另一方面是应用射电干涉技术。因为射电望远镜所能观测到的辐射波长远大于光学的波长，所以不能单纯靠增大口径来提高分辨本领，因而人们发展了干涉技术。20 世纪 50 年代，英国科学家赖尔发展起来的综合口径技术可以得到高分辨率的射电图像，他因此而获得 1974 年的诺贝尔物理学奖。

当今世界上有很多的射电望远镜阵，如美国的甚大射电望远镜阵（VLA），它由 27 面直径为 25m 的天线排成"Y"字形（见图 14.2.5）。我们知道，干涉的基线越长，可以达到的分辨率越高。美国著名的"甚长基线干涉阵"（VLBA），该阵列由 10 架口径均为 25m 的射电望远镜组成，阵列的基线长度分布范围从最短的 200km 到最长的 8600km，最长基线的跨度是从美国东

图 14.2.5　美国的甚大射电望远镜阵（VLA）

部的维尔京岛到西部的夏威夷（长达 8600km），其精度是哈勃太空望远镜的 500 倍，是人眼的 60 万倍。我国的上海天文台和新疆乌鲁木齐天文台的射电望远镜也参与了国际甚长基线干涉仪的联合观测。

4. 空间望远镜和空间探测器

地球大气阻挡了来自空间的电磁辐射的大部分，仅在射电和光学部分波段能穿过大气层传到地面，天文观测要冲破地球大气的限制，就只有把望远镜或探测器放到大气层外进行观测，在地球大气层外进行天文观测的望远镜称为空间望远镜或空间探测器。著名的空间望远镜有：美国的哈勃光学空间望远镜、伦琴 X 射线空间望远镜、钱德拉 X 射线空间望远镜、康普顿 γ 射线望远镜、费米 γ 射线空间望远镜等。空间探测拓宽了人类获得天体信息的领域，向人们展示了一幅全新的宇宙图景。由于太空中的望远镜不受地球大气的影响，几乎可以达到理论的分辨率，能够探测到宇宙更遥远深处的天体信息，因此取得了令人瞩目的成就。

哈勃空间望远镜（见图 14.2.6）是以美国著名天文学家爱德温·哈勃命名的，于 1990 年 4 月 25 日由"发现者"号航天飞机送入太空。哈勃空间望远镜是一架口径为 2.4m 的光学望远镜，其总重 12.5t，研制历时 13 年，空间轨道高度 600km。哈勃空间望远镜原计划设计使用寿命为 15 年，通过升级改造后，哈勃空间望远镜目前仍然在太空中"服役"。

从 1990 年到 2015 年，哈勃空间望远镜在地球轨道上运行了接近 13 万 7000 圈，累计 54 亿千米，执行了 120 多万次观测任务，观察了超过 38000 个天体。哈勃空间望远镜通过观测到的目标中最远的是距地球 130 亿光年的原始星系。哈勃空间望远镜通过观测证明了大质量黑洞在宇宙中普遍存在，即在大多数星系中央都存在超大质量黑洞。天文学家还在它的帮助下，观测到宇宙膨胀的精确数据，从而推算出宇宙年龄约为 137 亿

图 14.2.6　哈勃空间望远镜

年。哈勃空间望远镜自升空以来，为人类探索宇宙奥秘做出了重要贡献。

在最近的几十年里，科学家还研制了红外、紫外、X 射线和 γ 射线等空间望远镜，使人类对宇宙的探测扩展到全波段、多方位时代。人类借助这些空间望远镜，对宇宙有了更加深入、更全面的认识。随着观测精度的不断提高，空间望远镜也在不断升级换代，科学家在不断研制新的空间望远镜。目前，仍有多个国家的空间望远镜或空间探测器在太空中开展对宇宙的探测活动。

例如，中国的"悟空"号暗物质粒子探测卫星、"慧眼"硬 X 射线调制望远镜，美国的费米 γ 射线空间望远镜等。

中国的"悟空"号暗物质粒子探测卫星（见图 14.2.7）于 2015 年 12 月 17 日成功发射，"悟空"号是中国科学院空间科学战略性先导科技专项中首批立项研制的 4 颗科学实验卫星之一，是目前世界上观测能段范围最宽、能量分辨率最优的暗物质粒子探测卫星。它将在太空中开展高能电子及高能 γ 射线探测任务，探寻暗物质存在的证据，研究暗物质特性与空间分布规律。

中国的"慧眼"硬 X 射线调制望远镜（简称 HXMT）于 2017 年 6 月 15 日发射成功，开展科学观测，2018 年 1 月 30 日正式交付并投入使用。"慧眼"卫星是既可以实现宽波段、大视场 X 射线巡天，又能够研究黑洞、中子星等高能天体的短时标光变和宽波段能谱的空间 X 射线天文望远镜，同时也是具有高灵敏度的 γ 射线暴全天监视仪。

美国的费米 γ 射线空间望远镜（Fermi-LAT）于 2008 年 6 月发射升空，它是位于地球低轨道的 γ 射线空间望远镜。该望远镜是用来进行大面积巡天以研究天文物理或宇宙论现象，如活动星系核、脉冲星、其他高能辐射来源和暗物质，另外，该卫星搭载的 γ 射线暴监视系统可用来研究 γ 射线暴。科学家们希望"费米"能通过观测高能 γ 射线来发现

图 14.2.7　"悟空"号暗物质粒子探测卫星

众多新的脉冲星，从而揭示超大质量黑洞的内部机理，并有助于物理学家寻找新的自然定律。

本 章 小 结

14-1　天体物理学是应用物理学的技术、方法和理论，研究天体的形态、结构、化学组成、物理状态和演化规律的科学。

14-2　天体的层次分类：行星层次、恒星层次、星际云、星系层次、星系团和超星系团、宇宙整体。

14-3　太阳系的八大行星按照离太阳由近到远的顺序是：水星、金星、地球、火星、木星、土星、天王星、海王星。按性质可分为：类地行星，包括水星、金星、地球、火星；类木行星，包括木星、土星、天王星、海王星。

14-4　人类获得天体信息的渠道主要有四种：电磁辐射（波）、宇宙线、中微子、引力波，其中电磁辐射（波）是最为重要的一种。

14-5　根据波长由长到短，电磁辐射（波）可以分为射电、红外、可见学、紫外、X 射线和 γ 射线等 6 个波段，可见光又可分解为七色光。

14-6　1609 年，意大利科学家伽利略自制了世界上第一架天文光学望远镜（口径 4.4cm），这是近代天文仪器的开端。

14-7　天文望远镜根据其接收电磁波波长范围的不同，主要可以分为光学望远镜、射电望远镜、红外望远镜、X 射线望远镜和 γ 射线望远镜几种类型。

14-8　衡量天文望远镜光学性能的好坏主要有 6 个参数，分别是有效口径、相对口径（光力）、放大率、贯穿本领（极限星等）、分辨本领、视场，其中有效口径是一个非常重要的参数。

14-9　射电望远镜主要由天线系统、接收系统和记录系统三个部分组成。

14-10　世界上最大的单口径射电望远镜是我国的 500 米口径球面射电望远镜（简称 FAST），它位于贵州省平塘县克度镇大窝凼的喀斯特洼坑中，该望远镜被誉为"中国天眼"。

14-11　哈勃空间望远镜于 1990 年 4 月 25 日发射升空，它是一架口径为 2.4m 的光学望远镜。

14-12　2015 年 12 月 17 日成功发射的中国首颗暗物质粒子探测卫星，称为"悟空"号；2017 年 6 月 15 日成功发射的中国首颗硬 X 射线调制望远镜卫星，称为"慧眼"号。

14-13　星系群：由十个至几十个星系组成的有动力学联系的天体系统叫星系群，其中包括我们银河系的星系群称之为本星系群。星系团：由许多相互有动力学联系的更多星系组成的集团叫星系团。

习　　题

一、填空题

14-1　宇宙天体的层次主要分为：_____、_____、_____、_____、_____、_____和宇宙整体。

14-2　1922 年，国际天文学会统一把全天划分为_____个星座，其中沿黄道天区有

_____个星座。

14-3　中国古代划分星空的基本单位是"星官"，把天空划分为三垣和二十八宿，三垣是_____、_____、_____。

14-4　人类获得天体信息主要有_____、_____、_____、_____四种渠道。

14-5　根据波长由长到短，电磁波可以分为：_____、_____、_____、_____、_____、_____等6个段。

14-6　世界上第一架光学天文望远镜是在1609年，由意大利科学家_____发明的，口径为4.4cm。

14-7　世界上最大的单口径球面射电望远镜（简称FAST），被称为"中国天眼"，其口径为_____。

14-8　光学望远镜的光学部分主要是由物镜和目镜组成，物镜是反射镜的叫_____，物镜是透镜的叫_____。

14-9　衡量天文望远镜光学性能好坏的主要参数有_____、_____、_____、_____、分辨本领和视场。

14-10　随着射电天文学的发展，20世纪60年代天文学取得了四大重要发现，这四大发现分别是_____、_____、_____、_____。

14-11　1990年4月25日，由"发现者"号航天飞机把一架口径为2.4m的反射望远镜送入太空，这架望远镜又称为_____。

14-12　2015年12月17日成功发射的中国首颗暗物质粒子探测卫星，称为"_____"号；2017年6月15日成功发射的中国首颗硬X射线调制望远镜，称为"_____"号。

14-13　中国古人把银河系称为"天河"，西方称它为"_____"。

14-14　银河系有四条旋臂，分别是_____、_____、_____、_____。

14-15　在浩瀚的宇宙中，河外星系的形态各异，哈勃按照星系的形态将其大致分为五种类型，分别是_____、_____、_____、不规则星系和透镜状星系。

二、名称解释

14-1　恒星。

14-2　星系群。

14-3　星系团。

习题参考答案

一、填空题

14-1　行星层次，恒星层次，星际云，星系层次，星系团，超星系团

14-2　88个，12个

14-3　紫微垣，太微垣，天市垣

14-4　电磁辐射（波），宇宙线，中微子，引力波

14-5　射电，红外，可见光，紫外，X射线，γ射线

14-6　伽利略

14-7　500m

14-8　反射望远镜，折射望远镜

14-9　有效口径，相对口径（光力），放大率，贯穿本领（极限星等）

14-10　类星体，脉冲星（中子星），宇宙微波背景辐射，星际有机分子

14-11　哈勃空间望远镜（哈勃望远镜）

14-12　悟空，慧眼

14-13　牛奶路

14-14　人马臂，英仙臂，猎户臂，天鹅臂

14-15　椭圆星系，旋涡星系，棒旋星系

二、名词解释

14-1　恒星：恒星是指自身能够发光发热的炽热气体球，主要靠核心的热核聚变反应产生能量。

14-2　星系群：由十个至几十个星系组成的有动力学联系的天体系统叫星系群。

14-3　星系团：由许多相互有动力学联系的星系组成的星系集团叫星系团。

第15章　太阳与太阳系

15.1　太阳

太阳是太阳系的中心天体，是银河系中的一颗普通的恒星。太阳和我们的关系极为密切，它是地球上光和热的主要来源，也是地球上生命的源泉。地球上的许多现象和太阳的变化过程是紧密联系着的，研究太阳，对于空间科学和地球物理学都有重要意义。在太阳强大引力的作用下，所有太阳系家族的成员都围绕着太阳转。在宇宙中，太阳是一个具有中等大小、中等质量和中等光度的恒星。它是精力充沛，能源旺盛的主序星。太阳已度过了 45～50 亿年的岁月，现在仍是恒星世界中一颗风华正茂的青壮年星。

15.1.1　太阳的基本特征

太阳的质量 $m_\odot = 1.989 \times 10^{30} \, \text{kg}$，太阳的质量约为地球质量的 33 万倍，在恒星群中太阳的质量常被作为一个质量单位。太阳的质量可依据开普勒定律得出：

$$m_\odot + m_\oplus = 4\pi^2 r^3 / (GP^2) \tag{15.1.1}$$

式中，$m_\odot$ 为太阳质量；$m_\oplus$ 为地球质量，式中地球的质量相对于太阳可以忽略；P 为地球绕太阳运转的周期；r 为地球绕太阳公转的轨道半径；G 为引力常量。

太阳的化学成分主要是氢，占总质量的约 71%，其次是氦，占总质量的约 27%，其他元素总共只有约 2%，主要是碳、氧、氮和各种金属元素。

太阳的能量不断向外发射，传能的方式有辐射传能、对流传能和热传导，最主要的是辐射传能。太阳辐射包括全波段的电磁辐射和微粒流辐射。太阳电磁辐射的总能量的 99.9% 集中在 0.2～10μm 波段，即太阳的主要能量都集中在电磁辐射的可见光波段。太阳常量的定义：在地球大气外离太阳 1AU 的地方，垂直于太阳光束方向的单位面积在单位时间接收到的所有太阳辐射能量，常用 S 表示。根据测量，太阳常数 $S=1.374\times10^3$ W/m²。

太阳每秒在各个波段发射的总辐射能量，叫作太阳的光度。太阳的光度：$L_\odot=4\pi r^2 S=3.826\times10^{26}$ W，其中 r 是地球到太阳的平均距离，为 1AU，一般把太阳的光度作为恒星的光度单位。

根据斯特藩-玻尔兹曼定律，太阳的光度 $L_\odot$ 与其表面的有效温度 T_e 有关系：

$$L_\odot=4\pi R_\odot^2 \sigma T_e^4 \tag{15.1.2}$$

根据上式，由太阳的光度 $L_\odot$ 可以求得太阳表面的有效温度约为 $T_e=5780\mathrm{K}$。

太阳和地球一样也有自转，由于太阳是气体球，所以它不像刚体那样自转速度均匀。观测表明，太阳的赤道区域转得最快，赤道区域的自转周期是 25.4 天，由赤道向两极自转速度逐渐减小。太阳的自转速度随纬度不同而以不同的速度转动，这种现象叫作**太阳较差自转**。

15.1.2 太阳的结构

1. 太阳内部的结构

如图 15.1.1 所示，太阳内部的结构从内向外，可分为三个区：**核反应区**、**辐射区**和**对流区**。

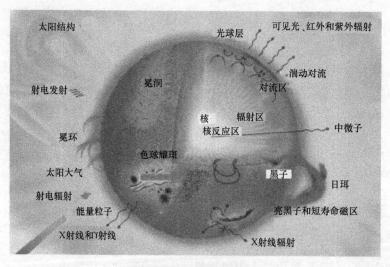

图 15.1.1　太阳的结构

（1）核反应区　太阳在自身的引力作用下，物质向核心集聚，在核心形成高温和超高压状态，导致了内部的氢聚变为氦的热核反应。从中心到 $0.25R_\odot$，约占太阳体积的 1/64，而其质量却占太阳总质量的一半以上。太阳核心的温度高达 $1.5\times10^7\sim2\times10^7$ K，压力为 2.5×10^{11} atm，即超过地面大气压的 2500 亿倍！物质密度约为 1.5×10^5 kg/m³。在这个区域正进行着激烈的热核反应，将氢聚变为氦从而释放出巨大的能量。

目前，太阳核反应区进行着的热核聚变反应是由四个氢核聚变为一个氦核，核聚变反应可以写成下列方程式：

$$4^1\mathrm{H}\rightarrow{}^4\mathrm{He} \tag{15.1.3}$$

氢核的质量为 1.00728u（1u＝1.66×10^{-27}kg），氦核的质量为 4.0025u，四个氢核聚变成一个氦核以后，会出现质量亏损：$\Delta m = 4 \times 1.00728 - 4.0025 = 0.02662u$。根据相对论质量和能量之间相互转化的关系 $E = \Delta mc^2$（其中 E 表示能量，Δm 表示亏损质量，c 表示光速），容易算出 1g 氢完全聚变为氦，会造成 0.0069g 的质量损失，从而产生 6.2×10^{11}J 的能量。

根据太阳里氢元素的含量，可以计算出太阳的氢全部燃烧可维持约 100 亿年，地球形成已 46 亿年，大约 50 亿年后太阳的氢将消耗完毕，太阳也将走向"死亡"，最终在太阳中心形成一颗白矮星，外面的物质则被抛射出去形成行星状星云。

（2）辐射区 核反应区之外是辐射区，范围从 $0.25R_\odot \sim 0.86R_\odot$。在个区域中气体温度约 7×10^6K，密度约 1.5×10^4kg/m^3。按体积而言，辐射区约占太阳体积的一半。太阳核心产生的能量，通过这个区域以辐射方式向外传输。

（3）对流区 对流区在辐射区的外面，大约从 $0.86R_\odot$ 至光球的底部，温度约 5×10^5K，密度也降至 150kg/m^3。由于巨大的温度差引起对流，所以内部的热量主要以对流的方式向太阳表面传输。

2. 太阳的大气层

太阳的大气层从里向外又可分为三个层圈：光球层、色球层和日冕层。

（1）光球层 太阳大气最下层称为光球层，就是我们用肉眼看到的太阳圆盘，其厚度约为 500km，地球上接收到的太阳能量基本上是由光球层发出的。光球层中布满米粒组织，这些米粒实际上就是对流层里上升的热气团冲击太阳表面形成的，在光球层的活动区还有太阳黑子。

（2）色球层 在光球层之上厚为 1500km 的大气是绚丽多彩的色球层，色球层的物质比光球层的物质稀薄和透明得多。色球层的亮度只有光球层的万分之一，只有在日全食时，观测者才能用肉眼看到太阳视圆面周围的这一层玫瑰色的光辉，平时观测要用专门的仪器（所谓色球望远镜）才能看到。由于磁场的不稳定性，色球经常产生激烈的耀斑爆发，以及与耀斑共生的日珥等。色球层随高度增加，密度急剧下降。

（3）日冕层 太阳大气的最外层称为日冕，它由极其稀薄的气体组成。日冕层的亮度比色球层更暗，平时也看不见，必须用特殊仪器（称为日冕仪）或者在日全食时才能看见。由于日冕层的高温，它延伸到数万千米之远。太阳的外大气层经常喷发一种带电粒子流，称为太阳风。太阳风以大约 500km/s 的速率吹遍整个太阳系，消失在恒星际空间。现代有的天文学家把太阳风吹拂的范围看作太阳大气的最外层，称之为太阳风层。

3. 太阳对地球环境的影响

整体而言，太阳是一个稳定、平衡、发光的气体球，但它的大气层却处于局部的激烈运动之中。最明显的例子是标志太阳活动区生长和衰变的黑子群的出没、日珥的变化、耀斑的爆发等。当温度高达几百万开的日冕物质连续不断地向外发射等离子体流时，主要包含自由电子、质子（即氢原子核）和 α 粒子（氦的原子核），形成太阳大气不断的物质外流，叫作太阳风。太阳风吹拂到整个太阳系的行星际空间约 100AU 的辽阔区域。太阳风对各行星的磁层产生比较复杂的影响，会导致许多大行星磁扰现象。太阳风和地球磁层的相互作用直接或间接地影响了我们的短波通信，与地球上发生的磁暴与磁扰有密切的联系。

太阳活动的明显标志是太阳黑子、太阳耀斑以及日冕物质抛射（或太阳风）。太阳活动对地球环境的主要影响包括：对地球电磁环境的干扰和对无线电通信的影响；对近地空间及宇航的影响；引起地球磁暴和磁扰；对人体健康的影响等。

15.2 太阳系

太阳系的八大行星按照距离太阳由近到远的顺序排列分别是：水星、金星、地球、火星、木星、土星、天王星、海王星。行星和卫星本身都不发光，由于它们反射太阳的光，所以才被我们看到。太阳系家族的所有成员都围绕着太阳，自西向东沿着椭圆轨道运转（叫公转），同时还绕本身的自转轴自转。大多数大行星的自转方向与公转方向相同，也有少数的大行星相反，如金星和天王星的自转是自东向西转，可以说它们是太阳系的"逆子"。

水星离太阳最近，金星是最亮的行星，它们都在地球轨道以内，所以也叫地内行星。

15.2.1 水星

水星（见图 15.2.1）出现在太阳的附近，经常淹没在耀眼的太阳光辉之中，即便在有利条件下，人们也只有在夕阳中或是在黎明时才能看到。因为它离太阳的角距不超过 28°，古代称 30° 为一辰，所以我们的祖先也把水星叫作辰星。

水星是距离太阳最近的大行星，离太阳的平均距离只有约 57.9×10^6 km。它的直径只有 4879.4km，约是地球的三分之一。水星的质量比地球小得多，约为 3.3×10^{23} kg 仅为 0.055 个地球质量。水星的平均密度约 5400kg/m^3。水星上的表面引力是地球引力的 0.4 倍。水星的自转周期是 58.65 天，绕日公转一周为 87.97 天，也就是说，水星自转三周所需的时间，恰好等于它

图 15.2.1 水星表面

绕日公转两周所需的时间，这就是说水星上的一年相当于它的一天半。水星绕日的公转轨道是椭圆，离太阳有时近，有时远，所以在我们看来它有时亮些，有时暗些，它的平均视星等$^\ominus$为 -1.9^m。由于水星很靠近太阳，加上它的一昼夜大约是地球上的 58.65 天，白昼日照时间很长，因而，在水星表面赤道区域，白昼的温度达 350℃，就是一块铅放在上面也要熔化。而在夜间的温度则降至 −170℃左右。在温度变化如此剧烈的恶劣环境下，难怪它是个"不毛之地"，没有智慧的生命存在。

15.2.2 金星

中国古代称之为太白或太白金星。它有时黎明前出现在东方天空，被称为"启明"；有时黄昏后出现在西方天空，被称为"长庚"。金星是全天中除太阳和月亮外最亮的星，比著名的天狼星还要亮 14 倍，犹如一颗耀眼的钻石，于是古希腊人称它为阿佛洛狄忒——爱与美的女神，而罗马人则称它为维纳斯（Venus）——美神。

金星是我们用肉眼所能看到的夜空中最明亮的行星，最亮时的视星等为 -4.4^m。除了

$\ominus$ 星等：恒星和其他天体的亮度的一种量度。视星等：从地球上观测到的天体的星等。

太阳和月亮外，金星是全天最亮的白色星，所以，古时我们的祖先叫它为太白金星。它的圆面亮度和月球一样也有盈亏的变化（见图 15.2.2）。

金星距离太阳约 1.082×10^8 km，比水星远，比地球近。其直径约 12103.6km，它的体积相当于 0.86 个地球体积。金星自转一周的时间比地球慢得多，它的自转方向与公转方向相反，是自东向西自转，所以站在金星上看太阳，太阳从西边升起来，在东边落下去。金星自转一周是 -243.02 天（负号表示逆转）。金星绕日公转的周期是 224.7 天。金星像地球那样，自转轴倾斜于黄道面，它的赤道面与黄道面的夹角为 177.4°。在金星上的一个恒星日是 243.02 天，而它的一个太阳日是 117 天（地球日）。

我们所见金星盈亏相位的变化周期，是地球公转周期（365.2422 天）与金星公转周期的（224.7 天）的会合周期，即 583.9 天。

金星的质量比地球略小，相当于 0.81 个地球的质量。在金星的周围有一层浓厚的大气层，所以金星看起来像是蒙上了一层面纱。这层浓厚的大气温度高而且有腐蚀性，温度高达 450℃ 以上，气压高出地球的气压近百倍，又充盈着腐蚀性很强的硫酸雨滴。金星的温度一般都在 465～485℃，有 90 个大气压，这相当于地球海底 900m 深处的压力。这样的灼热表面，如此巨大的压力，加上大气中的硫酸雨滴，如此令人窒息的恶劣环境，岂能是生命的繁衍生息之地！

图 15.2.2　美国"水手 10 号"探测器拍摄的金星照片

金星的大气中二氧化碳居多，达到 97％ 以上，还有近 3％ 的氮和很少的水蒸气、一氧化碳等。金星表面高达 480℃ 的温度主要原因是由于金星大气的"温室效应"。金星大气中的二氧化碳、水汽和臭氧起到了温室玻璃罩的作用，使金星接收到的太阳热能，日积月累地储存起来，使表面升温，热辐射无法散到太空。"温室效应"使金星的昼夜温差很小，夜晚温度也不降，依然是难耐的高温。由于金星有大气的保护及对陨星的"挡驾"，所以表面不像月球和水星那样环形山密布，而是比较平坦，类似于月球上的低洼地，但发现也有陨石坑和火山口，其中有一座火山口的直径约有 700km。金星上有一处大裂谷长达 1200km。金星上还有耸立的高峰，在北半球的麦克斯韦山脉最高峰高达 12000m，比地球上的高山之巅珠穆朗玛峰还高。

15.2.3　地球

地球是我们人类的家园。从月球上和人造卫星拍的照片来看（见图 15.2.3），地球是一个浑圆的蓝色星球。地球是赤道略凸，两极处稍扁的椭球体，其平均半径 $R = 6371.03$ km。地球与球体的差别很小。只是在南极有约 30m 的凹陷，在北极有约 10m 的隆起，其余地区差值很小。

利用开普勒第三定律，可以测定地球的质量。地球的质量近似为 5.964×10^{24} kg。由于地球的体积

图 15.2.3　从月球上拍摄的地球照片

为 1.083×10^{21} m^3，所以算出地球的平均密度为 5.518×10^3 kg/m^3。地球比其他行星更"结实"，不像木星那样"虚胖"，木星的密度仅为地球密度的七分之一，而土星的密度仅有

$0.69 \times 10^3 \, \text{kg/m}^3$，比水还轻，如果土星掉在一片汪洋大海中，它会漂浮起来。在太阳系中，地球的质量是适中的，地球比"老大"木星的质量小很多，仅为木星的 1/318。地球的这个质量恰到好处，为什么这样说呢？因为质量越大，自身的引力就越大，物质内部的压力也越大。地球的质量是中等的，内部的压力和自身的引力适中，可以吸住相对多的大气，使地球有适合生命生存的环境。地球也不像水星、月球那样因质量小，引力过弱，吸不住空气，从而没有大气。

科学家把地球的外部，从地壳上面分成四个圈层，即岩石圈、水圈、大气圈和生物圈。这四个圈层不是孤立存在的，它们之间是互相联系、互相交融，密切相关的。

大气圈是从海陆表面到行星际空间的过渡圈层，它由好几层组成，总厚度达 1000km 以上。大气圈主要由氮和氧组成（氮占 78%，氧占 21%），此外还有少量的氩气（0.93%）和二氧化碳（占 0.027%），以及微量的氢、氖等气体。

地球的大气层起着保护地球和人类的重要作用。按大气温度的垂直分布，大气层自下而上可粗略地分为对流层、平流层、中间层和电离层以及稀薄的外层大气。地球的大气层就像盔甲，避免与减少了来自太空的小行星、流星体、彗星碰撞的灾难与太阳紫外线的杀伤。大气使地球保持适宜的湿度和温度，并维护着人类和万种生灵所需的水和富氧的空气，从而使地球上的生命得以繁衍栖息。

地球内部也是一个多层的球体（见图 15.2.4），依其组成物质性质的不同，从外向里可分为三个圈层：地壳、地幔、地核，地核又分为内核和外核。地壳在地球的最外层，由坚硬的岩石组成，平均厚度为 21.4km，但很不均匀；海洋地壳比较薄，约 2～11km，大陆地壳厚度范围是 15～80km。地壳还可以进一步划分为花岗岩层和玄武岩层。地幔是由地壳向下延伸到 2891km 的深度，可分为上地幔、过渡层和下地幔三层。上地幔浅部约 100km 也是坚硬的岩石，它与地壳组成了地球最外面厚约 70～150km 的岩石圈（也称岩石圈板块）；再往下延伸至约 700km 深处是相对比较柔软的软流圈。软流圈以下则是过渡层和下地幔，其物质主要由橄榄石、辉石等组成。地核由外核和内核构成，下地幔下面（2900～4980km）是液态的外地核。在 4980～5120km 之间的区域叫过渡层。从 5120km 深处一直到地心是固态的内地核。外核的物质主要是铁、镍元素，内核主要是铁元素。地球内部，越往深处温度越高，压力越大。

地球内部和近地空间都存在磁场。地球磁场源于内部，是偶极磁场，有

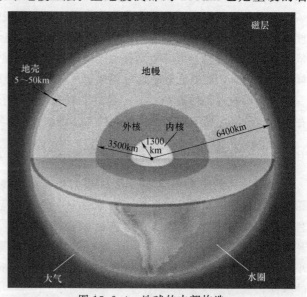

图 15.2.4　地球的内部构造

南、北两个磁极，它像一个巨大的磁棒，但磁极并不完全与地极重合。

由于太阳不停地发出带电粒子（即太阳风），这些粒子被地球磁场俘获，就在地球上空形成一个带电粒子带，称为地球辐射带。当太阳风到达地球附近空间时，太阳风与地球的偶

极磁场发生作用，把地球磁场压缩在一个固定的区域里，这个区域称为磁层。地球的磁层好像一道防护林，保护者地球上的生物免受太阳风的袭击。

月球：月球是地球唯一的天然卫星，它和地球一样都不发光，只反射太阳的光。月球围绕地球公转，又跟着地球一起围绕着太阳公转。月球的自转周期和绕地球公转的周期相同，称为同步自转，所以月球总是以同一面向着我们，直到星际航行时代，在太空飞船拍出的照片上，我们才一睹它背面的芳容（见图15.2.5）。

图15.2.5　月球的正面和背面照片
（左图为正面，右图为背面）

月球与地球的距离约为384000km，它的半径约为1738km，质量约为地球的1/81。月球表面的重力仅有地球表面重力的1/6，这使得气体很容易逃逸到太空，所以月球没有大气。众所周知，月球上没有水，也没有任何生命存在，到处布满陨石撞击坑。

15.2.4　火星

人们在夜空看到火星是火红色的，古代人对它的红色迷惑不解，所以中国古代称它为惑星或荧惑，而在古罗马神话中，它被比喻为身披盔甲浑身是血的战神（Mars）。火星和地球的特征相似，又距离地球较近，为了寻找火星上的生命遗迹，探寻空间旅行的基地，火星成为人类登月以后空间探索和旅行的重要目的地。

火星的绕日公转周期是686.98天（地球日），自转周期是1.025957天，也就是24.6小时，和地球的自转周期很相近。它的自转轴与黄道面倾斜为66°，即赤道面与黄道面的夹角为24°，这与地球的黄赤交角23.5°也很相近。

火星比地球小，其半径为3397km，约为0.53个地球半径。可以推算火星的体积大约是地球体积的七分之一。火星的质量约为$6.4×10^{23}$kg，是地球质量的10.8%，其表面重力不及地球的十分之四，因此，如果人站在火星上，重量会减轻一多半。

火星的南北极都有白色的极冠。这些极冠冬天增大，夏天消融，人们自然认为这是水和冰的象征。空间探测表明，极冠的主要成分是干冰（固体二氧化碳）和冰水。火星的大气远比地球大气稀薄，气压仅为地球大气压的0.5%～0.8%。火星大气的主要成分是二氧化碳，占95%；氮占3%，水蒸气含量很少，仅占0.01%。火星云层的主要成分是干冰。由于火星大气稀薄而干燥，使得火星表面的昼夜温差很大，常常超过100℃。白天赤道附近最高达20℃，晚上，由于火星保温作用很差，最低温度降到−80℃。两极温度更低，最低温度可达−139℃。陆地生物不可能在这种酷热、恶劣的环境下生活，所以，火星是满目荒凉、赤地千里的地方。通过空间探测得到的土壤分析表明，火星的土壤中有大量的氧化铁，由于长期受紫外线的照射，铁就生成了棕红色的氧化物。由于大气中的尘埃是棕红色的氧化物，所以火星天空呈现棕红色。如果你站在火星上，仰望天空，一片桃红，只有在黎明和黄昏才呈现苍白的淡蓝色天空（见图15.2.6）。

火星只有两个小卫星，即火卫一和火卫二（见图15.2.7）。两个火星卫星像月球一样，它们的一面向着火星，自转周期与公转周期同步。火卫一有不规则的形状，长 28km、宽 20km，公转周期为 7h 39min，比火星的自转周期短。火卫一的表面崎岖不平，有许多陨石坑，显示了遭受过撞击的累累痕迹。火卫二长 16km、宽 10km，公转周期是 30 多个小时，比火星的自转周期慢不了多少。

图 15.2.6　火星的图像及火星表面

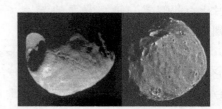

图 15.2.7　火卫一（左）和火卫二（右）

15.2.5　木星

木星是八大行星中质量和体积最大的一个（见图 15.2.8）。它的赤道半径为 7.15×10^4 km，是地球的 11.2 倍，体积是地球的 1316 倍。木星的质量约为 1.9×10^{27} kg，为地球质量的 318 倍，是其余七大行星质量之和的 2.47 倍，但这一质量在其中心所产生的温度和压力还不足以点燃热核聚变反应，所以木星本身不能够发光而成为恒星。木星距离太阳的平均距离是 7.7833×10^8 km，公转周期是 4332.71 天（地球日），约 11.9 年。在八大行星中它的自转速度最快。木星的赤道旋转速度最快，自转周期为 0.41354 天，即 9h 50min 30s，高纬度区的自转速度慢些，约 9h 55min，即木星的自转是较差自转，赤道快，两极区慢，这就导致了木星大气层中各处的气体运动速度不一致，形成了彩色云带。

木星有浓厚的大气，大气下面是液态的海洋。木星大气的成分和地球不同，在木星大气里氢占 82%，氦占 17%，其余是甲烷、氨等气体分子。

木星的"大红斑"同大气条纹一样引人注目。大红斑呈卵形结构，长约 26000km，宽约 11000km，颜色是略微红色，有时是暗红。1977 年发射的"旅行者"号飞船揭示出，大红斑是一个含有红磷化合物的特大气旋，它朝逆时针方向旋转，温度、气压比周围大气都低，类似地球上的"低压气旋"，所不同的是大红斑存在期限不是几天而是上百年。

图 15.2.8　木星

根据最新的数据，共发现木星有 64 颗卫星，其中最亮的 4 颗（木卫一至木卫四）是 1610 年伽利略用小望远镜首先发现的，所以人们至今仍把木卫一、木卫二、木卫三、木卫四总称为伽利略卫星。它们虽是卫星，尺度可不小，其中木卫三，它的直径为 5268km，比水星还要大，是太阳系中最大的卫星。

15.2.6　土星

夜空中的土星是一颗美丽的大行星，它就像一顶宽边的大草帽，草帽的帽檐是它的美丽光环（见图15.2.9）。这个"草帽"可谓之大，"帽檐"的一边放上地球，则帽檐的另一边刚好是月球。

土星离太阳的平均距离是 1.4294×10^9 km，比木星更远些。土星也是一个巨大的星球，其赤道半径为 6.0168×10^4 km，是地球半径的9倍，它的极半径只有 5.4×10^4 km。土星的体积和质量都仅次于木星，在太阳系的大行星中居第二位。土星的体积是地球的745倍。土星的质量是 5.7×10^{26} kg，为地球质量的95倍。土星的密度在八大行星中最

图15.2.9　土星

小，平均密度仅为700kg/m^3，比水的密度（1000 kg/m^3）还低，也就是说，假如能把土星放在足够大 的海洋里，它会漂浮在水上。人们推测土星和木星类似，在大气下面没有岩石的表面，是液态的。土星的大气成分主要是氢，此外有甲烷和氨。由于土星表面的温度最低为−180℃，因此大气中的氨和甲烷都冻结成微小的晶体，形成云带，包围着土星。

根据最新观测，发现土星的卫星有48颗，其中土卫六是太阳系中第二大卫星，它比水星和冥王星都大，呈橙红色，有很厚的大气层，大气成分中有甲烷和分子氢。

15.2.7　天王星

天王星是1781年由英国的天文学家威廉·赫歇耳用自制望远镜发现的。天王星离太阳的平均距离约为 2.9×10^9 km。因为它离地球很近，所以只有在冲日前后，当它的天顶距不是很大时才能被肉眼勉强看到（见图15.2.10）。

天王星的直径约 5.1118×10^4 km，是地球直径的4倍。天王星的质量为地球质量的14.5倍，平均密度为1300kg/m^3，略大于水的密度。天王星的公转周期是30685天（地球日），大约为地球的84倍。天王星的自转很特殊，地面观测分辨不清其表面特征，不能精确测出它的自转速度。然而行星探测器精确地测出了天王星的自转周期是17.2h。而且它的自转轴几乎就在公转的轨道面上，行星的赤道面与轨道面的交角约98°，可以说是"躺"在轨道面上自转，像一个孩子躺在地上打滚一样。而且它自转的方向也与众不同，是由东向西转，因此它和金星一样也是太阳系家族的"逆子"。

图15.2.10　天王星

天王星的表面包围着很厚的大气层，地面观测难以看清。由行星探测器探测得知天王星大气的主要成分是由氢和氦。云层下的天王星的表面还不清楚，只是推测可能有很厚的冰块层。人们通过射电望远镜观测到天王星也有磁场。迄今为止，已发现天王星有24颗卫星。

15.2.8　海王星

海王星离太阳比较远，看起来星光比较暗弱，因而在夜空直接用肉眼观察不到海王星（见图15.2.11）。海王星是先由天体力学理论推算出来，后用望远镜寻找发现的。1845年9

月，英国剑桥大学刚毕业两年的学生，只有 26 岁的亚当斯根据天王星的运动规律，算出了这颗未知行星的位置和质量。同年夏季，法国的勒威耶也通过独立计算确认天王星之外还有一颗未知的行星。1846 年，他将计算结果报告给德国柏林天文台的台长伽勒，伽勒在当夜（9 月 23 日）按照推算的天区发现了海王星。

海王星距离太阳遥远，约有 $4.5043×10^9 km$。它的直径为 49492km，是地球直径的 3.9 倍，体积是地球的 57 倍。海王星的质量约为地球质量的 17.1 倍，平均密度为 $1600kg/m^3$。海王星的绕日公转周期是 $6.019×10^4$ 天（地球日），约 165 个地球年，它的平均自转周期是 0.67125 天，赤道的自转周期为 16.5h，两极的自转比赤道带自转快，周期为 14.2h。自转轴与轨道面交角约 $65°12'$，与地球差不多，因此海王星上也应有四季变化。每个季节长达 41 个地球年。

图 15.2.11　海王星

人们用望远镜观测海王星，看到它是个蓝绿色的圆球状天体。它的反射率较高，表明它有浓密的大气层。大气层中有一些亮斑和暗斑，还有一些类似于木星大红斑的"大黑斑"。大黑斑是逆时针方向运动的气团。至今，已发现海王星有 13 颗卫星，5 道光环。

冥王星：2006 年 8 月 24 日，在捷克首都布拉格召开的国际天文学联合会上，400 多名天文学家以投票表决的方式，将冥王星"淘汰"出了"行星"的行列，降级为"矮行星"。按照新的定义，不但谷神星和"塞德娜"没能成为行星，就连冥王星也失去了行星的资格。冥王星转而被归为"矮行星"。至此，冥王星的行星资格只保留了 70 多年。太阳系又恢复到了 8 颗行星的状态。

新的"行星"定义指的是：围绕太阳运转、自身引力足以克服其刚体力而使天体呈圆球状，并且能够清除其轨道附近其他物体的天体。即满足：①绕日运行，②近似球体（质量大到自身的引力足以使它变成球体），③轨道清空，这三个判据的天体方可定义为"行星"。冥王星不满足第三条：未能清除其轨道周围的天体，指的是它位于一个含有其他天体的区域，这个区域被称为"柯伊伯带"。满足三判据之二，即①绕日运行，②近似球体，则定义为"矮行星"。若仅满足三判据之一，即①绕日运行，则均分类为"太阳系小天体"。

本 章 小 结

15-1　太阳是太阳系中质量最大的天体，太阳的质量约为地球质量的 33 万倍；太阳的化学成分主要是氢，占总质量的约 71%，其次是氦，占总质量的约 27%；太阳表面的有效温度约为 5780K。太阳的自转速度随纬度不同以不同的速度转动，这种现象叫作太阳较差自转。

15-2　太阳内部的结构从内向外，可分为三个区：核反应区、辐射区和对流区。太阳的能源主要来自核反应区的氢聚变为氦的热核反应，即由四个氢核聚变为一个氦核的热核聚变反应。

15-3　太阳的大气层从里向外又可分为三个层圈：光球层、色球层和日冕层。太阳黑子在光球层，太阳耀斑位于色球层。太阳活动的明显标志是太阳黑子、太阳耀斑以及日冕物质抛射（或太阳风）。

15-4 太阳系的八大行星按照距离太阳由近到远的顺序排列分别是：水星、金星、地球、火星、木星、土星、天王星、海王星。

15-5 太阳系中质量和体积最大的行星是木星，最亮的是金星，最热的是金星，自转方向与其他行星不一致的是金星和天王星，它们的自转是自东向西转，是太阳系的"逆子"。

15-6 地球内部从外向里可分为三个圈层：地壳、地幔、地核，地核又分内核和外核。从地壳上面分成四个圈层，即岩石圈、水圈、大气圈和生物圈。地球的大气层自下而上可粗略地分为对流层、平流层、中间层和电离层以及稀薄的外层大气。

15-7 月球的自转周期和绕地球公转的周期相同，称为同步自转，所以月球总是以同一面向着地球。

习 题

一、填空题

15-1 地球的内部结构从里向外可分为地核、_____和_____三个层，其中地核又分为内核和外核。

15-2 太阳的内部结构从里向外可分为三个区，分别是_____、_____、_____。

15-3 太阳的大气层从里向外可分为三个层，分别是_____、_____、_____。

15-4 太阳系中的八大行星按性质可以分为两大类：一类主要是由固体和岩石组成，性质与地球相似，被称为_____；另一类主要是由气体组成，性质与木星相似，被称为_____。

15-5 太阳的自转速度随纬度的不同而不同，这种现象叫作太阳的_____现象。

15-6 太阳系中质量最大的行星是_____，最亮的是_____。

15-7 月球的自转周期和绕地球公转的周期相同，称为_____。

二、选择题

15-1 太阳系八大行星按照到太阳的距离由近到远的排列顺序是（　　）。

A. 水星、金星、地球、火星、木星、土星、天王星、海王星

B. 水星、金星、地球、木星、火星、土星、天王星、海王星

C. 水星、金星、火星、地球、木星、土星、天王星、海王星

D. 地球、金星、水星、火星、土星、木星、天王星、海王星

15-2 太阳中含量最丰富的元素是（　　）。

A. 氢　　　　　B. 氦　　　　　C. 碳　　　　　D. 铁

15-3 恒星的能源主要来自于（　　）。

A. 化合反应　　B. 分解反应　　C. 氢的热核聚变反应　　D. 物质吸积

15-4 太阳最终将成为一颗（　　）。

A. 巨星　　　　B. 中子星　　　C. 黑洞　　　　　　　D. 白矮星

15-5 由太阳表面发出的光线传播到地球大约需要（　　）。

A. 不到1s　　B. 10s　　　C. 8min　　　　　D. 1天

15-6 太阳系中质量最大的行星是（　　）。

A. 火星　　　　B. 木星　　　　　C. 土星　　　　　　　　D. 天王星

15-7　太阳黑子位于太阳大气的（　　）。

A. 光球层　　　B. 色球层　　　　C. 日冕　　　　　　　　D. 对流层

15-8　太阳耀斑位于太阳大气的（　　）。

A. 光球层　　　B. 色球层　　　　C. 日冕　　　　　　　　D. 对流层

习题参考答案

一、填空题

15-1　地幔，地壳

15-2　核反应区，辐射区，对流区

15-3　光球层，色球层，日冕层

15-4　类地行星，类木行星

15-5　较差自转

15-6　木星，金星

15-7　同步自转

二、选择题

题号	15-1	15-2	15-3	15-4	15-5	15-6	15-7	15-8
答案	A	A	C	D	C	B	A	B

第16章 恒星及其演化

16.1 恒星基本物理量的测量

16.1.1 恒星的距离

1. 天文距离单位

在天文学中，常用光年（l. y.）作为距离单位，定义光在一年的时间内所通过的距离称为 1 光年，$1l. y. = 9.460530 \times 10^{15} m$。例如，光从半人马座的比邻星传到地球需要约 $4.3l. y.$，我们熟知的牛郎星离地球有 $16.5l. y.$，织女星距地球有 $26.5l. y.$，而它们之间的实际距离为 $16l. y.$。

除了光年外，常用的距离单位还有天文单位（AU）、秒差距（pc）。

天文单位（AU）：指的是用地球绕太阳公转轨道的平均距离作为度量的长度单位，即

$$1AU = 1.495985 \times 10^{11} m$$

秒差距（pc）：指的是如果一颗恒星对地球绕太阳公转轨道的平均半径所张的角为 1 角秒时，则可以计算得到这颗恒星到地球的距离为 206265 个天文单位，这个距离称为 1 个秒差距（1pc），即

$$1pc = 3.08568 \times 10^{16} m = 206265AU = 3.26163l. y.$$

2. 天体距离的测量

天体距离的测量是人类认识宇宙的基础。测量天体距离的方法有很多，常用的方法有：雷达测距（或者激光测距）、三角视差法、分光视差法、星团视差法、造父周光关系测距法、谱线红移测距法等。每种测量方法都有优缺点和适用范围，例如，雷达测距（或者激光测距）主要针对太阳系内天体的距离测量，而针对太阳系外遥远恒星的距离测量来说就鞭长莫及了。对遥远的恒星或者星系距离的测量而言，谱线红移测距法是使用较为多的方法。

谱线红移测距法是 20 世纪初被发展起来的测量天体距离的方法。天文学家通过观测发现，除少数几个较近星系外，所有星系的光谱都有红移现象，即观测到的谱线比实验室测知的相应谱线的波长长，向光谱的红端移动，这种现象称为红移（z），即

$$z = \frac{\Delta\lambda}{\lambda_0} = \frac{\lambda - \lambda_0}{\lambda_0} \tag{16.1.1}$$

式中，λ_0 为谱线原来的波长；λ 为红移后的波长。天体的红移与速度的关系为

$$1 + z = \left(\frac{1 + v/c}{1 - v/c}\right)^{1/2} \quad \text{或者} \quad \frac{v}{c} = \frac{(z+1)^2 - 1}{(z+1)^2 + 1} \tag{16.1.2}$$

式中，v 是天体的运动速度；c 为光速。当天体的运动速度 $v \ll c$ 时，上式可化简为 $z = v/c$。

1929 年，哈勃通过观测大量河外星系发现，星系距我们越远，其谱线红移量越大。对谱线红移，目前主要的解释就是大爆炸宇宙学说。哈勃指出天体的退行速度 v 与距离 r 的关系为

$$v = H_0 r, \ r = \frac{v}{H_0} = \frac{c}{H_0} \frac{(z+1)^2 - 1}{(z+1)^2 + 1} \tag{16.1.3}$$

式中，v 为天体的运动速度；c 为光速；r 为天体的距离；H_0 为哈勃常数，H_0 在 $50 \sim 100\text{km}/(\text{s} \cdot \text{Mpc})$ 的范围内取值，一般取 $75\text{km}/(\text{s} \cdot \text{Mpc})$，这就是著名的哈勃关系。根据上式，只要测出河外星系谱线的红移量 z，便可算出星系的距离 r。用谱线红移法可以测定更大范围的距离，远达百亿光年。

例 16-1 观测到某一天体的光谱，光谱中某一特征谱线的静止波长为 $\lambda_0 = 300\text{nm}$，观测到的特征谱线的波长变为 $\lambda = 1500\text{nm}$，试估算出：（1）该天体的退行速度；（2）根据哈勃定律，求出它到地球的距离。$[$取哈勃常数 $H_0 = 75\text{km}/(\text{s} \cdot \text{Mpc})]$

解 （1）由红移公式 $z = \frac{\Delta\lambda}{\lambda} = \frac{\lambda - \lambda_0}{\lambda_0}$ 可求出天体的红移值为

$$z = \frac{\lambda - \lambda_0}{\lambda_0} = \frac{(1500 - 300)\text{nm}}{300\text{nm}} = 4$$

该天体的红移值为 4，说明天体的退行速度 v 较大，可以跟光速 c 相比较，需考虑相对论效应。

由天体的退行速度 v 与红移 z 的关系：$1 + z = \left(\frac{1 + v/c}{1 - v/c}\right)^{1/2}$，可得

$$\frac{v}{c} = \frac{(z+1)^2 - 1}{(z+1)^2 + 1} = \frac{(4+1)^2 - 1}{(4+1)^2 + 1} \approx 0.923$$

即天体的退行速度 $v = 0.923c \approx 2.76 \times 10^8 \text{m/s}$。

（2）由哈勃定律 $v = H_0 r$，可得天体的距离 r 为

$$r = \frac{v}{H_0} = \frac{c}{H_0} \frac{(z+1)^2 - 1}{(z+1)^2 + 1} \approx 3690\text{Mpc}$$

即该天体的距离约为 3690Mpc。

16.1.2 恒星的光度和星等

1. 光度

恒星的**光度**（用 L 表述）指的是：天体在单位时间内辐射的总能量，它是恒星的固有

量，表征天体辐射本领的量；而**亮度**（用 E 表述）指的是：在地球上单位时间单位面积接收到的天体的辐射量。它们之间的关系为：

$$L = 4\pi r^2 E \tag{16.1.4}$$

式中，r 是观测点到恒星的距离。显然，实际测量的量是恒星的亮度，称为视亮度 E。视亮度的大小主要取决于：天体的光度、距离、星际物质对辐射的吸收和散射三个因素。

2. 星等

在天文学中，恒星的亮度是用**星等**（用 m 表示）来度量的。古希腊天文学家依巴谷（Hipparcos）在公元前 150 年左右首先创立了表征恒星亮度的系统（1 等星～6 等星）。天文学家在此基础上建立了星等系统，定义星等相差 5 等的天体亮度相差 100 倍，即星等每相差 1 等，亮度相差 $(100)^{1/5} = 10^{0.4} \approx 2.512$ 倍。星等值越大，视亮度越低。那么，星等是怎样测算的呢？

假定有两个恒星，其星等分别为 m 和 m_0（$m > m_0$），它们的亮度分别是 E 和 E_0，其亮度之比为

$$\frac{E_0}{E} = 2.512^{m-m_0} \tag{16.1.5}$$

两边取对数，得

$$\lg E_0 - \lg E = 0.4(m - m_0) \tag{16.1.6}$$

$$m - m_0 - 2.5(\lg E_0 - \lg E) \tag{16.1.7}$$

如果取 0 星等的亮度 $E_0 = 1$，则有

$$m = -2.5 \lg E \tag{16.1.8}$$

这就是著名的普森公式。上式表明，只要有明确的 0 等星和它的标准亮度，就可以根据所测得的恒星视亮度 E，计算其视星等 m。

由于恒星的亮度与距离的平方成反比，距离遥远的高亮度恒星与距离近的低光度恒星可能有相同的视星等，因此视星等不能反映出恒星的真实亮度，所以规定在距离地球 10pc 的位置来比较恒星的亮度，即将恒星在 10pc 处的视星等定义为**绝对星等**（用 M 表述）。因此，绝对星等反映了恒星的真实光度。

有了这个标准，就可以根据恒星的距离 r 和视星等 m，推算其在 10pc 处的绝对星等 M，再设绝对亮度为 E_1，视亮度为 E_2。因为亮度与距离平方反比，于是有

$$\frac{E_1}{E_2} = \frac{r^2}{10^2} \text{ 和 } \frac{E_1}{E_2} = 2.512^{m-M} \tag{16.1.9}$$

所以又有

$$2.512^{m-M} = \frac{r^2}{10^2} \tag{16.1.10}$$

两边取对数，并整理，得

$$m - M = 5 \lg r - 5 \tag{16.1.11}$$

由上式可见，若已知某星的距离 r 及视星等 m，则可求出其绝对视星等 M。反之，若已知某星的绝对星等 M 和视星等 m，就可求出它的距离 r。视星等 m 与绝对星等 M 之差就是恒星距离的量度，称为距离模数。

例 16-2 一颗星的视星等 $m = 6^m$，距离 $r = 100$pc，求它的绝对星等。

解 由距离模数 $m-M=5\lg r-5$，可得

$$M=m+5-5\lg r=6+5-10=1$$

即这颗星的绝对星等为 1^m。

16.1.3 恒星的光谱

1. 恒星的温度与颜色

我们的祖先很早就注意到恒星有不同的颜色，例如，心宿二取名为"大火"即指出它是火红色，又如注意到天狼星为白色，参宿四为黄色，参宿五为蓝色等。恒星为什么会有不同的颜色呢？这是由于它们的表面温度不同。恒星的电磁辐射可以近似看作黑体辐射，而黑体辐射有一个随波长而变的强度分布，即普朗克分布。根据黑体辐射的维恩位移定律，黑体辐射能量分布曲线最大值对应的波长 $\lambda_{\max}$ 与黑体温度 T 之间的关系为

$$\lambda_{\max}=\frac{b}{T} \tag{16.1.12}$$

式中，b 为维恩位移常数，$b=2.898\times10^{-3}\,\mathrm{m\cdot K}$。显然，温度越高，$\lambda_{\max}$ 越向短波方向移动，颜色就会更加偏蓝。即恒星表面的温度越高，颜色就越偏蓝；温度越低的恒星，颜色就越偏红。因此，恒星的颜色就告诉了我们恒星表面温度的高低。例如，太阳是黄色的，有效表面温度约为 5800K，织女星的有效表面温度约 10^4K 左右，是蓝色的。

2. 恒星的光谱

光谱观测是人类获取恒星内部物理信息的重要手段，光谱为我们提供了有关恒星各方面特征的丰富信息，例如恒星的表面温度、光度、化学成分、质量、磁场、自转以及表面气压和运动状况等。因此，人们常把光谱比喻为人的指纹或者生物基因的 DNA。通过对恒星光谱的系列研究，我们甚至可以了解恒星一生的演化过程。1666 年，牛顿发现太阳光通过三棱镜可以分解出从紫到红的彩带，这就是光谱。正常恒星的光谱由连续谱上叠加有吸收线（暗线）或发射线（亮线），或吸收线和发射线兼有，这些谱线代表着不同的化学元素。天文学家将拍摄到的恒星光谱与实验室测得的各种元素谱线进行对比，就可以确定恒星的化学组成，同时，根据谱线的强度还可以确定各种元素的丰度。

虽然不同恒星的光谱并不完全相同，但仔细研究就会发现，光谱线所代表的元素及谱线的形状、强度，连续谱的强度存在一定的规律性，故可以进行分类。

1918 年至 1924 年，哈佛大学天文台发表的对全天亮于 8.5^m 的恒星光谱的分类沿用至今，其光谱的序列为

$$
\begin{array}{c}
\mathrm{S}\\
|\\
\mathrm{O-B-A-F-G-K-M}\\
|\\
\mathrm{R-N}
\end{array}
$$

从 O 型到 M 型，恒星的温度由高到低，其中的每一个光谱型又分为 10 个次光谱型。O型、B 型、A 型的星温度较高称为早型星，而 K 型和 M 型的星温度较低称为晚型星。R 型、N 型星与 K 型、M 型星的光谱类似，只是 R 型、N 型星的光谱中有较强的 C 和 CN 分子吸收带，而在 K 型、M 型星中碳元素的含量较 K 型、M 型星丰富，故而又被称为碳星。S 型的光谱与 M 型相似，但金属氧化物的分子带较强，且其上常有氢的发射线。

3. 赫-罗图

20 世纪初，丹麦天文学家赫茨普龙和美国天文学家罗素分别研究了大量恒星的温度与其光度（绝对星等）之间的关系。他们以恒星的光谱型（或表面温度）为横坐标，以恒星的绝对星等（光度）为纵坐标作图，发现恒星在光谱-光度图中存在着一定的分布规律。此图对研究恒星的分类和演化起了重要作用，称为赫-罗图（简称 H-R 图）。赫-罗图是恒星大家族的一幅"全家福"照片，使人们看到众多恒星分成了几个不同的群体，它们分布于赫-罗图上一定的范围内。

如图 16.1.1 所示，赫-罗图上有三个明显的恒星集聚区，分别是主序星、红巨星和白矮星。主序星在赫-罗图中占有从左上角到右下脚的对角线位置，处于这条对角线上的星叫主序星。我们观测到的恒星，有 90% 是主序星。太阳位于主序星的中部，光谱型为 G2。主序星阶段是恒星一生中最稳定的阶段，恒星在这个阶段停留的时间占整个寿命的 90%。在赫-罗图右上方的恒星是最亮的超巨星，往下依次有亮超巨星、亮巨星、巨星和亚巨星，它们都在主序星之上。位于赫-罗图左下方的是白矮星，它们颜色发白，温度高，但光度低，体积很小。白矮星是小质量恒星演化到晚期的最终产物。

赫-罗图的建立是现代天文学发展史上的里程碑之一。用恒星的表面温度和光度这两个参数就能反映出恒星的基本物理特征。因此，赫-罗图为恒星物理的研究提供了深刻启示，对恒星演化理论的形成和发展也具有重要的意义。

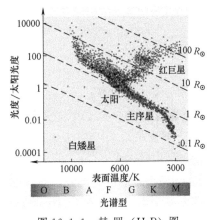

图 16.1.1　赫-罗（H-R）图

16.1.4　恒星的大小

由于恒星都非常遥远，其视角直径非常小，直接观察或通过望远镜看到的恒星只是个亮点，所以直接测恒星的角直径很困难。恒星角直径可以利用干涉方法或利用月掩星的机会测得。因此，直接测量恒星的大小非常困难。我们可以利用恒星的半径与恒星的光度、温度的关系，推算恒星的大小。

设恒星的光度为 L，恒星表面的有效温度为 T_e，半径为 R，则有关系式：

$$L = 4\pi R^2 \sigma T_e^4 \tag{16.1.13}$$

因此，只要测量出恒星的光度 L 和有效温度 T_e，就可以求出恒星的半径 R，从而就可以知道恒星的大小。

16.1.5　恒星的质量

恒星的质量是恒星研究中一个非常重要的物理量，它关系到恒星的物理特性并决定着恒星的寿命长短和演化进程。因为恒星的寿命 $T \propto \dfrac{1}{m^2}$，即质量大的恒星比质量小的恒星演化快。恒星如此遥远，它的质量是怎样知道的呢？目前，能直接测定质量的恒星只有双星，可以根据双星互相绕转的运动规律，直接测定其质量。

1. 双星质量的测量

测定双星质量的基本原理是依据开普勒第三定律，双星系统的总质量与轨道半长径的三

次方成正比，与轨道周期的二次方成反比，即

$$m_1 + m_2 = \frac{a^3}{P^2} \qquad (16.1.14)$$

式中，子星质量 m_1 和 m_2 以太阳质量为单位；轨道半长径 a 以天文单位（AU）为单位；轨道周期 P 以回归年（1 回归年＝365.2422 天）为单位，质量以太阳的质量（$M_\odot$）为单位。

利用观测得到的轨道周期 P 及轨道半长径 a，由式（16.1.14）可以算出两颗子星的质量和，如果用天体测量方法测出它们相对质心的距离 a_1 和 a_2，则可知两个子星的质量之比 $\frac{m_1}{m_2} = \frac{a_2}{a_1}$，即可求出每个子星的质量。

例 16-3 观测到一颗分光双星里的两颗子星，它的轨道周期是 10 天，它的轨道是圆的，两颗星的距离为 0.5AU。已知一颗星的质量是另外一颗星的 1.5 倍，则两颗子星的质量分别是多少？

解 由 $m_1 + m_2 = \frac{a^3}{P^2}$，可得

$$m_1 + m_2 = \frac{(0.5)^3}{\left(\frac{10}{365.2422}\right)^2} = 166.75 m_\odot$$

可求得 $1.5 m_2 + m_2 = 166.75 m_\odot$，$m_1 = 100.05 m_\odot$，$m_2 = 66.7 m_\odot$

所以，双星中，子星 1 的质量为 $m_1 = 100.05 m_\odot$，子星 2 的质量为 $m_2 = 66.7 m_\odot$。

2. 质光关系

对于质量大于 $0.2 m_\odot$ 的主序星，恒星的质量和光度之间有很好的统计关系，叫"质-光关系"，即恒星的质量越大，其光度越强。除了特殊天体外，观测到的恒星中 90% 的主序星都符合如下的质量和光度关系：

$$\lg(L/L_\odot) = 3.8 \lg(m/M_\odot) + 0.08 \qquad (16.1.15)$$

式中，L 为恒星的光度；$L_\odot$ 为太阳的光度。通过观测求出恒星的光度后，就可以通过质-光关系求出它的质量。

16.2 恒星的形成和演化

恒星也像人一样有出生、成熟、衰老和死亡的过程。但是恒星的一生要经历几千万年，甚至 100 亿年以上的漫长时间。相对恒星的演化岁月，人的一生只是微不足道的一瞬间，那么人们是怎样认识恒星的一生的呢？

人们可以同时观测到不同年龄的恒星：有孕育之中的原始星胎、刚刚形成的原恒星、年少的主序前星、精力充沛的壮年主序星，还有老年的红巨星和濒临死亡的白矮星、中子星以及黑洞。对于这些不同年龄的恒星，根据已有的理论和观测事实来认识它们，就可以了解恒星一生的演化梗概。

恒星的演化历程主要取决于两个重要的因素：初始质量和它的化学成分。恒星的初始质量和化学成分决定了它的演化历程、演化速度和最终的归宿。

16.2.1 恒星的形成

根据恒星形成的理论模型，恒星形成于星系旋臂上巨大的、冷的致密星际云。星云的坍缩造成恒星成群形成。

恒星形成过程的主要阶段有：星云坍缩、分裂、加热→原恒星→主序前星→零龄主序→主序星。

1. 星云坍缩形成原恒星

质量很大的星云在自身引力的作用下会往中心坍缩，坍缩过程中星云分裂成小的云块，云块在自身的引力作用下继续收缩，收缩过程中密度不断增大、温度不断升高，引力能不断转化为热能。当温度达到 2000K 左右时，云块因不稳定而再次发生坍缩所形成的新核，称为**原恒星**。从星际云到形成原恒星的过程大约需要 200 万年。

如图 16.2.1 所示，哈勃空间望远镜观测到天鹰座大星云（M16）中有许多新生的恒星在闪烁发光，它们就是**原恒星**。

图 16.2.1 天鹰座大星云中一些新形成的恒星

2. 原恒星收缩形成主序前星

原恒星诞生后，在自身引力的作用下继续收缩，反应逐渐加剧，中心温度继续迅速增加，星体开始闪烁发光。但是，原恒星阶段，内部还没有发生热核反应，它们向外辐射的能量是由外部物质下落时所释放的引力能转变成的。此外，内部没有达到流体静力学平衡，在它的表面还要承受外边物质不断下落造成的压力。

经过一定的演化时间后，原恒星内部的压强逐渐增大，最终能阻止坍缩。这时总质量不再增加，当星体内部逐渐达到流体静力学平衡时，内部气体就处于完全对流状态，这时原恒星成长为少年星，叫作**主序前星**。处于主序前演化阶段的恒星，内部温度较低，为 3000～5000K。在此温度情况下，尚未发生热核反应。恒星的主要能源是来自引力能的释放，一部分用以维持向外的辐射，另一部分用于增加内部的热能，使内部温度不断升高。主序前星的质量越大演化得越快，到达主序星的时间也越短（见图 16.2.2）。

3. 主序前星到主序星

当恒星的内部温度升高到 1.5×10^7 K 时，氢聚变为氦的热核反应开始全面发生。当恒星刚刚发生热核反应时，在赫-罗图上的位置是刚好到达主星序带的最右端边缘（零龄主序），这时叫**零龄主序星**。

当热核反应所产生的巨大辐射能使恒星内部的压力增高到足以和引力相抗衡时，恒星就不再收缩，成为青、壮年期的**主序星**。这段时间恒星进入了一生中最辉煌、活力最充沛的时期。

在主序星阶段，恒星由均匀的化学元素组成，主

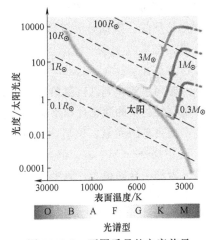

图 16.2.2 不同质量的主序前星演化到主序星的过程

要组成部分是氢和氦以及其他元素。恒星内部稳定地发生氢聚变成氦的热核反应，它的温度和光度便不会再有太大的变化。主序星阶段是恒星最稳定的时期，恒星一生中几乎 90% 以上的时间都处于主序星演化阶段。

一颗质量为 m 的恒星，停留在主序星阶段的时间可近似表示为

$$t_n \approx \frac{XqmE_n}{L} \tag{16.2.1}$$

式中，X 为氢元素丰度；q 为氢热核反应区域的质量与恒星总质量之比；E_n 为单位质量的恒星物质热核聚变反应所产生的能量；L 为恒星的光度。根据恒星的质-光关系，恒星的光度与质量成正比，一般有 $L \propto m^\alpha$，$\alpha \approx 2 \sim 4$。因此，恒星的质量越大，t_n 越短，即恒星的质量越大，在主序星阶段停留的时间越短，恒星演化得快，寿命越短。例如，太阳一生的寿命约为 100 亿年，如果一颗恒星的质量是太阳质量的 10 倍，那么该恒星的寿命就只有几千万年，即质量越大的恒星其寿命越短。

16.2.2　恒星主序后的演化

1. 恒星演化的基本原理

恒星在一生的演化中总是试图处于稳定状态（达到流体静力学平衡和热平衡）。当恒星无法产生足够多的能量时，它们就无法维持热平衡和流体静力学平衡，于是开始演化。

如果恒星处于流体静力学平衡和热平衡，而且它的能量来自内部的核反应，它们的结构和演化就完全唯一地由**初始质量**和**化学丰度**决定。可以说，恒星的一生就是一部和引力斗争的历史！

2. 主序后的演化路径

随着恒星内部的氢不断耗尽，当恒星核心的氢枯竭时，恒星将脱离主序带，并向着红巨星的方向演化。主序后的主要演化路径：主序星→红巨星→白矮星、中子星、黑洞。

主序星中氢聚变成氦的热核反应开始时是在星体核心区进行的，随着氢的消耗，当核心区内的氢全部变成氦的时候，核反应便会向外推移。当星体中心区的氢几乎燃烧耗尽变成一个氦核时，中心区停止了氢的热核反应，向外的辐射压力随之减小，外层的物质在引力作用下向核心挤压，从而使温度升高。当壳层温度到达 10^7 K 时，壳层中的氢开始发生氢聚变成氦的热核反应，推动外面气体包层向外膨胀，使恒星的体积很快增大上千倍，同时其表面温度下降，恒星就变成一颗体积巨大、颜色偏红的**红巨星**。在赫罗图上，恒星离开了主序带，向红巨星演化。

一颗恒星演化到红巨星阶段，标志着它已进入暮年时期，成为老年星。不同质量的恒星由主序星到红巨星的演化过程不同。恒星质量越大，内部温度越高，热核反应速率更快，就能聚变生产出更重的元素。恒星内部元素热核聚变的大致路径：H 燃烧→He 燃烧→C 燃烧→O、Ne、Si 燃烧→…→Fe 核。但当恒星合成最稳定的铁元素时，恒星内部的核聚变反应将停止，因铁元素的结合能最大，只吸热不放热，至此恒星的一生就走到尽头了。

3. 恒星的归宿

恒星演化到后期都要损失一部分质量，然后走向生命的终点。不同质量的恒星其损失质量的形式不同，因而恒星的归宿也不同（见图 16.2.3）。

小质量恒星（$m < 2.3 m_\odot$）：像太阳这样小质量的恒星，最终会形成一颗由氦或者碳物

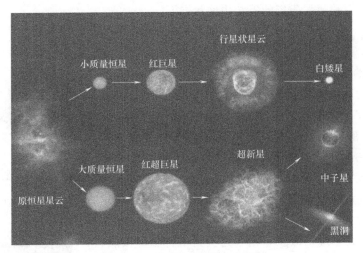

图 16.2.3 不同质量的演化过程

质构成的**白矮星**。当小质量恒星演化到红巨星时，核心区将启动氢和氦的二重核反应，恒星由于不稳定而产生热脉冲，从而将恒星外层往外推射，使外层物质与核心区分开，外层物质逐渐扩张，通过质量抛射，形成行星状星云。而恒星内部辐射压力减小，不足以抵抗自身的引力，压力使物质挤向中心，密度急剧增加，最终成为一种依靠简并电子的压力与引力平衡的星体——白矮星。

中等质量恒星（$2.3m_\odot < m < 8m_\odot$）：中等质量恒星的演化过程跟小质量恒星基本相似，主要不同是中等质量恒星最终主要形成由碳-氧物质构成的白矮星。

大质量恒星（$m > 8m_\odot$）：大质量恒星最终演化为中子星或者黑洞。大质量恒星演化到后期时，核心区形成一个致密的铁核，核反应将停止，向外的辐射压力突然消失，外层物质会因为失去支撑而迅速往中心坍缩，坍缩到铁核后产生反弹，外层物质继续坍缩，而坍缩物质则与反弹物质碰撞，整个星体像核弹一样整体爆炸，这就是超新星爆发。超新星爆发时星体会发生灾难性的大坍缩，外壳物质将被抛向四面八方，并携带出巨大的能量，其核心成为致密星。

如果致密星的质量大于 $1.4m_\odot$、小于 $3.2m_\odot$，将成为**中子星**。此时核心的密度高达 $3 \times 10^{16} \text{kg/m}^3$ 时，电子几乎全被压进质子中去，使质子转化为中子，核心物质呈现为中子简并态。一般情况下，质量大于 $8m_\odot$、小于 $30m_\odot$ 的恒星最终会演化形成中子星。

若是超新星爆发后核心的质量超过 $3.2m_\odot$，则中子简并态压力抵抗不住向内的自身引力，恒星将继续坍缩下去，最终成为**黑洞**。一般情况下，质量大于 $30m_\odot$ 的恒星，最终将演化形成黑洞。

16.3 致密天体

恒星演化到后期，当中心核的核反应停止后，引力坍缩形成致密的天体，通常称为**致密天体**。白矮星、中子星和黑洞都是致密天体，都是恒星后期演化的最终产物，即核燃料完全耗尽时恒星的归宿星。致密天体的体积非常小，密度非常大，而且引力场很强，处于超高的密度、超强的压力和超强磁场的极端物理状态下。

16.3.1 白矮星

1. 白矮星的发现

第一颗被发现的白矮星是天狼星的伴星（见图 16.3.1），它是由德国天文学家兼数学家贝塞尔在研究天狼星轨道运动时，于 1844 年用天体力学的方法计算出来的。贝塞尔经过长达 10 年的精密观测发现，天狼星在天空的"螺旋式"运动实际上是双星的轨道运行，因此推测它一定有一颗看不见的伴星。后来，在 1862 年，美国望远镜制造家克拉克用望远镜果然观测到了天狼星的伴星，这是人们发现的第一颗白矮星。天狼星伴星的质量是 $1.05m_\odot$，而半径却只有约 $4 \times 10^4 \mathrm{km}$，它的平均密度达 $3.0 \times 10^9 \mathrm{kg/m^3}$，是太阳平均密度的 100 万倍。

现已观测到几千颗白矮星，由于这类星不再燃烧核燃料，它们辐射残存的热能慢慢冷却，发出白颜色的光，而且半径特别小，其平均密度高，所以叫作白矮星。

2. 白矮星的内部物理状态

在白矮星内部的高密、高温、高压条件下，与强大引力相平衡的是简并电子气的压力。因为白矮星内部原子的电子壳层结构都被高压破坏了，形成裸露的原子核和自由电子，这些电子都脱离原来的"概率轨道"而成为自由电子，并处于很高的能量状态，这样的电子称为简并电子。电子是费米

图 16.3.1　天狼星 A 及伴星 B

子，必须遵守泡利不相容原理，即每一个状态只能容纳一个电子。当电子密度很高时，所有的能量状态都将被电子占满，这样电子就处在简并态，所以称为简并电子压。当白矮星内部向外的电子简并压与向内的引力平衡时，白矮星将停止坍缩，可以得到白矮星质量与半径的关系为 $R \propto m^{-1/3}$，即白矮星的质量越大，半径越小。

3. 白矮星的质量

20 世纪 30 年代，印度裔美国科学家钱德拉赛卡（S. Chandrasekhar）推导出了完全简并电子气的物态方程，建立了白矮星的模型，他通过严格的理论计算出白矮星的质量上限为 $m_{\mathrm{ch}} \approx 1.4m_\odot$，也就是说大于此质量限的白矮星将不存在，它将会进一步坍缩形成中子星或黑洞。这一质量极限称为**钱德拉赛卡质量极限**。由于对科学的卓越贡献，钱德拉赛卡获得了 1983 年的诺贝尔物理学奖。

4. 白矮星的引力红移

白矮星还有一个奇异的特性，就是有引力红移现象。什么是引力红移呢？它是爱因斯坦广义相对论的一个推论。按照广义相对论，在远离引力场的地方观测引力场中的辐射源发射出来的光时，光谱中的谱线会向红端移动，即同一条原子谱线比没有强引力场的情况下，波长变长。波长红移的大小与辐射源和观测者两处的引力势差成正比。

由于白矮星半径很大，密度很小，引力场很强，光子离开表面克服引力要损失相当的能量，一个光子的能量为 $E = h\nu$ 与它的频率成正比，能量减少频率就降低，所以波长就变长。此红移不是光源移动引起的多普勒位移，而是引力场引起的红移，所以叫作引力红移。

16.3.2 中子星

1. 中子星的发现

1932 年，英国卡文迪许实验室的查德威克（J. Chadwick）发现中子后不久，苏联物理学家朗道（L. Landau）就指出，在极高的温度和压力下，质子和电子可能结合为中子，因此可能存在完全由中子构成的稳定的中子星。1934 年，天体物理学家巴德（W. Baade）和兹维基（F. Zwicky）预言超新星爆发可能会形成中子星。1939 年，美国物理学家奥本海默（J. R. Oppenheimer）和沃尔科夫（G. Volkoff）从理论上建立了第一个中子星的理论模型。1967 年，英国剑桥大学的研究生贝尔（J. Bell）发现了第一颗射电脉冲星 PSR 1919＋21，后来证实该脉冲星就是一颗中子星。

2. 中子星的形成

当超新星爆发后形成的致密核质量大于 1.4 倍太阳质量时，简并电子压无法抗衡向内的引力，星体将进一步坍缩，电子被压进原子核，与质子结合形成中子，即

$$p+e \rightarrow n+\nu_e \tag{16.3.1}$$

随着中子的数量增加到一定程度，系统成为简并中子气。中子是费米子，也要产生相应的简并压，即中子简并压。当中子密度超过 $10^{17} kg/m^3$ 时，中子简并压产生的向外压力足以抵抗向内的坍缩引力，从而形成稳定的中子星。

3. 中子星的质量

理论研究表明，中子星的质量也有一个上限，约为 $3.2 m_\odot$，称为奥本海默-佛柯父质量极限。奥本海默-佛柯父推算出，如果中子星的质量大于 $3.2 m_\odot$，即超过这个极限中子星就不能稳定存在，内部的简并压力也无法抗衡引力，星体便进一步坍缩下去，直至形成黑洞。

4. 中子星的内部物理特征

（1）非常强的引力 中子星的引力场非常强，中子星的强大引力会把大部分自由电子都压进原子核里，强迫它们与质子结合形成中子。

（2）超高的密度 中子星比白矮星的密度更高。例如，太阳的体积可以装下 130 万个地球，然而一个地球可以装下 2.58×10^8 颗中子星，可见中子星之渺小。但是，中子星却和太阳的质量差不多，因而中子星的密度极高。

（3）超高的温度与超强的磁场 中子星的表面温度约 $10^7 K$，而内部中心温度则高达 $6 \times 10^9 K$，是一个比太阳热得多的极端超高温世界。中心的压力是 $10^{28} atm$，比太阳中心压力大 3×10^{16} 倍，因而也是一个极端高压的世界。中子星的表面磁场很强，高达 1 亿～20 亿特斯拉，比太阳的普遍磁场强 20 万亿倍，比地球磁场强 1 亿亿倍。

（4）中子星的辐射机制 中子星是快速旋转的天体，所以在地球上接收到的辐射是一种脉冲信号，周期短且稳定，所以中子星也称为脉冲星。为什么脉冲星会旋转得如此之快？这是由于物质都遵循角动量守恒定律；角动量取决于三个因素：物体的质量、伸展度和旋转的速度。对于一个孤立的物体来说，其角动量是恒定的。因此，如果一个旋转物体保持不变的质量，当它伸展开时转得较慢，当它收缩紧时旋转就加快。中子星收缩的很紧，物质密度较高，因此旋转非常迅速。

中子星的外部充满了各种带电粒子，带电粒子的速度很高，接近光速，它们在强磁场中绕磁力线沿螺旋轨道运动时产生同步加速辐射。中子星的自转轴与它的磁轴不重合，随着中

子星的自转，磁极和同步加速辐射也会周期性地扫过空间。如图 16.3.2 所示，中子星的辐射束从磁轴方向发射出来，由于中子星快速自转，从远处看来，辐射一亮一暗，如同巡航的灯塔。

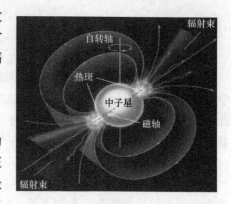

16.3.3 黑洞

黑种是恒星演化后期阶段最终引力坍缩后形成的天体。当中子星的质量超过 $3.2\ m_\odot$ 时，简并中子压将无法抵抗向内的引力，中子星将进一步坍缩形成最致密的天体——黑洞。"黑洞"（Black Hole）这个名词是 1968 年由美国天体物理学家惠勒（J. Wheeler）

图 16.3.2 中子星辐射机制的灯塔模型

首先创造出来的，它以强大的引力吸引一切物质，像宇宙中的一头"怪兽"，吞食来自宇宙的万物。

在这样高密度的黑洞中隐匿着巨大的引力场，它的这种引力大到使任何东西，包括光，都不能逃逸出去。这就是说，各种物质都会被黑洞吞食掉，而黑洞却又不会让其本身一定范围内的任何事态被外界看见。

1. 黑洞的视界

天文学家把那个物质被黑洞吸入不能再返回之处，叫作黑洞的"视界"，此区域的半径叫史瓦西半径，这是为了纪念史瓦西的功绩。1916 年，德国天体物理学家史瓦西针对完全球对称的情形求解了爱因斯坦广义相对论的引力场方程，得到一个非旋转的黑洞的临界半径为

$$R_g = \frac{2Gm}{c^2} = 2.96\left(\frac{m}{m_\odot}\right) \tag{16.3.2}$$

式中，R_g 的单位是 km；G 是万有引力常数；m 是黑洞的质量；c 是真空中的光速。任何物体的史瓦西半径都可以计算出来，质量越小，这种半径也越小。对于具有地球质量的天体，要变成黑洞，其视界半径小于 0.89cm；太阳的史瓦西半径约为 3km。

2. 时空引力弯曲

黑洞的半径有多大呢？我们并没有一种可操作的方法来测量它的半径，如果想通过发射一束光穿过黑洞，而在那边用一面镜子反射回来，测量光往返的时间来计算黑洞的直径，这是不可能实现的。因为当光束穿过黑洞时，光子会掉进黑洞，并且永远也不会从里边出来。我们所能测量的是黑洞的视界。视界是这样一个面，光子从该表面向外飞行时，能勉强地逃逸到无穷远处，这个视界的圆周就可以测量了。

为什么万物都不能从黑洞逃逸出去呢？按照爱因斯坦的广义相对论，时空由于大质量物体的存在而畸变，物质的质量弯曲了时间和空间，而空间的弯曲又会反过来影响穿越空间的物体运动。宇宙中的大质量物体会使宇宙结构发生畸变，质量大的天体比质量小的天体使空间弯曲得更厉害（见图 16.3.3）。若宇宙中某处存在超密度的黑洞，则该处的宇宙结构将被撕裂，这种时空结构的破裂叫作时空的奇点。

3. 黑洞"三毛定理"

一般物质都是由亿万个分子、原子组成的，有极为复杂的结构，例如恒星都具有质

量、光度、大小、密度、磁场、化学组成、大气和内部结构等多个参数。相对而言，黑洞是最简单的统一的整体，黑洞几乎不保持形成它的物质所具有的任何复杂性质，讨论黑洞内物质的特性毫无意义。一旦物质落入黑洞的视界，所有信息将消失，只剩下质量、角动量和电荷这三个物理量来描述黑洞的全部特征，所以称为黑洞的"三毛定理"。

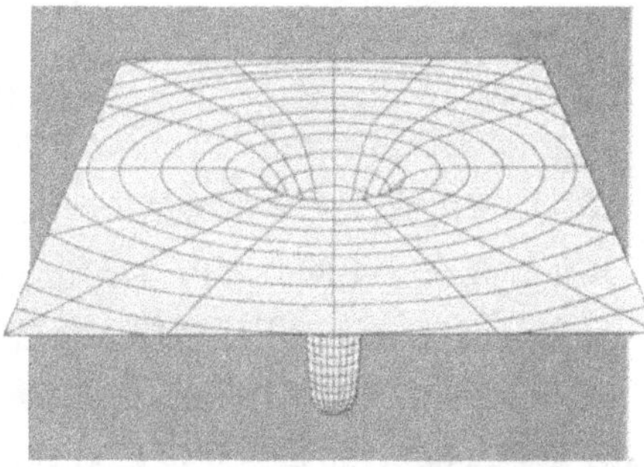

图 16.3.3　黑洞周围时空弯曲示意图

4. 黑洞的霍金辐射

英国宇宙学家霍金认为黑洞会缓慢地释放能量。1974 年，他证明了黑洞的温度不为零，比宇宙深空的温度还要高一些。一切比其周围较暖的物体都要释放出热，黑洞也不例外。一个典型的黑洞将在 10^{18} 年内释放出它的全部能量，释放的能量叫霍金辐射。

根据量子场论，真空不是绝对的空虚，真空在不断地产生着正、负粒子对，并且又会很快湮灭。霍金认为，在黑洞周围，在虚粒子对产生的极短时间内，会出现四种可能性：直接湮灭；双双落入黑洞；正粒子落入黑洞，而负粒子逃逸；负粒子落入黑洞，而正粒子逃逸。最后一种可能性实现的概率最高。负粒子带有负能量，落入黑洞后等效于减少了黑洞的能量，而逃逸出米的正粒子等效于从黑洞周围发射出了正能量。于是负粒子落入黑洞而正粒子逃脱的结果等效于从黑洞内部向外界发射出能量，这就是黑洞的蒸发。黑洞的质量越大，蒸发越慢，黑洞的质量越小，蒸发越快，这样宇宙极早期形成的小黑洞应已经蒸发掉了。

5. 黑洞的探测

根据黑洞的质量大小大致可以分为恒星级黑洞（$3m_\odot < m < 15m_\odot$）、中等质量黑洞（$100m_\odot \sim 1000m_\odot$）和超大质量黑洞（$10^5 m_\odot \sim 10^9 m_\odot$）。黑洞不能直接观测，但是可以通过观测黑洞对它周围物质的作用所产生的现象，间接找到黑洞的观测证据。

近年来，随着全球很多望远镜投入到黑洞的探测中，天文学家找到了越来越多的黑洞存在的证据。例如，天文学家发现银河系的中心很可能存在一个黑洞；哈勃空间望远镜的观测得到 M87 星系中心存在超大质量黑洞的证据；发现多个黑洞双星系统；观测到超大质量黑洞合并等。

最让人兴奋的是 2019 年 4 月 10 日，天文学家在全球多地同步召开新闻发布会，公布人类拍到的首张超大质量黑洞的照片（见图16.3.4）。

图 16.3.4　人类拍到的首张 M87 中心的超大质量黑洞照片

2017 年 4 月，事件视界望远镜（Event Horizon Telescope，EHT）国际研究团队利用全球 8 架射电望远镜成功获得了室女座星系团中超大质量星系 M87 中心的超大黑洞的第一个直接视觉证据。M87 中心的超大质量黑洞，其质量约为 60 亿个太阳质量，距离地球 5600 万光年。

本 章 小 结

16-1 常用的天文学距离单位：光年（l. y.）、天文单位（AU）、秒差距（pc）。

光年：光在一年的时间内所通过的距离称为 1 光年，1l. y. $=9.460530\times10^{15}$ m。

天文单位（AU）：用地球绕太阳公转轨道的平均距离作为度量长度的单位，

$1\text{AU}=1.495\,985\times10^{11}$ m。

秒差距（pc）：如果一颗恒星对地球绕太阳公转轨道的平均半径所张的角为 1 角秒时，则此时计算得到这颗恒星到地球的距离称为 1 个秒差距（1pc）。

$1\text{pc}=3.085\,68\times10^{16}$ m$=206\,265\text{AU}=3.261\,63$l. y. 。

16-2 光度指的是：天体在单位时间内辐射的总能量，它是恒星的固有量，表征天体辐射本领的量；亮度指的是：在地球上单位时间单位面积接收到的天体的辐射量。在天文学中，用星等来度量恒星的亮度。

16-3 恒星的温度与颜色：恒星表面的温度越高，颜色就越偏蓝；温度越低的恒星，颜色就越偏红。

16-4 赫-罗图：以恒星的光谱型（或表面温度）为横坐标，以绝对星等（光度）为纵坐标作图，用来研究恒星的分类和演化。

16-5 恒星的形成过程：星云坍缩、分裂、加热→原恒星→主序前星→零龄主序→主序星。

16-6 当恒星中心的氢刚开始发生热核聚变反应时，标志着一颗新的恒星正式进入诞生的阶段，在赫-罗图上的位置是刚好到达主星序带的最右端边缘（零龄主序），这时叫零龄主序星。

16-7 如果恒星处于流体静力学平衡和热平衡，而且它的能量来自内部的核反应，它们的结构和演化就完全唯一地由初始质量和化学丰度决定。

16-8 主序后的演化路径：当恒星核心的氢枯竭时，恒星将脱离主序带，并向着红巨星的方向演化，主要演化路径：主序星→红巨星→白矮星、中子星、黑洞。

16-9 致密天体：恒星演化到后期，当中心核的核反应停止后，引力坍缩形成致密的天体，通常称为致密天体。白矮星、中子星和黑洞都是致密天体。

16-10 白矮星的质量上限为 $m_{ch}\approx1.4\,m_\odot$，这一质量极限称为钱德拉赛卡质量极限。中子星的质量也有一个上限约为 $3.2\,m_\odot$，称为奥本海默-佛柯父质量极限。

16-11 黑洞的视界：天文学家把那个物质被黑洞吸入不能再返回之处，叫作黑洞的"视界"，此区域的半径称为史瓦西半径。史瓦西半径：$R_g=\dfrac{2Gm}{c^2}=2.96\left(\dfrac{m}{m_\odot}\right)$ km。

习 题

一、填空题

16-1 常用的天文学距离单位：_____、_____、_____。

16-2 光在一年的时间内所通过的距离称为_____。

16-3 根据恒星的演化理论，不同质量的恒星演化后期的最终归宿不同，小质量的恒星最终形成白矮星，中等质量的恒星最终形成_____，大质量的恒星最终形成_____。

16-4 白矮星的质量上限是_____ $m_\odot$，这一质量极限又称为钱德拉塞卡质量极限；中子星的质量上限是_____ $m_\odot$，这一质量极限又称为奥本海默极限。

16-5 如果恒星处于流体静力学平衡和热平衡，而且它的能量来自内部的核反应，它们的结构和演化就完全唯一地由_____和_____决定。

16-6 任何物体一旦落入黑洞的视界，所有的信息将消失，只剩下_____、_____、_____这三个物理量来描述黑洞的全部特征，所以称为黑洞的"三毛定理"。

16-7 恒星表面的温度决定它的颜色：恒星表面的温度越高，颜色就_____；温度越低的恒星，颜色就_____。

16-8 在天文学中，恒星的亮度是用_____来度量的，星等值越大，视亮度_____。

二、选择题

16-1 在恒星内部，通过热核聚变反应能产生的最重的元素是（ ）。

A. 铁　　　　B. 氦　　　　C. 硅　　　　D. 铜

16-2 决定恒星演化寿命的最重要的物理量是（ ）。

A. 大小　　　B. 温度　　　C. 光度　　　D. 质量

16-3 从高温到低温，恒星光谱型的正确顺序是（ ）。

A. O-A-B-F-K-G-M　　　　　B. O-B-A-F-G-K-M

C. O-K-F-M-B-A-K　　　　　D. A-B-C-D-E-F-G

16-4 太阳最终将成为一颗（ ）。

A. 巨星　　　B. 中子星　　　C. 黑洞　　　D. 白矮星

16-5 中子星的密度高达 $10^{17} \mathrm{kg/m^3}$，它主要是由（ ）组成。

A. 质子　　　B. 中子　　　C. 电子　　　D. 中微子

16-6 根据多普勒效应，远离我们运动的天体的颜色将（ ）。

A. 偏红　　　B. 不变　　　C. 偏蓝　　　D. 无规则变化

三、名称解释

16-1 零龄主序星。

16-2 引力红移。

16-3 光度。

四、解答题

16-1 一颗天体的视星等 $m=6^m$，绝对星等为 $M=1^m$，求该天体的距离。

16-2 两颗星有同样的绝对星等，但一颗星比另外一颗的距离远 1000 倍，它们的视星等差为多少？

16-3 两个星系相距 500kpc 并彼此绕转，它们的轨道周期估计是 300 亿年。试利用开普勒定律求这两个星系的总质量。

16-4 已知某个天体的红移值为 0.17，求该天体的退行速度以及天体到地球的距离。[取哈勃常数 $H_0=75\mathrm{km/(s \cdot Mpc)}$]

16-5 简述恒星的形成及演化过程。

习题参考答案

一、填空题

16-1 光年（l. y.），天文单位（AU），秒差距（pc）

16-2 1 光年

16-3 中子星，黑洞

16-4 $1.4m_\odot$，$3.2m_\odot$

16-5 初始质量，化学丰度

16-6 质量，角动量，电荷

16-7 偏蓝，偏红

16-8 星等，越低

二、选择题

题号	16-1	16-2	16-3	16-4	16-5	16-6
答案	A	D	B	D	B	A

三、名称解释

16-1 零龄主序星：当恒星中心的氢刚开始发生热核聚变反应时，标志着一颗新的恒星正式进入诞生的阶段，在赫-罗图上的位置是刚好到达主星序带的最右端边缘，这时叫作零龄主序星。

16-2 引力红移：由广义相对论可推知，处在引力场中的辐射源发射出来的光，当从远离引力场的地方观测时，谱线会向长波方向（即向光谱红端）移动，移动量与辐射源及观测者两处的引力势差的大小成正比。即当光子从强引力场中逃逸时，光子的能量（$h\nu$）降低，能量减少的频率就降低，所以波长就变长，这种光谱线的位移称为引力红移。

16-3 光度：指的是天体在单位时间内辐射的总能量，它是恒星的固有量，表征天体辐射本领的量。

四、解答题

16-1 $r=100\mathrm{pc}$

16-2 视星等差为 15 等

16-3 两个星系的总质量约为 $1.52\times10^{11}m_\odot$

16-4 退行速度 $v\approx0.156c$，距离 $r\approx720\mathrm{Mpc}$

16-5 （1）恒星的形成：恒星形成于星云的坍缩，星云的收缩形成原恒星。星云收缩分裂成云块，每个云块在自身引力下继续收缩，收缩过程中，体积减小，密度增大，中心温度逐步升高，当中心温度升到氢聚变为氦的热核反应产生时，星云不再收缩，达到流体平衡状态，成为一颗正常的恒星，叫主序星。形成过程概况为星云→原恒星→主序前星→零龄主序→主序星。

（2）恒星的演化：恒星最终的命运取决于初始的质量。在恒星演化末期将出现三类天体：白矮星、中子星和黑洞，具体是哪一类，则视质量而定。小质量恒星最终形成白矮星，中等质量恒星最终形成中子星，大质量恒星最终形成黑洞。

第17章　宇宙学简介

学习目标

➤ 了解人类对宇宙的探索历程
➤ 理解现代标准大爆炸宇宙学的理论基础
➤ 知道标准大爆炸宇宙学的主要内容及宇宙的演化过程
➤ 掌握大爆炸宇宙学的主要观测证据
➤ 了解暗物质和暗能量的物理特性

17.1　人类对宇宙的探索历程

天文学是人类祖先在游牧和农耕时，出于确定季节的需要而产生的。远古人类在观测天象变化的同时，就开始了对宇宙的思考和认识。宇宙的壮丽使他们赞叹与折服，而宇宙的神秘又使他们恐惧和崇拜，于是就有了种种神话和宗教的出现。世界各民族都有自己最初关于宇宙结构的看法，以及关于宇宙开创的神话。

在中国古代，我们的祖先很早就开始了对宇宙的探索。战国时期的尸佼就在《尸子》一书中指出："四方上下曰宇，古往今来曰宙"，意思是说：我们生活的空间叫宇，不停流逝的时间称为宙；宇宙就是时间和空间的总称。这种观点在今天看来仍然是十分科学的，因此可以说，我们祖先对宇宙的理解，远远走在当时世界的前列。我们的祖先辛勤地观测日、月、星辰、彗星、流星和超新星爆发等天象，研究它们的运动规律和特征。我国古代关于宇宙结构主要有三派学说，即盖天说、浑天说和宣夜说。盖天说认为，大地是平坦的，天如一把伞一样覆盖着大地；浑天说认为，天地具有蛋状结构，地在中心，天在地周围；宣夜说认为，根本不存在有形质的天，天无限而空虚，日月星辰悬浮在无限的空虚之中。

在古希腊和古罗马，关于宇宙的结构和本源也有过许多学说。例如，泰勒斯的水是宇宙万物本源说；毕达哥拉斯宇宙最外层是永不熄灭的天火说；亚里士多德的多层水晶球说；托勒密的地心说等。进入中世纪后，托勒密的宇宙学体系更成为宗教神学的理论支柱，此时的宇宙学已沦入经院神学的深渊，桎梏了宇宙学的发展，并一直延续到文艺复兴时期。

1543 年，哥白尼在其不朽巨著《天体运行论》中提出了太阳中心说，推翻了地球中心说的错误观念。布鲁诺提出了宇宙是无限的，时间和空间都是无穷尽的。开普勒根据其老师第谷和自己的大量天文观测记录，整理、计算得到了著名的行星运动的开普勒三定律。1609 年，伽利略用自制的世界上第一架口径 4.4cm 望远镜，开辟了天文学的新时代。牛顿在开普勒和伽利略的大量观测和实验的基础上，开创了经典力学体系。

进入 20 世纪，随着科学技术的进步，人们建造出了越来越大，分辨能力也越来越高的天文望远镜，观测的波段也由可见光拓宽到了全波段，从地面观测发展到了空间观测。天文学家的视野也扩展到了河外星系、星系团、超星系团、宇宙大尺度结构，对宇宙的物质分布、化学元素丰度、物质平均密度、宇宙的年龄、宇宙的膨胀等宇宙大尺度空间有了进一步理解和认识，开始建立了以观测数据为基础、以现代物理学理论为主支撑的现代宇宙学。例如，1917 年，爱因斯坦以广义相对论的引力场方程为依据，提出了一个有限无界的静态宇宙学模型。1922 年，苏联数学家弗里德曼求解了不含宇宙项的引力场方程的通解，得到一个膨胀的、有限无界宇宙模型，这就是弗里德曼宇宙模型。1948 年，伽莫夫首次提出了热大爆炸理论。他认为宇宙起始于超高温、超高密状态的"原始火球"，原始火球的爆炸导致了空间的膨胀，物质则伴随空间膨胀。随着宇宙的膨胀和温度的降低，构成物质的原初元素相继形成。1965 年，科学家首次通过观测证实了宇宙微波背景辐射的存在，这一重要的观测证据有力支撑了热大爆炸理论，现代宇宙学从此翻开了崭新的篇章。

宇宙学是天文学的一个分支。它是研究宇宙的大尺度结构、起源和演化的学科。现代宇宙学所研究的课题就是现今观测直接或间接所及的整个天区的大尺度特征，即大尺度时空的性质、物质运动的形态和规律，以及它们的起源和演化规律。

17.2　现代标准大爆炸宇宙学

在以广义相对论为基础所建立的各种宇宙模型中，最流行的现代宇宙模型是标准宇宙模型，即大爆炸宇宙模型，也叫弗里德曼宇宙模型。宇宙大爆炸模型的理论基础是**宇宙学原理**和**广义相对论**。

1. 宇宙学原理

假设宇宙在大尺度结构上是均匀且各向同性的。宇宙各向同性指的是宇宙没有中心。宇宙学原理的含义如下：

1）在宇宙尺度上，空间任一点和任一点的任一方向，在物理上是不可分辨的，即在密度、能量、压强、曲率和红移等方面都是完全相同的。

2）从宇宙中任何一点进行观测，观察到的物理量和物理规律是完全相同的，没有任何一处是特殊的。

2. 大爆炸宇宙学说

大爆炸宇宙学认为，宇宙起源于 137 亿年前的超高温、超高密状态，经过绝热膨胀而不断降温演化而来。宇宙诞生时，物质密度趋于无限大，温度趋于无限高，空间极度弯曲。随着空间膨胀、时间演化，能量演化出物质，形成了基本粒子，有了分子、原子后，便形成第一代恒星、第一代星系，经过 137 亿年的演化，形成今天的宇宙。

根据宇宙学原理，时空是具有对称性的，描述宇宙学的时空可用罗伯逊-沃尔克度规（Robertson-Walker，简称 R-W 度规）来描述，即

$$ds^2 = c^2 dt^2 - R^2(t)\left(\frac{dr^2}{1-kr^2} + r^2 d\theta^2 + r^2 \sin^2\theta d\varphi^2\right) \tag{17.2.1}$$

式中，r、θ、φ 为共动坐标；r 为共动径向坐标，它不随时间变化（宇宙）而变化，是无量

纲量；固有坐标是 $R(t)r$；t 是宇宙时，它是在共动坐标系中静止的观察者所观测到的原时；$R(t)$ 称为宇宙尺度因子；k 是空间曲率，适当选取 r 的单位，可使 k 取 0，-1，$+1$，分别对应于 $k=0$ 的平直式宇宙、$k=-1$ 的开放式宇宙和 $k=+1$ 的闭合式宇宙。在广义相对论中，度规是一个张量。

建立标准宇宙学模型的总思路是：罗伯逊-沃尔克度规＋爱因斯坦场方程＋物态方程→宇宙动力学方程（弗里德曼方程）→标准宇宙学。

爱因斯坦场方程可写成

$$R_{\mu\nu}-\frac{1}{2}g_{\mu\nu}R+\Lambda g_{\mu\nu}=8\pi GT_{\mu\nu} \tag{17.2.2}$$

式中，Λ 为宇宙学常数；$R_{\mu\nu}$ 为曲率张量；$g_{\mu\nu}$ 为度规张量；$T_{\mu\nu}$ 为能量动量张量。考虑到宇宙是均匀各向同性的，并且宇宙在膨胀，宇宙尺度因子 $R(t)$ 是时间 t 的函数。根据 R-W 度规，由场方程可得到如下方程：

$$H^2=\left(\frac{\dot{R}}{R}\right)^2=\frac{8\pi G}{3}\rho+\frac{\Lambda}{3}-\frac{k}{R^2} \tag{17.2.3}$$

上式称为**弗里德曼方程**。它表明宇宙的膨胀由物质项、宇宙学常数项和曲率项共同驱动。把 $H=\dfrac{\dot{R}}{R}$ 定义为哈勃常数，表述宇宙的膨胀速率。通常把基于宇宙学原理和爱因斯坦场方程的宇宙学模型称为标准宇宙学模型。因此，弗里德曼方程就是标准宇宙学模型的基本方程。

根据弗里德曼宇宙模型，宇宙有三种模型：开放式宇宙模型、闭合式宇宙模型和平直式宇宙模型（见图 17.2.1）。宇宙学家认为，宇宙的最后结局是从开始就决定了的，它取决于宇宙的平均密度。如果密度大于临界密度，则有足够的宇宙物质停止它的膨胀而且导致再收缩，叫封闭的宇宙；如果宇宙的密度小于临界密度值，则宇宙将会永远膨胀下去，叫开放的宇宙；如果宇宙的密度等于临界密度，则宇宙没有曲率是"平直的"，叫临界宇宙。

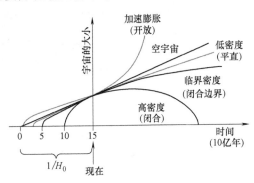

图 17.2.1 宇宙可能的三种命运
（开放式、平直式和闭合式宇宙）

宇宙密度参数：$\Omega_{\mathrm{m}}=\dfrac{\rho_0}{\rho_{\mathrm{c}}}=\dfrac{8\pi G\rho_0}{3H_0^2}$，宇宙学常数参数 $\Omega_{\Lambda}=\dfrac{\Lambda}{3H_0^2}$，宇宙曲率参数 $\Omega_{\mathrm{k}}=-\dfrac{k}{H_0^2R_0^2}$，这三个参数之间的关系：$1=\Omega_{\mathrm{m}}+\Omega_{\Lambda}+\Omega_{\mathrm{k}}$。

对于 $\Lambda=0$ 的宇宙，可以分为以下几种情况：

$\Omega_{\mathrm{m}}>1\Rightarrow\Omega_{\mathrm{k}}<0\Rightarrow k=+1$（闭合宇宙——膨胀后坍缩）；

$\Omega_{\mathrm{m}}<1\Rightarrow\Omega_{\mathrm{k}}>0\Rightarrow k=-1$（开放宇宙——永远膨胀）；

$\Omega_{\mathrm{m}}=1\Rightarrow\Omega_{\mathrm{k}}=0\Rightarrow k=0$（平直宇宙——永远膨胀）。

概括起来，标准宇宙模型的主要内容可以归纳为：①宇宙起源于一次热大爆炸；②宇宙中的物质分布是均匀和各向同性的；③目前的宇宙处于膨胀状态中；④宇宙时空用罗伯逊-沃尔克度规来描述。

3. 大爆炸宇宙演化简史

宇宙的演化史是非常复杂的，它在不同阶段涉及物理学中四种相互作用力所起到的不同主导作用。宇宙的时间演化大体经历以下几个主要的演化阶段：

1）大爆炸后 $0 \sim 10^{-43}$ s 时期，称为普朗克时代，未知的物理理论（如量子引力论），在这个时期引力、强相互作用力、弱相互作用力、电磁力统一为一种力。

2）$10^{-43} \sim 10^{-35}$ s 时期，该时间标志着大统一理论的终结，引力与其他三种力分离。

3）10^{-32} s，暴胀结束，宇宙主要由光子、夸克和反夸克和胶子组成。

4）10^{-12} s，弱相互作用力和电磁力分离。

5）$10^{2} \sim 10^{3}$ s，宇宙原初元素合成期。

6）10^{11} s，光子和重子退耦，自由电子与核结合形成原子，宇宙以物质为主导。

7）10^{16} s，宇宙中出现了第一代恒星、行星、星系。

8）10^{18} s，宇宙演化到现在的样子，宇宙持续膨胀，宇宙温度继续下降。

对于宇宙的演化进程，也有人把宇宙的演化时间大体分为三个阶段：①大爆炸后 10^{-43} s 时期，称为普朗克时代；②大爆炸后 30 万年，由暴胀到膨胀的宇宙（这个时期发出宇宙微波背景辐射）；③宇宙不断膨胀，恒星、星系、星系团逐渐形成阶段。图 17.2.2 表述宇宙从大爆炸启动至今的宇宙演化进程。

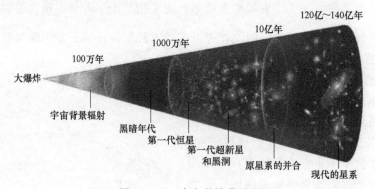

图 17.2.2　宇宙的演化进程

17.3　大爆炸宇宙学的观测证据

大量的天文观测表明，能有力支撑大爆炸宇宙学的观测证据有：**星系红移、宇宙微波背景辐射、轻元素的合成**，这三方面的观测实验结果可以说是现代宇宙学的三大基石。

1. 星系红移

1929 年，美国天文学家哈勃通过研究大量的星系观测结果发现，河外星系的退行速度与其离我们的距离有关，距离我们越远的星系远离的退行速度越大，这就是哈勃定律。哈勃定律反映了宇宙的膨胀，由宇宙膨胀引起的星系的谱线红移称为**宇宙学红移**。

2. 宇宙微波背景辐射

宇宙微波背景辐射是 20 世纪 60 年代四大天文重要发现之一，这一重要发现为宇宙大爆炸的模型和宇宙暴胀理论提出了重要的证据，也为观测宇宙学开辟了一个新领域。

1964 年，美国贝尔实验室的工程师彭齐亚斯和威尔逊首次证实了宇宙微波背景辐射的存在，这一结果引起了天文界的极大关注，该发现为宇宙大爆炸理论提供了强有力的证据，奠定了现代宇宙学的基础。因此，彭齐亚斯和威尔逊于 1978 年获得了诺贝尔物理学奖。

1989 年 11 月 18 日，美国发射的宇宙背景辐射探测卫星（COBE）观测表明，在所观测波段范围内，宇宙微波背景辐射是一个标准的黑体谱，其对应的普朗克温度为 $T = 2.735$K，该观测值与大爆炸宇宙理论的计算值非常一致，这一观测结果进一步支撑了大爆炸宇宙理论模型。

3. 轻元素的合成

天文学家对宇宙中各类天体（包括太阳）的化学丰度测量研究表明：不论什么天体，其氦元素的丰度都占总化学成分的 24% 左右，这一数值远远超过了恒星内部热核反应所提供的氦丰度。

1964 年，霍伊尔（Hoyle）和泰勒（Tayler）根据大爆炸理论模型，对热演化史做了详细计算，结果表明，由大爆炸宇宙学的核合成理论所产生的氦丰度为 23%～25%。随后，一些科学家又给出了其他轻元素 ^{3}He 和 Li 的丰度。由于大爆炸宇宙学的核合成理论阐明了所产生的轻元素丰度与位置无关，故而解释了最初的氦丰度的测量，而且实测的 ^{3}He 和 Li 的元素丰度与氦的丰度相差 9 个数量级，天文测量结果与大爆炸宇宙学的核合成理论预言完全吻合，这进一步有力支撑了大爆炸宇宙学说。

17.4　暗物质和暗能量

19 世纪与 20 世纪之交，物理学天空中有两朵小小乌云，竟然酝酿出漫天的狂飙，动摇了几个世纪以来建立起来的物理学大厦。雨过天晴，相对论和量子力学这两座全新的现代物理学理论框架巍然耸立，推动着人类科学技术的迅猛发展。

20 世纪与 21 世纪之交，物理学天空中又出现了两朵小小的乌云：暗物质和暗能量，不知会将物理学发展引向何方……

大量宇宙观测数据表明，宇宙中存在大量的暗物质和暗能量。目前研究表明，宇宙的物质能量构成为：宇宙中约 73% 的能量是由一种称为暗能量的未知能量组分提供，约 23% 的能量是由一种称为暗物质的未知物质形式提供，而我们所熟悉的普通物质提供的能量只占 4% 左右（见图 17.4.1）。

1. 暗物质

暗物质指的是那些不发射任何电磁辐射而又不会被探测到的宇宙中的物质。人类最早发现暗物质是从观测银河系的旋转运动开始的。银河系中观测到的天体质量与根据动力学计算出来的质量不相符，前者远小于后者，说明银河系中有大量没有被观测到的物质，没有被观测到指的是这些物质不发射电磁辐射，用望远镜也无法观测到，把这些没有被观测到的物质称为暗物质或者不可见物质。近年来的观测表明，星系和星系团中广泛存在引力透镜效应现象，这说明星系和星系团的质量中，有相当大的部分来源于不发光的暗物质。

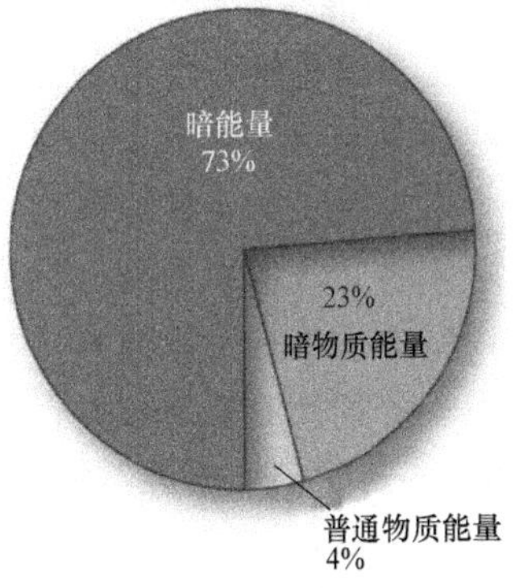

图 17.4.1　宇宙中各种物质能量构成

就其本质来说，暗物质可以分为两类：重子暗物质和非重子暗物质。重子参与电磁作用，本身是可以发光的，但在某些情况下缺乏发光的条件，就变成了重子暗物质。例如，不发光的行星、死亡了的恒星，温度极低的白矮星、黑矮星，以及没有引发核聚变的暗弱褐矮星等。

但观测表明，在整个宇宙暗物质中，重子暗物质所占的比例很小，宇宙暗物质主要是非重子暗物质。这一结果与根据宇宙轻元素丰度的观测结果得到的宇宙重子密度完全一致。非重子暗物质粒子不参与电磁相互作用因而不会发光，它们被称为 WIMPs（Weakly Interacting Massive Particles），即有质量弱作用粒子。它们之间，以及它们与其他种类的粒子之间，只有引力作用和弱相互作用。目前，还不知道暗物质粒子到底是什么粒子，只能猜测有可能的候选者，如中微子、轴子、磁单极、超对称弦子等。用引力透镜效应可以探测宇宙中暗物质的分布。

2. 暗能量

暗能量是驱动宇宙加速膨胀的一种能量。它和暗物质都不会吸收、反射或者辐射光，所以人类无法直接使用现有的技术进行观测。

根据哈勃定律，整个宇宙处于膨胀状态之中，哈勃发现的是一种时空膨胀效应。但要确定宇宙的膨胀是加速还是减速，就要测量遥远天体的距离和红移关系。1998 年，由美国科学家索尔·波尔马特、布赖恩·施密特和亚当·里斯领导的两个研究小组，通过对遥远的超新星观测发现了宇宙在加速膨胀的这一重要观测成果。这表明宇宙的膨胀并没有在引力的作用下减速，而是正在一种神秘的推力下加速膨胀。宇宙的加速膨胀可能揭示了一种神秘能量（即暗能量）的存在。

2011 年诺贝尔物理学奖被授予了索尔·波尔马特、赖恩·施密特和亚当·里斯这三位科学家，以表彰他们的一项震惊世界的科学发现：宇宙正在加速膨胀！

宇宙膨胀加速，即宇宙标度因子对时间的二阶导数为正，宇宙中总的压强必为负值，即今天的宇宙是由一种具有很强负压的物质所主导的。这种神秘的负压物质就是暗能量。

目前，虽然人们对暗能量的概念已进行了广泛的讨论，但对其物理本质仍不清楚，已经确定的物理特性有以下几点：

1）暗能量是不发射光子的，也不吸收光子。

2）暗能量具有负压力。暗能量是一种斥力，它与普通物质的万有引力性质刚好相反。

3）暗能量在宇宙中是均匀分布的，没有明显的成团性，也不与星团或星系成团。

4）暗能量存在于真空之中，目前还无法提取，也无法转换。

基于暗能量存在的宇宙模型，已讨论过许多。暗能量的本质决定着宇宙的命运。目前，我们的宇宙倾向于平直式的时空膨胀。

人类对宇宙奥秘的探索从未止步。500 多年前，人类认识到地球不是宇宙的中心。后来，人类又认识到太阳也不是宇宙的中心，而是在银河系中比较靠边的位置上。现在我们知道，银河系是本星系群的一个成员，还有许许多多像银河系一样的星系分布在更加寥廓的宇宙中，宇宙处处都不是中心，宇宙没有中心。人类对宇宙的认识经历了从"地心说"到"日心说"，再到"无心说"的三座里程碑。目前，宇宙中还蕴藏着太多的未知谜团，正等待着人类逐一揭开。

人类用科学的思维了解了宇宙的尺度和总体分层结构。我们不得不惊叹：宇宙是多么宏大，而人类是多么渺小。但我们掩卷遐思，就会觉得，真正令人惊叹的是渺小的人类居然可以探测如此宏大的宇宙，追寻历史的踪迹，询问宇宙是如何产生、如何演化的，继续寻找着令人满意的答案。这才是真正的奇迹！这也印证了爱因斯坦曾经说过的名言：宇宙中最不可理解的事，就是宇宙居然是可以理解的。

本 章 小 结

17-1 哈勃定律：距离越远的星系远离我们的退行速度越大，哈勃定律反映了宇宙的膨胀。由宇宙膨胀引起的星系的谱线红移称为宇宙学红移。

17-2 宇宙学原理：假设宇宙在大尺度结构上是均匀且各向同性的。

17-3 宇宙大爆炸模型的理论基础是宇宙学原理和广义相对论。通常把基于宇宙学原理和爱因斯坦场方程的宇宙学模型称为标准宇宙学模型。因此，弗里德曼方程就是标准宇宙学模型的基本方程。

17-4 大爆炸宇宙学认为，宇宙起源于137亿年前的超高温、超高密状态，经过绝热膨胀而不断降温演化而来。

17-5 根据弗里德曼宇宙模型，宇宙有三种模型：开放式宇宙模型、闭合式宇宙模型和平直式宇宙模型。宇宙学家认为，宇宙的最后结局是从开始就决定了的，它取决于宇宙的平均密度。

17-6 大爆炸宇宙学的三大观测证据：星系红移、宇宙微波背景辐射、轻元素的合成。

17-7 21世纪物理学上空的两朵乌云——暗物质和暗能量。

宇宙中的物理构成为：宇宙中有73%左右是暗能量，有23%左右是暗物质，普通物质只占4%左右。暗物质指的是那些不发生任何电磁辐射而又不会被探测到的宇宙中的物质。暗能量是驱动宇宙加速膨胀的一种能量，暗能量是一种斥力，它与普通物质的万有引力性质刚好相反。

习 题

一、填空题

17-1 我国古代关于宇宙结构主要有三派学说：_____、_____、_____。

17-2 宇宙大爆炸模型的理论基础是_____和_____。

17-3 支持大爆炸宇宙模型的三大观测证据是：_____，_____，_____。

17-4 按照弗里德曼宇宙学理论，宇宙的未来有三种模型，分别是_____、_____、_____，最终的模式取决于宇宙的平均密度。

17-5 21世纪物理学上空的两朵乌云是_____和_____。

二、名称解释

17-1 宇宙学原理。

17-2 宇宙学红移。

17-3 哈勃定律。

17-4 暗物质。

17-5 暗能量。

三、解答题

简述标准大爆炸宇宙模型的主要内容。

习题参考答案

一、填空题

17-1 盖天说，浑天说，宣夜说

17-2 宇宙学原理，广义相对论

17-3 星系红移，宇宙微波背景辐射，轻元素合成（轻元素丰度）

17-4 开放式，平直式，闭合式（封闭式）

17-5 暗物质，暗能量

二、名词解释

17-1 宇宙学原理：在大尺度上，宇宙中的物质分布是均匀的和各向同性的。

17-2 宇宙学红移：由宇宙膨胀引起的星系的谱线红移称为宇宙学红移。

17-3 哈勃定律：距离越远的星系远离我们的退行速度越大，哈勃定律反映了宇宙的膨胀。

17-4 暗物质：暗物质指的是不发射任何电磁辐射而又不会被探测到的宇宙中的物质。

17-5 暗能量：暗能量是驱动宇宙加速膨胀的一种能量，暗能量是一种斥力，它与普通物质的万有引力性质刚好相反。

三、解答题

（1）宇宙起源于 137 亿年前的一次大爆炸，大爆炸启动后，随着空间膨胀，能量演化出物质，形成了第一代恒星、第一代星系，经过 137 亿年的演化形成今天的宇宙；（2）宇宙中的物质分布是均匀的和各向同性的，宇宙中可见的物质只占约 4%，还有大约 23% 的暗物质及 73% 的暗能量存在；（3）目前的宇宙正处于膨胀状态，观测证据表明宇宙正在加速膨胀；（4）宇宙时空用罗伯逊-沃尔克度规来描述；（5）支持宇宙大爆炸的观测证据：星系红移、宇宙微波背景辐射和轻元素的合成这三方面观测证据。

参考文献

[1] 段鹏飞，李玉林. 大学物理基础教程：力学分册 [M]. 北京：科学出版社，2014.

[2] 刘克哲，张承琚. 物理学：上卷 [M]. 北京：高等教育出版社，2005.

[3] 东南大学等七所工科院校，马文蔚，周雨青. 物理学：上册 [M]. 6 版. 北京：高等教育出版社，2006.

[4] 漆安慎，杜婵英. 普通物理学教程：力学 [M]. 北京：高等教育出版社，2005.

[5] 祝之光. 物理学：上册 [M]. 北京：高等教育出版社，2004.

[6] 冉崇喜. 普通物理学考题解 [M]. 长沙：国防科技大学出版社，1989.

[7] 秦允豪. 热学 [M]. 3 版. 北京：高等教育出版社，2011.

[8] 秦允豪. 热学 [M]. 南京：南京大学出版社，1990.

[9] 王竹溪. 热力学 [M]. 北京：高等教育出版社，1955.

[10] 汪志诚. 热力学：统计物理 [M]. 北京：高等教育出版社，2013.

[11] 冯端，冯步云. 熵 [M]. 北京：科学出版社，1992.

[12] 吴大猷. 热力学、气体分子运动论及统计力学 [M]. 北京：科学出版社，1983.

[13] 包科达. 热物理学基础 [M]. 北京：高等教育出版社，2001.

[14] 泽门斯基，迪特曼. 热学和热力学 [M]. 刘黄凤，陈秉乾，译，北京：科学出版社，1987.

[15] 张三慧. 大学物理学：电磁学、光学、量子物理 [M]. 4 版. 北京：清华大学出版社，2019.

[16] 赵凯华，陈熙谋. 电磁学 [M]. 4 版. 北京：高等教育出版社，2018.

[17] 贾瑞皋，薛庆忠. 电磁学 [M]. 北京：高等教育出版社，2008.

[18] 赵近芳，王登龙. 大学物理简明教程 [M]. 2 版. 北京：北京邮电大学出版社，2015.

[19] 姚启钧，华东师大光学教材组. 光学教程 [M]. 6 版. 北京：高等教育出版社，2019.

[20] 宣桂鑫. 光学教程学习指导书 [M]. 5 版. 北京：高等教育出版社，2014.

[21] 赵凯华. 新概念物理教程：光学 [M]. 北京：高等教育出版社，2004.

[22] 钟锡华，等. 光学题解指导 [M]. 北京：电子工业出版社，1984.

[23] 易明. 光学 [M]. 北京：高等教育出版社，2002.

[24] 叶玉堂，等. 光学教程 [M]. 北京：清华大学出版社，2005.

[25] 刘学富. 基础天文学 [M]. 北京：高等教育出版社，2004.

[26] 李宗伟，肖兴华. 天体物理学 [M]. 北京：高等教育出版社，2000.

[27] 向守平. 天体物理概论 [M]. 合肥：中国科学技术大学出版社，2008.

[28] 苏宜. 天文学新概论 [M]. 北京：科学出版社，2009.

[29] 何香涛. 观测宇宙学 [M]. 北京：北京师范大学出版社，2007.

[30] 刘克哲，张承琚. 物理学：下卷 [M]. 北京：高等教育出版社，2005.

[31] 余明. 简明天文学教程 [M]. 北京：科学出版社，2012.